块结构非线性动态系统辨识方法与应用

李　峰　贾　立　罗印升　俞　洋　著

科 学 出 版 社

北　京

内 容 简 介

针对复杂工业过程具有强非线性、多变量耦合、大时滞以及不确定性等综合特性导致难以建模问题，本书针对存在随机噪声干扰的块结构非线性动态系统，从输出误差类系统和方程误差类系统角度出发，分析了这两类系统在线性变换和非线性变换下的特性，系统地提出复杂工业过程块结构非线性动态系统的描述和辨识新方法，并将提出的理论和方法运用到柔性机械臂系统和风力发电系统。主要包括采用神经模糊模型建立系统的静态非线性模块模型；利用信号与系统理论实现系统各串联模块的分离；利用动态补偿技术补偿块结构非线性动态系统的过程噪声或者输出噪声产生的误差；利用多新息理论、辅助模型技术等改善系统的辨识精度以及提出的智能分离辨识方法等，并利用随机过程理论和统计学理论分析并比较提出方法的性能。

本书可以作为自动化相关专业、控制科学与工程专业以及从事非线性系统理论研究的高年级本科生、研究生、科研工作者的参考书，同时对从事人工智能和自动控制理论研究的研究人员和工程技术人员也具有一定的参考价值。

图书在版编目（CIP）数据

块结构非线性动态系统辨识方法与应用 / 李峰等著. — 北京：科学出版社，2023.3

ISBN 978-7-03-073378-8

Ⅰ. ①块…　Ⅱ. ①李…　Ⅲ. ①非线性控制系统－系统辨识　Ⅳ. ①O231.2

中国版本图书馆 CIP 数据核字(2022)第 189529 号

责任编辑：闫　悦 / 责任校对：杨　然

责任印制：吴兆东 / 封面设计：蓝正设计

科学出版社 出版

北京东黄城根北街 16 号

邮政编码：100717

http://www.sciencep.com

北京中石油彩色印刷有限责任公司 印刷

科学出版社发行　各地新华书店经销

*

2023 年 3 月第　一　版　开本：720×1 000　B5

2023 年 3 月第一次印刷　印张：18 1/2

字数：355 000

定价：158.00 元

前　言

“中国制造 2025”和“新一代人工智能”为过程工业的发展指出了新的方向并带来了新的机遇与挑战。石化、钢铁、建材、轻工等过程工业是我国国民经济和社会发展的重要支柱产业，我国过程工业面临的主要问题是能耗高、资源消耗大、高附加值产品少、环境污染大。因此，我国企业要想在日趋激烈的国际市场中始终保持强大的竞争力，必须提高生产效率和产品质量、节约能耗与物耗、从劳动密集型的发展模式转向高端技术型，必须重视自动化技术特别是先进控制与优化技术的重要性。

现代过程工业正向大规模、连续化、集成化方向发展，是人机物高度融合的复杂系统。该系统已经不再是传统的单回路控制系统，而是由很多相互耦合的子系统组成。工业生产过程中，中间任何一道工序出现问题必然会影响整个生产线和最终的产品质量。各子系统只有从实时性和整体性上紧密融合和协调，才能保证自适应、自学习、安全可靠优化运行，这对工业生产过程整体智能优化和控制技术提出了新的更高的要求。现代化的过程工业中所应用到的控制技术极大部分都是建立在模型基础上的，辨识得到的模型的精度直接影响了后续控制器的设计，因此模型的选取及其参数估计的精度对后续的控制起着至关重要的作用。在实际生产过程中，由于物料变化频繁、多级运行，生产过程的模型不仅要准确，而且要有较好的鲁棒性和自适应能力，确保能够反映过程的特性。过程工业往往具有高度非线性、多变量耦合、多模态以及不确定性等综合复杂性特征，这些因素导致难以建立精确的数学模型。因此，过程工业建模应该从工业过程决策、优化与控制的实际应用需求出发，综合运用数据驱动理论、机器学习方法以及智能运行优化技术等来有效地实现。

近年来，在非线性动态系统的建模和辨识研究领域中，一类新颖的块结构非线性动态系统是其中的一个研究热点。块结构非线性动态系统是一类具有特定结构的典型非线性模型，由静态非线性模块和动态线性模块串联而成，按串联模块的连接形式可分为：Hammerstein 系统、Wiener 系统、Hammerstein-Wiener 系统和 Wiener-Hammerstein 系统。块结构非线性动态模型能较好地反映过程特征的特点，适合作为过程控制模型使用。Hammerstein-Wiener 系统包含了 Hammerstein 系统和 Wiener 系统两种结构，该模型既能够涵盖众多实际的工业系统，如中和过程、蒸馏塔、热交换器、聚合反应器、连续搅拌反应釜、电力系统、生物系统、伺服运动控制系统等，又相对简单，有利于开展理论研究。此外，利用 Hammerstein-Wiener 系统的特殊结构可以将非线性控制问题转化为线性模型预测控制问题，从而可以直接利用线性控制系统中的相关理论对工业过程进行控制。因此，块结构非线性动态系统成为工业过程中广泛使用的非线性系统之一。

虽然，块结构非线性动态系统为工业过程控制系统的设计带来了新的机遇，但系统的特殊结构也使模型辨识工作面临着诸多难点和挑战。主要表现在：实际工业生产过程中块结构非线性动态系统的中间变量信息不可测量，这些不可测变量往往用来描述工业过程的动态特性，由于实际条件的约束，系统的某些关键变量不能在线测量，这增加了模型辨识的难度。此外，不同于输出测量噪声，过程噪声在输出非线性模块之前(Hammerstain-Wiener 系统)，对输出的影响跟输出静态非线性模块的增益有关，即输出干扰随着增益的增大而增大、减小而减小。实际工业过程中的噪声往往是有色噪声或者不服从高斯分布，因此必须考虑和分析有色噪声对建模结果的影响。

上述因素致使块结构非线性动态系统的辨识方法与传统非线性动态系统的辨识方法有本质的区别。因此，迫切需要将线性系统和非线性系统辨识方法拓展到这类特殊结构的系统中，探究复杂工业过程块结构非线性动态辨识新理论和新方法，为提高复杂工业过程的先进优化和控制技术水平奠定理论与方法基础。

本书从块结构非线性系统的中间变量信息不可测量以及实际工业过程中存在噪声干扰的角度出发，分析块结构非线性系统各串联模块在不同信号激励下的特性，系统地提出复杂工业过程块结构非线性动态系统的描述和辨识新方法。主要内容包括：基于设计的两类组合信号，即二进制-随机组合信号和可分离-随机组合信号，研究 Hammerstein 非线性动态系统辨识方法；针对噪声干扰下的 Wiener 非线性动态系统，研究了神经模糊 Wiener 系统辨识方法；考虑实际系统受过程噪声的干扰，研究了神经模糊 Hammerstein-Wiener 非线性动态系统辨识方法；基于上述研究中的辨识方法，将 Hammerstein 系统、Wiener 系统以及 Hammerstein-Wiener 系统应用到柔性机械臂和风力发电系统中。

本书作者主要从事复杂系统建模、优化与控制理论及应用方面的研究工作，在数据驱动的复杂非线性动态模型化、神经网络与深度学习领域取得了一系列的研究成果。本书紧密结合复杂工业过程控制的需要，多学科融合、基础理论和应用技术相结合，在控制理论方面开辟了一个自主提出、来源实际需求的方向，特别是通过理论结合实际，解决块结构非线性动态系统中的难题，形成一种面向实际工业生产过程系统化的建模方法，为复杂工业过程的优化与控制提供新思路，为提高我国化工等复杂工业过程的先进优化和控制技术水平奠定理论与方法基础。本书可以看成作者近几年来研究工作的总结和提炼。

本书涉及的研究工作得到了众多科研机构的支持，特别感谢国家自然科学基金项目(62003151)、江苏省科技厅自然科学基金项目(BK20191035)、江苏省教育厅高等学校自然科学研究面上项目(19KJB120002)、江苏高校“青蓝工程”、常州市基础研究计划项目(CJ20220065)、江苏理工学院中吴青年创新人才项目(202102003)的资助。上海大学贾立教授和江苏理工学院罗印升教授在研究工作中提出了很多宝贵的建议，在此向他们表示感谢！另外，硕士研究生郑天、梁明俊等在本书的研究和编写工作中付出了辛勤的劳动，谨向他们表示衷心的感谢！感谢科学出版社为本书的出版所做的工作，没有编辑耐心细致的辛勤劳动，本书的出版不可能如此顺利。最后，作者感谢家人多年来给予的支持、包容、理解与鼓励！

虽然作者努力而为，但由于学识有限，本书中的有些观点和提法难免有不妥之处。在此，诚恳欢迎和盼望各位学术前辈、同仁和读者的批评与指正意见。

李　峰

2022年6月于江苏理工学院

第三部分 Wiener 非线性动态系统辨识方法

第四部分 Hammerstein-Wiener 非线性动态系统辨识方法

第五部分 块结构非线性动态系统的应用

第一部分

块结构非线性动态系统概述

第 1 章　块结构非线性动态系统模型的描述与辨识

1.1　引　　言

块结构非线性动态系统是一类具有特定结构的典型非线性系统，由静态非线性模块和动态线性模块串联而成，具有较易辨识、计算量少、能较好地反映过程特征的特点，适合作为过程控制模型使用。按串联模块的连接形式可分为：Hammerstein 系统(图 1.1)、Wiener 系统(图 1.2)、Hammerstein-Wiener 系统(图 1.3)和 Wiener-Hammerstein 系统(图 1.4)。在上述四类块结构系统中，Hammerstein 系统是最常见的块结构系统，由静态非线性模块 $f(\cdot)$ 和动态线性模块 $L(\cdot)$ 串联而成[1,2]。Hammerstein-Wiener 系统包含了 Hammerstein 系统和 Wiener 系统结构，比上述两种系统中的任意一种更接近实际工业过程中的非线性特性。

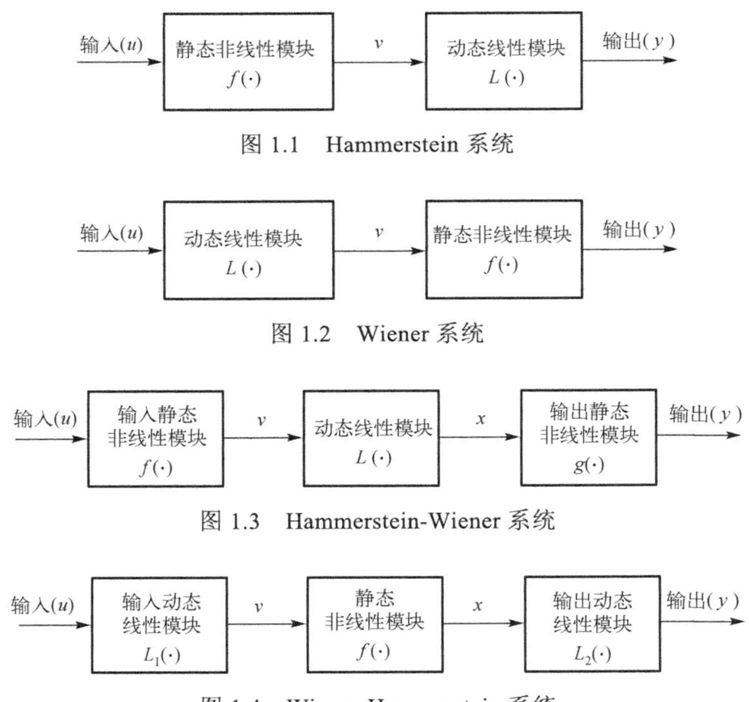

图 1.1　Hammerstein 系统

图 1.2　Wiener 系统

图 1.3　Hammerstein-Wiener 系统

图 1.4　Wiener-Hammerstein 系统

这类块结构非线性系统能够较好地描述工业过程和设备，如中和过程、蒸馏塔、热交换器、聚合反应器、干燥过程、连续搅拌反应釜、电力系统、伺服运动控制系统等[3-27]。更为重要的是，利用这类系统的特殊结构可以将非线性控制问题转化为线性模型预测问题，便于现场操作人员理解。因此，研究这类非线性动态系统的辨识与控制具有实际应用价值[28]。然而，串联模块的特殊结构也给系统辨识工作提出了新问题。在实际工程应用中，由于串联模块的中间变量信息(v，x)不可测量，造成静态非线性模块和动态线性模块组合辨识的实现不唯一，这对块结构非线性系统辨识的合理性提出了挑战。因此，块结构非线性动态系统的设计和分析方法不同于传统的非线性动态系统建模方法，迫切需要将线性系统和非线性系统辨识方法拓展到这类特殊结构的系统中。

近年来，国内外学者和研究人员对块结构非线性系统进行了广泛和深入的研究，并且取得了许多重要的研究成果。一些重要的国际学术会议，例如 International Federation of Automatic Control、American Control Conference 以及 Data Driven Control and Learning Systems Conference 等举行了块结构非线性系统的专题会，而且 Springer-Verlag 出版社也出版了专著 *Block-oriented Nonlinear System Identification*[29]。

总体而言，块结构非线性系统的研究工作主要集中在以下两个方面。

(1)块结构非线性系统中静态非线性模块和动态线性模块的建模方法研究。动态线性模块的建模方法主要有：脉冲响应[30-34]、传递函数[35-39]和状态空间[40-44]等，这类方法能够有效描述系统的动态特性以及变量间的相互影响关系。块结构非线性系统建模的重点在于研究高精度、具有广泛适用性的非线性模块的描述方法，主要有基函数[36,45-58]、神经网络[59-64]、模糊系统[65-68]、神经模糊模型[18,33,37,38,69,70]等。

(2)块结构非线性系统中各串联模块参数辨识方法研究，主要有同步辨识法和分步辨识法。

本章结合块结构非线性系统辨识的基本过程和特点，综述块结构非线性系统的相关理论和方法，在此基础上分析现有的基于块结构非线性系统的控制系统设计方案，并对未来可能的研究提出若干看法。

1.2　动态线性模块的描述方法

动态线性模块的描述方法主要有：脉冲响应、传递函数和状态空间等，这类方法能够有效描述系统的动态特性以及变量间的相互影响关系，因此得到了广泛应用。

1.2.1　脉冲响应模型

脉冲响应一般是指系统在输入为单位冲激函数时的输出(响应)。脉冲响应函数可作为系统特性的时域描述，系统特性在时域可以用 $h(t)$ 描述，在频域可以用 $H(\omega)$ 描述，在复数域可以用 $H(s)$ 描述。对于块结构系统中的动态线性模块的脉冲响应建模研究，这方面的相关研究成果见文献[30-34]。考虑如下长度为 n 的脉冲响应模型[31]：

$$y(t)=\sum_{s=0}^{n-1}h(s)\,u(t-s) \tag{1.1}$$

其中，$h(s)$ 表示脉冲响应系数，$u(t)$ 表示系统输入，$y(t)$ 表示系统输出。

文献[30]利用有限长单位脉冲响应(finite impulse response，FIR)建立 Hammerstein FIR-MA 系统的动态线性模块。文献[32]研究了多输入多输出 Wiener 系统的脉冲响应建模。文献[33]中利用有限长单位脉冲响应描述 Hammerstein-Wiener 系统的动态特性。对于输出扰动下的 Wiener-Hammerstein 系统，文献[34]分别利用 FIR 模型和传递函数描述系统的输入动态线性模块和输出动态线性模块。

1.2.2　传递函数模型

传递函数不仅可以表征系统的动态特性，而且可以用来研究系统的结构或参数变化对系统性能的影响。考虑单输入单输出离散系统下多项式形式的传递函数模型[18]：

$$y(k)=\frac{B(z)}{A(z)}u(k) \tag{1.2}$$

其中，$A(z)=1+a_1z^{-1}+\cdots+a_{n_a}z^{-n_a}$ 和 $B(z)=b_1z^{-1}+b_2z^{-2}+\cdots+b_{n_b}z^{-n_b}$ 是多项式模型，$u(k)$ 和 $y(k)$ 分别表示系统的输入和输出，$a_i\ (i=1,2,\cdots,n_a)$ 和 $b_j\ (j=1,2,\cdots,n_b)$ 表示传递函数模型的系数，n_a 和 n_b 表示模型的阶次。

文献[35]研究了单输入单输出 Hammerstein 系统中动态线性模块的传递函数建模。在此基础上，文献[36]利用传递函数模型进行多变量 Hammerstein 系统中动态线性模块的建模研究。针对有色噪声干扰下的神经模糊 Wiener 系统，文献[37]利用传递函数模型描述系统的动态线性模块。文献[38]利用传递函数模型描述过程噪声干扰下 Hammerstein-Wiener 系统动态特性。针对非线性 Wiener-Hammerstein 系统，文献[39]利用两组独立的传递函数模型描述输入动态线性模块和输出动态线性模块。

1.2.3　状态空间模型

状态空间描述法是用状态方程表述输入与状态之间的关系，它考虑了系统“输入-状态-输出”这一过程。状态空间模型是对系统动态的物理模型描述，其参数具有实际的物理意义，便于工程人员理解与分析。对于块结构系统中的动态线性模块的状态空间建模研究，这方面的相关研究成果见文献[40-44]。线性状态空间模型的

连续形式可表示为[40]

$$\begin{cases}\dot{\boldsymbol{x}}(t)=\boldsymbol{A}\boldsymbol{x}(t)+\boldsymbol{B}\boldsymbol{u}(t)+\boldsymbol{w}(t)\\ \boldsymbol{y}(t)=\boldsymbol{C}\boldsymbol{x}(t)+\boldsymbol{D}\boldsymbol{u}(t)+\boldsymbol{v}(t)\end{cases}\tag{1.3}$$

其中，$\boldsymbol{x}(t)\in\mathbf{R}^n$为状态向量，$\boldsymbol{u}(t)\in\mathbf{R}^r$为输入向量，$\boldsymbol{y}(t)\in\mathbf{R}^m$为输出向量，过程噪声$\boldsymbol{w}(t)\in\mathbf{R}^n$和观测噪声$\boldsymbol{v}(t)\in\mathbf{R}^m$为平稳的零均值白噪声，$\boldsymbol{A}$，$\boldsymbol{B}$，$\boldsymbol{C}$，$\boldsymbol{D}$为相应维数的未知参数矩阵。

文献[41]利用状态空间模型描述多输入多输出 Hammerstein 系统的动态特性。文献[42]利用状态空间建立具有耦合输入的多变量 Wiener 系统的动态线性模块。文献[43,44]将状态空间描述方法拓展到更加复杂的 Hammerstein-Wiener 系统和 Wiener-Hammerstein 系统中。文献[43]研究了 Hammerstein-Wiener 状态空间系统的建模和辨识方法。文献[44]采用两个独立的状态空间系统分别建立 Wiener- Hammerstein 系统的输入动态线性模块和输出动态线性模块，并利用迭代方法交替辨识正交分解子空间系统。

1.3　静态非线性模块的描述方法

块结构非线性动态系统建模的重点在于研究高精度、具有广泛适用性的非线性模块的描述方法，主要有基函数、神经网络、模糊系统以及神经模糊模型等方法。

1.3.1　基函数法

连续非线性系统的模型描述可以采用一系列已知基函数的线性组合来表示，应用较为广泛的基函数包括：多项式基函数[45-48]、样条基函数[39,49,50]、正交基函数[52-54]、分段线性函数[56-59]等。非线性系统的逼近可以用下列基函数的线性组合来表示：

$$y(t)=\sum_{i=1}^{r}\lambda_i f_i(u(t))\tag{1.4}$$

其中，$f_i\ (i=1,2,\cdots,r)$表示第r个基函数，λ_i是相应的系数。

(1) 多项式基函数。

多项式基函数是由有限个单项式相加组成的代数式，因结构简单、容易实现而被广泛应用。考虑如下的多项式模型：

$$y(t)=\sum_{i=1}^{r}c_i u^i(t)\tag{1.5}$$

其中，$u(t)$是系统的输入，$u^i(t)$表示第i个基函数，c_i是多项式系数。

针对含动态干扰和测量噪声的 Hammerstein 输出误差模型，文献[45]研究了基于多项式基函数的静态非线性模块建模方法。文献[46]将 FIR 模型和多项式模型有效融合，研究了 Wiener 系统的模型描述方法。在此基础上，文献[47,48]将多项式模型描述方法拓展到更复杂的 Hammerstein-Wiener 系统和 Wiener-Hammerstein 系统中。文献[47]采用两个独立的多项式模型建立非均匀采样的 Hammerstein-Wiener 非线性系统的输入静态非线性模块和输出静态非线性模块。文献[48]利用多项式基函数建立 Wiener-Hammerstein 系统中的静态非线性模块。

(2) 样条基函数。

多项式基函数的一个局限性在于它们是输入变量的全局函数，因此对于输入空间的一个区域改变将会影响所有其他的区域。样条函数将输入空间划分为若干个区域，然后对每个区域用不同的多项式函数拟合。考虑一个数量区域为 N 和样条次为 P 的输入空间，描述每个单独区域$[t_i, t_{i+1}]$的 B 样条线段是 $P+1$ 样条曲线的仿射组合，这些曲线中的每一条都以第 P 次样条基函数为特征，如下所示[52]：

$$N_i^P(u)=\frac{u-t_i}{t_{i+P}-t_i}N_i^{P-1}(u)+\frac{t_{i+P-1}-u}{t_{i+P-1}-t_{i+1}}N_{i+1}^P(u) \tag{1.6}$$

其中，初始零阶基函数 $N_i^0(u)=\begin{cases}1, & t_i\leqslant u\leqslant t_{i+1}\\ 0, & \text{其他}\end{cases}$。

文献[36]利用基样条函数研究了多输入多输出(multiple input multiple output, MIMO) Hammerstein 系统的描述方法。文献[49]利用级联结构的样条函数研究了 Wiener 系统的静态非线性模块建模方法。文献[50]提出了一种基于 B 样条曲线的 Hammerstein-Wiener 系统的模型描述方法。基于实值 B 样条插值函数和复值 B 样条插值，文献[51]研究了 Wiener-Hammerstein 系统的建模，并将建立的模型应用于全双工自干扰消除的直接建模和数字预失真的逆向建模。

(3) 正交基函数。

正交基函数就是基函数之间是正交的，正交基的优势为任意两个不同的基，其内积为 0，这将大大简化计算。常用的正交基有：傅里叶基、勒让德基以及切比雪夫基。考虑如下所示的傅里叶基函数[52]：

$$\begin{cases}x(n)=E\cos(\omega_k n)\\ u(n)=\sum_{i=0}^{\infty}r_i\cos(i\omega_k n)\end{cases} \tag{1.7}$$

其中，$x(n)$是离散的输入信号，ω_k 表示输入频率，$[-E, E]$为非线性连续函数的区域，r_i 是傅里叶级数的第 i 项系数。

文献[52]利用自适应有限有理正交基函数建立离散 Hammerstein 系统的静态非线性模块。文献[53]通过探索未知静态非线性产生的基频和谐波，研究了 Hammerstein 系统频域辨识方法。文献[54]研究了过程控制中具有正交基的 Hammerstein 系统的辨识。

(4) 分段线性函数。

分段线性连续函数是一类有着广泛应用的连续函数，对任意的连续函数可用分段线性连续函数去一致逼近和一致收敛。块结构系统中的静态非线性可以用分段线性函数表示，如下式所示[58]：

$$y=\begin{cases}m_{R1}u, & 0\leqslant u\leqslant u_{R1}\\ m_{R2}(u-u_{R1})+m_{R1}u_{R1}, & u>u_{R1}\\ m_{L1}u, & u_{L1}\leqslant u<0\\ m_{L2}(u-u_{L1})+m_{L1}u_{L1}, & u<u_{L1}\end{cases} \tag{1.8}$$

其中，m_{L2}、m_{L1}、m_{R1} 和 m_{R2} 是线性段的斜率，u_{L1} 是负输入的常数，u_{R1} 是正输入的常数。

文献[55]利用分段线性函数建立 Hammerstein 模型，在此基础上设计了一种单输入单输出 Hammerstein 模型的控制系统。文献[56]研究了基于三段线性函数的 Wiener 系统模型描述方法。文献[57]利用分段仿射函数和带预载和死区的非线性分别建立 Hammerstein-Wiener 系统的输入静态非线性模块和输出静态非线性模块。

上述列出的已知基函数的线性参数组合方法可以有效描述静态非线性模块，但在研究多变量块结构非线性动态系统时，这类方法在建模时需要大量的参数，增加了建模的难度和计算复杂度。

1.3.2 神经网络

近年来，由于神经网络对非线性函数具有较强的逼近能力，因而被广泛用于块结构非线性动态系统的建模[59-64]。

文献[59]利用三层反向传播(back propagation，BP)神经网络建立 Hammerstein 模型的非线性模块。文献[60]利用前馈神经网络构建 Hammerstein 模型的无记忆模块。文献[61]将径向基函数神经网络和分数阶传递函数有效结合，研究了多输入单输出(multiple input single output，MISO) Hammerstein 模型的描述方法。文献[62]提出了一种基于神经网络 Wiener 模型的模型预测控制方法。对于更复杂的一类 Hammerstein-Wiener 系统，文献[63]研究了基于小波网络的 Hammerstein-Wiener 系统建模方法，并应用于铅酸蓄电池。基于五层递归神经网络，文献[64]研究了 Hammerstein-Wiener 系统的描述方法。神经网络模型能以任意精度逼近非线性系统，但不能处理和描述模糊信息，不能很好利用经验知识。

1.3.3 模糊系统

模糊系统具有推理过程容易理解、专家知识利用较好等优点，因此能够有效描述块结构非线性动态系统的模型[65-68]。

文献[65]利用演化的 Takagi-Sugeno 模糊推理系统和状态空间模型建立多变量 Hammerstein 模型。文献[66]提出了基于区间 2 型模糊 Takagi-Sugeno-Kang 系统的 Wiener 模型建模方法，并将提出的模型应用于连续搅拌反应釜和 pH 中和过程的实际工程中。文献[67]利用两个独立的 Takagi-Sugeno 模糊模型分别建立输入静态非线性模块和输出静态非线性模块，研究了离散时间模糊 Hammerstein-Wiener 系统的描述方法。文献[68]提出了区间模糊模型 Wiener-Hammerstein 系统的建模方法。

1.3.4 神经模糊模型

神经模糊模型融合了神经网络与模糊系统各自的优点，既能让神经网络具有归纳推理能力，又能让模糊系统具有自学习能力，因此被广泛用于块结构非线性动态系统的建模研究[18,33,37,38,69,70]。

文献[18]和文献[69]分别利用四层神经模糊模型建立 Hammerstein 系统的静态非线性模块。文献[37]研究了具有输出噪声干扰的 Wiener 系统的模型描述方法。文献[33]利用两个独立的四层神经模糊模型分别建立 Hammerstein-Wiener 系统的输入静态非线性模块和输出静态非线性模块，并将提出的模型应用于连续搅拌反应釜过程。

1.4 输入非线性输出误差类系统辨识

对于块结构非线性动态系统，输入非线性输出误差类系统是指静态非线性模块在动态线性模块之前，且系统的输出端受到不同类型噪声干扰的一类系统，即 Hammerstein 系统。这类系统主要包括：输入非线性输出受控自回归误差系统、输入非线性输出受控自回归滑动平均误差系统、输入非线性输出受控自回归自回归误差系统、输入非线性输出误差系统、输入非线性输出误差滑动平均系统、输入非线性输出误差自回归系统、输入非线性输出误差自回归滑动平均系统等。

1.4.1 输入非线性输出受控自回归误差系统辨识

考虑如图 1.5 所示的一类输入非线性输出受控自回归误差系统[71-73]，其输出噪声是自回归噪声。

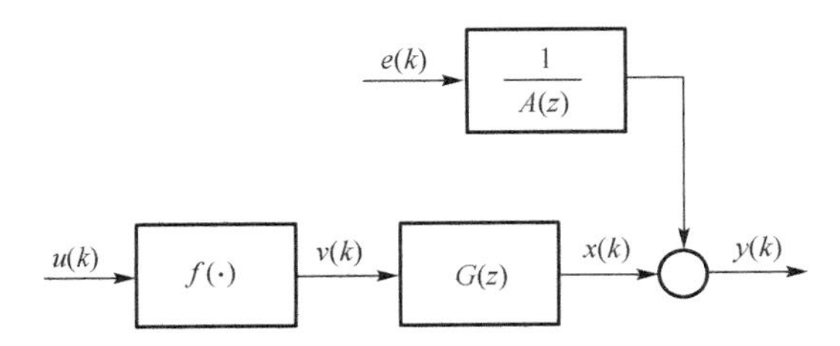

图 1.5　输入非线性输出受控自回归误差系统结构示意图

输入非线性输出受控自回归误差系统的输入输出关系如下：

$$y(k)=G(z)v(k)+\frac{1}{A(z)}e(k) \tag{1.9}$$

假设静态非线性模块 $f(\cdot)$ 采用多项式模型表示，即 $v(k)=f\left(u(k)\right)=p_1u(k)+p_2u^2(k)+\cdots+p_ru^r(k)$；动态线性模块采用自回归(autoregressive exogenous，ARX)模型表示，即 $G(z)=\frac{B(z)}{A(z)}$，且 $A(z)=1+a_1z^{-1}+a_2z^{-2}+\cdots+a_{n_a}z^{-n_a}$，$B(z)=b_1z^{-1}+b_2z^{-2}+\cdots+b_{n_b}z^{-n_b}$，则式(1.9)可以表示为

$$\begin{aligned}y(k)=&-a_1y(k-1)-\cdots-a_{n_a}y(k-n_a)+b_1p_1u(k-1)+b_1p_2u^2(k-1)+\cdots+b_1p_ru^r(k-1)\\&+b_2p_1u(k-2)+b_2p_2u^2(k-2)+\cdots+b_{n_b}p_ru^r(k-n_b)+e(k)\end{aligned} \tag{1.10}$$

定义参数向量 $\boldsymbol{\theta}$ 和信息向量 $\boldsymbol{\varphi}(k)$：

$$\boldsymbol{\theta}=\left[a_1,\cdots,a_{n_a},b_1p_1,b_1p_2,\cdots,b_1p_r,b_2p_1,\cdots,b_2p_r,\cdots,b_{n_b}p_r\right]^{\mathrm{T}} \tag{1.11}$$

$$\begin{aligned}\boldsymbol{\varphi}(k)=\big[&-y(k-1),\cdots,-y(k-n_a),u(k-1),u^2(k-1),\cdots,\\&u^r(k-1),u(k-2),\cdots,u^r(k-2),\cdots,u^r(k-n_b)\big]^{\mathrm{T}}\end{aligned} \tag{1.12}$$

根据上述描述，输入非线性输出受控自回归误差系统的辨识模型可以写为

$$y(k)=\boldsymbol{\varphi}(k)^{\mathrm{T}}\boldsymbol{\theta}+e(k) \tag{1.13}$$

随机梯度算法作为一种经典的辨识方法，因具有计算量小的特点，已经被广泛应用于输入非线性输出受控自回归误差系统的辨识。基于分解的递阶辨识原理，文献[71]提出了输入非线性输出受控自回归误差系统的最小二乘迭代和梯度迭代两种辨识算法。针对投影算法对噪声敏感、随机梯度算法收敛速度慢的特点，文献[72]利用牛顿法研究了牛顿递推辨识算法和牛顿迭代辨识算法，提高了随机梯度辨识算法的收敛速度。文献[73]提出了 Hammerstein 系统的加权多新息随机梯度算法，以提高辨识的收敛速度。

近年来，神经网络及其各种变体模型也被广泛应用于输入非线性输出受控自回归误差系统的辨识建模中。针对多输入多输出 Hammerstein 系统，文献[74]利用多层前馈神经网络和线性神经网络分别对系统的静态非线性模块和线性模块建模，研究了具有分离非线性的 Hammerstein 系统辨识方法和具有耦合非线性的 Hammerstein 系统辨识方法。文献[75]采用非均匀有理 B 样条神经网络对静态非线性模块建模，在此基础上利用粒子群优化算法估计过参数系统。文献[76]考虑了自回归滑动平均噪声干扰下的 Hammerstein 系统，基于设计的组合式信号源，研究了 Hammerstein 系统的两阶段参数辨识。

针对大规模系统辨识算法计算量大的问题，递阶辨识原理被广泛应用于非线性

系统的辨识。基于递阶辨识原理，文献[77]研究了一种递阶最小二乘辨识方法，将 Hammerstein 非线性系统分解为几个维数更小、变量更少的子系统，然后分别对每个子系统的参数进行估计。基于过参数化原理和关键项分离技术，文献[78]研究了 Hammerstein 受控自回归系统的辨识方法。基于递阶辨识原理和关键项分离技术，文献[79]提出了多变量 Hammerstein 系统递阶最小二乘估计方法。

此外，针对一类具有预加载的 Hammerstein 系统和具有饱和特性的 Hammerstein 系统，文献[80]研究了一种给定初始条件的归一化迭代算法。

1.4.2　输入非线性输出受控自回归滑动平均误差系统辨识

考虑如图 1.6 所示的输入非线性输出受控自回归滑动平均误差系统[81-87]，其输出受自回归滑动平均噪声扰动。

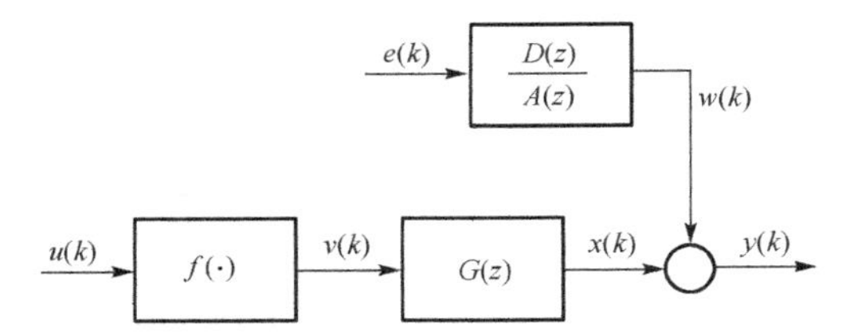

图 1.6　输入非线性输出受控自回归滑动平均误差系统结构示意图

输入非线性输出受控自回归滑动平均误差系统的输入输出关系表示如下：

$$
\begin{aligned}
&y(k)=G(z)v(k)+\frac{D(z)}{A(z)}e(k)\\
&A(z)=1+a_1z^{-1}+a_2z^{-2}+\cdots+a_{n_a}z^{-n_a}\\
&D(z)=1+d_1z^{-1}+d_2z^{-2}+\cdots+d_{n_d}z^{-n_d}
\end{aligned}
\tag{1.14}
$$

假设静态非线性模块 $f(\cdot)$ 采用多项式模型(参照 1.4.1 节)，动态线性模块采用 ARX 模型(参照 1.4.1 节)，则式(1.14)表示为

$$
\begin{aligned}
y(k)=&-a_1y(k-1)-\cdots-a_{n_a}y(k-n_a)+b_1p_1u(k-1)+b_1p_2u^2(k-1)+\cdots\\
&+b_1p_ru^r(k-1)+b_2p_1u(k-2)+b_2p_2u^2(k-2)+\cdots+b_{n_b}p_ru^r(k-n_b)\\
&+d_1e(k-1)+d_2e(k-2)+\cdots+d_{n_d}e(k-n_d)+e(k)
\end{aligned}
\tag{1.15}
$$

定义如下所示的参数向量 $\boldsymbol{\theta}$ 和含有噪声变量的信息向量 $\boldsymbol{\varphi}(k)$：

$$
\boldsymbol{\theta}=\left[a_1,\cdots,a_{n_a},b_1p_1,b_1p_2,\cdots,b_1p_r,b_2p_1,\cdots,b_2p_r,\cdots,b_{n_b}p_r,d_1,\cdots,d_{n_d}\right]^{\mathrm{T}} \tag{1.16}
$$

$$
\begin{aligned}
\boldsymbol{\varphi}(k)=\big[&-y(k-1),\cdots,-y(k-n_a),u(k-1),u^2(k-1),\cdots,u^r(k-1),\\
&u(k-2),\cdots,u^r(k-2),\cdots,u^r(k-n_b),e(k-1),\cdots,e(k-n_d)\big]^{\mathrm{T}}
\end{aligned}
\tag{1.17}
$$

因此，输入非线性输出受控自回归滑动平均误差系统可以表示成如下辨识模型：

$$y(k)=\boldsymbol{\varphi}^{\mathrm{T}}(k)\boldsymbol{\theta}+e(k) \tag{1.18}$$

在式(1.15)中，信息向量$\boldsymbol{\varphi}(k)$中包含了未知的噪声变量$e(k-i), (i=1,\cdots,n_d)$。为了有效处理噪声未知项$e(k-i)$，文献[81]将信息向量中的不可测噪声项替换为其估计值，并根据得到的参数估计值迭代计算噪声估计值。

针对有色噪声扰动下输入非线性状态空间系统，文献[82]利用多项式模型和状态空间模型分别拟合静态非线性模块和动态线性模块，研究了递推最小二乘辨识方法和基于滤波的多新息随机梯度辨识方法。文献[83]提出了一种新的使用粒子群算法改进最小二乘支持向量机的复合算法，应用进化状态估计技术和变异操作改进粒子群算法，使得算法快速收敛于优化目标。针对离散时间单输入单输出(single input single output，SISO) Hammerstein 系统，文献[84]研究了一种递推最大似然辨识方法。近年来，基于组合信号理论，文献[85-88]研究了神经模糊 Hammerstein 模型各串联模块分离辨识。

1.4.3　输入非线性输出受控自回归自回归误差系统辨识

考虑如图 1.7 所示的一类输入非线性输出受控自回归自回归误差系统[89-91]，其输出受自回归自回归噪声扰动。

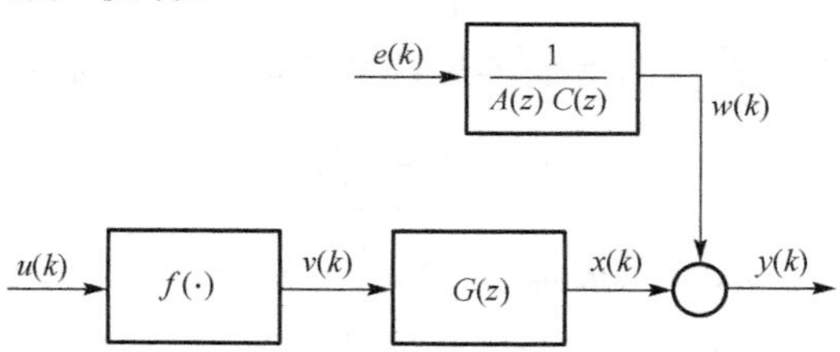

图 1.7　输入非线性输出受控自回归自回归误差系统结构示意图

根据图 1.7 所示，输入非线性输出受控自回归自回归误差系统的数学表达式为

$$\begin{aligned}&y(k)=G(z)v(k)+\frac{1}{A(z)C(z)}e(k)\\&A(z)=1+a_1z^{-1}+a_2z^{-2}+\cdots+a_nz^{-n}\\&C(z)=1+c_1z^{-1}+c_2z^{-2}+\cdots+c_lz^{-l}\end{aligned} \tag{1.19}$$

针对单输入单输出的输入非线性输出受控自回归自回归误差系统，文献[89]研究了一种利用特殊神经网络结构辨识非线性动态系统方法。其中，静态非线性模块表示如下：

$$v(k)=r_1u(k)+r_2u^2(k)+\cdots+r_pu^p(k)=\sum_{i=1}^{p}r_iu^p(k) \tag{1.20}$$

其中，$r_1,r_2,\cdots,r_p$ 是网络的权值，同时也是静态非线性模块参数的估计值，$u(k)$ 是测试系统在 k 时刻的输入。

动态线性模块表示如下：

$$A(z)y(k)=z^{-d}B(z)v(k)+\frac{\xi(k)}{C(z)} \tag{1.21}$$

其中，$G(z)=z^{-d}\dfrac{B(z)}{A(z)}$，$A(z)=1+a_1z^{-1}+a_2z^{-2}+\cdots+a_nz^{-n}$，$B(z)=b_0+b_1z^{-1}+b_2z^{-2}+\cdots+b_mz^{-m}$，$C(z)=1+c_1z^{-1}+c_2z^{-2}+\cdots+c_lz^{-l}$ 分别为 n，m，l 阶后移算子 z^{-1} 的多项式；d 为系统的时延；$a_1,a_2,\cdots,a_n$ 和 $b_0,b_1,b_2,\cdots,b_m$ 分别是网络的权值，也是线性模块参数的估计值；$y(k)$ 和 $\xi(k)$ 分别表示测试系统在 k 时刻的输出和噪声；$v(k)$ 表示系统的中间变量。

基于上述描述，其输出层响应可表示为

$$\hat{y}(k)=-\sum_{i=1}^{n}\hat{a}_i\hat{y}(k-i)+\sum_{j=1}^{m}\hat{b}_i\hat{x}(k-i-d) \tag{1.22}$$

其中，$\hat{y}(k)$ 和 $\hat{x}(k)$ 分别是测试系统在 k 时刻的估计值。

定义如下准则函数：

$$\min_{\boldsymbol{H}} J(\cdot)=\min_{\boldsymbol{H}}\frac{1}{2}\sum_{k=1}^{N}[y(k)-\hat{y}(k)]^2 \tag{1.23}$$

其中，$\boldsymbol{H}=[a_1,a_2,\cdots,a_n,b_0,b_1,b_2,\cdots,b_m,r_1,r_2,\cdots,r_p]^{\mathrm{T}}$。在神经网络训练过程中，文献中采用误差反向传播方法对网络参数进行更新。

针对实际工业过程中普遍存在的有色噪声，文献[90]研究了一种基于递推增广最小二乘算法的神经模糊 Hammerstein 模型辨识方法。基于多新息辨识原理和数据滤波技术，文献[91]提出了基于数据滤波的多新息增广随机梯度辨识方法和基于滤波的遗忘因子多新息随机梯度辨识方法。文献[92]将回溯搜索算法、差分进化算法和遗传算法的全局搜索能力有效融合，利用进化计算启发式算法研究非线性 Hammerstein 受控自回归自回归系统的参数辨识问题。

1.4.4　输入非线性输出误差系统辨识

考虑如图 1.8 所示的一类输入非线性输出误差系统[93-113]，其输出受白噪声序列扰动。

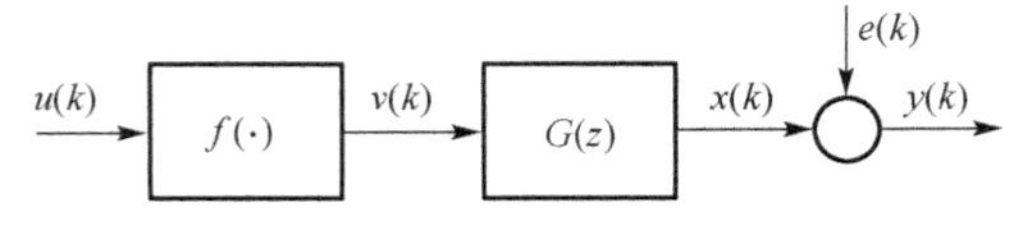

图 1.8　输入非线性输出误差系统结构示意图

根据图 1.8 所示，输入非线性输出误差系统的输入输出关系表示如下：

$$y(k)=G(z)v(k)+e(k) \tag{1.24}$$

假设静态非线性模块 $f(\cdot)$ 采用多项式模型(参照 1.4.1 节)，动态线性模块采用ARX 模型(参照 1.4.1 节)，则式(1.24)可以改写为

$$\begin{aligned} y(k) = & -a_1 y(k-1) - \cdots - a_{n_a} y(k-n_a) + b_1 p_1 u(k-1) + b_1 p_2 u^2(k-1) + \cdots \\ & + b_1 p_r u^r(k-1) + b_2 p_1 u(k-2) + b_2 p_2 u^2(k-2) + \cdots + b_{n_b} p_r u^r(k-n_b) \\ & + a_1 e(k-1) + a_2 e(k-2) + \cdots + a_{n_a} e(k-n_a) + e(k) \end{aligned} \tag{1.25}$$

定义如下所示的参数向量 $\boldsymbol{\theta}$ 和包含噪声的信息向量 $\boldsymbol{\varphi}(k)$：

$$\boldsymbol{\theta}=[a_1,\cdots,a_{n_a},b_1p_1,b_1p_2,\cdots,b_1p_r,b_2p_1,\cdots,b_2p_r,\cdots,b_{n_b}p_r,a_1,\cdots,a_{n_a}]^{\mathrm{T}} \tag{1.26}$$

$$\begin{aligned} \boldsymbol{\varphi}(k)= & \left[-y(k-1),\cdots,-y(k-n_a),u(k-1),u^2(k-1),\cdots,u^r(k-1),\right. \\ & \left. u(k-2),\cdots,u^r(k-2),\cdots,u^r(k-n_b),e(k-1),\cdots,e(k-n_d)\right]^{\mathrm{T}} \end{aligned} \tag{1.27}$$

基于上述描述，可以得到输入非线性输出误差系统的辨识模型：

$$y(k)=\boldsymbol{\varphi}^{\mathrm{T}}(k)\boldsymbol{\theta}+e(k) \tag{1.28}$$

基于最小二乘原理、特征值分解和矩阵扩维理论，文献[93]研究了 Hammerstein 模型结构和参数辨识方法。文献[94]通过优化最小二乘支持向量机目标函数得到 Hammerstein 模型参数。针对多输入多输出 Hammerstein 系统，文献[95]研究了有约束的最小二乘支持向量机参数辨识算法。

子空间模型辨识方法近年来获得了广泛关注，其特点是直接利用输入输出数据辨识系统的状态空间模型，相关研究成果见文献[36, 96-99]。针对具有非参数输入侧隙和开关非线性的 Hammerstein 系统，文献[96]设计了特殊激励信号，并利用子空间方法估计系统参数。对于多变量输入非线性输出误差系统，文献[97]将状态空间系统辨识算法中的斜投影重新写成最小二乘支持向量机回归问题，进而辨识系统参数。文献[98]提出了一种非线性反馈 MIMO Hammerstein 系统的子空间辅助变量辨识算法。文献[99]推导了迭代期望最大化(expectation-maximum，EM)算法，对未知的系统状态和参数进行交互式估计。

迭代法将输入非线性输出误差系统的参数分为静态非线性模块和动态线性模块独立的两部分，通过固定其中一部分的参数来计算另一部分的最优参数，以此类推，交替进行，最终得到系统的最优参数，相关研究成果见文献[100-102]。文献[100]将迭代辨识法运用于输入非线性输出误差系统的辨识，并证明了收敛性。文献[101]利用可分离最小二乘优化方法同时估计非线性模块和线性模块的参数。文献[102]研究了一般 Hammerstein 系统迭代算法的收敛性结果。

近年来，基于神经网络的辨识方法、盲辨识方法，同步扰动随机逼近理论也被

广泛运用，相关研究成果见文献[103-106]。文献[103]提出了并行 Hammerstein 系统辨识方法。文献[104]研究了闭环抽样系统的盲辨识问题。考虑到一类连续时间 Hammerstein 系统，文献[105]提出了一种同步扰动随机逼近方法辨识的参数。考虑到过程噪声和输出噪声的干扰下的离散时间 Hammerstein 系统，文献[106]研究了多输入单输出 Hammerstein 系统的递推核回归估计参数辨识方法。近年来，基于组合信号源理论，文献[69,107-112]研究了神经模糊 Hammerstein 模型各串联模块的分离辨识。

1.4.5 输入非线性输出误差滑动平均系统辨识

考虑如图 1.9 所示的一类输入非线性输出误差滑动平均系统[113-120]：

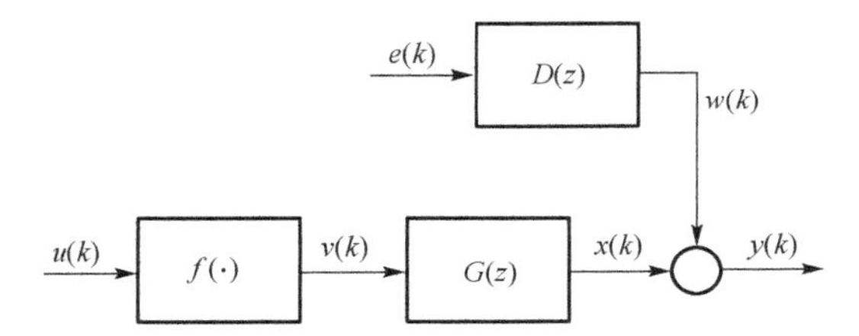

图 1.9　输入非线性输出误差滑动平均系统结构示意图

根据图 1.9 所示，输入非线性输出误差滑动平均系统的数学表达式表示如下：

$$\begin{aligned} &y(k)=G(z)v(k)+D(z)e(k) \\ &D(z)=1+d_1z^{-1}+d_2z^{-2}+\cdots+d_{n_d}z^{-n_d} \end{aligned} \tag{1.29}$$

假设静态非线性模块 $f(\cdot)$ 采用多项式模型(参照 1.4.1 节)，动态线性模块采用 ARX 模型(参照 1.4.1 节)。

定义未知的中间变量或内部变量：

$$x(k)=G(z)v(k) \tag{1.30}$$

则式(1.29)可以改写成：

$$\begin{aligned} y(k)=&-a_1x(k-1)-\cdots-a_{n_a}x(k-n_a)+b_1p_1u(k-1)+b_1p_2u^2(k-1)+\cdots \\ &+b_1p_ru^r(k-1)+b_2p_1u(k-2)+b_2p_2u^2(k-2)+\cdots+b_{n_b}p_ru^r(k-n_b) \\ &+d_1e(k-1)+d_2e(k-2)+\cdots+d_{n_d}e(k-n_d)+e(k) \end{aligned} \tag{1.31}$$

定义参数向量 $\boldsymbol{\theta}$ 和包含未知噪声项的信息向量 $\boldsymbol{\varphi}(k)$：

$$\boldsymbol{\theta}=[a_1,\cdots,a_{n_a},b_1p_1,b_1p_2,\cdots,b_1p_r,b_2p_1,\cdots,b_2p_r,\cdots,b_{n_b}p_r,d_1,\cdots,d_{n_d}]^{\mathrm{T}} \tag{1.32}$$

$$\begin{aligned} \boldsymbol{\varphi}(k)=\Big[&-x(k-1),\cdots,-x(k-n_a),u(k-1),u^2(k-1),\cdots,u^r(k-1), \\ &u(k-2),\cdots,u^r(k-2),\cdots,u^r(k-n_b),e(k-1),\cdots,e(k-n_d)\Big]^{\mathrm{T}} \end{aligned} \tag{1.33}$$

基于上述描述，可以得到下列输入非线性输出误差滑动平均系统的辨识模型：

$$y(k)=\boldsymbol{\varphi}^{\mathrm{T}}(k)\boldsymbol{\theta}+e(k) \tag{1.34}$$

对于输入非线性输出误差滑动平均系统的辨识，近年来涌现出的辨识方法也层出不穷，如基于极大似然原理的辨识方法、迭代辨识方法以及基于辅助模型技术的辨识方法等，相关研究成果见文献[113-120]。针对有限脉冲响应滑动平均 Hammerstein 系统，文献[113]基于关键项分离技术，提出了极大似然随机梯度估计方法。针对具有状态时滞的 Hammerstein 系统，文献[114]研究了基于梯度迭代参数估计方法和基于最小二乘迭代参数估计方法。文献[115]利用引力搜索算法和迭代辨识技术研究了 Hammerstein 有限脉冲响应滑动平均系统的辨识问题。基于组合信号源理论，文献[116,117]研究了滑动平均噪声干扰下 Hammerstein 系统的分离辨识。

为了解决输入非线性输出误差滑动平均系统的中间变量不可测量问题，辅助模型技术得到了广泛的应用。针对 MIMO Hammerstein 系统，文献[118]将多新息辨识理论和辅助模型技术相结合，提出了一种基于辅助模型的多新息递推最小二乘估计辨识方法。利用多新息辨识理论，文献[119]提出了一种基于辅助模型的递归增广最小二乘算法和一种基于辅助模型的多新息增广最小二乘算法。文献[120]通过利用设计的组合式信号实现了 Hammerstein 输出误差滑动平均系统中静态非线性模块和动态线性模块的分离，解决了中间变量不可测问题。

1.4.6 输入非线性输出误差自回归系统辨识

考虑如图 1.10 所示的一类输入非线性输出误差自回归系统[121-124]：

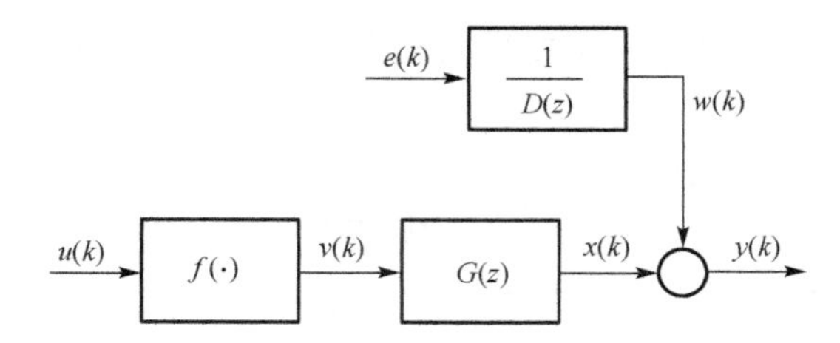

图 1.10 输入非线性输出误差自回归系统结构示意图

根据图 1.10 所示，输入非线性输出误差自回归系统的数学表达式表示如下：

$$\begin{aligned}&y(k)=G(z)v(k)+\frac{1}{D(z)}e(k)\\&D(z)=1+d_1z^{-1}+d_2z^{-2}+\cdots+d_{n_d}z^{-n_d}\end{aligned} \tag{1.35}$$

假设静态非线性模块 $f(\cdot)$ 采用多项式模型（参照 1.4.1 节），动态线性模块采用 ARX 模型（参照 1.4.1 节）。

定义未知变量 $x(k)$ 和噪声模型输出 $w(k)$ 为

$$x(k)=G(z)v(k) \tag{1.36}$$

$$w(k)=\frac{1}{D(z)}e(k) \tag{1.37}$$

则式(1.35)可以改写成：

$$\begin{aligned} y(k)=&-a_1x(k-1)-\cdots-a_{n_a}x(k-n_a)+b_1p_1u(k-1)+b_1p_2u^2(k-1)+\cdots \\ &+b_1p_ru^r(k-1)+b_2p_1u(k-2)+b_2p_2u^2(k-2)+\cdots+b_{n_b}p_ru^r(k-n_b) \\ &-d_1e(k-1)-d_2e(k-2)-\cdots-d_{n_d}e(k-n_d)+e(k) \end{aligned} \tag{1.38}$$

定义参数向量 $\boldsymbol{\theta}$ 和包含噪声的信息向量 $\boldsymbol{\varphi}(k)$：

$$\boldsymbol{\theta}=[a_1,\cdots,a_{n_a},b_1p_1,b_1p_2,\cdots,b_1p_r,b_2p_1,\cdots,b_2p_r,\cdots,b_{n_b}p_r,d_1,\cdots,d_{n_d}]^{\mathrm{T}} \tag{1.39}$$

$$\begin{aligned} \boldsymbol{\varphi}(k)=&[-x(k-1),\cdots,-x(k-n_a),u(k-1),u^2(k-1),\cdots,u^r(k-1), \\ &u(k-2),\cdots,u^r(k-2),\cdots,u^r(k-n_b),e(k-1),\cdots,e(k-n_d)]^{\mathrm{T}} \end{aligned} \tag{1.40}$$

结合上式，可以得到输入非线性输出误差自回归系统的辨识模型：

$$y(k)=x(k)+w(k)=\boldsymbol{\varphi}^{\mathrm{T}}(k)\boldsymbol{\theta}+e(k) \tag{1.41}$$

对于输入非线性输出误差自回归系统的辨识，相关研究成果见文献[121-124]。近年来，为了改善有色输出噪声干扰下 Hammerstein 系统的辨识精度，数据滤波技术得到了广泛运用。文献[121]将滤波技术与多新息辨识理论相结合，研究了基于滤波的多新息随机梯度算法。文献[122]结合多新息辨识理论和数据滤波技术，提出了一种基于数据滤波的多新息随机梯度算法，以提高随机梯度算法的参数估计精度。

此外，文献[123]结合多信号源分离原理和辅助模型技术，研究了基于神经模糊的 Hammerstein 输出误差自回归系统的参数辨识问题。根据最大似然原理和 Levenberg-Marquardt 优化方法，文献[124]研究了 Hammerstein 输出误差自回归系统的参数估计问题，提出了一种利用变区间输入输出数据的最大似然 Levenberg- Marquardt 算法。

1.4.7　输入非线性输出误差自回归滑动平均系统辨识

考虑如图 1.11 所示的输入非线性输出误差自回归滑动平均系统[125-127]：

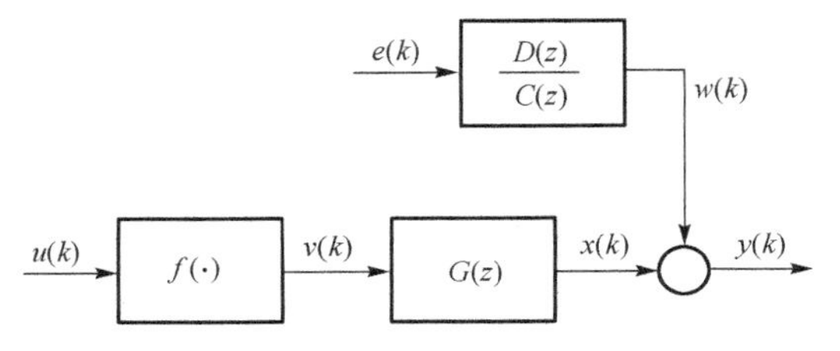

图 1.11　输入非线性输出误差自回归滑动平均系统结构示意图

根据图 1.11 所示，输入非线性输出误差自回归滑动平均系统的输入输出关系如下：

$$\begin{aligned} y(k) &= G(z)v(k) + \frac{D(z)}{C(z)}e(k) \\ C(z) &= 1 + c_1 z^{-1} + c_2 z^{-2} + \cdots + c_{n_c} z^{-n_c} \\ D(z) &= 1 + d_1 z^{-1} + d_2 z^{-2} + \cdots + d_{n_d} z^{-n_d} \end{aligned} \tag{1.42}$$

假设静态非线性模块 $f(\cdot)$ 采用多项式模型(参照 1.4.1 节)表示，动态线性模块采用 ARX 模型(参照 1.4.1 节)表示。

定义未知变量 $x(k)$ 和噪声模型输出 $w(k)$ 为

$$x(k) = G(z)v(k) \tag{1.43}$$

$$w(k) = \frac{D(z)}{C(z)}e(k) \tag{1.44}$$

则式(1.42)可以改写成：

$$\begin{aligned} y(k) = &-a_1 x(k-1) - \cdots - a_{n_a} x(k-n_a) + b_1 p_1 u(k-1) + b_1 p_2 u^2(k-1) + \cdots \\ &+ b_1 p_r u^r(k-1) + b_2 p_1 u(k-2) + \cdots + b_{n_b} p_r u^r(k-n_b) - c_1 w(k-1) - \cdots \\ &- c_{n_c} w(k-n_c) + d_1 e(k-1) + \cdots + d_{n_d} e(k-n_d) + e(k) \end{aligned} \tag{1.45}$$

定义参数向量 $\boldsymbol{\theta}$ 和包含系统不可测变量的信息向量 $\boldsymbol{\varphi}(k)$：

$$\boldsymbol{\theta} = [a_1, \cdots, a_{n_a}, b_1 p_1, b_1 p_2, \cdots, b_1 p_r, b_2 p_1, \cdots, b_2 p_r, c_1, \cdots, c_{n_c}, d_1, \cdots, d_{n_d}]^{\mathrm{T}} \tag{1.46}$$

$$\begin{aligned} \boldsymbol{\varphi}(k) = [&-x(k-1), \cdots, -x(k-n_a), u(k-1), u^2(k-1), \cdots, u^r(k-1), u(k-2), \cdots, \\ &u^r(k-2), \cdots, u^r(k-n_b), -w(k-1), \cdots, -w(k-n_c), e(k-1), \cdots, e(k-n_d)]^{\mathrm{T}} \end{aligned} \tag{1.47}$$

结合上式，可以得到输入非线性输出误差自回归滑动平均系统辨识模型：

$$y(k) = x(k) + w(k) = \boldsymbol{\varphi}^{\mathrm{T}}(k)\boldsymbol{\theta} + e(k) \tag{1.48}$$

对于输入非线性输出误差自回归滑动平均系统的辨识，相关研究成果见文献[125-127]。文献[125]提出了一种松弛迭代辨识方法。针对 MISO Hammerstein 模型在相关测量噪声情况下的辨识问题，文献[126]将非线性模型转化为参数的输入输出线性模型，推导了初始实现和噪声模型的一致估计。考虑到输入非线性输出误差自回归滑动平均系统的动态线性模块是一类 FIR 模型，文献[127]推导了一种牛顿迭代辨识算法。

1.5 输入非线性方程误差类系统辨识

对于块结构非线性动态系统，输入非线性方程误差类系统是指静态非线性模块在动态线性模块之前，且系统的过程中受到不同类型噪声干扰的一类系统，即

Hammerstein 系统，这类系统主要包括：输入非线性方程误差系统和输入非线性方程误差受控自回归系统等。

考虑如图 1.12 所示的一类输入非线性方程误差类系统[128]，其过程噪声是白噪声。

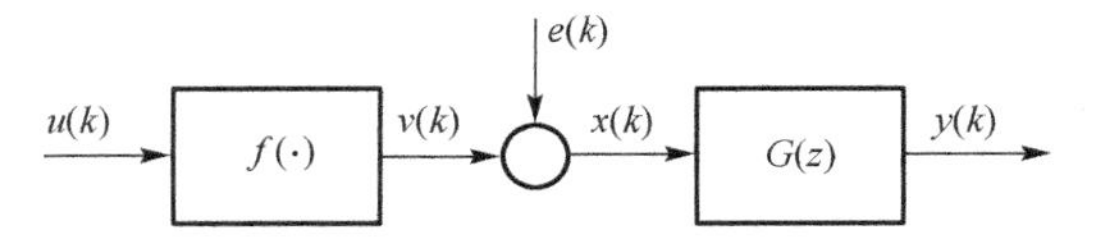

图 1.12　输入非线性方程误差类系统结构示意图

根据图 1.12 所示，输入非线性方程误差类系统的输入输出关系表示如下：

$$y(k)=G(z)\times(v(k)+e(k)) \tag{1.49}$$

假设静态非线性模块 $f(\cdot)$ 采用多项式模型(参照 1.4.1 节)，动态线性模块采用 ARX 模型(参照 1.4.1 节)，则式(1.49)可以改写为

$$\begin{aligned}y(k)=&-a_1y(k-1)\cdots-a_{n_a}y(k-n_a)+b_1p_1u(k-1)+b_1p_2u^2(k-1)+\cdots\\&+b_1p_ru^r(k-1)+b_2p_1u(k-2)+b_2p_2u^2(k-2)+\cdots+b_{n_b}p_ru^r(k-n_b)\\&+b_1e(k-1)+b_2e(k-2)+\cdots+b_{n_b}e(k-n_b)\end{aligned} \tag{1.50}$$

定义参数向量 $\boldsymbol{\theta}$ 和信息向量 $\boldsymbol{\varphi}(k)$：

$$\boldsymbol{\theta}=[a_1,\cdots,a_{n_a},b_1p_1,b_1p_2,\cdots,b_1p_r,b_2p_1,\cdots,b_2p_r,\cdots,b_{n_b}p_r,b_1,\cdots,b_{n_b}]^{\mathrm{T}} \tag{1.51}$$

$$\begin{aligned}\boldsymbol{\varphi}(k)=&[-y(k-1),\cdots,-y(k-n_a),u(k-1),u^2(k-1),\cdots,u^r(k-1),\\&u(k-2),\cdots,u^r(k-2),\cdots,u^r(k-n_b),e,(k-1),\cdots,e(k-n_b)]^{\mathrm{T}}\end{aligned} \tag{1.52}$$

根据上述描述，可以得到输入非线性方程误差类系统的辨识模型：

$$y(k)=\boldsymbol{\varphi}^{\mathrm{T}}(k)\boldsymbol{\theta} \tag{1.53}$$

对于输入非线性方程误差类系统的辨识，相关研究成果见文献[128-132]。文献[128]利用带额外输入的自回归移动平均(autoregressive moving average with extra input，ARMAX)模型建立 Hammerstein 系统的动态线性模块，利用静态增益与非线性噪声源的和近似静态非线性模块，研究了 ARMAX 方法对 Hammerstein 系统的初始估计。文献[129]将文献[115]中的白噪声扩展为一类有色噪声，即自回归滑动平均(autoregressive moving average，ARMA)噪声，基于数据滤波技术，提出了一种基于辅助模型的递推最小二乘参数估计算法。

近年来，多输入多输出输入非线性方程误差类系统的辨识也受到了广泛的关注。针对过程噪声干扰的多变量 Hammerstein 系统，文献[130]研究了两步辨识方法。基于广义 Yule-Walker 方程和系统信号的相关性，文献[131]提出了线性子系统未知系数估计的递推算法。针对含有过程噪声的多输入多输出神经模糊 Hammerstein 系统，基于独立可分离信号和随机多步信号构成的组合式信号，文献[132]提出了相关性分析辨识算法，实现了动态线性模块与静态非线性模块的分离辨识。

1.6　输出非线性输出误差类系统辨识

对于块结构非线性动态系统，输出非线性输出误差类系统是指动态线性模块在静态非线性模块之前，且系统的输出端受到不同类型噪声干扰的一类系统，即 Wiener 系统。

考虑如图 1.13 所示的一类输出非线性输出误差系统[133-136]，其输出是白噪声序列。

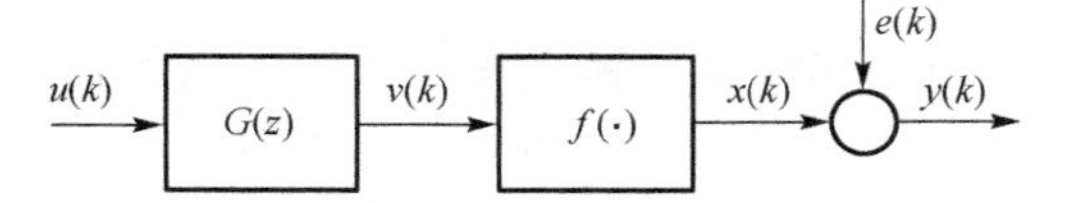

图 1.13　输出非线性输出误差系统结构示意图

根据图 1.13 所示，输出非线性输出误差系统的输入输出关系表示如下：

$$y(k) = f(G(z)u(k)) + e(k) \tag{1.54}$$

假设静态非线性模块 $f(\cdot)$ 采用多项式模型(参照 1.4.1 节)，动态线性模块采用 ARX 模型(参照 1.4.1 节)。

定义未知变量 $x(k) = f(v(k))$，则有

$$v(k) = f^{-1}(x(k)) = q_1 x(k) + q_2 x^2(k) + \cdots + q_r x^r(k) \tag{1.55}$$

由 $v(k) = \dfrac{B(z)}{A(z)} u(k)$，可得

$$q_1 x(k) + \cdots + q_r x^r(k) = -a_1 v(k-1) - \cdots - a_{n_a} v(k-n_a) + b_1 u(k-1) + \cdots + b_{n_b} u(k-n_b) \tag{1.56}$$

其中，一般假设 $q_1 = 1$，则式(1.54)可以改写成：

$$\begin{aligned} y(k) = & -a_{n_a} v(k-n_a) - \cdots - a_1 v(k-1) + b_1 u(k-1) + \cdots \\ & + b_{n_b} u(k-n_b) - q_2 x^2(k) - \cdots - q_r x^r(k) + e(k) \end{aligned} \tag{1.57}$$

定义参数向量 $\boldsymbol{\theta}$ 和信息向量 $\boldsymbol{\varphi}(k)$：

$$\boldsymbol{\theta} = [a_1, \cdots, a_{n_a}, b_1, \cdots, b_{n_b}, q_2, \cdots, q_r]^{\mathrm{T}} \tag{1.58}$$

$$\boldsymbol{\varphi}(k) = [-v(k-1), \cdots, -v(k-n_a), u(k-1), \cdots, u(k-n_b), -x^2(k), \cdots, -x^r(k)]^{\mathrm{T}} \tag{1.59}$$

基于上述描述，可以得到输出非线性输出误差系统的辨识模型：

$$y(k) = \boldsymbol{\varphi}^{\mathrm{T}}(k)\boldsymbol{\theta} + e(k) \tag{1.60}$$

对于输出非线性输出误差系统的辨识，相关研究成果见文献[133-138]。文献[133]将网络权值对应于 Wiener 系统中的参数，通过网络迭代训练得到系统参数。文献[134]基于随机梯度和核最小二乘理论，提出了 Wiener 系统的直接辨识法。文献[135]研

$$y(k)=\boldsymbol{\varphi}^{\mathrm{T}}(k)\boldsymbol{\theta}+e(k) \tag{1.77}$$

子空间辨识方法、迭代辨识方法以及递推辨识方法是输入输出非线性方程误差类系统的主流辨识方法。文献[160]研究了 Hammerstein-Wiener 系统子空间辨识的数据驱动预测控制方法。基于关键项分离原理，文献[161]利用修正的递推最小二乘方法对 Hammerstein-Wiener 模型内部变量进行迭代估计。基于核典型相关分析原理，文献[162]研究了在开环和闭环条件下 MIMO Hammerstein-Wiener 系统的子空间辨识问题。针对含有过程噪声的 Hammerstein-Wiener 系统，文献[163]提出了一种松弛迭代辨识法。文献[164]提出了一种改进在线两阶段辨识方法。文献[165]提出了递归辨识算法。文献[166]使用迭代采样方案，提出了一种递推算法。此外，针对含有过程噪声和输出噪声的 Hammerstein-Wiener 模型，文献[167]提出了一种基于最大似然辨识方法。

针对受不同有色过程噪声干扰的输入输出非线性系统的辨识问题，文献[67, 168-170]相继提出了不同的辨识方法。考虑到自回归滑动平均过程噪声的干扰，文献[67]采用基于反向传播的梯度法联合确定离散时间模糊 Hammerstein-Wiener 系统的参数和内部变量。基于数据滤波技术，文献[168]推导了基于数据滤波的递推广义增广最小二乘算法。为了提高 Hammerstein-Wiener ARMAX 模型的辨识精度，文献[169]提出了一种带遗忘因子的增广随机梯度算法。针对自回归过程噪声干扰的 Hammerstein-Wiener 系统，文献[170]提出了一种盲辨识方法。

近年来，基于可分离信号和随机信号的组合信号理论被用于 Hammerstein-Wiener 模型的辨识。这类辨识方法的主要思想是通过设计不同激励信号的组合，来解决 Hammerstein-Wiener 系统的可辨识性问题和各串联模块的参数辨识分离问题。图 1.17 给出了输入 $u(k)$ 和中间变量 $v(k)$ 在高斯信号下的相关函数关系，即可分离原理。当静态非线性模块的输入 $u(k)$ 为可分离信号(高斯信号、正弦信号、二进制信号)时，则存在常数 b_0 使得 $R_{vu}(\tau)=b_0R_u(\tau),\tau\in Z$ 成立。其中，$R_{vu}(\tau)=E(v(k)u(k-\tau))$ 表示输入 $u(k)$ 和中间不可测变量 $v(k)$ 的互相关函数，$R_u(\tau)=E(u(k)u(k-\tau))$ 表示输入 $u(k)$ 的自相关函数，b_0 为常数。因此，能够实现 Hammerstein-Wiener 系统的参数分离辨识。这方面的研究成果见文献[33,171-174]。

针对一类基于 FIR 模型的神经模糊 Hammerstein-Wiener 系统辨识问题，文献[33, 171,172]提出了有效的三阶段辨识方法。文献[33]考虑了滑动平均噪声的干扰，提出了一种新的三阶段辨识方法。针对含有过程扰动的 Hammerstein-Wiener 模型，文献[171]提出了一种相关最小二乘参数学习方法，并利用辨识的 Hammerstein-Wiener 模型对连续搅拌反应器(continuous stirred tank reactor，CSTR)非线性工业过程进行控制。为了提高 Hammerstein-Wiener 系统的辨识精度，文献[172]引入多新息辨识理论，研究了多新息增广随机梯度辨识方法。

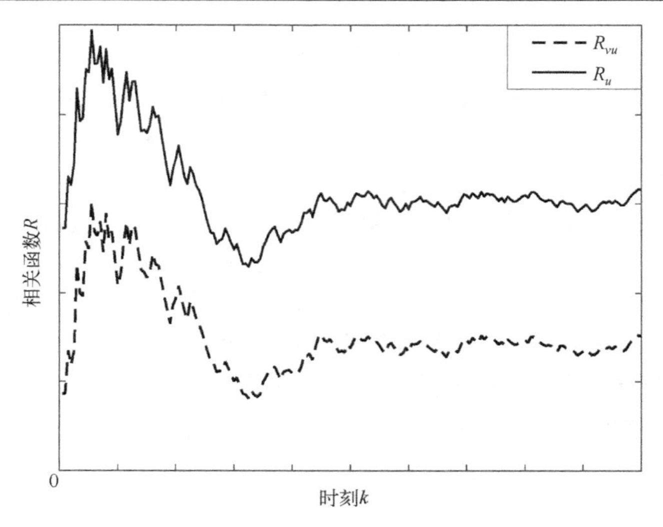

图 1.17 高斯信号在静态非线性模块下的相关函数关系

针对一类基于 ARX 模型的神经模糊 Hammerstein-Wiener 系统辨识问题，文献[173,174]提出了有效的两阶段辨识方法。针对含有色噪声的非线性 Hammerstein-Wiener 模型，文献[173]提出了一种基于组合式信号源的辨识方法。文献[174]分析了有色过程噪声模型在不同时刻间的自相关性，提出了有色过程噪声干扰下的 Hammerstein-Wiener 模型的多信号源辨识方法。

1.9 基于块结构非线性系统的控制系统设计

块结构非线性动态系统是一类具有特定结构的典型非线性系统，利用这类系统的特殊结构可以将非线性控制问题转化为线性模型预测问题，便于现场操作人员理解。因此，研究这类非线性动态系统的辨识与控制具有实际应用价值。

1.9.1 基于 Hammerstein 系统的控制系统设计

Hammerstein 非线性系统由静态非线性模块和动态线性模块串联而成，非线性模块逆 $f^{-1}(\cdot)$ 的作用是将原非线性系统近似为线性系统。在此基础上设计的控制系统如图 1.18 所示，通过系统的特殊结构简化了控制系统的设计。

文献[18,175-177]等研究了基于Hammerstein系统的非线性预测控制系统，如图 1.18 所示，其中，u、y、v 分别为 Hammerstein 系统的输入、输出和中间不可测变量，y_{sp} 为设定值，$\hat{y}$ 为 Hammerstein 系统的输出。文献[175]提出了基于 Hammerstein 系统的非线性预测函数控制策略，其中，非线性控制器由一个线性的预测函数控制器

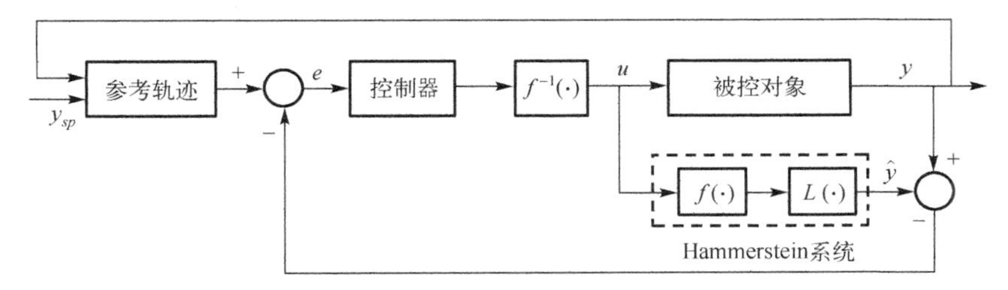

图 1.18　基于 Hammerstein 系统的非线性预测控制系统

和 Hammerstein 系统的非线性部分的逆组成，使线性控制器的输出与闭环系统内部系统线性部分的输入完全一致，实现了非线性预测函数控制策略只需线性优化而不需要非线性滚动优化。文献[176]提出了一种多变量构造性模型预测控制策略，通过 Raccati 方程构造出线性模块的控制李雅普诺夫函数，在此基础上定义了 Hammerstein 系统的有限时域滚动优化控制问题，从而可采用预测控制理论解决 Hammerstein 系统的控制，并建立了闭环系统渐近稳定的充分条件，该设计方法适用于具有状态、输入和中间变量约束的连续时间 Hammerstein 系统。文献[177]提出了一种新型非线性 Hammerstein 系统动态矩阵控制算法，将动态矩阵控制策略推广到特殊的具有串级结构的 Hammerstein 系统中，该控制方案不仅具有良好的控制响应，还具有较好的稳定性和鲁棒性。

文献[178]研究基于 Hammerstein 模型的鲁棒控制系统，如图 1.19 所示，其中，$\Delta(\cdot)$ 为规范化不确定性，$W(\cdot)$ 为加权函数，$\tilde{L}(\cdot)$ 为实际 Hammerstein 系统的线性模块。为了提高跟踪控制精度，采用了包含回路补偿和前馈补偿的二自由度控制结构，保证闭环系统稳定且具有较强的抗干扰性能，提高系统对输入参考信号的渐近跟踪性能。在此基础上，补偿 Hammerstein 系统的非线性部分，从而可以利用线性系统的鲁棒控制方法。

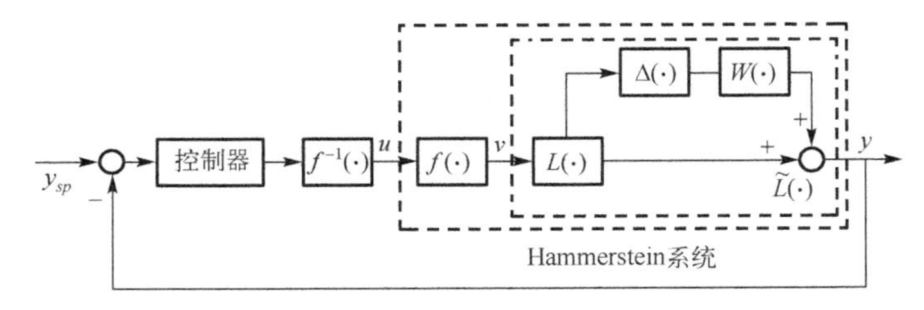

图 1.19　基于 Hammerstein 系统的鲁棒控制系统

1.9.2　基于 Wiener 系统的控制系统设计

Wiener 非线性系统由动态线性模块和静态非线性模块串联而成，假定非线性模块的逆存在，即有 $v = f^{-1}(f(v))$，其中，$f^{-1}(\cdot)$ 为逆函数。因此可以采用线性模型预测控制(linear model predictive control，LMPC)来获取期望的模型输出，如图 1.20 所示。LMPC 可以采用式(1.78)来描述[179]。

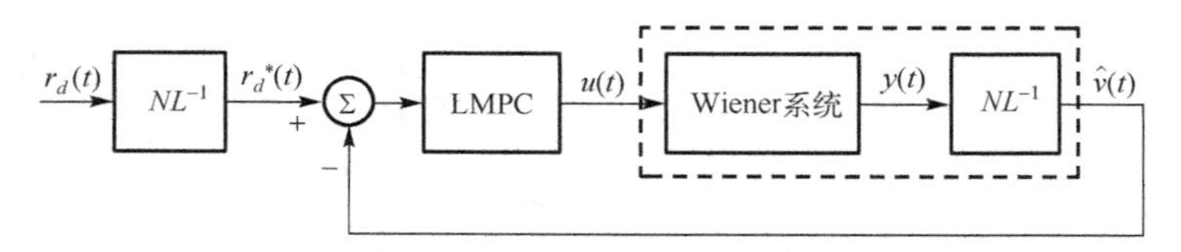

图 1.20　基于 Wiener 系统的非线性预测控制

$$
\min J_2(\boldsymbol{U}(t\mid t)) = \left\|\boldsymbol{r}_d^*(t+1) - \hat{\boldsymbol{v}}_P(t+1\mid t)\right\|_{\boldsymbol{Q}}^2 + \left\|\Delta\boldsymbol{U}(t+1\mid t)\right\|_{\boldsymbol{R}}^2
$$

$$
\text{s.t.}\begin{cases}\hat{\boldsymbol{v}}_p(t+1\mid t) = \hat{\boldsymbol{v}}_p(\boldsymbol{U}(t\mid t)) \\ \boldsymbol{U}^{\text{low}} \leqslant \boldsymbol{U}(t\mid t) \leqslant \boldsymbol{U}^{\text{up}} \\ \boldsymbol{Y}^{\text{low}} \leqslant \boldsymbol{Y} \leqslant \boldsymbol{Y}^{\text{up}}\end{cases} \tag{1.78}
$$

其中，$r_d^*(t+i) = f^{-1}\left(r_{\text{d}}(t+i)\right)$，$\boldsymbol{r}_d^*(t+1) = \begin{bmatrix} r_d^*(t+1) \\ r_d^*(t+2) \\ \vdots \\ r_d^*(t+P) \end{bmatrix}$，$\hat{\boldsymbol{v}}(t+i\mid t) = f^{-1}(\hat{y}(t+i)\mid t)$，

$\hat{\boldsymbol{v}}_P(t+1) = \begin{bmatrix} \hat{v}(t+1\mid t) \\ \hat{v}(t+2\mid t) \\ \vdots \\ \hat{v}(t+P\mid t) \end{bmatrix}$，$\Delta\boldsymbol{U}(t\mid t) = \begin{bmatrix} u(t\mid t) - u(t-1\mid t-1) \\ u(t+1\mid t) - u(t\mid t) \\ \vdots \\ u(t+P-1\mid t) - u(t+P-2\mid t) \end{bmatrix}$。$\boldsymbol{U}^{\text{low}}$、$\boldsymbol{U}^{\text{up}}$、$\boldsymbol{Y}^{\text{low}}$ 及 $\boldsymbol{Y}^{\text{up}}$ 分别为输入和输出的上下界。P 为预测水平，$\boldsymbol{Q} = q_1 \times \boldsymbol{I}_p$ 和 $\boldsymbol{R} = r_1 \times \boldsymbol{I}_p$ 分别为权重矩阵，$\hat{y}$ 为预测输出。

文献[42,179]研究了基于 Wiener 系统的非线性预测控制系统。文献[42]针对 Wiener 系统描述的动态过程，讨论了具有连续在线模型或轨迹线性化的模型预测控制算法。文献[179]利用神经模糊 Wiener 模型建立连续搅拌釜式反应器系统，并提出了一种相关分析辨识方法，在此基础上采用线性模型预测控制对 CSTR 过程进行预测控制。

1.9.3　基于 Hammerstein-Wiener 系统的控制系统设计

Hammerstein-Wiener 模型由输入静态非线性模块 $f(\cdot)$、动态线性模块 $L(\cdot)$ 和输出静态非线性模块 $g(\cdot)$ 三部分串联而成。由于该系统结构中包含了 Hammerstein 系统和 Wiener 系统两种结构，它比 Hammerstein 系统和 Wiener 系统中的任意一种更能有效地近似实际工业过程中的非线性特性。通过输入静态非线性模块逆 $f^{-1}(\cdot)$ 和输出静态非线性模块逆 $g^{-1}(\cdot)$ 的作用，将 Hammerstein-Wiener 系统近似为线性系统，如图 1.21 所示。在此基础上，可以利用线性控制器进行控制。

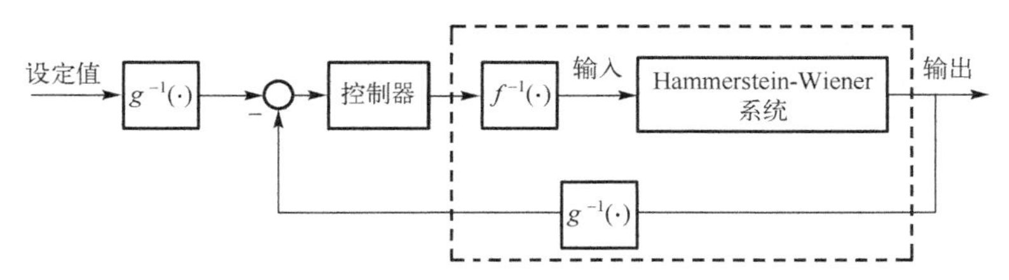

图 1.21　基于 Hammerstein-Wiener 系统的控制系统

文献[160]基于子空间辨识，研究了一种新的基于数据驱动 Hammerstein-Wiener 系统预测控制方法。对于受约束的 Hammerstein-Wiener 系统，基于分段李雅普诺夫函数，文献[180]研究了非线性预测控制算法。文献[181]提出一种基于神经网络的模型预测控制策略，采用分段最小二乘支持向量机辨识 Hammerstein-Wiener 模型系数的方法，在此基础上建立线性自回归模式结构和高斯径向基神经网络串联的非线性预测控制器。文献[182]利用 Hammerstein-Wiener 模型的结构特性，提出一种用静态非线性环节逆模型补偿的线性预测控制策略。文献[183]研究了多输入多输出 Hammerstein-iener 非线性模型预测控制算法。

此外，文献[33]基于神经模糊模型，研究了神经模糊模型 Hammerstein-Wiener 系统的控制方法，并将其应用于连续搅拌釜式反应器系统的浓度控制。文献[156]研究了一类带有测量噪声的随机 Hammerstein-Wiener 系统的自适应控制。

总之，基于块结构非线性系统的控制系统可以通过系统辨识的方法补偿非线性模块，从而非线性系统的控制问题就可以通过成熟的线性系统方法来解决。因此，块结构非线性系统的相关研究工作大多还集中在系统辨识方面。

1.10　块结构非线性动态系统研究中存在的关键问题

根据对块结构非线性动态系统理论及应用中存在的问题和近期研究动态的分析可以看出，应考虑实际工业过程的综合复杂性，缩小现有块结构非线性动态系统理论与实际应用的差距。近年来，针对块结构非线性动态系统的辨识研究仍在不断地深入和发展中。尽管本书作者在块结构非线性动态系统的辨识研究上取得了一些阶段性的成果，但认为在该研究领域还存在以下几个方面的关键问题值得进一步研究与探讨。

(1)融合机理信息的噪声干扰下块结构模型研究。

在实际工业过程中，常规的建模方法一般只适用于工况变化范围较小的情况。然而，当实际过程的生产计划或者物料发生改变时，往往需要建立新的模型来满足新工况的要求。良好的模型能够有效掌握过程的机理知识，有助于实际过程的研究，使得研究成果更贴近于实际问题。因此，将机理信息运用到噪声干扰下的块结构系统中是值得深入研究的课题。

(2) 知识和数据共同驱动的建模研究。

过程工业大数据面临的挑战在于挖掘价值密度低的大数据中蕴含的知识，但知识不是直接呈现在数据里，而是呈现于用于揭示数据的模型。对于过程工业中相对复杂的数据建模问题，需要更深入的数据建模方法。因此，研究知识和数据共同驱动的建模具有重要意义。

(3) 多变量块结构系统研究。

在块结构非线性系统研究中，对于单输入单输出、多输入单输出系统的辨识方法研究较多，但对于多输入多输出结构系统的研究还相对较少。现代工业过程具有多变量、变量间非线性和强耦合的特点，迫切需要利用变量间的耦合关系来建立能够准确反映实际动态特性的系统。因此，研究多变量系统的块结构系统具有重要的理论研究和实际应用价值。

(4) 深度学习建模研究。

神经网络、模糊系统和神经模糊模型等方法具有拟合复杂非线性函数的能力，但在训练中容易受到局部最优等问题的影响，有时并不能准确描述复杂非线性动态系统。近年来，深度学习模型通过有监督或无监督的学习方式，能够逐层、自动地学习目标的特征表示，实现对物体层次化的抽象和描述，具有强大的表征和建模能力，是目前的研究热点。

1.11　全 书 概 况

本书从块结构非线性动态系统的中间变量信息不可测量和存在随机噪声干扰的角度出发，分析了输出误差类系统和方程误差类系统在线性变换和非线性变换下的特性，系统地提出块结构非线性动态系统的描述和辨识新方法。主要包括采用神经模糊模型建立系统的串联模块模型、利用信号与系统理论实现系统各串联模块的分离、利用动态补偿技术补偿系统过程噪声或者输出噪声产生的误差、利用多新息理论改善系统的辨识精度等。

本书第一部分(第 1 章)介绍了块结构非线性动态系统模型的描述与辨识，综述了输入非线性输出误差类和方程误差类系统(Hammerstein 系统)、输出非线性输出误差类和方程误差类系统(Wiener 系统)，以及输入输出非线性输出误差类和方程误差类系统(Hammerstein-Wiener 系统)的研究分析方法，分析了现有的 Hammerstein 系统、Wiener 系统以及 Hammerstein-Wiener 系统的控制系统设计，并对块结构系统研究中存在的关键问题进行了讨论。

本书中其余的章节分为四部分，其中，第二部分包括第 2～4 章，介绍了 Hammerstein 非线性动态系统辨识方法[18,69,77,86-89,108-114]；第三部分包括第 5 章，介绍了 Wiener 非线性动态系统辨识方法[37,181]；第四部分包括第 6～8 章，重点介绍 Hammerstein-Wiener 非线性动态系统辨识方法[33,173-176]；第五部分包括第 9 章，主要介绍块结构非线性动态系统的应用。本书在《基于组合式信号源的块结构模型辨识方法》的基础上进一步研究了含有时滞和相关噪声的 Hammerstein 系统、有色过程噪声扰动的 Hammerstein-Wiener 系统，并将提出的辨识方法应用到柔性机械臂系统和风力发电系统中。

本书第二部分～第五部分的主要内容如下所述。

第二部分：Hammerstein 非线性动态系统辨识方法。

第 2 章研究基于组合信号的 Hammerstein 输出误差系统辨识方法。在研究中，分析了二进制信号和可分离信号在静态非线性模块作用下的特性，设计了二进制-随机信号和可分离-随机信号，实现了 Hammerstein 系统的参数辨识分离。本章中的每小节摘要如下。

(1) 基于二进制-随机信号的 Hammerstein 输出误差系统辨识。

提出了一种基于二进制-随机组合信号的神经模糊 Hammerstein 输出误差系统辨识方法。首先，利用最小二乘方法辨识动态线性模块的未知参数。其次，利用聚类算法计算神经模糊模型的中心和宽度。为了补偿输出噪声产生的误差，推导了偏差补偿递推最小二乘算法。

(2) 状态空间模型下的 Hammerstein 输出误差系统辨识。

提出了一种状态空间模型下的 Hammerstein 输出误差系统辨识方法。首先，采用递推最小二乘法估计线性模块的参数。此外，利用聚类算法和多新息理论辨识非线性模块参数。

(3) 时滞 Hammerstein 输出误差系统多信号源辨识。

提出了一种时滞 Hammerstein 输出误差系统辨识方法。研究中，利用单位后移算子的性质将时滞状态空间模型转化为输入输出的数学表达式。

(4) 基于概率密度函数的 Hammerstein 系统辨识。

提出了基于概率密度函数技术的神经模糊 Hammerstein 系统辨识方法，利用设定的目标概率密度函数和模型误差概率密度函数的误差作为准则函数，优化神经模糊模型的权重。

(5) 基于可分离-随机信号的神经模糊 Hammerstein 系统辨识。

提出了基于可分离-随机信号的 Hammerstein 输出误差系统辨识方法。首先，利用相关性分析法辨识线性模块的参数。其次，采用偏差补偿递推最小二乘算法估计非线性模块的参数。

(6) 基于时滞 Hammerstein 系统的非迭代辨识。

提出了一种时滞 Hammerstein 系统的非迭代辨识方法。首先，利用单位后移算子的性质，将时滞状态空间模型转化为输入输出的数学表达式，在此基础上采用相关分析方法估计线性模块的参数。此外，利用聚类算法和推导的解析法辨识静态非线性模块的参数。

第 3 章在第 2 章的研究基础上，基于神经模糊模型研究了有色噪声干扰下 Hammerstein 系统辨识方法。在研究中，利用增广原理、数据滤波、辅助模型等技术改善系统的辨识精度。罗印升教授参与了本章 3.2 节和 3.3 节内容的撰写，每小节摘要如下。

(1) 自回归噪声干扰下 Hammerstein 系统辨识。

提出了基于二进制-随机组合信号的含有自回归噪声扰动的 Hammerstein 系统两阶段辨识方法。在第一阶段，利用递推最小二乘算法估计动态线性模块的未知参数。在第二阶段，采用聚类算法和粒子群优化算法学习非线性模块参数。

(2) 自回归滑动平均噪声干扰下 Hammerstein 系统辨识。

首先，利用递推增广最小二乘辨识动态线性模块和噪声模型的参数。其次，利用辅助模型的输出和噪声变量的估计值分别代替中间变量和噪声变量，推导了辅助模型递推增广最小二乘算法。

(3) 滑动平均噪声干扰下 Hammerstein 系统辨识。

将 3.2 节中的组合信号拓展为可分离-随机信号，提出了滑动平均噪声干扰下 Hammerstein 系统辨识方法。利用相关分析技术和滤波递推增广最小二乘算法辨识 Hammerstein 系统。

(4) 基于组合信号的有色噪声干扰下 Hammerstein 系统辨识。

提出了输出测量噪声干扰下 Hammerstein 系统辨识方法。研究中利用残差的估计值代替不可测变量，推导了递推增广最小二乘辨识方法。

(5) 自回归滑动平均噪声干扰下 Hammerstein 系统辨识及收敛性分析。

首先，采用相关性分析法和多新息增广随机梯度算法辨识 Hammerstein 系统，并利用随机鞅理论证明参数的估计值收敛到真实值。

第 4 章在第 3 章研究基础上，提出了相关噪声扰动的 Hammerstein 系统辨识方法。考虑了有色噪声模型在不同时刻的自相关性，在辨识过程中利用估计的噪声相关函数补偿有色噪声对 Hammerstein 系统产生的误差，从而得到 Hammerstein 系统参数的无偏估计。

第三部分：Wiener 非线性动态系统辨识方法。

第 5 章研究神经模糊 Wiener 系统辨识方法。在研究中，分析了高斯信号在动态线性模块和静态非线性模块作用下的统计特性，在此基础上设计高斯-随机信号的组合信号，实现了 Wiener 系统中串联模块的参数分离辨识。本章中的每小节摘要如下。

(1) 基于参数分离的神经模糊 Wiener 系统辨识。

首先，采用高斯信号实现 Wiener 系统的线性模块和非线性模块的参数辨识分离，并利用相关分析法和最小二乘辨识 Wiener 系统。

(2) 滑动平均噪声扰动的神经模糊 Wiener 系统辨识。

在研究中，利用相关分析方法和带遗忘因子递推增广随机梯度方法估计 Wiener 系统。

第四部分：Hammerstein-Wiener 非线性动态系统辨识方法。

第 6 章研究了过程噪声扰动的 Hammerstein-Wiener 系统辨识方法。在研究中分析了 Hammerstein-Wiener 系统在可分离信号作用下的统计特性，提出了三阶段分离辨识方法。

基于第 6 章研究，第 7 章提出了有色过程噪声下 Hammerstein-Wiener 系统辨识方法，改善了辨识精度。罗印升教授参与了本章 7.1 节和 7.3 节内容的撰写，每小节的摘要如下。

(1) 滑动平均噪声干扰的 Hammerstein-Wiener 系统辨识。

首先，利用相关分析方法和聚类方法辨识输出非线性模块参数。其次，利用最小二乘方法辨识线性模块参数。最后，利用多新息递推增广随机梯度方法辨识输入非线性模块参数。

(2) 滑动平均噪声下 Hammerstein-Wiener 系统辨识。

第一阶段利用基于相关函数的最小二乘和聚类方法辨识输出非线性模块参数，第二阶段利用最小二乘方法辨识线性模块参数，第三阶段利用递推增广最小二乘方法辨识输入非线性模块参数。

(3) Hammerstein-Wiener ARMAX 系统辨识。

在 7.2 节研究内容的基础上，考虑更为广泛的一类动态线性模型，即带外部输入的自回归滑动平均模型，提出了一种 Hammerstein-Wiener ARMAX 系统两阶段辨识方法。首先，采用相关分析方法辨识输出静态非线性模块和动态线性模块的参数。其次，利用辅助模型递推增广最小二乘方法辨识输入静态非线性模块和噪声模型的参数。最后，根据随机过程理论分析了 Hammerstein-Wiener ARMAX 系统的一致收敛性问题。

第 8 章在第 7 章研究的基础上，研究了相关噪声下 Hammerstein-Wiener ARMAX 系统辨识方法。在研究中，考虑了有色噪声模型在不同时刻的自相关性，在辨识过程中利用估计的噪声相关函数补偿相关噪声对 Hammerstein-Wiener ARMAX 系统产生的误差，从而实现 Hammerstein-Wiener ARMAX 系统参数的无偏估计。

第五部分：块结构非线性动态系统的应用。

第 9 章研究了块结构非线性动态系统在柔性机械臂和风力发电系统中的应用，基于柔性机械臂系统辨识数据库和风力发电系统数据库，利用前面章节中研究的 Hammerstein 系统、Wiener 系统以及 Hammerstein-Wiener 系统建立柔性机械臂系统和风力发电系统的模型，并利用提出的辨识方法辨识各类系统。

参考文献

[1] Bhandari N, Rollins D. Continuous-time Hammerstein nonlinear modeling applied to distillation[J]. AIChE Journal, 2004, 50: 530-533.

[2] Eskinat E, Johnson S H. Use of Hammerstein models in identification of nonlinear systems[J]. AIChE Journal, 1991, 37: 255-268.

[3] 邹志云，郭宇晴，王志甄，等. 非线性 Hammerstein 模型预测控制策略及其在 pH 中和过程中的应用[J]. 化工学报, 2012, 63(12): 3965-3970.

[4] Norquary S J, Palazoglu A, Romagnoli J A. Model predictive control based on Wiener models[J]. Chemical Engineering Science, 1998, 53(1): 75-84.

[5] Chen H T, Hwang S H, Chang C T. Iterative identification of continuous-time Hammerstein and Wiener systems using a two-stage estimation algorithm[J]. Industrial & Engineering Chemistry Research, 2009, 48(3): 1495-1510.

[6] Ramesh K, Hisyam A, Aziz N, et al. Nonlinear model predictive control of a distillation column using wavenet based Hammerstein model[J]. Engineering Letters, 2012, 20(4): 330-335.

[7] Biagiola S I, Figueroa J L. Identification of uncertain MIMO Wiener and Hammerstein models[J]. Computers and Chemical Engineering, 2011, 35(12): 2867-2875.

[8] Valarmathi R, Guruprasath M. System identification for a MIMO process[C]//2017 International Conference on Computation of Power, Energy Information and Communication, 2017: 435-441.

[9] Prsit D, Nedit N, Filipovit V, et al. Multilinear model of heat exchanger with Hammerstein structure[J]. Journal of Control Science and Engineering, 2016, (1): 1-7.

[10] Al-Dhaifallah M, Nisar K, Agarwal P, et al. Modeling and identification of heat exchanger process using least squares support vector machines[J]. Thermal Science, 2017, 21(6): 2859-2869.

[11] Haryanto A, Hong K S. Maximum likelihood identification of Wiener-Hammerstein models[J]. Mechanical Systems and Signal Processing, 2013, 41(1/2): 54-70.

[12] Kose A, Petlenkov E. Identification, implementation and simulation of ground source heat pump with ground temperature modeling[C]//15th Biennial Baltic Electronics Conference, 2016: 163-166.

[13] Li D Z, Jia Y X, Li Q S, et al. Identification and nonlinear model predictive control of MIMO Hammerstein system with constraints[J]. Journal of Central South University, 2017, 24(2): 448-458.

[14] Hyun-Ku R, In-Sik N, Jong M P. Application of Wiener type predictive controller to the continuous solution polymerization reactor[J]. Studies in Surface Science and Catalysis, 2006,

159: 861-864.

[15] Rollins D K, Bhandari N, Bassily A M, et al. A continuous-time nonlinear dynamic predictive modeling method for Hammerstein processes[J]. Industrial & Engineering Chemistry Research, 2003, 42(4): 860-872.

[16] Cervantes A L, Agamennoni O E, Figueroa J L. A nonlinear model predictive control system based on Wiener piecewise linear models[J]. Journal of Process Control, 2003, 13(7): 655-666.

[17] Naeem O, Huesman A E M. Nonlinear model approximation and reduction by new input-state Hammerstein block structure[J]. Computers and Chemical Engineering, 2011, 35(5): 758-773.

[18] Li F, Jia L, Peng D, et al. Neuro-fuzzy based identification method for Hammerstein output error model with colored noise[J]. Neurocomputing, 2017, 244: 90-101.

[19] Han Z, Cheng B, Wang C, et al. Identification of CSTR using extreme learning machine based Hammerstein-Wiener model[C]//3rd IEEE International Conference on Control Science and Systems Engineering, 2017: 733-736.

[20] Ławrynczuk M. Nonlinear predictive control of dynamic systems represented by Wiener-Hammerstein models[J]. Nonlinear Dynamics, 2016, 86: 1193-1214.

[21] Haeri M, Beik H Z. Application of extended DMC for nonlinear MIMO systems[J]. Computers and Chemical Engineering, 2005, 29(9): 1867-l874.

[22] Devi R V S, Nandini B M, Niharika M, et al. Broadband RF power amplifier modeling using an enhanced Wiener model[C]//IEEE International Conference on Computational Intelligence and Computing Research, 2017: 1-4.

[23] Ghannouchi F M, Taringou F, Hammi O. A dual branch Hammerstein-Wiener architecture for behavior modeling of wideband RF transmitters[C]//IEEE MTT-S International Microwave Symposium, 2010: 1692-1695.

[24] Oliver J A, Prieto R, Cobos J A, et al. Hybrid Wiener-Hammerstein structure for grey-box modeling of DC-DC converters[C]//Twenty-Fourth Annual IEEE Applied Power Electronics Conference and Exposition, 2009: 280-285.

[25] 刘栋, 陶涛, 梅雪松. 伺服系统 Hammerstein 非线性模型及参数辨识方法研究[J]. 西安交通大学学报, 2010, 44(3): 42-46.

[26] 黎波, 严骏, 刘安心, 等. 挖掘臂电液伺服系统非线性辨识[J]. 农业机械学报, 2012, 43(4): 20-25, 131.

[27] Zong T, Li J, Lu G. Auxiliary model-based multi-innovation PSO identification for Wiener-Hammerstein systems with scarce measurements[J]. Engineering Applications of Artificial Intelligence, 2021, 106: 104470.

[28] Hunter I W, Korenberg M J. The identification of nonlinear biological systems: Wiener and Hammerstein cascade models[J]. Biological Cybernetics, 1986, 55: 135-144.

[29] Giri F, Bai E W. Block-Oriented Nonlinear System Identification[M]. Berlin: Springer-Verlag, 2010.

[30] Wang Z, Shen Y, Ji Z, et al. Filtering based recursive least squares algorithm for Hammerstein FIR-MA systems[J]. Nonlinear Dynamics, 2013, 73(1/2): 1045-1054.

[31] Zhang Q, Laurain V, Wang J. Weighted principal component analysis for Wiener system identification-regularization and non-gaussian excitations[J]. IFAC-PapersOnLine, 2015, 48(28): 602-607.

[32] Fan D, Lo K. Identification for disturbed MIMO Wiener systems[J]. Nonlinear Dynamics, 2009, 55: 31-42.

[33] Li F, Yao K, Li B, et al. A novel learning algorithm of the neuro-fuzzy based Hammerstein-Wiener model corrupted by process noise[J]. Journal of the Franklin Institute, 2021, 358: 2115-2137.

[34] Han Y, De Callafon R A. Identification of Wiener-Hammerstein benchmark model via rank minimization[J]. Control Engineering Practice, 2012, 20(11): 1149-1155.

[35] Ding F, Chen T. Identification of Hammerstein nonlinear ARMAX systems[J]. Automatica, 2005, 41(9): 1479-1489.

[36] Chan K H, Bao J, Whiten W J. Identification of MIMO Hammerstein systems using cardinal spline functions[J]. Journal of Process Control, 2006, 16(7): 659-670.

[37] Han Y, Jia L, Li F. Identification of Wiener model with output colored noise based on separable signal sources[C]//IEEE 8th Data Driven Control and Learning Systems Conference, 2019: 169-174.

[38] 贾立, 杨爱华, 邱铭森. 含过程噪声的 Hammerstein-Wiener 神经模糊模型多信号源辨识[J]. 上海交通大学学报, 2016, 50(6): 884-890.

[39] 徐小平, 钱富才, 王峰. 一种辨识 Wiener-Hammerstein 模型的新方法[J]. 控制与决策, 2008, 8: 929-934.

[40] 鲁兴举, 郑志强. 一类 MIMO 系统连续状态空间模型的参数辨识频域方法[J]. 自动化学报, 2016, 42(1): 145-153.

[41] Chen X, Fang H T. Recursive identification for Hammerstein systems with state-space model[J]. Acta Automatica Sinica, 2010, 36(10): 1460-1467.

[42] Ławryńczuk M, Tatjewski P. Offset-free state-space nonlinear predictive control for Wiener systems[J]. Information Sciences, 2020, 511: 127-151.

[43] Cedeño A L, Carvajal R, Agüero J C. A novel filtering method for Hammerstein-Wiener state-space systems[C]//IEEE CHILEAN Conference on Electrical, Electronics Engineering, Information and Communication Technologies, 2021: 1-7.

[44] Ase H, Katayama T, Tanaka H. A state-Space approach to identification of Wiener-Hammerstein

benchmark model[J]. IFAC Proceedings Volumes, 2009, 42(10): 1092-1097.

[45] Dong S, Yu L, Zhang W, et al. Robust extended recursive least squares identification algorithm for Hammerstein systems with dynamic disturbances[J]. Digital Signal Processing, 2020, 101: 102716.

[46] Celka P, Bershad N J. Fluctuation analysis of stochastic gradient identification of polynomial Wiener systems[J]. IEEE Transactions on Signal Processing, 2000, 48(6): 1820-1825.

[47] Liu Q, Xiao Y, Ding F, et al. Decomposition-based over-parameterization forgetting factor stochastic gradient algorithm for Hammerstein-Wiener nonlinear systems with non-uniform sampling[J]. International Journal of Robust and Nonlinear Control, 2021, 31(12): 6007-6024.

[48] Pal P S, Mattoo K, Kar R, et al. Identification of Wiener-Hammerstein cascaded system using hybrid backtracking search algorithm with wavelet mutation[C]//First International Symposium on Instrumentation, Control, Artificial Intelligence, and Robotics, 2019: 49-52.

[49] Scarpiniti M, Comminiello D, Parisi R, et al. Novel cascade spline architectures for the identification of nonlinear systems[J]. IEEE Transactions on Circuits and Systems, 2015, 62(7): 1825-1835.

[50] Aryani D, Wang L, Patikirikorala T. An improved Hammerstein-Wiener system identification with application to virtualized software system[C]//IEEE Conference on Control Applications, 2015: 1552-1557.

[51] Campo P P, Anttila L, Korpi D, et al. Cascaded spline-based models for complex nonlinear systems: Methods and applications[J]. IEEE Transactions on Signal Processing, 2021, 69: 370-384.

[52] Mi W, Rao H, Qian T, et al. Identification of discrete Hammerstein systems by using adaptive finite rational orthogonal basis functions[J]. Applied Mathematics and Computation, 2019, 361: 354-364.

[53] Bai E W. Frequency domain identification of Hammerstein models[J]. IEEE Transactions on Automatic Control, 2003, 48(4): 530-542.

[54] Gacuteomez J C, Baeyens E. Identification of block-orienred nonlinear systems using orthogonal bases[J]. Journal of Process Contrl, 2004, 14: 685-697.

[55] Dolanc G, Strmenik S. Design of a nonlinear controller based on a piecewise-linear Hammerstein model[J]. Systems & Control Letters, 2008, 57(4): 332-339.

[56] Chen H F. Recursive identification for Wiener model with discontinuous piece-wise linear function[J]. IEEE Transactions on Automatic Control, 2006, 51(3): 390-400.

[57] Giri F, Brouri A, Amdouri O, et al. Frequency identification of Hammerstein-Wiener systems with piecewise affine input nonlinearity[J]. IFAC Proceedings Volumes, 2014, 47(3): 10030-10035.

[58] Pês B S, Oroski E, Guimaraes J G, et al. A Hammerstein-Wiener model for single-electron transistors[J]. IEEE Transactions on Electron Devices, 2019, 66(2): 1092-1099.

[59] 李峰，李诚豪. 基于神经网络的 Hammerstein OE 非线性系统参数估计[J]. 江苏理工学院学报, 2021, 27(4): 25-31.

[60] Mkadem F, Boumaiza S. Extended Hammerstein behavioral model using artificial neural networks[J]. IEEE Transactions on Microwave Theory and Techniques, 2009, 57(4): 745-751.

[61] Moghaddam M J, Mojallali H, Teshnehlab M. Recursive identification of multiple-input single-output fractional-order Hammerstein model with time delay[J]. Applied Soft Computing, 2018, 70: 486-500.

[62] Li S, Li Y. Model predictive control of an intensified continuous reactor using a neural network Wiener model[J]. Neurocomputing, 2016, 185: 93-104.

[63] Mehdi L E, Anas E F, Zazi M. Nonlinear black box modeling of a lead acid battery using Hammerstein-Wiener model[J]. Journal of Theoretical and Applied Information Technology, 2016, 89(2): 476-480.

[64] Wang J S, Chen Y C. A Hammerstein-Wiener recurrent neural network with universal approximation capability[C]//IEEE International Conference on Systems, Man and Cybernetics, 2008, 1832-1837.

[65] Santos J A, Serra G L O. Recursive identification approach of multivariable nonlinear dynamic systems based on evolving fuzzy Hammerstein models[C]//IEEE International Conference on Fuzzy Systems, 2018: 1-8.

[66] Khalifa T R, El-Nagar A M, El-Brawany M A, et al. A novel fuzzy Wiener-based nonlinear modelling for engineering applications[J]. ISA Transactions, 2020, 97: 130-142.

[67] Abouda S E, Abid D B H, Elloumi M, et al. Identification of nonlinear dynamic systems using fuzzy Hammerstein-Wiener systems[C]//International Conference on Sciences and Techniques of Automatic Control and Computer Engineering, 2019: 365-370.

[68] Skrjanc I. An evolving concept in the identification of an interval fuzzy model of Wiener-Hammerstein nonlinear dynamic systems[J]. Information Sciences, 2021, 581: 73-87.

[69] 李峰, 谢良旭, 李博, 等. 基于组合式信号的 Hammerstein OE 模型辨识[J]. 江苏理工学院学报, 2019, 25(6): 66-72.

[70] Xie C, Rajan D, Chai Q. An interpretable neural fuzzy Hammerstein-Wiener network for stock price prediction[J]. Information Sciences, 2021, 577: 324-335.

[71] Ding F, Liu X, Chu J. Gradient-based and least-squares-based iterative algorithms for Hammerstein systems using the hierarchical identification principle[J]. IET Control Theory and Applications, 2013, 7(2): 176-184.

[72] Ding F, Liu X, Liu G. Identification methods for Hammerstein nonlinear systems[J]. Digital

Signal Processing, 2010, 21(2): 215-238.

[73] Ding J, Cao Z Chen J, et al. Weighted parameter estimation for Hammerstein nonlinear ARX systems[J]. Circuits, Systems, and Signal Processing, 2020, 39(1): 2178-2192.

[74] Li S, Li Q, Li J. Identification of Hammerstein model using hybrid neural networks[J]. Journal of Southeast University (English Edition), 2001, 17(1): 26-30.

[75] Hong X, Chen S. The system identification and control of Hammerstein system using non-uniform rational B-spline neural network and particle swarm optimization[J]. Neurocomputing, 2012, 82: 216-223.

[76] Liang M, Li F, Song W, et al. Two-stage parameter estimation for the Hammerstein nonlinear ARX systems[J]. China Automation Congress, 2022: 8024-8028.

[77] Chen H, Ding F. Hierarchical least squares identification for Hammerstein nonlinear controlled autoregressive systems[J]. Circuits, Systems, and Signal Processing, 2015, 34(1): 61-75.

[78] Hammar K, Djamah T, Bettayeb M. Fractional Hammerstein system identification based on two decomposition principles[J]. IFAC-PapersOnLine, 2019, 52(13): 206-210.

[79] Shen Q, Ding F. Identification of Hammerstein MIMO systems using the key-term separation principle[C]//IEEE 11th World Congress on Intelligent Control and Automation, 2014: 3170-3175.

[80] Liu Y, Bai E W. Iterative identification of Hammerstein systems[J]. Automatica, 2007, 43(2): 346-354.

[81] Ding F, Shi Y, Chen T. Gradient-based identification methods for Hammerstein nonlinear ARMAX models[J]. Nonlinear Dynamics, 2006, 45(1/2): 31-43.

[82] Wang X, Ding F. Joint estimation of states and parameters for an input nonlinear state-space system with colored noise using the filtering technique[J]. Circuits Systems and Signal Processing, 2016, 35(2): 481-500.

[83] Ma L, Liu X. Recursive maximum likelihood method for the identification of Hammerstein ARMAX system[J]. Applied Mathematical Modelling, 2016, 40(13/14): 6523-6535.

[84] 郭伟, 李明家, 李涛, 等. 基于 APSO_WLSSV M 算法的 Hammerstein ARMAX 模型参数辨识[J]. 中国科技论文, 2018, 13(2): 136-142.

[85] 郑天, 李峰, 罗印升, 等. 基于高斯核函数的 Hammerstein 非线性系统辨识[J]. 控制工程, 2022, 29(11): 2034-2041.

[86] Li F, Zheng T, He N, et al. Data-driven hybrid neural fuzzy network and ARX modeling approach to practical industrial process identification[J]. IEEE/CAA Journal of Automatica Sinica, 2022, 9(9): 1702-1705.

[87] Ding Z, Li F, Cao Q. Parameter learning for the Hammerstein output error system with time-delay state-space model[C]//34th Chinese Control and Decision Conference, 2022: 2579-2583.

[88] Li F, Li J, Peng D. Identification method of neuro-fuzzy-based Hammerstein model with coloured noise[J]. IET Control Theory and Applications, 2017, 11(17): 3026-3037.

[89] 吴德会. Hammerstein 非线性动态系统的神经网络辨识[C]//Proceedings of the 29th Chinese Control Conference, 2010: 1317-1321.

[90] 方甜莲, 贾立. 含有色噪声的神经模糊Hammerstein模型分离辨识[J]. 控制理论与应用, 2016, 33(1): 23-31.

[91] Mao, Y, Ding F. Multi-innovation stochastic gradient identification for Hammerstein controlled autoregressive autoregressive systems based on the filtering technique[J]. Nonlinear Dynamics, 2015, 79(3): 1745-1755.

[92] Mehmood A, Chaudhary N, Zameer A, et al. Backtracking search optimization heuristics for nonlinear Hammerstein controlled auto regressive auto regressive systems[J]. ISA Transactions, 2019, 91: 99-113.

[93] 向微, 陈宗海. 基于 Hammerstein 模型描述的非线性系统辨识新方法[J]. 控制理论与应用, 2007, 24(1): 143-147.

[94] Li C H, Zhu X J, Cao G Y, et al. Identification of the Hammerstein model of a PEMFC stack based on least squares support vector machines[J]. Journal of Power Sources, 2008, 175(1): 303-316.

[95] Castrogarcia R, Agudelo O M, Suykens J A K. Impulse response constrained LS-SVM modelling for MIMO Hammerstein system identification[J]. International Journal of Control, 2017, 10: 1-18.

[96] Pouliquen M, Giri F, Gehan O, et al. Subspace identification of Hammerstein systems with nonparametric input backlash and switch nonlinearities[C]//52nd IEEE Conference on Decision and Control, 2013: 4302-4307.

[97] Goethals I, Pelckmans K, Suykens J A K, et al. Subspace identification of Hammerstein systems using least squares support vector machines[J]. IEEE Transactions on Automatic Control, 2005, 50(10): 1509-1519.

[98] Luo D, Leonessa A. Identification of MIMO Hammerstein systems with nonlinear feedback[C]// Proceedings of the 2002 American Control Conference, 2002: 3666-3671.

[99] Ma J, Wu O, Huang B, et al. Expectation maximization estimation for a class of input nonlinear state space systems by using the Kalman smoother[J]. Signal Processing, 2018, 145: 295-303.

[100] Bai E W, Li D. Convergence of the iterative Hammerstein system identification algorithm[J]. IEEE Transactions on Automatic Control, 2004, 49(11): 1929-1940.

[101] Westwick D, Kearney R. Separable least squares identification of nonlinear Hammerstein models: Application to stretch reflex dynamics[J]. Annals of Biomedical Engineering, 2001, 29(8): 707-718.

[102]Bai E W, Li K. Convergence of the iterative algorithm for a general Hammerstein system identification[J]. Automatica, 2010, 46(11): 1891-1896.

[103]Janczak A. Neural network approach for identification of Hammerstein systems[J]. International Journal of Control, 2003, 76(17): 1749-1766.

[104]Wang J, Sano A, Shook D, et al. A blind approach to closed-loop identification of Hammerstein systems[J]. International Journal of Control, 2007, 80(2): 302-313.

[105]Ahmad M A, Azuma S I, Sugie T. Identification of continuous-time Hammerstein systems by simultaneous perturbation stochastic approximation[J]. Expert Systems with Applications, 2016, 43: 51-58.

[106]Krzyzak A, Partyka M A. Global identification of nonlinear Hammerstein systems by recursive kernel approach[J]. Nonlinear Analysis, 2005, 63(5/7): 1263-1272.

[107]Zhu X, Li F, Li C, et al. Parameter estimation of the Hammerstein output error model using multi-signal processing[C]//IEEE 10th Data Driven Control and Learning Systems Conference, 2021: 1285-1290.

[108]郑天, 李峰, 贺乃宝, 等. 基于组合式信号源的非线性系统辨识[J]. 系统仿真学报, 2022, 34(11): 2377-2385.

[109]Yang H, Li F, Cao Q. Identification algorithm of Hammerstein nonlinear system using neural fuzzy network and state space model[C]//IEEE 11th Data Driven Control and Learning Systems Conference, 2022: 71-76.

[110]Zhang M, Yu Y, Li F, et al. Identification of nonlinear systems as Hammerstein model using auxiliary model technique[C]//41st Chinese Control Conference, 2022: 1418-1422.

[111]Sun X, Li F, Cao Q. Non-iterative estimation algorithm for time-delay Hammerstein state space system[C]//IEEE 11th Data Driven Control and Learning Systems Conference, 2022: 82-87.

[112]Li F, Jia L. Correlation analysis-based error compensation recursive least-square identification method for the Hammerstein model[J]. Journal of Statistical Computation and Simulation, 2017, 88(1): 56-74.

[113]Li J, Ding F. Maximum likelihood stochastic gradient estimation for Hammerstein systems with colored noise based on the key term separation technique[J]. Computers and Mathematics with Applications, 2011, 62(11): 4170-4177.

[114]Gu Y, Ding F. Parameter estimation for an input nonlinear state space system with time delay[J]. Journal of the Franklin Institute, 2014, 351(12): 5326-5339.

[115]Xu S, Li J, Gu J, et al. Parameter estimation of Hammerstein systems based on the gravitational search algorithm[C]//IEEE 2020 Chinese Control and Decision Conference, 2020: 1708-1713.

[116]李峰, 梁明俊, 罗印升, 等. 有色噪声干扰下 Hammerstein 非线性系统两阶段辨识[J]. 信息与控制, 2022, 51(5): 610-617, 630.

[117] Han J, Li F, Cao Q. Parameter estimation for the Hammerstein state space system with measurement noise[C]//41st Chinese Control Conference, 2022: 1318-1322.

[118] Wang X, Jing C. An auxiliary model based multi-innovation recursive least squares estimation algorithms for MIMO Hammerstein system[C]//Proceedings of the 30th Chinese Control Conference, 2011: 1442-1445.

[119] Wang D, Chu Y, Ding F. Auxiliary model-based RELS and MI-ELS algorithm for Hammerstein OEMA systems[J]. Computers and Mathematics with Applications, 2010, 59(9): 3092-3098.

[120] 冯启亮, 贾立. 基于可分离组合式信号的 Hammerstein 输出误差滑动平均系统辨识研究[J]. 系统科学与数学, 2015, 35(7): 788-801.

[121] Wang X, Ding F. Modelling and multi-innovation parameter identification for Hammerstein nonlinear state space systems using the filtering technique[J]. Mathematical Modelling of Systems, 2016, 22(2): 113-140.

[122] Mao Y, Ding F. Data filtering-based multi-innovation stochastic gradient algorithm for nonlinear output error autoregressive systems[J]. Circuits Systems and Signal Processing, 2016, 35(2): 651-667.

[123] Lyu, B, Jia L, Li F. Neuro-fuzzy based identification of Hammerstein OEAR systems[J]. Computers and Chemical Engineering, 2020, 141:106984.

[124] Li J, Zheng W, Gu J, et al. Parameter estimation algorithms for Hammerstein output error systems using Levenberg-Marquardt optimization method with varying interval measurements[J]. Journal of the Franklin Institute, 2016, 354(1): 316-331.

[125] Zhu Y. Identification of Hammerstein models for control using ASYM[J]. International Journal of Control, 2010, 73(18): 1692-1702.

[126] Boutayeb M, Aubry D, Darouach M. A robust and recursive identification method for MISO Hammerstein model[J]. International Conference on Control, 1996, 427: 234-239.

[127] Ding F, Deng K, Liu X. Decomposition based newton iterative identification method for a Hammerstein nonlinear FIR system with ARMA noise[J]. Circuits, Systems and Signal Process, 2014, 33(9): 2881-2893.

[128] Schoukens J, Widanage W, Godfrey K, et al. Initial estimates for the dynamics of a Hammerstein system[J]. Automatica, 2007, 43(7): 774-777.

[129] Wang Y, Ding F. Novel data filtering based parameter identification for multiple-input multiple-output systems using the auxiliary model[J]. Automatica, 2016, 71: 308-313.

[130] Juan C, Enrique B. Subspace-based identification algorithms for Hammerstein and Wiener models[J]. European Journal of Control, 2005, 11(2): 127-136.

[131] Chen X M, Chen H F. Recursive identification for MIMO Hammerstein systems[J]. IEEE Transactions on Automatic Control, 2011, 56(4): 895-902.

[132] Jia L, Li X, Chiu M. Correlation analysis based MIMO neuro-fuzzy Hammerstein model with noises[J]. Journal of Process Control, 2016, 41: 76-91.

[133] 吴德会. 非线性动态系统的 Wiener 神经网络辨识法[J]. 控制理论与应用, 2009, 26(11): 1192-1196.

[134] Wachel P, Mzyk G. Direct identification of the linear block in Wiener system[J]. International Journal of Adaptive Control and Signal Processing, 2016, 30(1): 93-105.

[135] Liu M, Xiao Y, Ding, R. Iterative identification algorithm for Wiener nonlinear systems using the Newton method[J]. Applied Mathematical Modelling, 2013, 37(9): 6584-6591.

[136] Reyland J, Bai E W. Generalized Wiener system identification: General backlash nonlinearity and finite impulse response linear part[J]. International Journal of Adaptive Control and Signal Processing, 2014, 28(11): 1174-1188.

[137] Mu B Q, Chen H F. Recursive identification of MIMO Wiener systems[J]. IEEE Transactions on Automatic Control, 2013, 58(3): 802-808.

[138] Salhi H, Kamoun S. Combined parameter and state estimation algorithms for multivariable nonlinear systems using MIMO Wiener models[J]. Journal of Control Science and Engineering, 2016, (6): 1-12.

[139] Lyu B, Jia L, Li F. Parameter estimation of neuro-fuzzy Wiener model with colored noise using separable signals[J]. IEEE Access, 2020, 8: 67047-67058.

[140] Li J, Zheng W X, Gu J, et al. A recursive identification algorithm for Wiener nonlinear systems with linear state-space subsystem[J]. Circuits Systems and Signal Processing, 2018, 37: 2374-2393.

[141] Xiong Q, Jia L, Chen Y. A SISO neuro-fuzzy Wiener model identification by correlation analysis method[C]//IEEE 6th Data Driven Control and Learning Systems Conference, 2017: 100-105.

[142] Ding F, Ma J, Xiao Y. Newton iterative identification for a class of output nonlinear systems with moving average noises[J]. Nonlinear Dynamics, 2013, 74(1): 21-30.

[143] Hu Y, Liu B, Zhou Q, et al. Recursive extended least squares parameter estimation for Wiener nonlinear systems with moving average noises[J]. Circuits, Systems, and Signal Processing, 2013, 2: 655-664.

[144] Jing S, Pan T, Li Z. Variable knot-based spline approximation recursive bayesian algorithm for the identification of Wiener systems with process noise[J]. Nonlinear Dynamics, 2017, 90(4): 2293-2303.

[145] Ding F, Liu X, Liu M. The recursive least squares identification algorithm for a class of Wiener nonlinear systems[J]. Journal of the Franklin Institute, 2016, 353(7): 1518-1526.

[146] Hagenblad A, Ljung L, Wills A. Maximum likelihood identification of Wiener models[J]. Automatica, 2008, 44(11): 2697-2705.

[147] Wang X, Zhu F, Ding F. The modified extended Kalman filter based recursive estimation for Wiener nonlinear systems with process noise and measurement noise[J]. International Journal of Adaptive Control and Signal Processing, 2020, (21): 1-20.

[148] Janczak A. Instrumental variables approach to identification of a class of MIMO Wiener systems[J]. Nonlinear Dynamics, 2006, 48(3): 275-284.

[149] Yu F, Mao Z, Jia M, et al. Recursive parameter identification of Hammerstein-Wiener systems with measurement noise[J]. Signal Processing, 2014, 105: 137-147.

[150] 桂卫华, 宋海鹰, 阳春华. Hammerstein-Wiener 模型最小二乘向量机辨识及其应用[J]. 控制理论与应用, 2008, 25(3): 393-397.

[151] Wang Z, Wang Y, Ji Z. A novel two-stage estimation algorithm for nonlinear Hammerstein-Wiener systems from noisy input and output data[J]. Journal of the Franklin Institute, 2017, 354(4): 1937-1944.

[152] Bauer D, Ninness B. Asymptotic properties of least-squares estimates of Hammerstein-Wiener models[J]. International Journal of Control, 2002, 75(1): 34-51.

[153] Rochdi Y, Giri F, Chaoui F Z. Frequency identification of nonparametric Hammerstein-Wiener systems with output backlash operator[J]. IFAC Proceedings Volumes (IFAC-PapersOnline), 2012, 16(1): 19-24.

[154] Brouri A, Kadi L, Slassi S. Frequency Identification of Hammerstein-Wiener systems with backlash input nonlinearity[J]. International Journal of Control, Automation and Systems, 2017, 15(5): 2222-2232.

[155] Allafi W, Zajic I, Uddin K, et al. Parameter estimation of the fractional-order Hammerstein-Wiener model using simplified refined instrumental variable fractional-order continuous time[J]. IET Control Theory and Application, 2017, 11(15): 2591-2598.

[156] Zhang B, Mao Z. Adaptive control of stochastic Hammerstein-Wiener nonlinear systems with measurement noise[J]. International Journal of Systems Science, 2015, 47(1): 162-178.

[157] Yu F, Mao Z, Yuan P, et al. Recursive parameter estimation for Hammerstein-Wiener systems using modified EKF algorithm[J]. ISA Transactions, 2017, 70: 104-115.

[158] 白晶, 毛志忠, 浦铁成. 多变量 Hammerstein-Wiener 模型的参数辨识[J]. 东北大学学报(自然科学版), 2018, 39(1): 6-10.

[159] Ni B, Gilson M, Garnier H. Refined instrumental variable method for Hammerstein-Wiener continuous-time model identification[J]. IET Control Theory and Applications, 2013, 7(9): 1276-1286.

[160] Luo S X, Song Y D. Data-driven predictive control of Hammerstein-Wiener systems based on subspace identification[J]. Information Sciences, 2018, 422: 447-461.

[161] Yan B, Li J, Ling H F, et al. Nonlinear state space modeling and system identification for

electrohydraulic control[J]. Mathematical Problems in Engineering, 2013: 1-9.

[162] Wingerden J W, Verhaegen M. Closed-loop subspace identification of Hammerstein-Wiener models[C]//Joint 48th IEEE Conference on Decision and Control and 28th Chinese Control Conference, 2009: 3637-3642.

[163] Zhu Y. Estimation of an N-L-N Hammerstein-Wiener model[J]. Automatica, 2002, 38(9): 1607-1614.

[164] 李妍, 毛志忠, 王琰, 等. 基于偏差补偿递推最小二乘的 Hammerstein-Wiener 模型辨识[J]. 自动化学报, 2010, 36(1): 163-168.

[165] 于丰, 毛志忠, 贾明兴, 等. 一种 Hammerstein-Wiener 系统的递归辨识算法[J]. 自动化学报, 2010, 40(2): 327-335.

[166] Esmaeilani L, Ghaisari J, Bagherzadeh M A. Bayesian approach to identify Hammerstein-Wiener non-linear model in presence of noise and disturbance[J]. IET Control Theory and Applications, 2019, 13(3): 367-376.

[167] Wills A, Schon T B, Ljung L, et al. Identification of Hammerstein-Wiener models[J]. Automatica, 2013, 49(1): 70-81.

[168] Wang Y, Ding F. Recursive least squares algorithm and gradient algorithm for Hammerstein-Wiener systems using the data filtering[J]. Nonlinear Dynamics, 2016, 84: 1045-1053.

[169] Wang D, Ding F. Extended stochastic gradient identification algorithms for Hammerstein-Wiener ARMAX systems[J]. Computers and Mathematics with Applications, 2008, 56(12): 3157-3164.

[170] Wang J, Chen T, Wang L. A blind approach to to identification of Hammerstein-Wiener systemscorrupted by nonlinear-process noise[C]//Proceedings of the 7th Asian Control Conference, 2009: 1340-1345.

[171] Li F, Chen L, Wo S, et al. Modeling and parameter learning method for the Hammerstein-Wiener model with disturbance[J]. Measurement and Control, 2020, 53(5/6): 971-982.

[172] Li F, Luo Y, He N, et al. Data-driven learning algorithm of neural fuzzy based Hammerstein-Wiener system[J]. Journal of Sensors, 2021, 8920329: 1-11.

[173] 李峰, 罗印升, 李博, 等. 基于组合式信号源的 Hammerstein-Wiener 模型辨识方法[J]. 控制与决策, 2022, 37(11): 2959-2967.

[174] Li F, Jia L. Parameter estimation of Hammerstein-Wiener nonlinear system with noise using special test signals[J]. Neurocomputing, 2019, 344(7): 37-48.

[175] 张泉灵, 树青. 基于 Hammerstein 模型的非线性预测函数控制[J]. 浙江大学学报(工学版), 2002, 6: 119-122.

[176] 何德峰, 宋秀兰, 俞立. 约束 Hammerstein 系统构造性预测控制及其在聚丙烯牌号切换控制中的应用[J]. 化工学报, 2011, 62: 2182-2187.

[177] 邹志云, 于德弘, 郭宁, 等. 一种新型非线性 Hammerstein 系统动态矩阵控制算法[J]. 计算机

与应用化学, 2008, 25: 432-436.

[178] 柳萍, 毛剑琴, 刘青松, 等. 率相关超磁致伸缩作动器的建模与 H∞鲁棒控制[J]. 控制理论与应用, 2013, 30: 148-155.

[179] Jia L, Xiong Q, Li F. Correlation analysis method based SISO neuro-fuzzy Wiener model[J]. Journal of Process Control, 2017, 58: 73-89.

[180] 李妍, 毛志忠, 王福利, 等. 基于分段 Lyapunov 函数的 Hammerstein-Wiener 非线性预测控制[J]. 控制与决策, 2011, 26(5): 650-654.

[181] 满红, 邵诚. 基于 Hammerstein-Wiener 模型的连续搅拌反应釜神经网络预测控制[J]. 化工学报, 2011, 62(8): 2275-2280.

[182] 孙浩杰, 邹涛, 张鑫, 等. 基于 Hammerstein-Wiener 逆模型补偿的预测控制非线性变换策略[J]. 控制理论与应用, 2020, 37(4): 705-712.

[183] Ławryńczuk M. Nonlinear predictive control for Hammerstein-Wiener systems[J]. ISA Transactions, 2015, 55: 49-62.

第二部分
Hammerstein 非线性动态系统辨识方法

第 2 章 基于组合信号的 Hammerstein 输出误差系统辨识方法

本章研究基于组合信号的 Hammerstein 输出误差非线性系统辨识方法。在研究中，分析了二进制信号和可分离信号在静态非线性模块作用下的统计特性，在此基础上设计了二进制-随机信号和可分离-随机信号的组合，从而有效实现 Hammerstein 输出误差非线性系统的串联模块的参数辨识分离。此外，系统的静态非线性模块采用四层神经模糊模型拟合，有效地避免了采用多项式方法逼近非线性函数的限制，拓宽了非线性模型的适用范围，提出的辨识方法中包括的主要技术有：相关函数技术、偏差补偿技术、多新息技术、误差概率密度函数技术，以及非迭代技术等。

2.1 基于二进制-随机信号的 Hammerstein 输出误差系统辨识

实际复杂工业过程中普遍存在噪声干扰，因此研究噪声干扰下 Hammerstein 系统的辨识方法具有重要意义。Gomez 等利用子空间方法辨识噪声干扰下 Hammerstein 系统的参数[1]。Bai 等研究了有限脉冲响应 Hammerstein 系统的标准化迭代辨识方法[2]。文献[3]利用迭代的方法研究了广义 Hammerstein 系统的参数辨识，并证明了算法的收敛性。Janczak 利用多层神经网络拟合系统的静态非线性函数，将随机梯度的学习算法扩展到神经网络 Hammerstein 系统的在线训练，提出了四种辨识方法，并与所提算法的复杂度、精度以及收敛率进行了比较[4]。Ding 等针对系统中间变量信息不可测量问题，提出了一种辅助模型递推最小二乘辨识方法[5]。需要指出的是，上述辨识方法在辨识 Hammerstein 系统时将需要辨识的未知参数写成回归形式，辨识过程中出现参数乘积项，需要进一步采用奇异值分解法、平均法、排列组合法等方法分解混合参数，降低了参数辨识的精度，同时也增加了系统辨识的复杂性。

本节从组合信号的角度出发，研究了一种分离辨识方法。提出了一种基于二进制-随机组合信号的神经模糊 Hammerstein 输出误差系统辨识方法。首先，利用二进制信号不激发非线性模型的特性实现 Hammerstein 系统的静态非线性模块和动态线性模块的分离，在此基础上根据最小二乘方法辨识动态线性模块的未知参数。其次，利用聚类算法计算神经模糊模型的中心和宽度。为了补偿输出噪声产生的误差，在递推最小二乘算法中增加由噪声方差构成的偏差项，推导了基于偏差补偿递推最小二乘辨识算法，提高了参数辨识的精度。

2.1.1 神经模糊 Hammerstein 输出误差系统

如图 2.1 所示，本节提出的 Hammerstein 输出误差系统输入输出关系如下所示：

$$v(k)=f(u(k)) \tag{2.1}$$

$$y(k)=\frac{B(z)}{A(z)}v(k)+e(k) \tag{2.2}$$

其中，$f(\cdot)$ 表示静态非线性模块，$u(k)$ 和 $y(k)$ 表示系统在 k 时刻的输入和输出，$v(k)$ 是相应的中间不可测量变量，$e(k)$ 表示零均值白噪声，$A(z)=1+a_1z^{-1}+a_2z^{-2}+\cdots+a_nz^{-n_a}$ 和 $B(z)=b_1z^{-1}+b_2z^{-2}+\cdots+b_nz^{-n_b}$ 是单位后移算子 z^{-1} $(z^{-1}y_k=y_{k-1})$ 的多项式，a_i 和 b_j 是模型参数，n_a 和 n_b 表示模型的阶次。

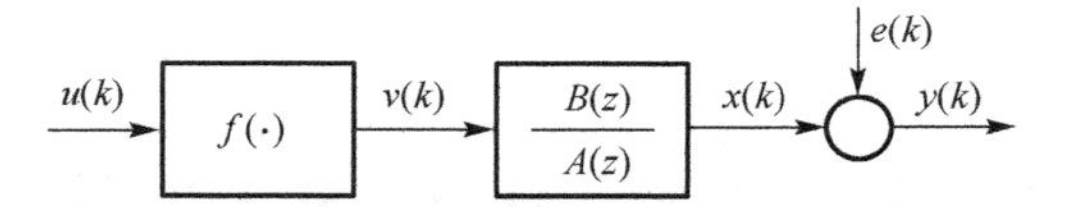

图 2.1　Hammerstein 输出误差系统结构

对于任意的 ε，建立 Hammerstein 输出误差系统就是要寻求满足如下条件的参数：

$$\begin{aligned}&E(\hat{f}(u(k)),\hat{a}_1,\hat{a}_2,\cdots,\hat{a}_{n_a},\hat{b}_1,\hat{b}_2,\cdots,\hat{b}_{n_b})=\frac{1}{2N}\sum_{k=1}^{N}[y(k)-\hat{y}(k)]^2\leqslant\varepsilon\\&\text{s.t. } \hat{v}(k)=\hat{f}(u(k))\\&\quad\ \hat{A}(z)\hat{y}(k)=\hat{B}(z)\hat{v}(k)+\hat{A}(z)e(k)\end{aligned} \tag{2.3}$$

其中，ε 表示给定的阈值，$\hat{f}(\cdot)$ 表示估计的静态非线性模块，$\hat{v}(k)$ 表示估计的中间不可测量变量，N 是输入输出数据的数目。

静态非线性模块利用四层神经模糊模型近似，动态线性模块利用自回归滑动平均模型拟合，四层神经模糊模型结构[6]如图 2.2 所示。

神经模糊模型的输出表示如下：

$$v(k)=f(u(k))=\sum_{l=1}^{L}\phi_l(u(k))w_l \tag{2.4}$$

其中，$\phi_l(u(k))=\dfrac{\mu_l(u(k))}{\sum_{l=1}^{L}\mu_l(u(k))}$，且 $\mu_l(u(k))=\exp\left(-\dfrac{(u(k)-c_l)^2}{\sigma_l^2}\right)$ 是高斯隶属度函数，c_l

和 σ_l 分别表示高斯隶属度函数的中心和宽度，w_l 为神经模糊的权重，即后件参数，L 为模糊规则数。

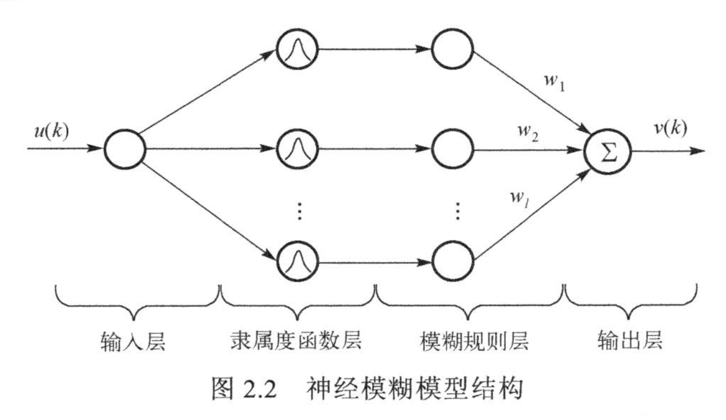

图 2.2　神经模糊模型结构

2.1.2　神经模糊 Hammerstein 输出误差系统辨识

文献[7]的研究表明：利用组合式信号实现 Hammerstein 模型的静态非线性模块和动态线性模块参数辨识的分离，其中，组合式输入信号由取值为 0 和非零值的二进制信号和随机信号组成。对于二进制输入信号 $u(k)$，在静态非线性系统作用下，其相应的中间变量 $v(k)$ 为与输入 $u(k)$ 同频率不同幅值的二进制信号，如图 2.3(a)所示。利用输入 $u(k)$ 近似代替中间不可测变量 $v(k)$，其幅值差可以通过常数增益因子 β 进行补偿，如图 2.3(b)所示。因此，根据二进制输入信号及其相对应的输出信号能够直接辨识出动态线性模块的未知参数。本节将组合式信号拓展到神经模糊 Hammerstein 输出误差系统的辨识。

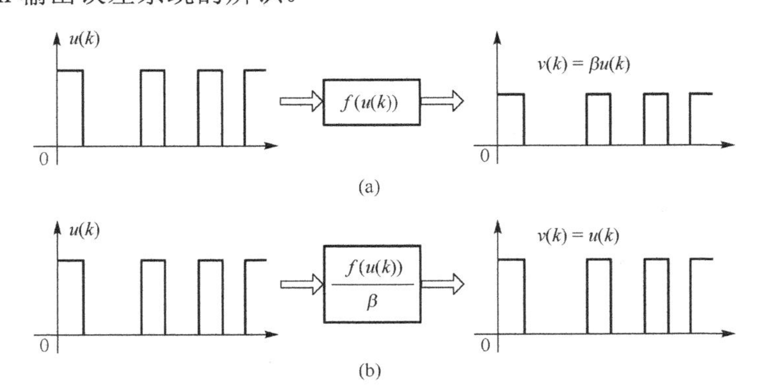

图 2.3　在二进制信号下 Hammerstein 系统输入 $u(k)$ 和中间变量 $v(k)$ 的关系

1. 动态线性模块的辨识

根据上述分析，基于二进制信号的输入输出数据可以实现动态线性模块和静

态非线性模块的分离辨识。利用标准的最小二乘方法辨识动态线性模块的未知参数，即

$$\hat{\boldsymbol{\theta}} = [\boldsymbol{X}^{\mathrm{T}}\boldsymbol{X}]^{-1}\boldsymbol{X}^{\mathrm{T}}\boldsymbol{Y} \tag{2.5}$$

其中，$\hat{\boldsymbol{\theta}} = [\hat{a}_1, \hat{a}_2, \cdots, \hat{a}_{n_a}, \hat{b}_1, \hat{b}_2, \cdots, \hat{b}_{n_b}]^{\mathrm{T}}$ 是动态线性模块的未知参数，且 $\boldsymbol{x}(k) = [-y(k-1), \cdots, -y(k-n_a), u(k-1), \cdots, u(k-n_b)]^{\mathrm{T}}_{(n_a+n_b)\times 1}$，$\boldsymbol{X} = [x(1), x(2), \cdots, x(P_L)]^{\mathrm{T}}_{P_L\times(n_a+n_b)}$，$\boldsymbol{Y} = [y(1), y(2), \cdots, y(P_L)]^{\mathrm{T}}_{P_L\times 1}$，$P_L$ 表示二进制输入信号的数目。

2. 静态非线性模块的辨识

在完成动态线性模块的参数辨识后，本节利用随机多步信号的输入输出数据辨识静态非线性模块的参数，即求解中心 c_l、宽度 σ_l 和权重 w_l，求解的过程实际上是一个非线性优化问题。首先，利用聚类算法计算神经模糊模型的中心 c_l 和宽度 σ_l。在此基础上，采用推导的偏差补偿递推最小二乘方法更新神经模糊模型的权重参数 w_l，辨识的关键问题在于求解神经模糊模型权重参数 w_l。

本节提出的聚类算法如下。

(1) 收集系统的输入数据 $u(k)$ $(k=1,2,\cdots,P)$，将输入数据 $u(1)$ 作为第一个聚类，并设聚类中心 $c_1 = u(1)$，此时聚类个数 $\bar{N}=1$，属于第一个聚类的数据对数目为 $\bar{N}_1 = 1$。

(2) 对于第 k 个输入数据 $u(k)$，按照相似性判据计算第 k 组训练数据与每一个聚类中心 c_l $(l=1,2,\cdots,N)$ 的相似性，并找到具有最大相似性的聚类 L，即找到 $u(k)$ 属于的聚类(模糊规则)。定义相似性判据如下：

$$S_L = \max_{1\leqslant l\leqslant N}\left(\sqrt{e^{-\|u(k)-c_l\|_2^2}}\right) \tag{2.6}$$

(3) 根据下述准则判断是否需要增加新的聚类。

如果 $S_L < S_0$（S_0 表示预先设定的阈值)，表明第 k 个输入数据不属于已有的聚类，因此需要建立一个新聚类，令 $c_{\bar{N}+1} = u(k)$，并令 $\bar{N} = \bar{N}+1$，$\bar{N}_{\bar{N}} = 1$（$\bar{N}_{\bar{N}}$ 表示属于第 $\bar{N}$ 个聚类的数据对数目)。

如果 $S_L \geqslant S_0$，表明第 k 个训练数据属于第 L 个聚类。令 $\bar{N}_L = \bar{N}_L + 1$，并按下式调节第 L 个聚类的中心：

$$c_L = c_L + \frac{\lambda}{\bar{N}_L + 1}(u(k) - c_L) \tag{2.7}$$

其中，$\lambda \in [0,1]$。由式(2.7)可知，随着越来越多的数据点属于这个聚类，聚类中心的调整率 $\dfrac{\lambda}{\bar{N}_L + 1}$ 将减小。总的来说，参数 λ 越大，聚类中心更新的幅度就越大。λ 不能过大，否则它将会破坏已有的分类。

(4) 令 $k=k+1$，重复执行 (2) 和 (3)，直到所有的输入数据对都被分配到相应的聚类为止，从而得到聚类个数(模糊规则)为 $\bar{N}$，隶属度函数的宽度计算如下：

$$\sigma_l = \min_{\substack{j=1,2,\cdots,N \\ j\neq l}} \frac{\left\|c_l - c_j\right\|_2}{\rho} \tag{2.8}$$

其中，ρ 为交叠参数，通常取 $1\leqslant \rho \leqslant 2$ [8]。

通过上述分析的聚类算法可以求出神经模糊模型的中心 c_l 和宽度 σ_l，接下来对权重参数 w_l 的求解进行讨论。

根据式 (2.1) 和式 (2.2) 可以得到

$$y(k)+\sum_{i=1}^{n_a}\hat{a}_i y(k-i) = \sum_{j=1}^{n_b}\hat{b}_j \hat{v}(k-j) + \sum_{i=1}^{n_a}\hat{a}_i e(k-i) + e(k) \tag{2.9}$$

将式 (2.9) 写成回归形式：

$$y(k) = \boldsymbol{\varphi}^{\mathrm{T}}(k)\boldsymbol{\vartheta} + \boldsymbol{\psi}^{\mathrm{T}}(k)\boldsymbol{\vartheta} + e(k) \tag{2.10}$$

其中，$\boldsymbol{\vartheta}=[\hat{a}_1,\cdots,\hat{a}_{n_a},\hat{b}_1\hat{w}_1,\cdots,\hat{b}_1\hat{w}_L,\cdots,\hat{b}_{n_b}\hat{w}_1,\cdots,\hat{b}_{n_b}\hat{w}_L]^{\mathrm{T}}$，$\boldsymbol{\psi}(k)=[e(k-1),\cdots,e(k-n_a),0,\cdots,0]^{\mathrm{T}}$，$\boldsymbol{\varphi}(k)=[-y(k-1),\cdots,-y(k-n_a),\phi_1(u(k-1)),\cdots,\phi_L(u(k-1)),\cdots,\phi_1(u(k-n_b)),\cdots,\phi_L(u(k-n_b))]^{\mathrm{T}}$。

根据式 (2.10) 定义下列均方准则函数：

$$J(\boldsymbol{\vartheta}) = \sum_{k=1}^{N}\left\|y(k)-\boldsymbol{\varphi}^{\mathrm{T}}(k)\boldsymbol{\vartheta}\right\|^2 \tag{2.11}$$

利用最小二乘方法可以得到系统参数 $\boldsymbol{\vartheta}$ 的估计：

$$\hat{\boldsymbol{\vartheta}}_{LS}(k) = \left[\sum_{k=1}^{N}\boldsymbol{\varphi}(k)\boldsymbol{\varphi}^{\mathrm{T}}(k)\right]^{-1}\left[\sum_{k=1}^{N}\boldsymbol{\varphi}(k)y(k)\right] \tag{2.12}$$

结合式 (2.10) 和式 (2.12) 得到

$$\left[\sum_{k=1}^{N}\boldsymbol{\varphi}(k)\boldsymbol{\varphi}^{\mathrm{T}}(k)\right]\left[\hat{\boldsymbol{\vartheta}}_{LS}(k)-\boldsymbol{\vartheta}\right] = \sum_{k=1}^{N}\boldsymbol{\varphi}(k)\left[\boldsymbol{\psi}^{\mathrm{T}}(k)\boldsymbol{\vartheta}+e(k)\right] \tag{2.13}$$

式 (2.13) 两边同时除以 k，并取极限得到

$$\lim_{k\to\infty}\frac{1}{k}\left\{\left[\sum_{k=1}^{N}\boldsymbol{\varphi}(k)\boldsymbol{\varphi}^{\mathrm{T}}(k)\right]\left[\hat{\boldsymbol{\vartheta}}_{LS}(k)-\boldsymbol{\vartheta}\right]\right\} = \lim_{k\to\infty}\left[\frac{1}{k}\boldsymbol{\varphi}(k)\boldsymbol{\psi}^{\mathrm{T}}(k)\right]\boldsymbol{\vartheta} + \lim_{k\to\infty}\frac{1}{k}\sum_{k=1}^{N}\boldsymbol{\varphi}(k)e(k) \tag{2.14}$$

根据白噪声 $e(k)$ 均值为零方差为 σ^2 的特性，可以得到

$$\lim_{k\to\infty}\frac{1}{k}\sum_{k=1}^{N}\boldsymbol{\varphi}(k)e(k) = 0 \tag{2.15}$$

$$\lim_{k\to\infty}\left[\frac{1}{k}\boldsymbol{\varphi}(k)\boldsymbol{\psi}^{\mathrm{T}}(k)\right]\boldsymbol{\vartheta}=-\sigma^2\boldsymbol{\Lambda}\boldsymbol{\vartheta} \tag{2.16}$$

$$\lim_{k\to\infty}\hat{\boldsymbol{\vartheta}}_{LS}(k)=\boldsymbol{\vartheta}-\sigma^2\lim_{k\to\infty}k\boldsymbol{R}^{-1}(k)\boldsymbol{\Lambda}\boldsymbol{\vartheta} \tag{2.17}$$

其中，$\boldsymbol{R}(k)=\sum_{k=1}^{N}\boldsymbol{\varphi}^{\mathrm{T}}(k)\boldsymbol{\varphi}(k)$，$\boldsymbol{\Lambda}=\begin{bmatrix}\boldsymbol{I}_{n_a} & \mathbf{0}\\ \mathbf{0} & \mathbf{0}\end{bmatrix}$。

式(2.17)表明最小二乘方法获得系统参数$\boldsymbol{\vartheta}$的估计是有偏的。如果在最小二乘的估计中加入偏差项$\sigma^2 k\boldsymbol{R}^{-1}(k)\boldsymbol{\Lambda}\boldsymbol{\vartheta}$，从而可以得到模型参数的无偏估计，即

$$\hat{\boldsymbol{\vartheta}}_C(k)=\hat{\boldsymbol{\vartheta}}_{LS}(k)+\hat{\sigma}^2(k)k\boldsymbol{P}(k)\boldsymbol{\Lambda}\hat{\boldsymbol{\vartheta}}_C(k-1) \tag{2.18}$$

其中，$\hat{\boldsymbol{\vartheta}}_{LS}(k)$是$k$时刻最小二乘的估计值，$\hat{\boldsymbol{\vartheta}}_C(k)$是系统参数的无偏估计。

由式(2.18)可知，系统参数的估计问题就可以转化为噪声方差的计算问题。定义如下残差：

$$\varepsilon_{LS}(k)=y(k)-\boldsymbol{\varphi}^{\mathrm{T}}(k)\hat{\boldsymbol{\vartheta}}_{LS}(k) \tag{2.19}$$

结合式(2.10)和$\sum_{k=1}^{N}\varepsilon_{LS}(k)\boldsymbol{\varphi}^{\mathrm{T}}(k)=0$，可以得到

$$\begin{aligned}\sum_{k=1}^{N}\varepsilon_{LS}^2(k)&=\sum_{k=1}^{N}\varepsilon_{LS}(k)\left[y(k)-\boldsymbol{\varphi}^{\mathrm{T}}(k)\hat{\boldsymbol{\vartheta}}_{LS}(k)\right]\\&=\sum_{k=1}^{N}\varepsilon_{LS}(k)y(k)\\&=\sum_{k=1}^{N}\varepsilon_{LS}(k)\left[\boldsymbol{\varphi}^{\mathrm{T}}(k)\boldsymbol{\vartheta}+\boldsymbol{\psi}^{\mathrm{T}}(k)\boldsymbol{\vartheta}+e(k)\right]\\&=\sum_{k=1}^{N}\left[y(k)-\boldsymbol{\varphi}^{\mathrm{T}}(k)\hat{\boldsymbol{\vartheta}}_{LS}(k)\right]\left[\boldsymbol{\psi}^{\mathrm{T}}(k)\boldsymbol{\vartheta}+e(k)\right]\\&=\sum_{k=1}^{N}\left[\boldsymbol{\varphi}^{\mathrm{T}}(k)\boldsymbol{\vartheta}+\boldsymbol{\psi}^{\mathrm{T}}(k)\boldsymbol{\vartheta}+e(k)-\boldsymbol{\varphi}^{\mathrm{T}}(k)\hat{\boldsymbol{\vartheta}}_{LS}(k)\right]\left[\boldsymbol{\psi}^{\mathrm{T}}(k)\boldsymbol{\vartheta}+e(k)\right]\\&=\sum_{k=1}^{N}\boldsymbol{\varphi}^{\mathrm{T}}(k)\left[\boldsymbol{\vartheta}-\hat{\boldsymbol{\vartheta}}_{LS}(k)\right]\left[\boldsymbol{\psi}^{\mathrm{T}}(k)\boldsymbol{\vartheta}+e(k)\right]+\left[\boldsymbol{\psi}^{\mathrm{T}}(k)\boldsymbol{\vartheta}+e(k)\right]^2\end{aligned} \tag{2.20}$$

进一步得到

$$\lim_{k\to\infty}\frac{1}{k}\sum_{k=1}^{N}\varepsilon_{LS}^2(k)=\sigma^2\left[1+\boldsymbol{\vartheta}^{\mathrm{T}}\boldsymbol{\Lambda}\lim_{k\to\infty}\hat{\boldsymbol{\vartheta}}_{LS}\right] \tag{2.21}$$

因此，噪声方差的估计可以通过下式得到

$$\hat{\sigma}^2(k)=\frac{J(k)}{k[1+\boldsymbol{\vartheta}_C^{\mathrm{T}}(k)\boldsymbol{\Lambda}\hat{\boldsymbol{\vartheta}}_{LS}(k)]} \tag{2.22}$$

其中，$J(k)=\sum_{k=1}^{N}[y(k)-\boldsymbol{\varphi}^{\mathrm{T}}(k)\hat{\boldsymbol{\vartheta}}_{LS}(k)]$。

基于上述分析，可以推导出下列基于偏差补偿递推最小二乘的参数估计方法：

$$\hat{\boldsymbol{\vartheta}}_C(k)=\hat{\boldsymbol{\vartheta}}_{LS}(k)+\hat{\sigma}^2(k)k\boldsymbol{P}(k)\boldsymbol{\Lambda}\hat{\boldsymbol{\vartheta}}_C(k-1) \tag{2.23}$$

$$\hat{\boldsymbol{\vartheta}}_{LS}(k)=\hat{\boldsymbol{\vartheta}}_{LS}(k-1)+\boldsymbol{L}(k)\boldsymbol{\varphi}(k)[y(k)-\boldsymbol{\varphi}^{\mathrm{T}}(k)\hat{\boldsymbol{\vartheta}}_{LS}(k-1)] \tag{2.24}$$

$$\boldsymbol{L}(k)=\boldsymbol{P}(k-1)\boldsymbol{\varphi}(k)[1+\boldsymbol{\varphi}^{\mathrm{T}}(k)\boldsymbol{P}(k-1)\boldsymbol{\varphi}(k)]^{-1} \tag{2.25}$$

$$\boldsymbol{P}(k)=[\boldsymbol{I}-\boldsymbol{L}(k)\boldsymbol{\varphi}^{\mathrm{T}}(k)]\boldsymbol{P}(k-1) \tag{2.26}$$

$$\hat{\sigma}^2(k)=\frac{J(k)}{k[1+\boldsymbol{\vartheta}_C^{\mathrm{T}}(k)\boldsymbol{\Lambda}\hat{\boldsymbol{\vartheta}}_{LS}(k)]} \tag{2.27}$$

2.1.3　仿真结果

为了证明本节提出参数辨识方法的有效性，将提出的方法运用到下列 Hammerstein 输出误差系统中，其中，静态非线性模块是分段函数，线性模块的阶次 $n_a=1$，$n_b=1$：

$$v(k)=\begin{cases}2u(k) & u(k)\geqslant 0\\ 5u(k) & u(k)<0\end{cases}$$

$$y(k)=0.8y(k-1)+0.4v(k-1)+e(k)-0.8e(k-1)$$

其中，$e(k)$ 是与系统输入 $u(k)$ 相互独立的零均值白噪声。

为了辨识神经模糊 Hammerstein 输出误差系统，产生如图 2.4 所示的组合信号。该组合输入信号包括：①幅值为 0 或 1 的二进制信号；②区间为[−1, 1]的随机信号。

定义噪信比：$\delta_{ns}=\sqrt{\mathrm{var}[e(k)]/\mathrm{var}[x(k)]}\times 100\%$ 和 k 时刻线性动态模块的参数估计误差：$\delta=\|\hat{\boldsymbol{\theta}}(k)-\boldsymbol{\theta}\|/\|\boldsymbol{\theta}\|$。

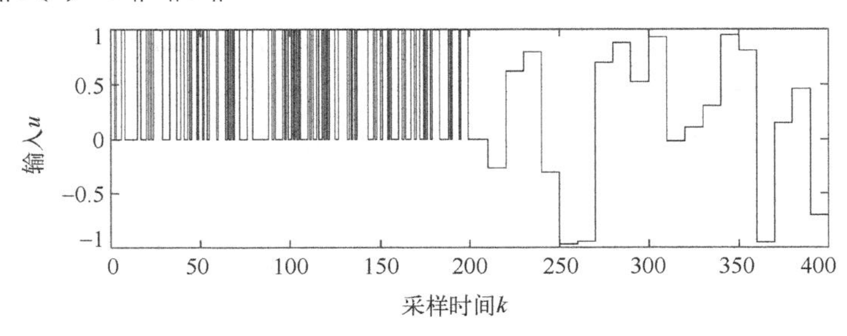

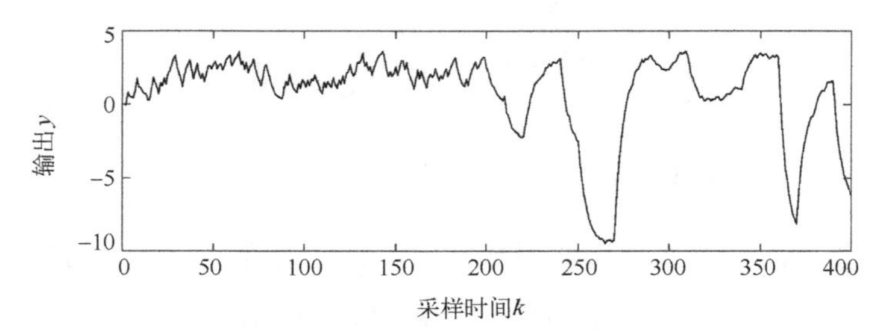

图 2.4　组合信号的输入及相应的输出

首先，利用最小二乘方法辨识动态线性模块的未知参数。图 2.5 给出了不同噪信比下动态线性模块参数估计误差的柱状图。从图 2.5 中可以看出，对于 Hammerstein 输出误差系统，本节提出的最小二乘方法能够有效辨识动态线性模块的参数。随着噪信比的增加，参数估计的误差逐渐增大，但保持在较小的范围内。

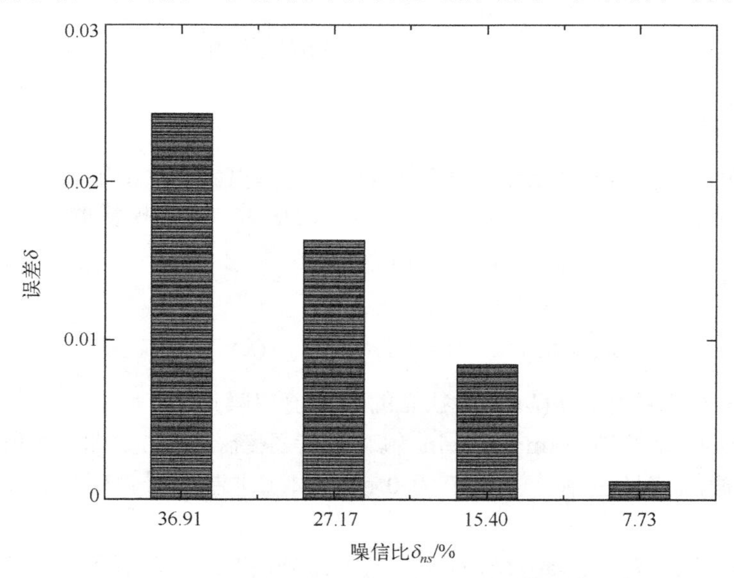

图 2.5　不同噪信比下动态线性模块参数估计误差

其次，利用随机信号的输入和输出估计神经模糊 Hammerstein 输出误差系统中静态非线性模块的参数。设置参数：$S_0 = 0.97$，$\rho = 1$，$\lambda = 0.01$，得到模糊规则的数目为 7，神经模糊模型拟合静态非线性模块的均方差(mean square error，MSE)为 7.7192×10^{-4}。

为了验证神经模糊模型建模的有效性，利用相同的训练数据构建了多项式模型，即 $\hat{v}(k) = c_1u(k) + c_2u^2(k) + \cdots + c_ru^r(k)$，其中，$c_r$ 为系数，r 为模型的阶次。图 2.6 给出了不同建模方法近似静态非线性模块的结果，表 2.1 给出了多项式模型和本节提

出的神经模糊模型近似静态非线性模块的 MSE 和最大误差(maximum error，ME)。从表 2.1 中可以看出，当模型阶次 $r=6$ 时，多项式模型建模精度最高。MSE 和 ME 分别定义为：$\text{MSE}=\frac{1}{N}\sum_{k=1}^{N}(\text{true}_k-\text{estimation}_k)^2$，$\text{ME}=\max\left|\text{true}_k-\text{estimation}_k\right|$。

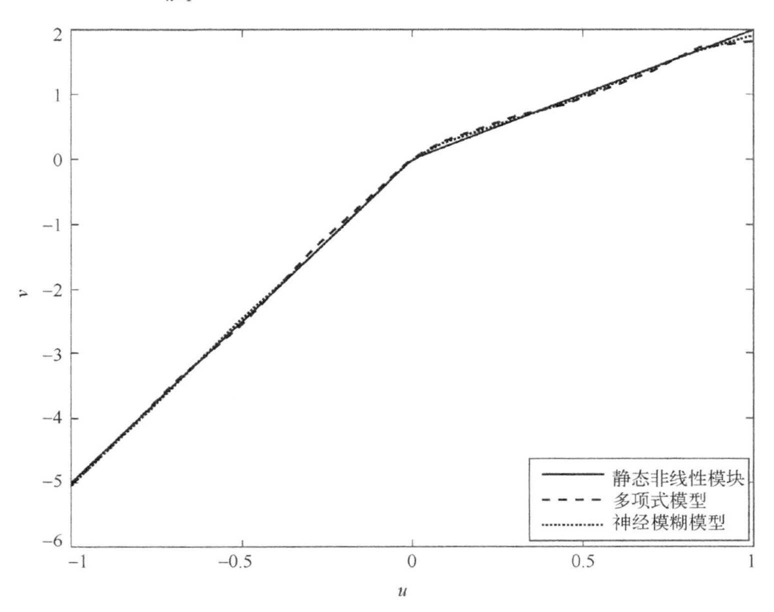

图 2.6　不同建模方法下静态非线性模块的估计

表 2.1　不同建模方法近似静态非线性模块的误差比较

方法		均方误差(MSE)	最大误差(ME)
多项式模型	$r=3$	0.0513	0.7002
	$r=4$	0.0115	0.4321
	$r=5$	0.0114	0.4394
	$r=6$	2.5×10^{-3}	0.1782
	$r=7$	2.6×10^{-3}	0.1924
神经模糊模型		7.7192×10^{-4}	0.0858

从图 2.6 和表 2.1 中可以看出，本节提出的方法能够有效辨识 Hammerstein 输出误差系统中静态非线性模块的未知参数，且辨识得到的神经模糊模型比多项式模型有更强的非线性逼近能力。

2.1.4　小结

本节提出了基于二进制-随机信号的 Hammerstein 输出误差非线性系统辨识方

法。在研究中，利用设计的组合信号实现 Hammerstein 系统的静态非线性模块和动态线性模块的分离。首先，利用二进制信号不激发静态非线性系统的特性，根据最小二乘方法估计线性动态模块的未知参数。其次，利用偏差补偿递推最小二乘方法估计静态非线性模块的参数，输出噪声引起的误差能够得到有效补偿，进而得到静态非线性模块参数的无偏估计。仿真结果表明，本节提出的方法能够有效辨识 Hammerstein 输出误差系统，获得良好的辨识精度和鲁棒性。

2.2 状态空间模型下的 Hammerstein 输出误差系统辨识

状态空间模型能够有效描述系统的输入与状态之间的关系，它考虑了系统“输入-状态-输出”这一过程，同时也考虑了传递函数描述所忽略的状态。考虑含有外部扰动的多输入多输出 Hammerstein 系统，Ghorbel 等提出了基于状态空间模型的 Hammerstein 输出误差系统子空间辨识方法，并研究了系统的鲁棒镇定和跟踪控制问题[9]。针对同时含有过程噪声和测量噪声干扰的单输入单输出 Hammerstein 状态空间系统，文献[10]基于卡尔曼滤波与平滑器，推导了一种迭代期望最大化参数估计方法，对未知系统状态和参数进行交互估计，并将提出的方法用于三容系统的预测。针对一类带有色噪声的输入非线性状态空间系统的状态和参数估计问题，基于数据滤波和过参数化技术，文献[11]将原始非线性状态空间系统转化为两个具有滤波状态的辨识模型：一个包含系统参数，另一个包含噪声模型参数，研究了一种状态和参数联合估计算法。

在 2.1 节研究的基础上，本节提出了一种状态空间模型下的 Hammerstein 输出误差系统辨识方法，将设计的组合输入信号用于 Hammerstein 系统的参数分离辨识，即分别辨识静态非线性模块参数和动态线性模块参数。首先，基于二进制信号的输入输出数据，采用递推最小二乘法估计线性模块的参数。其次，基于随机信号的输入输出数据，利用聚类算法和多新息理论辨识静态非线性模块参数。

2.2.1 状态空间模型下的 Hammerstein 输出误差系统

如图 2.7 所示，本节提出的状态空间模型下的 Hammerstein 输出误差系统输入输出关系如下所示：

$$v(k)=f(u(k)) \tag{2.28}$$

$$\boldsymbol{x}(k+1)=\boldsymbol{A}\boldsymbol{x}(k)+\boldsymbol{B}v(k) \tag{2.29}$$

$$g(k)=\boldsymbol{C}\boldsymbol{x}(k) \tag{2.30}$$

$$y(k)=g(k)+e(k) \tag{2.31}$$

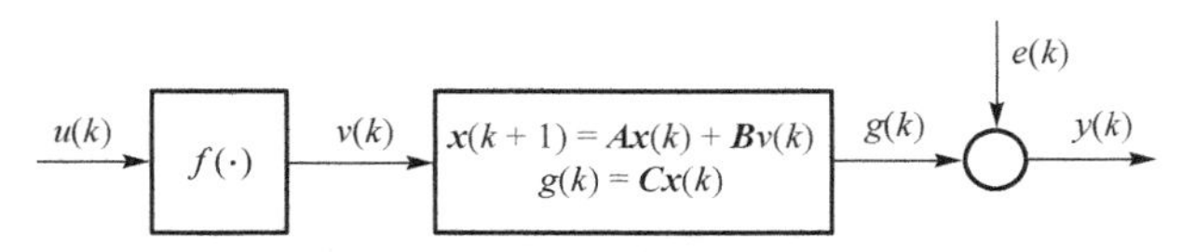

图 2.7　状态空间模型下的 Hammerstein 输出误差系统结构图

其中，$f(\cdot)$表示静态非线性模块，$u(k)$和$y(k)$表示系统在k时刻的输入和输出，$v(k)$是相应的中间不可测量变量，$e(k)$表示均值为零的白噪声，$g(\cdot)$是线性模块的输出，$\boldsymbol{x}(k)=[x_1(k),x_2(k),\cdots,x_n(k)]^{\mathrm{T}}$的状态空间变量，系统参数矩阵 $\boldsymbol{A}$、$\boldsymbol{B}$ 和 $\boldsymbol{C}$ 的具体形式如下：

$$\boldsymbol{A}=\begin{bmatrix} 0 & 1 & 0 & \cdots & 0 \\ 0 & 0 & 1 & & \vdots \\ \vdots & & \ddots & & 0 \\ 0 & 0 & \cdots & 0 & 1 \\ -a_n & -a_{n-1} & -a_{n-2} & \cdots & -a_1 \end{bmatrix}\in\mathbf{R}^{n\times n}, \quad \boldsymbol{B}=[b_1,b_2,\cdots,b_n]^{\mathrm{T}}\in\mathbf{R}^{n\times 1},$$

$$\boldsymbol{C}=\begin{bmatrix}1 & 0 & \cdots & 0\end{bmatrix}^{\mathrm{T}}\in\mathbf{R}^{1\times n}$$

本节采用 2.1 节中的四层神经模糊网络[6]对静态非线性模块进行拟合，其输出可以表示为

$$\hat{v}(k)=\hat{f}(u(k))=\sum_{l=1}^{L}\phi_l(u(k))w_l \tag{2.32}$$

其中，$\phi_l(u(k))=\dfrac{\mu_l(u(k))}{\sum_{l=1}^{L}\mu_l(u(k))}$，且$\mu_l(u(k))=\exp\left(-\dfrac{(u(k)-c_l)^2}{\sigma_l^2}\right)$是高斯隶属度函数，$c_l$和$\sigma_l$分别表示高斯隶属度函数的中心和宽度，$w_l$为神经模糊的权重，$L$表示模糊规则数。

对于任意给定的阈值ε，建立状态空间模型下的 Hammerstein 输出误差系统就是要寻求满足如下条件的参数：

$$\begin{aligned} & E=\frac{1}{2N}\sum_{k=1}^{N}[y(k)-\hat{y}(k)]^2\leqslant\varepsilon \\ & \text{s.t.}\ \ \hat{v}(k)=\hat{f}\big(u(k)\big) \\ & \qquad \hat{\boldsymbol{x}}(k+1)=\hat{\boldsymbol{A}}\boldsymbol{x}(k)+\hat{\boldsymbol{B}}\boldsymbol{v}(k) \\ & \qquad \hat{g}(k)=\hat{\boldsymbol{C}}\boldsymbol{x}(k) \\ & \qquad \hat{y}(k)=\hat{g}(k)+e(k) \end{aligned} \tag{2.33}$$

其中，$\hat{f}(\cdot)$表示估计的静态非线性模块，$\hat{v}(k)$和 $\hat{g}(k)$表示估计的中间不可测量变量，$\hat{y}(k)$表示估计的系统输出，N是输入输出数据的数目。

2.2.2 状态空间模型下的 Hammerstein 输出误差系统分离辨识

1. 动态线性模块的辨识

基于二进制输入$u_1(k)$及其相应的输出$y_1(k)$，利用递推最小二乘的方法估计线性模块的参数。

由式(2.29)可知，状态空间模型下的 Hammerstein 输出误差系统的输入输出关系如下：

$$x_i(k+1)=x_{i+1}(k)+b_i v(k) \quad (i=1,2,3,\cdots,n-1) \tag{2.34}$$

$$x_n(k+1)=-a_n x_1(k)-a_{n-1}x_2(k)-\cdots-a_1 x_n(k)+b_n v(k) \tag{2.35}$$

利用后移算子对式(2.34)和式(2.35)的两侧进行回归，可以得到

$$\begin{cases} x_1(k)=x_2(k-1)+b_1 v(k-1) \\ x_2(k-1)=x_3(k-2)+b_2 v(k-2) \\ x_3(k-2)=x_4(k-3)+b_3 v(k-3) \\ \qquad\vdots \\ x_{n-1}(k-n+2)=x_n(k-n+1)+b_{n-1}v(k-n+1) \\ x_n(k-n+1)=-a_n x_1(k-n)-a_{n-1}x_2(k-n)-\cdots-a_1 x_n(k-n)+b_n v(k-n) \end{cases} \tag{2.36}$$

根据式(2.36)，容易得到

$$x_1(k)=-\sum_{i=1}^{n}a_i x_{n+1-i}(k-n)+\sum_{j=1}^{n}b_j v(k-j) \tag{2.37}$$

将式(2.37)中$v(k)$用$b_0 u_1(k)$替代，得到下式：

$$x_1(k)=-\sum_{i=1}^{n}a_i x_{n+1-i}(k-n)+\sum_{j=1}^{n}\overline{b}_j u_1(k-j) \tag{2.38}$$

其中，$\overline{b}_j=b_j b_0$。

结合式(2.30)和式(2.38)得到

$$g(k)=x_1(k)=-\sum_{i=1}^{n}a_i x_{n+1-i}(k-n)+\sum_{j=1}^{n}\overline{b}_j u_1(k-j) \tag{2.39}$$

通过式(2.31)和式(2.39)，可以推导 Hammerstein 系统的输出：

$$y_1(k)=-\sum_{i=1}^{n}a_i x_{n+1-i}(k-n)+\sum_{j=1}^{n}\overline{b}_j u_1(k-j)+e(k) \tag{2.40}$$

因此，Hammerstein 输出误差系统的线性回归的形式表示如下：

$$y_1(k)=\boldsymbol{\varphi}_1^{\mathrm{T}}(k)\boldsymbol{\theta}_1+e(k) \tag{2.41}$$

其中，$\hat{\boldsymbol{\varphi}}_1(k)=[-x_n(k-n),\cdots,-x_1(k-n),u_1(k-1),\cdots,u_1(k-n)]^{\mathrm{T}}$，$\boldsymbol{\theta}_1=[a_1,a_2,\cdots,a_n,b_1,b_2,\cdots,b_n]^{\mathrm{T}}$。

由于状态变量$x(k)$在被估计系统中是未知的，因此本节采用估计值$\hat{x}(k)$来代替未知变量，得到

$$\hat{y}_1(k)=\hat{\boldsymbol{\varphi}}_1^{\mathrm{T}}(k)\boldsymbol{\theta}_1+e(k) \tag{2.42}$$

其中，$\hat{\boldsymbol{\varphi}}_1(k)=[-\hat{x}_n(k-n),\cdots,-\hat{x}_1(k-n),u_1(k-1),\cdots,u_1(k-n)]^{\mathrm{T}}$。

定义下列均方准则函数：

$$J(\theta_1)=\sum_{k=1}^{N}\left[y_1(k)-\hat{\boldsymbol{\varphi}}_1^{\mathrm{T}}(k)\boldsymbol{\theta}_1\right]^2 \tag{2.43}$$

基于上述分析，可以推导出下列递推最小二乘的参数估计方法：

$$\hat{\boldsymbol{\theta}}_1=\hat{\boldsymbol{\theta}}_1(k-1)+\boldsymbol{Q}_1(k)[y_1(k)-\hat{\boldsymbol{\varphi}}_1^{\mathrm{T}}(k)\hat{\boldsymbol{\theta}}_1(k-1)] \tag{2.44}$$

$$\boldsymbol{Q}_1(k)=\frac{\boldsymbol{H}_1(k-1)\hat{\boldsymbol{\varphi}}_1(k)}{[1+\hat{\boldsymbol{\varphi}}_1^{\mathrm{T}}(k)\boldsymbol{H}_1(k-1)\hat{\boldsymbol{\varphi}}_1(k)]} \tag{2.45}$$

$$\boldsymbol{H}_1(k)=[\boldsymbol{I}_1-\boldsymbol{Q}_1(k)\hat{\boldsymbol{\varphi}}_1^{\mathrm{T}}(k)]\boldsymbol{H}_1(k-1) \tag{2.46}$$

$$\hat{\boldsymbol{x}}(k+1)=\hat{\boldsymbol{A}}(k)\hat{\boldsymbol{x}}(k)+\hat{\boldsymbol{B}}(k)u_1(k) \tag{2.47}$$

2. 静态非线性模块的辨识

对于静态非线性模块的参数辨识，目的就是要估计神经模糊模型的中心c_l、宽度σ_l以及权重w_l。首先，基于随机信号的输入$u_2(k)$及其相应的输出$y_2(k)$，采用2.1节中的聚类算法计算神经模糊模型的中心c_l和宽度σ_l。在此基础上，根据推导的多新息递推最小二乘方法更新神经模糊模型的权重w_l。

将式(2.32)代入式(2.37)得到

$$x_1(k)=-\sum_{i=1}^{n}a_i x_{n+1-i}(k-n)+\sum_{j=1}^{n}\sum_{l=1}^{L}\hat{b}_j\phi_l\left(u_2(k)\right)w_l \tag{2.48}$$

结合式(2.30)与式(2.48)得到

$$g(x)=x_1(k)=-\sum_{i=1}^{n}a_i x_{n+1-i}(k-n)+\sum_{j=1}^{n}\sum_{l=1}^{L}\hat{b}_j\phi_l\left(u_2(k)\right)w_l \tag{2.49}$$

根据式(2.31)和式(2.49)，系统的输出可以写成下列表达式：

$$y_2(k)=-\sum_{i=1}^{n}a_i x_{n+1-i}(k-n)+\sum_{j=1}^{n}\sum_{l=1}^{L}\hat{b}_j\phi_l\left(u_2(k)\right)w_l+e(k) \tag{2.50}$$

将式(2.50)改写成回归方程形式，即

$$y_2(k)=\boldsymbol{\varphi}_2^{\mathrm{T}}(k)\boldsymbol{\theta}_2+e(k) \tag{2.51}$$

其中，$\boldsymbol{\theta}_2=[a_1,\cdots,a_n,b_1w_1,\cdots,b_1w_L,\cdots,b_nw_L]^{\mathrm{T}}$，$\boldsymbol{\varphi}_2(k)=[-\hat{x}_{n_a}(k-1),\cdots,-\hat{x}_1(k-n),\phi_1(u_2(k-1)),\cdots,\phi_L(u_2(k-1)),\cdots,\phi_L(u_2(k-n))]^{\mathrm{T}}$。

为了能够有效提高系统的参数估计精度，本节引入了多新息辨识理论[12]，在每一时刻的参数估计过程中，不仅使用当前数据，而且计算中使用了过去几个时刻的数据。

考虑 $j=t-p+1$ 到 $j=t$ 共 p 个数据，定义堆积信息矩阵 $\boldsymbol{E}(p,k)$ 和堆积输出向量 $\boldsymbol{Y}(p,k)$：

$$\boldsymbol{E}(p,k)=\left[\hat{\boldsymbol{\varphi}}_2(k),\hat{\boldsymbol{\varphi}}_2(k-1),\cdots,\hat{\boldsymbol{\varphi}}_2(k-p+1)\right] \tag{2.52}$$

$$\boldsymbol{Y}(p,k)=[y_2(k),y_2(k-1),\cdots,y_2(k-p+1)]^{\mathrm{T}} \tag{2.53}$$

定义下列均方准则函数：

$$J(\boldsymbol{\theta}_2)=\sum_{j=0}^{p-1}\left\|\boldsymbol{Y}(k-j)-\boldsymbol{E}^{\mathrm{T}}(k-j)\boldsymbol{\theta}_2\right\|^2 \tag{2.54}$$

基于上述分析和推导，可以得到下列多新息递推最小二乘的参数辨识方法：

$$\hat{\boldsymbol{\theta}}_2(k)=\hat{\boldsymbol{\theta}}_2(k-1)+\boldsymbol{Q}_2(k)[\boldsymbol{Y}(p,k)-\hat{\boldsymbol{E}}^{\mathrm{T}}(p,k)\hat{\boldsymbol{\theta}}_2(k-1)] \tag{2.55}$$

$$\boldsymbol{Q}_2(k)=\frac{\boldsymbol{H}_2(k-1)\hat{\boldsymbol{E}}(p,k)}{\boldsymbol{I}+\hat{\boldsymbol{E}}^{\mathrm{T}}(p,k)\boldsymbol{H}_2(k-1)\hat{\boldsymbol{E}}(p,k)} \tag{2.56}$$

$$\boldsymbol{H}_2(k)=[\boldsymbol{I}_2-\boldsymbol{Q}_2(k)\hat{\boldsymbol{E}}(p,k)]\boldsymbol{H}_2(k-1) \tag{2.57}$$

$$\hat{x}(k)=\hat{\boldsymbol{\varphi}}_2^{\mathrm{T}}(k)\hat{\boldsymbol{\theta}}_2 \tag{2.58}$$

$$\hat{\boldsymbol{E}}(p,k)=[\hat{\boldsymbol{\varphi}}_2(k),\hat{\boldsymbol{\varphi}}_2(k-1),\cdots,\hat{\boldsymbol{\varphi}}_2(k-p+1)] \tag{2.59}$$

$$\boldsymbol{Y}(p,k)=[y_2(k),y_2(k-1),\cdots,y_2(k-p+1)]^{\mathrm{T}} \tag{2.60}$$

$$\hat{\boldsymbol{\theta}}_2=[\hat{a}_1,\cdots,\hat{a}_n,b_1\hat{w}_1,\cdots,b_1\hat{w}_L,\cdots,b_n\hat{w}_L]^{\mathrm{T}} \tag{2.61}$$

2.2.3 仿真结果

为了验证本节提出参数辨识方法的有效性，考虑了下列状态空间模型的 Hammerstein 输出误差系统，其中，静态非线性模块是不连续函数：

$$v(k)=\begin{cases}3, & u(k)>3.15\\ 2-\cos(3u(k))-\exp(-u(k)), & u(k)\leqslant 3.15\end{cases}$$

$$\boldsymbol{x}(k+1)=\begin{bmatrix}0 & 1\\ -0.45 & -0.8\end{bmatrix}\boldsymbol{x}(k)+\begin{bmatrix}1\\ -1\end{bmatrix}v(k)$$

$$y(k)=\begin{bmatrix}1 & 0\end{bmatrix}\boldsymbol{x}(k)+e(k)$$

其中，$e(k)$表示零均值白噪声序列。

定义噪信比：$\delta_{ns}=\sqrt{\dfrac{\mathrm{var}\left[e(k)\right]}{\mathrm{var}\left[y(k)-e(k)\right]}}\times 100\%$ 和 k 时刻线性模块的参数估计误差：$\delta=\|\hat{\boldsymbol{\theta}}_1(k)-\boldsymbol{\theta}_1\|/\|\boldsymbol{\theta}_1\|$。为了辨识基于状态空间模型的 Hammerstein 输出误差系统，设计了组合信号。该组合信号包括：①5000 组幅值为 0 或 2 的二进制信号；②5000 组[0, 5]的随机信号。

首先，利用递推最小二乘方法辨识动态线性模块的未知参数。表 2.2 列出了不同噪信比下状态空间模型参数辨识结果，图 2.8 给出了线性模块参数估计误差。从表 2.2 和图 2.8 中可以看出，提出的递推最小二乘方法能够有效辨识状态空间模型的参数。

表 2.2　不同噪信比下状态空间模型参数辨识结果

δ_{ns} /%	k	$\hat{a}_1$	$\hat{a}_2$	$\hat{b}_1$	$\hat{b}_2$
7.26	1000	0.7989	0.4484	1.0044	−1.0001
	2000	0.8008	0.4501	0.9989	−0.9995
	3000	0.8007	0.4518	0.1001	−1.0002
	4000	0.7991	0.4501	1.0007	−0.9999
	5000	0.7983	0.4494	1.0013	−0.9996
16.63	1000	0.7958	0.4405	0.9901	−0.9921
	2000	0.8024	0.4469	0.9993	−0.9946
	3000	0.8068	0.4533	0.9937	−0.9955
	4000	0.8022	0.4511	0.9958	−0.9965
	5000	0.7995	0.4481	0.9973	−0.9958
真实值		0.8	0.45	1	−1

基于 $\delta_{ns}=16.63\%$ 条件下线性模块的参数辨识结果，利用随机信号的输入和输出估计状态空间模型 Hammerstein 输出误差系统中静态非线性模块的参数，设置参数：$S_0=0.955$，$\rho=1$，$\lambda=0.02$。图 2.9 显示了不同 p 值下静态非线性模块的拟合结果，表 2.3 中列出了在不同新息长度 p 下的均方误差。

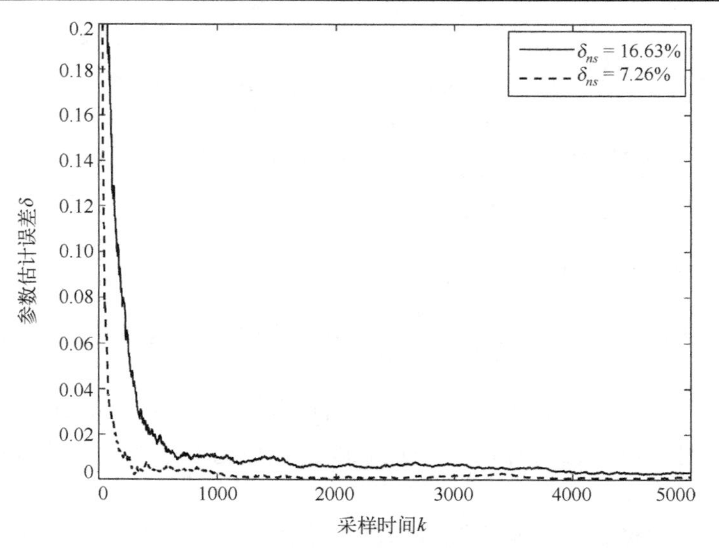

图 2.8　线性模块参数估计误差

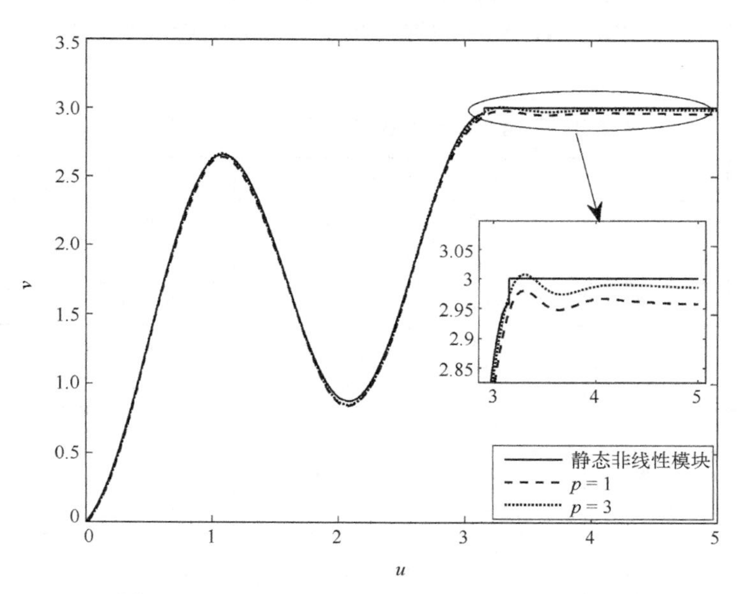

图 2.9　不同 p 值下静态非线性模块的拟合结果

表 2.3　不同 p 值下拟合静态非线性模块的 MSE

p	MSE
p=1	1.1×10^{-3}
p=3	2.8025×10^{-4}

从图 2.9 和表 2.3 中容易看出，随着新息长度 p 增大，神经模糊模型的建模精度越高，即能够更好地拟合具有分段不连续特性的静态非线性模块，进一步说明了多新息理论能够有效改善系统的辨识精度。

2.2.4　小结

本节提出了基于状态空间模型的 Hammerstein 输出误差非线性系统辨识方法。在研究中，利用组合输入信号实现 Hammerstein 系统的静态非线性模块和动态线性模块分离辨识，简化了辨识过程。利用神经模糊模型和状态空间模型分别建立 Hammerstein 系统的静态非线性模块和动态线性模块，在此基础上提出了两阶段参数辨识方法，该方法适用范围广、计算简单、辨识精度高。仿真结果表明，本节提出的方法具有较好的非线性逼近和参数学习能力。

2.3　时滞 Hammerstein 输出误差系统多信号源辨识

在 2.2 节研究的基础上，本节提出了一种时滞 Hammerstein 输出误差系统多信号源辨识方法，将设计的组合信号用于时滞 Hammerstein 系统的参数分离辨识。首先，针对时滞状态空间模型中的不可测状态变量，利用单位后移算子的性质，将状态时滞空间模型转化为输入输出的数学表达式，基于二进制信号的输入输出数据，采用标准的最小二乘法估计线性模块的参数。其次，为了改善系统的辨识精度，将聚类算法和多新息理论用于静态非线性模块的参数辨识中。

2.3.1　时滞 Hammerstein 输出误差系统

如图 2.10 所示，本节提出的时滞 Hammerstein 输出误差系统输入输出关系如下：

$$v(k)=f(u(k)) \tag{2.62}$$

$$\boldsymbol{x}(k+1)=\boldsymbol{A}\boldsymbol{x}(k)+\boldsymbol{B}\boldsymbol{x}(k-1)+\boldsymbol{C}v(k) \tag{2.63}$$

$$w(k)=\boldsymbol{D}\boldsymbol{x}(k) \tag{2.64}$$

$$y(k)=w(k)+e(k) \tag{2.65}$$

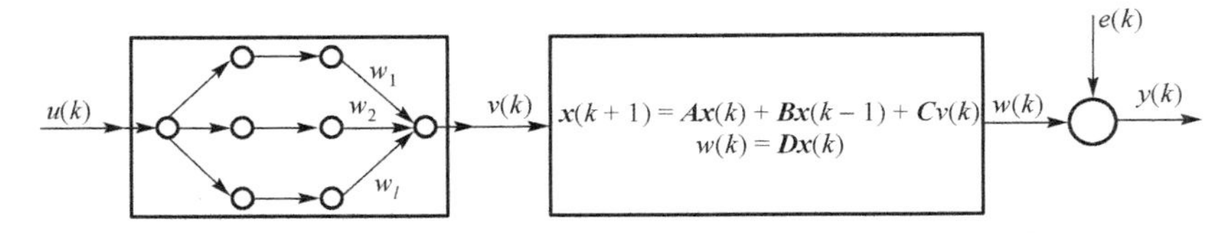

图 2.10　时滞 Hammerstein 输出误差系统结构图

其中，$f(\cdot)$ 表示静态非线性模块，$u(k)$ 和 $y(k)$ 表示系统在 k 时刻的输入和输出，$v(k)$ 是相应的中间不可测量变量，$e(k)$ 表示均值为零的白噪声，$w(k)$ 是线性模块的输出，$\boldsymbol{A}\in \boldsymbol{R}^{n\times n}$，$\boldsymbol{B}\in \boldsymbol{R}^{n\times n}$，$\boldsymbol{C}\in \boldsymbol{R}^{n\times 1}$ 和 $\boldsymbol{D}\in \boldsymbol{R}^{1\times n}$ 表示系统参数矩阵。

定理 2.1　考虑如式(2.63)和式(2.64)所示的时滞状态空间模型，基于单位后移算子的特性，时滞状态空间模型可以利用下列的输入输出表达式表示：

$$
\begin{aligned}
w(k) &= \boldsymbol{D}(z^2\boldsymbol{I}-\boldsymbol{A}z-\boldsymbol{B})^{-1}\boldsymbol{C}zv(k) \\
&= \frac{z^{-2n}\mathrm{cadj}\,[z^2\boldsymbol{I}-\boldsymbol{A}z-\boldsymbol{B}]\boldsymbol{C}z}{z^{-2n}\det\,[z^2\boldsymbol{I}-\boldsymbol{A}z-\boldsymbol{B}]}v(k) = \frac{b(z)}{a(z)}v(k)
\end{aligned} \tag{2.66}
$$

其中，$a(z)=z^{-2n}\det\,[z^2\boldsymbol{I}-\boldsymbol{A}z-\boldsymbol{B}]=1+a_1z^{-1}+\cdots+a_{2n}z^{-2n}$，$b(z)=z^{-2n+1}\mathrm{cadj}\,[z^2\boldsymbol{I}-\boldsymbol{A}z-\boldsymbol{B}]\boldsymbol{C}=b_1z^{-1}+\cdots+a_{2n-1}z^{-(2n-1)}$。

证明　定义 z^{-1} 为单位后移算子，根据其特性可以得到 $\boldsymbol{x}(k-1)=z^{-1}\boldsymbol{x}(k)$，$\boldsymbol{x}(k+1)=z\boldsymbol{x}(k)$。

根据式(2.63)得到 $z\boldsymbol{x}(k)=\boldsymbol{A}\boldsymbol{x}(k)+z^{-1}\boldsymbol{B}\boldsymbol{x}(k)+\boldsymbol{C}v(k)$，进一步得到 $\boldsymbol{x}(k)=(z^2\boldsymbol{I}-\boldsymbol{A}z-\boldsymbol{B})^{-1}\boldsymbol{C}zv(k)$。

因此，动态线性模块的输出可以表示为 $w(k)=\boldsymbol{D}(z^2\boldsymbol{I}-\boldsymbol{A}z-\boldsymbol{B})^{-1}\boldsymbol{C}zv(k)$。

定义矩阵：

$$
\boldsymbol{A}=\begin{bmatrix} a_{11} & a_{12} & \cdots & a_{1n} \\ a_{21} & a_{21} & \cdots & a_{2n} \\ \vdots & \vdots & \ddots & \vdots \\ a_{n1} & a_{n2} & \cdots & a_{nn} \end{bmatrix} \tag{2.67}
$$

$$
\boldsymbol{B}=\begin{bmatrix} b_{11} & b_{12} & \cdots & b_{1n} \\ b_{21} & b_{21} & \cdots & b_{2n} \\ \vdots & \vdots & \ddots & \vdots \\ b_{n1} & b_{n2} & \cdots & b_{nn} \end{bmatrix} \tag{2.68}
$$

$$
\boldsymbol{C}=[c_1\quad c_2\quad \cdots\quad c_n]^{\mathrm{T}} \tag{2.69}
$$

$$
\boldsymbol{D}=[d_1\quad d_2\quad \cdots\quad d_n] \tag{2.70}
$$

定义[$\boldsymbol{X}$]为矩阵 $\boldsymbol{X}$ 的伴随矩阵，det[$\boldsymbol{X}$]为方阵 $\boldsymbol{X}$ 的行列式，$\boldsymbol{I}$ 为大小适当的单位矩阵。$\boldsymbol{A}_{ij}$ 作为矩阵 $\boldsymbol{A}$ 第 i 行第 j 列的代数余子式，a_{ij} 为矩阵 $\boldsymbol{A}$ 中第 i 行第 j 列中的元素，因此得到：

$$
\det[z^2\boldsymbol{I}-\boldsymbol{A}z-\boldsymbol{B}]=\det\begin{bmatrix} z^2-a_{11}z-b_{11} & -a_{12}z-b_{12} & \cdots & -a_{1n}z-b_{1n} \\ -a_{21}z-b_{21} & z^2-a_{22}z-b_{22} & & -a_{2n}z-b_{2n} \\ \vdots & & \ddots & \vdots \\ -a_{n1}z-b_{n1} & -a_{n2}z-b_{n2} & \cdots & z^2-a_{nn}z-b_{nn} \end{bmatrix} \tag{2.71}
$$

根据式(2.71)可以得到包含在行列式值中的最大项数为 z^{2n}，并且其系数为 1，行列式值中包含的最小数字项是 z^0。因此，可以将行列式的值改写为以下等式：

$$\det\ [z^2\boldsymbol{I}-\boldsymbol{A}z-\boldsymbol{B}]=z^{2n}+a_1z^{2n-1}+a_2z^{2n-2}+\cdots+a_{2n} \tag{2.72}$$

方阵的伴随矩阵可以表示为

$$\operatorname{adj}\left[z^2\boldsymbol{I}-\boldsymbol{A}z-\boldsymbol{B}\right]=\operatorname{adj}\begin{bmatrix}\boldsymbol{A}_{11} & \boldsymbol{A}_{21} & \cdots & \boldsymbol{A}_{n1}\\ \boldsymbol{A}_{12} & \boldsymbol{A}_{22} & & \boldsymbol{A}_{11}\\ \vdots & & \ddots & \vdots\\ \boldsymbol{A}_{1n} & \boldsymbol{A}_{2n} & \cdots & \boldsymbol{A}_{nn}\end{bmatrix} \tag{2.73}$$

进一步得到

$$\begin{aligned}\boldsymbol{D}\operatorname{adj}\ [z^2\boldsymbol{I}-\boldsymbol{A}z-\boldsymbol{B}]\boldsymbol{C}z&=\begin{bmatrix}d_1 & d_2 & \cdots & d_n\end{bmatrix}\begin{bmatrix}\boldsymbol{A}_{11} & \boldsymbol{A}_{21} & \cdots & \boldsymbol{A}_{n1}\\ \boldsymbol{A}_{12} & \boldsymbol{A}_{22} & & \boldsymbol{A}_{11}\\ \vdots & & \ddots & \vdots\\ \boldsymbol{A}_{1n} & \boldsymbol{A}_{2n} & \cdots & \boldsymbol{A}_{nn}\end{bmatrix}\begin{bmatrix}c_1\\ c_2\\ \vdots\\ c_n\end{bmatrix}z\\ &=c_1\sum_{i=1}^{n}d_1\boldsymbol{A}_{ji}+c_2\sum_{i=1}^{n}d_2\boldsymbol{A}_{ji}+\cdots+c_n\sum_{i=1}^{n}d_n\boldsymbol{A}_{ji}=\sum_{j=1}^{n}(c_j\sum_{i=1}^{n}d_i\boldsymbol{A}_{ji})\end{aligned} \tag{2.74}$$

由于 $\operatorname{adj}\ [z^2\boldsymbol{I}-\boldsymbol{A}z-\boldsymbol{B}]\in\mathbf{R}^{(n-1)\times(n-1)}$，上述等式的最大项数为 z^{2n-1}，最小项为 z^1。因此，式(2.74)可以表示如下：

$$\boldsymbol{D}\operatorname{adj}\ [z^2\boldsymbol{I}-\boldsymbol{A}z-\boldsymbol{B}]\boldsymbol{C}z=b_1z^{2n-1}+b_2z^{2n-2}+\cdots+b_{2n-1}z \tag{2.75}$$

式(2.72)和式(2.75)同时乘以 z^{-2n}，并利用式(2.75)除以式(2.72)，得到

$$\begin{aligned}\frac{b(z)}{a(z)}&=\frac{z^{-2n}(b_1z^{2n-1}+b_2z^{2n-2}+\cdots+b_{2n-1}z)}{z^{-2n}(z^{2n}+a_1z^{2n-1}+a_2z^{2n-2}+\cdots+a_{2n})}\\ &=\frac{b_1z^{-1}+b_2z^{-2}+\cdots+b_{2n-1}z^{-(2n-1)}}{1+a_1z^{-1}+a_2z^{-2}+\cdots+a_{2n}z^{-2n}}\end{aligned} \tag{2.76}$$

证明完毕。

根据上述结论，时滞 Hammerstein 输出误差系统可以利用下列输入输出表示：

$$v(k)=f(u(k)) \tag{2.77}$$

$$y(k)=\frac{b(z)}{a(z)}(v(k))+e(k) \tag{2.78}$$

其中，$f(\cdot)$ 表示静态非线性模块，$u(k)$ 和 $y(k)$ 表示系统在 k 时刻的输入和输出，$v(k)$ 是中间不可测量变量，$e(k)$ 表示均值为零的白噪声，$a(z)=1+a_1z^{-1}+\cdots+a_{n_a}z^{-n_a}$，$b(z)=b_1z^{-1}+\cdots+b_{n_b}z^{-n_b}$。

时滞 Hammerstein 输出误差系统中的静态非线性模块利用 2.1 节中的神经模糊模型来表示。

对于任意给定的阈值 ε，建立时滞 Hammerstein 输出误差系统就是要寻求满足如下条件的参数：

$$
\begin{aligned}
&E=\frac{1}{2N}\sum_{k=1}^{N}[y(k)-\hat{y}(k)]^2 \leqslant \varepsilon \\
&\text{s.t. } \hat{v}(k)=\hat{f}(u(k)) \\
&\hat{y}(k)=\frac{\hat{b}(z)}{\hat{a}(z)}(\hat{v}(k))+e(k)
\end{aligned} \tag{2.79}
$$

其中，$\hat{f}(\cdot)$ 表示估计的静态非线性模块，$\hat{v}(k)$ 表示估计的中间不可测量变量，$\hat{y}(k)$ 表示估计的系统输出，N 是输入输出数据的数目。

2.3.2 时滞 Hammerstein 输出误差系统辨识

1. 动态线性模块的辨识

基于二进制输入信号 $u_1(k)$ 及其相应的输出 $y_1(k)$，利用最小二乘方法辨识动态线性模块的参数。

$$
\hat{\boldsymbol{\theta}}_1=[\boldsymbol{X}^{\mathrm{T}}\boldsymbol{X}]^{-1}\boldsymbol{X}^{\mathrm{T}}\boldsymbol{Y} \tag{2.80}
$$

其中，$\hat{\boldsymbol{\theta}}_1=[\hat{\boldsymbol{\theta}}_a,\hat{\boldsymbol{\theta}}_b]^{\mathrm{T}}$ 是动态线性模块的未知参数，$\hat{\boldsymbol{\theta}}_a=[\hat{a}_1,\hat{a}_2,\cdots,\hat{a}_{n_a}]$，$\hat{\boldsymbol{\theta}}_b=[\hat{b}_1,\hat{b}_2,\cdots,\hat{b}_{n_b}]$，$\boldsymbol{x}(k)=[-y_1(k-1),\ \cdots,\ -y_1(k-n_a),\ u_1(k-1),\ \cdots,\ u_1(k-n_b)]^{\mathrm{T}}_{(n_a+n_b)\times 1}$，$\boldsymbol{X}=[\boldsymbol{x}(1),\ \boldsymbol{x}(2),\ \cdots,\ \boldsymbol{x}(P_L)]^{\mathrm{T}}_{P_L\times(n_a+n_b)}$，$\boldsymbol{Y}=[y_1(1),y_1(2),\cdots,y_1(P_L)]^{\mathrm{T}}_{P_L\times 1}$，$P_L$ 表示二进制信号的数目。

2. 静态非线性模块的辨识

基于随机信号的输入 $u_2(k)$ 及其相应的输出 $y_2(k)$，采用 2.1 节中的聚类算法计算神经模糊模型的中心 c_l 和宽度 σ_l。在此基础上，根据 2.2 节中推导的多新息递推最小二乘方法更新神经模糊模型的权重 w_l。

更新神经模糊模型的权重 w_l 的方法如下：

$$
\hat{\boldsymbol{\theta}}_2(k)=\hat{\boldsymbol{\theta}}_2(k-1)+\boldsymbol{Q}(k)[\boldsymbol{Y}(p,k)-\hat{\boldsymbol{E}}^{\mathrm{T}}(p,k)\hat{\boldsymbol{\theta}}_2(k-1)] \tag{2.81}
$$

$$
\boldsymbol{Q}(k)=\frac{\boldsymbol{H}(k-1)\hat{\boldsymbol{E}}(p,k)}{\boldsymbol{I}+\hat{\boldsymbol{E}}^{\mathrm{T}}(p,k)\boldsymbol{H}(k-1)\hat{\boldsymbol{E}}(p,k)} \tag{2.82}
$$

$$
\boldsymbol{H}(k)=[\boldsymbol{I}-\boldsymbol{Q}(k)\hat{\boldsymbol{E}}(p,k)]\boldsymbol{H}(k-1) \tag{2.83}
$$

$$
\hat{x}(k)=\hat{\boldsymbol{\varphi}}_2{}^{\mathrm{T}}(k)\hat{\boldsymbol{\theta}}_2 \tag{2.84}
$$

$$\hat{\boldsymbol{E}}(p,k)=[\hat{\boldsymbol{\varphi}}_2(k),\hat{\boldsymbol{\varphi}}_2(k-1),\cdots,\hat{\boldsymbol{\varphi}}_2(k-p+1)] \tag{2.85}$$

$$\boldsymbol{Y}(p,k)=[y_2(k),y_2(k-1),\cdots,y_2(k-p+1)]^{\mathrm{T}} \tag{2.86}$$

$$\hat{\boldsymbol{\theta}}_2=[\hat{a}_1,\cdots,\hat{a}_{n_a},b_1\hat{w}_1,\cdots,b_1\hat{w}_L,\cdots,b_{n_b}\hat{w}_L]^{\mathrm{T}} \tag{2.87}$$

其中，$u_2(k)$ 为随机信号的输入，$y_2(k)$ 为相应的输出，$\boldsymbol{\varphi}_2(k)=[-\hat{x}(k-1),\cdots,-\hat{x}(k-n_a),$ $\phi_1(u_2(k-1)),\cdots,\ \phi_L(u_2(k-1)),\cdots,\phi_L(u_2(k-n_b))]^{\mathrm{T}}$ 。

2.3.3 仿真结果

为了验证本节提出参数辨识方法的有效性，考虑了下列时滞 Hammerstein 输出误差系统，其中，静态非线性模块是不连续连续函数：

$$v(k)=\begin{cases}2-\cos(3u(k))-\exp(-u(k)), & u(k)\leqslant 3.15\\ 3, & u(k)>3.15\end{cases}$$

$$\boldsymbol{x}(k+1)=\begin{bmatrix}0 & 1\\ -0.4 & -0.7\end{bmatrix}\boldsymbol{x}(k)+\begin{bmatrix}0.20 & -0.30\\ 0.15 & -0.20\end{bmatrix}\boldsymbol{x}(k-1)+\begin{bmatrix}1.00\\ -1.00\end{bmatrix}v(k)$$

$$y(k)=[1\ 0]\boldsymbol{x}(k)+e(k)$$

根据定理 2.1，将时滞的状态空间模型转化为下列输入输出形式：

$$\begin{aligned}y(k)&=\frac{b_1z^{-1}+b_2z^{-2}+b_3z^{-3}}{1+a_1z^{-1}+a_2z^{-2}+a_3z^{-3}+a_4z^{-4}}v(k)+e(k)\\&=\frac{z^{-1}-0.30z^{-2}+0.5z^{-3}}{1+0.7z^{-1}+0.4z^{-2}-0.41z^{-3}+0.045z^{-4}}v(k)+e(k)\end{aligned}$$

其中，$\boldsymbol{\theta}_1=[a_1,a_2,a_3,a_4,b_1,b_2,b_3]^{\mathrm{T}}=[0.70,0.4,-0.41,0.045,1.00,-0.30,0.50]^{\mathrm{T}}$，$e(k)$ 表示零均值白噪声序列。

使用 2.2.3 节定义的噪信比 δ_{ns}，k 时刻线性模块的参数估计误差：$\delta_a=\|\hat{\boldsymbol{\theta}}_a(k)-\boldsymbol{\theta}_a\|/\|\boldsymbol{\theta}_a\|$，$\delta_b=\|\hat{\boldsymbol{\theta}}_b(k)-\boldsymbol{\theta}_b\|/\|\boldsymbol{\theta}_b\|$。

为了辨识时滞 Hammerstein 输出误差系统，本节设计了组合信号，该组合信号包括：①5000 组幅值为 0 或 1.5 的二进制信号；②3000 组区间为[0, 5]的随机多步信号。

首先，利用最小二乘方法辨识动态线性模块的未知参数。图 2.11～图 2.14 给出了在不同噪信比下动态线性模块的参数辨识曲线，表 2.4 和表 2.5 列出了不同噪信比下的动态线性模块参数辨识结果及其误差。从图 2.11～图 2.14 中容易看出，当 $\delta_{ns}=14.97\%$ 时，最小二乘方法能够有效辨识线性模块参数。当噪信比增加到 $\delta_{ns}=23.28\%$，训练数据数量达到 1000 时，参数曲线逐渐趋于稳定。

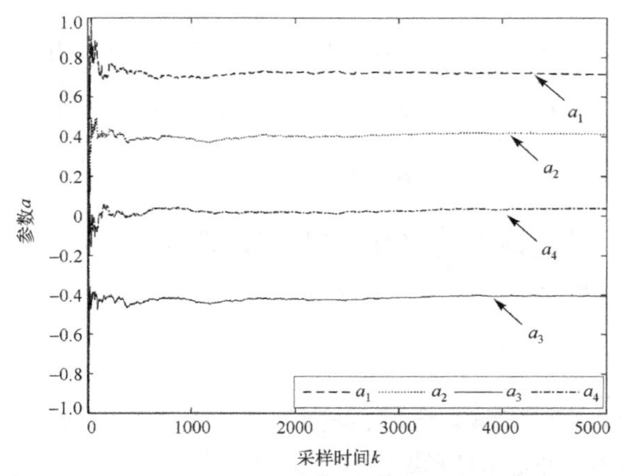

图 2.11　噪信比为 $\delta_{ns}=14.97\%$ 的线性模块辨识结果 1

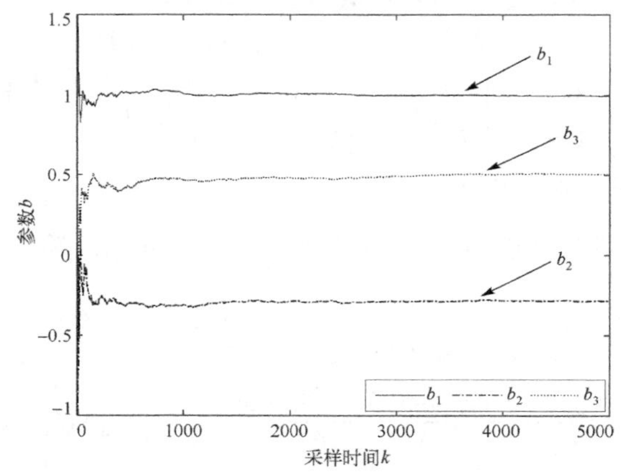

图 2.12　噪信比为 $\delta_{ns}=14.97\%$ 的线性模块辨识结果 2

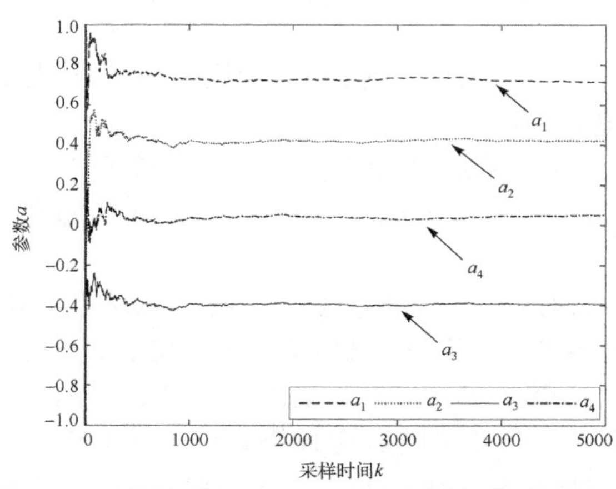

图 2.13　噪信比为 $\delta_{ns}=23.28\%$ 的线性模块辨识结果 1

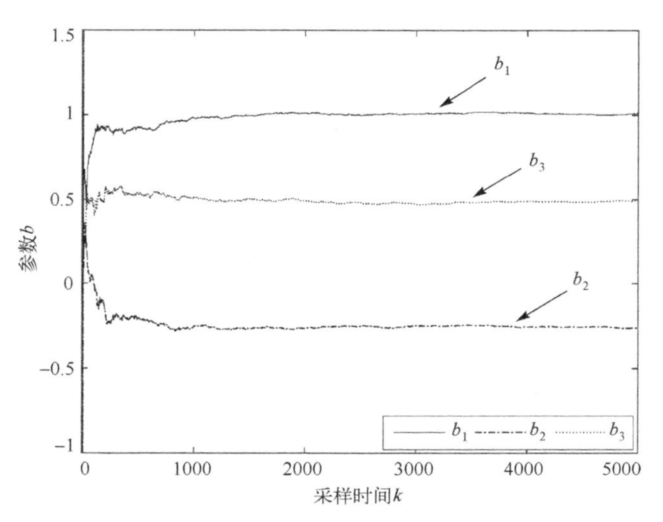

图 2.14　噪信比为 $\delta_{ns}=23.28\%$ 的线性模块辨识结果 2

表 2.4　不同噪信比下参数 a 的辨识结果及误差

δ_{ns} /%	k	$\hat{a}_1$	$\hat{a}_2$	$\hat{a}_3$	$\hat{a}_4$	δ_a
14.97	1000	0.7076	0.3913	−0.4291	0.0236	0.0342
	2000	0.7236	0.4027	−0.4207	0.0201	0.0398
	3000	0.7249	0.4118	−0.4134	0.0266	0.0368
	4000	0.7219	0.4166	−0.4057	0.0339	0.0331
	5000	0.7149	0.4123	−0.4062	0.0385	0.0229
23.28	1000	0.7279	0.4201	−0.3926	0.0368	0.0435
	2000	0.7258	0.4220	−0.3933	0.0437	0.0418
	3000	0.7365	0.4216	−0.3996	0.0283	0.0517
	4000	0.7220	0.4233	−0.3903	0.0470	0.0416
	5000	0.7124	0.4190	−0.3953	0.0494	0.0302
真实值		0.7	0.4	−0.41	0.045	0

表 2.5　不同噪信比下参数 b 的辨识结果及误差

δ_{ns} /%	k	$\hat{b}_1$	$\hat{b}_2$	$\hat{b}_3$	δ_b
14.97	1000	1.0089	−0.3062	0.4650	0.0316
	2000	1.0094	−0.2892	0.4810	0.0206
	3000	1.0002	−0.2877	0.4907	0.0134
	4000	0.9995	−0.2830	0.5043	0.0151
	5000	0.9974	−0.2848	0.5029	0.0135

续表

δ_{ns} /%	k	$\hat{b}_1$	$\hat{b}_2$	$\hat{b}_3$	δ_b
23.28	1000	0.9817	−0.2536	0.5106	0.0441
	2000	1.0101	−0.2664	0.4914	0.0312
	3000	1.0077	−0.2476	0.4697	0.0527
	4000	1.0147	−0.2560	0.4897	0.0410
	5000	1.0093	−0.2641	0.4905	0.0330
真实值		1	−0.3	0.5	0

基于 $\delta_{ns}=14.97\%$ 条件下线性模块的参数辨识结果，利用随机信号的输入和输出估计 Hammerstein 输出误差系统中静态非线性模块的参数，设置参数：$S_0=0.94$，$\rho=1$，$\lambda=0.02$。图 2.15 显示了不同新息长度 p 下静态非线性模块的拟合结果，表 2.6 中列出了在不同新息长度 p 下的均方误差。

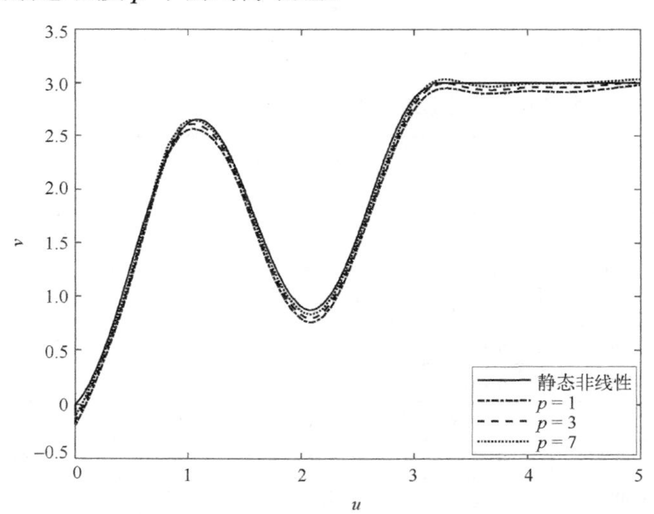

图 2.15　不同新息长度 p 的静态非线性模块拟合结果

从图 2.15 和表 2.6 中容易看出，随着新息长度 p 增大，神经模糊模型的建模精度越高，即能够更好地拟合具有分段不连续特性的静态非线性模块，进一步说明了增大新息长度 p 能够有效改善系统的辨识精度。

表 2.6　不同新息长度 p 拟合静态非线性模块的 MSE

p	MSE
p=1	1.06×10^{-2}
p=3	4.5×10^{-3}
p=7	1.6×10^{-3}

2.3.4　小结

本节提出了时滞 Hammerstein 输出误差非线性系统辨识方法。首先，针对时滞状态空间模型中的不可测状态变量，利用单位后移算子的性质，将状态时滞空间模型转化为输入输出表示形式，基于二进制信号的输入输出数据，采用最小二乘法估计线性模块的参数。此外，基于随机信号的输入输出数据，利用聚类算法和多新息理论辨识静态非线性模块参数。

2.4　基于概率密度函数的 Hammerstein 系统辨识

传统 Hammerstein 系统辨识方法中大多采用均方误差作为准则函数的思想，即以实际输出和模型输出的平方差作为误差准则函数，但该过程没有考虑数据点之间的空间状态，仅从单个样本的角度出发，寻找误差函数的最小值。而基于概率密度函数(probability density function，PDF)技术的模型训练方法能够将系统的可调参数作为输入，将系统误差的 PDF 作为输出，通过可调参数控制系统误差的空间分布，从而保障了模型精度，同时还能控制模型误差的空间状态分布，使得建模误差分布趋于正态分布，从而避免了传统均方误差准则可能引发的建模误差空间分布不规则的情况[13]。

突破传统 Hammerstein 系统辨识方法中采用均方误差作为准则函数的思想，在 2.1 节研究的基础上，本节提出了一种基于概率密度函数技术的神经模糊 Hammerstein 系统辨识方法。首先，利用辅助模型技术代替辨识系统中的不可测变量，解决了动态线性模块辨识中出现的中间变量信息不可测量问题。其次，将 PDF 技术引入到静态非线性模块的辨识中，利用设定的目标概率密度函数和模型误差概率密度函数的误差作为准则函数，通过调节模型误差 PDF 达到设定的目标 PDF 对神经模糊模型的权重进行优化。

2.4.1　基于概率密度函数的神经模糊 Hammerstein 系统

如图 2.16 所示，本节提出的 Hammerstein 系统由静态非线性模块 $f(\cdot)$ 和动态线性模块 $G(\cdot)$ 组成，其输入输出关系的数学表达式为

$$v(k)=f(u(k)) \tag{2.88}$$

$$y(k)=G(\cdot)v(k)+e(k) \tag{2.89}$$

其中，$f(\cdot)$ 表示静态非线性模块，利用 2.1 节中提出的四层神经模糊模型近似，动态线性模块 $G(\cdot)=\dfrac{B(z)}{A(z)}$，$u(k)$ 和 $y(k)$ 表示系统在 k 时刻的输入和输出，$v(k)$ 表示中

间不可测量变量，$e(k)$ 表示均值为零的白噪声，$A(z)=1+a_1z^{-1}+a_2z^{-2}+\cdots+a_nz^{-n_a}$ 和 $B(z)=b_1z^{-1}+b_2z^{-2}+\cdots+b_nz^{-n_b}$ 是多项式，a_i 和 b_j 是模型参数，n_a 和 n_b 表示模型的阶次。

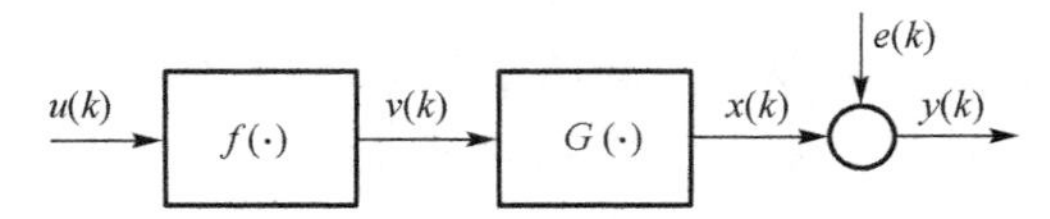

图 2.16　Hammerstein 输出误差系统结构图

对于任意给定的阈值 ε，建立 Hammerstein 系统就是要寻求满足如下条件的参数：

$$
\begin{aligned}
&E(\hat{f}(\cdot),\hat{G}(\cdot))=\frac{1}{2N_p}\sum_{k=1}^{N_p}[\hat{y}(k)-y(k)]^2\leqslant\varepsilon\\
&\text{s.t.}\quad \hat{v}(k)=\hat{f}(u(k))\\
&\qquad\ \hat{y}(k)=\hat{G}(\cdot)\hat{v}(k)+e(k)
\end{aligned}
\tag{2.90}
$$

其中，$\hat{f}(\cdot)$ 表示估计的静态非线性模块，$\hat{G}(\cdot)$ 表示动态线性模块的估计，$\hat{v}(k)$ 表示估计的中间变量，N_p 是输入输出数据的数目。

2.4.2　基于概率密度函数的神经模糊 Hammerstein 系统辨识

1.　动态线性模块的辨识

基于二进制输入信号 $u_1(k)$ 及其相应的输出 $y_1(k)$，利用最小辅助模型递推最小二乘方法辨识动态线性模块的参数。

根据式(2.89)，Hammerstein 输出误差模型的输入输出关系如下所示：

$$
y_1(k)=\frac{B(z)}{A(z)}u_1(k)+e(k) \tag{2.91}
$$

进一步得到

$$
y_1(k)=x(k)+e(k)=\boldsymbol{\varphi}_1^{\mathrm{T}}(k)\boldsymbol{\theta}_1+e(k) \tag{2.92}
$$

其中，$\boldsymbol{\varphi}_1(k)=[x(k-1),\cdots,x(k-n_a),u_1(k-1),\cdots,u_1(k-n_b)]^{\mathrm{T}}$，$\boldsymbol{\theta}_1=[a_1,a_2,\cdots,a_{n_a},b_1,b_2,\cdots,b_{n_b}]^{\mathrm{T}}$。

需要指出的是，式(2.92)的信息向量 $\boldsymbol{\varphi}_1(k)$ 中包含未知变量 $x(k)$，因此式(2.92)中的未知参数无法辨识得到。解决这一问题的有效方法是利用辅助模型技术[14]，定义在 k 时刻辅助模型信息向量 $\boldsymbol{\varphi}_a(k)$，得到

$$
x_a(k)=\boldsymbol{\varphi}_a^{\mathrm{T}}(k)\boldsymbol{\theta}_a \tag{2.93}
$$

其中，$\boldsymbol{\varphi}_a(k)=[x_a(k-1),\cdots,x_a(k-n_a),u_1(k-1),\cdots,u_1(k-n_b)]^{\mathrm{T}}$，$\boldsymbol{\theta}_a=[\hat{a}_1,\hat{a}_2,\cdots,\hat{a}_{n_a},\hat{b}_1,\hat{b}_2,\cdots,\hat{b}_{n_b}]^{\mathrm{T}}$。

设辅助模型信息向量 $\boldsymbol{\varphi}_a(k)$ 的估计值为 $\hat{\boldsymbol{\varphi}}(k)$，辅助模型参数向量 $\boldsymbol{\theta}_a(k)$ 的估计值 $\hat{\boldsymbol{\theta}}_1(k)$，得到

$$\hat{x}_a(k)=\hat{\boldsymbol{\varphi}}^{\mathrm{T}}(k)\hat{\boldsymbol{\theta}}_1(k) \tag{2.94}$$

定义以下准则函数：

$$J(\boldsymbol{\theta}_1)=\sum_{k=1}^{N}\left[y(k)-\hat{\boldsymbol{\varphi}}^{\mathrm{T}}(k)\boldsymbol{\theta}_1\right]^2 \tag{2.95}$$

因此，利用推导的辅助模型递推最小二乘算法辨识动态线性模块参数向量 $\boldsymbol{\theta}_1$：

$$\hat{\boldsymbol{\theta}}_1=\hat{\boldsymbol{\theta}}_1(k-1)+\boldsymbol{L}(k)[y(k)-\hat{\boldsymbol{\varphi}}^{\mathrm{T}}(k)\hat{\boldsymbol{\theta}}_1(k-1)] \tag{2.96}$$

$$\boldsymbol{L}(k)=\boldsymbol{P}(k-1)\hat{\boldsymbol{\varphi}}(k)[1+\hat{\boldsymbol{\varphi}}^{\mathrm{T}}(k)\boldsymbol{P}(k-1)\hat{\boldsymbol{\varphi}}(k)]^{-1} \tag{2.97}$$

$$\boldsymbol{P}(k)=[\boldsymbol{I}-\boldsymbol{L}(k)\hat{\boldsymbol{\varphi}}^{\mathrm{T}}(k)]\boldsymbol{P}(k-1) \tag{2.98}$$

$$\hat{\boldsymbol{\varphi}}(k)=[x_a(k-1),x_a(k-2),\cdots,x(k-n_a),u_1(k-1),\cdots,u_1(k-n_b)]^{\mathrm{T}} \tag{2.99}$$

$$\hat{x}_a(k)=\hat{\boldsymbol{\varphi}}^{\mathrm{T}}(k)\hat{\boldsymbol{\theta}}_1(k) \tag{2.100}$$

2. 静态非线性模块的辨识

首先，基于随机输入信号 $u_2(k)$ 及其相应的输出 $y_2(k)$，采用 2.1 节中的聚类算法计算神经模糊模型的中心 c_l 和宽度 σ_l。在此基础上，采用模型误差概率密度函数方法更新神经模糊模型的权重向量 $\boldsymbol{w}$，辨识的关键问题在于求解神经模糊模型权重向量 $\boldsymbol{w}$。

定义下列目标概率密度函数：

$$\Gamma_{\text{target}}=\frac{1}{\sqrt{2\pi}\sigma_g}\cdot\exp\left(-\frac{e^2}{2{\sigma_g}^2}\right) \tag{2.101}$$

其中，σ_g 是控制神经模糊模型精度的参数。

本节采用非参数估计方法，即 Parzen 窗法，对模型误差概率密度函数进行估计。具体流程如下。

定义模型误差 $e_{\text{error}}(k)$：$e_{\text{error}}(k)=y(k)-\hat{y}(k)$，根据 Parzen 窗算法，模型误差概率密度函数(model error probability density function，MEPDF)表示为

$$\hat{f}_{\text{error}}(e)=\frac{1}{N_p}.\sum_{k=1}^{N}\frac{1}{h_p}\varphi\left(-\frac{e-e_{\text{error}}(k)}{h_p}\right) \tag{2.102}$$

其中，$\varphi(\varepsilon)$ 是窗函数，h_p 是窗口宽度。

窗函数 $\varphi(\varepsilon)$ 的选择需要满足以下两个条件：① $\varphi(\varepsilon)\geqslant 0$；② $\int\varphi(\varepsilon)\mathrm{d}\varepsilon=1$。本节

选择的窗函数为 $\varphi(\varepsilon)=\frac{1}{\sqrt{2\pi}}\mathrm{e}^{-\frac{\varepsilon^2}{2}}$，如果窗口宽度 h_p 过大，模型的概率密度函数的分辨率会降低，导致模型建模失真。假设窗口宽度 h_p 太小，MEPDF 会跳变，导致模型建模失真。因此，需要根据实际经验选择合适的窗宽。本节选择的窗口宽度 h_p 如下：

$$h_p=\frac{\mathrm{median}(|x-\mathrm{median}(x)|)\times(4/(3N))^{0.2}}{0.6745} \tag{2.103}$$

其中，median(x) 是 x 的中位数[15]。

根据式(2.102)和式(2.103)计算模型误差概率密度函数：

$$\varGamma_{\mathrm{error}}=\frac{1}{N_p}.\sum_{k=1}^{N_p}\frac{1}{h_p}\varphi\left(-\frac{e-e_{\mathrm{error}}(k)}{h_p}\right)=\frac{1}{N_p}.\sum_{k=1}^{N_p}\frac{1}{\sqrt{2\pi}h_p}\exp\left(-\frac{(e-e_{\mathrm{error}}(k))^2}{2{h_p}^2}\right) \tag{2.104}$$

其中，N_p 表示输入输出数据的长度。

进一步得到模型参数优化的目标函数：

$$J=\min_{\boldsymbol{w}}\int_{-\infty}^{+\infty}[\varGamma_{\mathrm{error}}-\varGamma_{\mathrm{target}}]^2\mathrm{d}e \tag{2.105}$$

其中，$\boldsymbol{w}=[w_1,w_2,\cdots,w_L]^{\mathrm{T}}$。

根据式(2.101)和式(2.104)，将目标函数 J 改写为如下所示的表达式：

$$J=\min_{\boldsymbol{w}}\int_{-\infty}^{+\infty}\left[\frac{1}{N_p}\sum_{k=1}^{N_p}\frac{1}{\sqrt{2\pi}h_p}\exp\left(-\frac{(e-e_{\mathrm{error}}(k))^2}{2{h_p}^2}\right)-\frac{1}{\sqrt{2\pi}\sigma_g}\cdot\exp\left(-\frac{e^2}{2{\sigma_g}^2}\right)\right]\mathrm{d}e \tag{2.106}$$

基于式(2.106)，采用梯度下降算法更新参数向量 $\boldsymbol{w}$。

基于 MEPDF 的 Hammerstein 系统辨识算法具体步骤总结如下。

步骤 1 采用二进制信号 $u_1(k)$ 和相应的输出信号 $y_1(k)$，根据辅助模型递推最小二乘算法辨识动态线性模块参数向量 $\boldsymbol{\theta}_1$。

步骤 2 采用随机多步信号 $u_2(k)$ 和相应的输出 $y_2(k)$ 辨识静态非线性模块，利用聚类算法得到神经模糊模型的中心 c_l 和宽度 σ_l。

步骤 3 设置模型误差的目标概率密度函数 $\varGamma_{\mathrm{target}}$，计算模型误差 $e_{\mathrm{error}}(k)$，得到模型误差概率密度函数 $\varGamma_{\mathrm{error}}$。

步骤 4 根据 $\varGamma_{\mathrm{target}}$ 和 $\varGamma_{\mathrm{error}}$ 建立准则函数 J，通过采用梯度下降算法更新参数向量 $\boldsymbol{w}=[w_1,w_2,\cdots,w_L]^{\mathrm{T}}$。

2.4.3 仿真结果

为了验证所提出的参数估计方法的有效性，研究了下列 Hammerstein 输出误差模型，其中，非线性模块是分段不连续非线性函数，线性模块的阶次 $n_a=1$，$n_b=1$。

$$v(k)=\begin{cases}\tanh(2u(k)), & u(k)\leqslant 1.5\\ -\dfrac{\exp(u(k))-1}{\exp(u(k))+1}, & u(k)>1.5\end{cases}$$

$$y(k)=\frac{0.4z^{-1}}{1-0.8z^{-1}}v(k)+e(k)$$

其中，$e(k)$表示零均值白噪声序列。

使用 2.2.3 节定义的噪信比δ_{ns}，定义k时刻线性模块的参数估计误差：$\delta=\|\hat{\boldsymbol{\theta}}_1(k)-\boldsymbol{\theta}_1\|/\|\boldsymbol{\theta}_1\|$。

为了辨识基于概率密度函数的神经模糊 Hammerstein 系统，产生如图 2.17 所示的组合输入信号及相应的输出。该组合输入信号包括：①幅值为 0 或 1 的二进制信号；②区间为[0, 4]的随机信号。

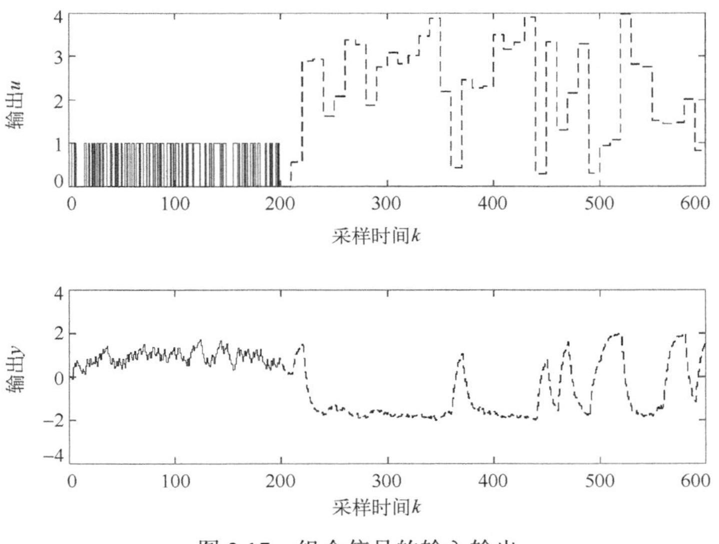

图 2.17　组合信号的输入输出

首先，利用二进制信号的输入输出数据，根据辅助模型的递推最小二乘方法辨识得到线性模块的参数。图 2.18 给出了不同噪信比下的参数估计误差。从图中可以看出，当δ_{ns}在 15.32%以内时，参数估计误差较小。随着噪信比的增加，参数估计的误差逐渐增大，当δ_{ns}达到 34.84%时，误差小于 0.02。因此，参数误差能够保持相对稳定。

其次，利用随机信号的输入和输出估计神经模糊 Hammerstein 系统中静态非线性模块的参数。设置参数：$S_0=0.96$，$\rho=1.3$，$\lambda=0.7$，图 2.19 显示了模型误差概率密度函数跟踪目标概率密度函数的结果，图 2.20 给出了相应的误差。

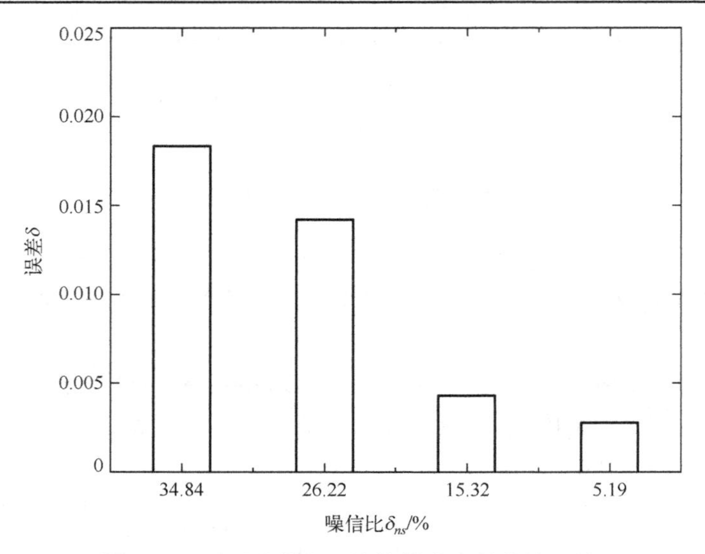

图 2.18　不同噪信比下线性模块参数估计误差

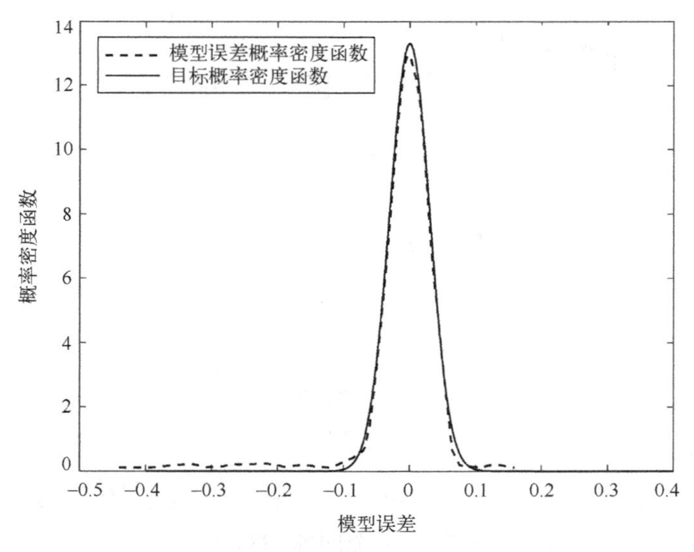

图 2.19　概率密度函数曲线

从图 2.19 和图 2.20 可以看出，本节提出的方法能使模型误差概率密度函数收敛到目标概率密度函数，且收敛误差总体上相对较小。因此，模型误差概率密度函数通过跟踪目标概率密度函数来调节神经模糊模型的权重，有效地控制了系统误差的空间分布，从而保障了静态非线性模块的拟合精度。

最后，为了验证本节所提出的参数估计算法的有效性，利用随机产生的 200 组随机信号作为测试信号，Hammerstein 系统的实际输出和预测输出如图 2.21 所示。

从图 2.21 中容易看出，本节提出的方法能够有效辨识 Hammerstein 系统，且辨识的 Hammerstein 系统具有较好的预测性能。

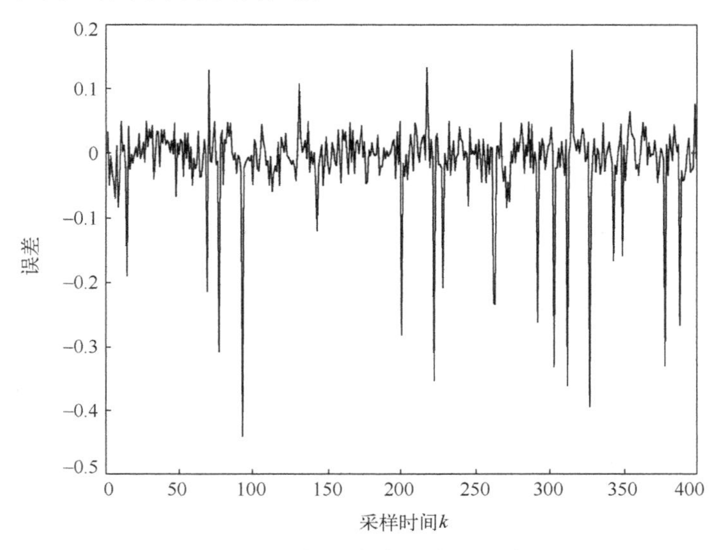

图 2.20　概率密度函数的误差

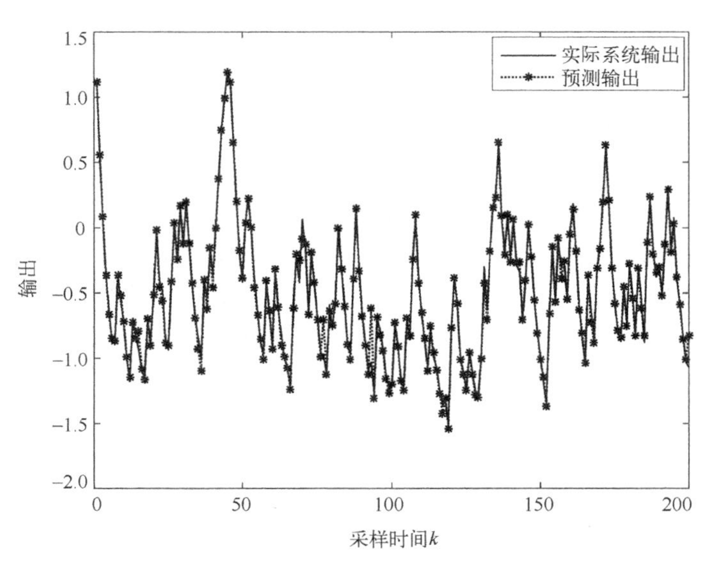

图 2.21　Hammerstein 系统的预测输出

2.4.4　小结

突破传统 Hammerstein 系统辨识方法中采用均方误差作为准则函数的思想，本节提出了一种基于概率密度函数技术的神经模糊 Hammerstein 系统辨识方法。在研究中，利用组合信号实现 Hammerstein 系统的静态非线性模块和动态线性模块分离辨识，简化了辨识过程。所提出方法的主要优点在于：①首先，将辅助模型技术运用于动态线性模块辨识中，解决了 Hammerstein 系统中间变量信息不可测量问题；②将 PDF 技术引入到静态非线性模块的辨识中，通过调节模型误差 PDF 达到设定的目标 PDF，从而对神经模糊模型的权重进行优化，该方法不仅能控制模型误差的空间状态分布，而且使得建模误差分布趋于正态分布。仿真结果表明，本节提出的方法能够有效辨识 Hammerstein 系统，且辨识的 Hammerstein 系统具有较好的预测性能。

2.5　基于可分离-随机信号的神经模糊 Hammerstein 系统辨识

在 2.1 节～2.4 节的研究中，设计了二进制信号和随机信号实现 Hammerstein 系统的静态非线性模块和动态线性模块的分离辨识，但上述研究只能在二进制信号激励下才能实现，在实际应用中存在一定的局限性。文献[16]提出了经典的 Bussgang 定理：如果输入信号是高斯信号，那么对于任意的静态非线性函数 $f(\cdot)$，等式 $R_{vu}(\tau)=b_0R_u(\tau)$ 成立。其中，$R_{vu}(\tau)=E(v(k)u(k-\tau))$ 表示输出变量 $v(k)$ 和输入变量 $u(k)$ 的互相关函数，$R_u(\tau)=E(u(k)u(k-\tau))$ 表示输入变量 $u(k)$ 的自相关函数，$b_0=E(f'(u(k)))$，$f'(\cdot)$ 表示非线性函数 $f(\cdot)$ 的导数。文献[17]将该定理推广到一类可分离信号中，如正弦信号、二进制信号和一些调制信号等。基于文献[17]的研究，文献[18-20]提出了一些分离 Hammerstein 模型的静态非线性模块和动态线性模块的辨识算法。然而，上述辨识算法中没有分析噪声干扰。因此，深入研究可分离信号的特性，并将其应用到白噪声干扰下 Hammerstein 模型的辨识中有重要的理论意义。

针对上述问题，本节在 2.1 节的研究基础上提出了基于可分离-随机信号的 Hammerstein 输出误差系统辨识方法。首先，在可分离信号激励下，利用相关性分析法辨识 Hammerstein 系统的动态线性模块的参数。其次，采用偏差补偿递推最小二乘算法估计 Hammerstein 系统中静态非线性模块的参数。

2.5.1　白噪声干扰下的神经模糊 Hammerstein 系统

对于如图 2.22 所示的白噪声干扰下 Hammerstein 系统，静态非线性模块 $f(\cdot)$ 由 2.1 节中的神经模糊系统表示，动态线性模块由 ARX 模型表示，Hammerstein 系统输入输出关系如下所示：

$$v(k)=f(u(k)) \tag{2.107}$$

$$y(k)=G(z)v(k)+e(k) \tag{2.108}$$

其中，$f(\cdot)$ 表示静态非线性模块，$v(k)$ 是中间不可测量变量，$e(k)$ 是白噪声，

$A(z)=1+a_1z^{-1}+a_2z^{-2}+\cdots+a_nz^{-n_a}$ 和 $B(z)=b_1z^{-1}+b_2z^{-2}+\cdots+b_nz^{-n_b}$ 是单位后移算子 z^{-1} $(z^{-1}y_k=y_{k-1})$ 的多项式，a_i 和 b_j 是模型参数，n_a 和 n_b 表示模型的阶次。

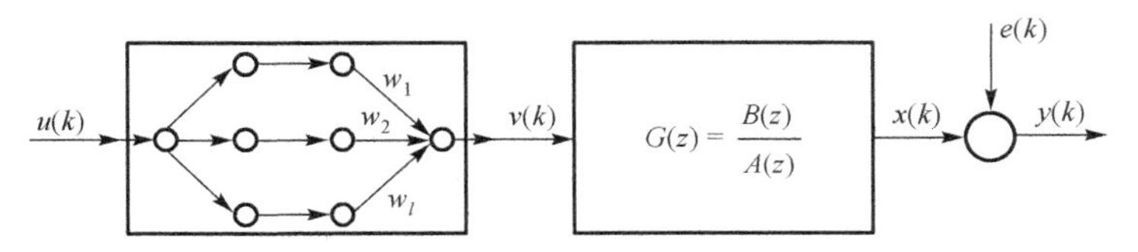

图 2.22　白噪声干扰下的 Hammerstein 系统结构

2.5.2　白噪声干扰下的神经模糊 Hammerstein 系统辨识

1. 动态线性模块的辨识

经典的 Bussgang 定理[16]指出：在高斯信号激励下，对于任意的静态非线性函数，输入与输出的相关函数之间存在倍数关系。基于经典的 Bussgang 定理，本节提出了以下定理。

定理 2.2　对于 Hammerstein 系统，如果输入信号是可分离信号，那么存在常数 b_0 使得以下关系成立：

$$R_{vu}(\tau)=b_0R_u(\tau) \tag{2.109}$$

其中，$R_{vu}(\tau)=E(v(k)u(k-\tau))$ 是输入变量 $u(k)$ 和中间变量 $v(k)$ 的互协方差函数，$R_u(\tau)=E(u(k)u(k-\tau))$ 是输入变量 $u(k)$ 的自协方差函数，$b_0=E(v(k)u(k))/E(u(k)u(k))$ 是常数。

证明　对于静态非线性模块 $f(\cdot)$，输入 $u(k)$ 和输出 $v(k)$ 之间的互协方差函数为

$$R_{vu}(\tau)=E(v(k)u(k-\tau)) \tag{2.110}$$

根据随机变量全概率的性质，式(2.110)的互协方差函数可以表示为

$$R_{vu}(\tau)=E(E(v(k)u(k-\tau)\,|\,u(k))) \tag{2.111}$$

由 $v(k)=f(u(k))$ 可以得到

$$R_{vu}(\tau)=E(v(k)E(u(k-\tau)\,|\,u(k))) \tag{2.112}$$

由文献[19]可知，可分离信号的条件期望 $E\big(u(k-\tau)\,|\,u(k)\big)$ 满足

$$E(u(k-\tau)\,|\,u(k))=a(\tau)u(k) \tag{2.113}$$

其中，$a(\tau)=R_u(\tau)/R_u(0)$。

根据式(2.112)和式(2.113)容易得到

$$R_{vu}(\tau)=a(\tau)E(v(k)u(k)) \tag{2.114}$$

输入 $u(k)$ 的自协方差函数为

$$R_u(\tau) = E(u(k)u(k-\tau)) \tag{2.115}$$

参照式(2.114)的推导，可以得到

$$R_u(\tau) = E(u(k)E(u(k-\tau)\,|\,u(k))) = a(\tau)E(u(k)u(k)) \tag{2.116}$$

再由式(2.114)和式(2.116)容易得到

$$R_{vu}(\tau) = \frac{E(v(k)u(k))}{E(u(k)u(k))}R_u(\tau) \tag{2.117}$$

让 $b_0 = \dfrac{E(v(k)u(k))}{E(u(k)u(k))}$，因此，可以得到 $R_{vu}(\tau) = b_0 R_u(\tau)$。

证毕。

由定理 2.2 可知，当系统的输入为可分离信号时，在常数 b_0 存在的情况下，系统输入变量 $u(k)$ 的自协方差函数 $R_u(\tau)$ 可以替代中间变量 $v(k)$ 的互协方差函数 $R_{vu}(\tau)$，解决了中间变量信息不可测量问题。因此，实现了静态非线性模块的辨识和动态线性模块辨识的分离。

根据式(2.107)和式(2.108)，动态线性模块可以描述为

$$y(k) = -\sum_{i=1}^{n_a} a_i y(k-i) + \sum_{j=1}^{n_b} b_j v(k-j) + \sum_{i=1}^{n_a} a_i e(k-i) + e(k) \tag{2.118}$$

式(2.118)两边同时右乘 $u(k-\tau)$，计算数学期望得到

$$R_{yu}(\tau) = -\sum_{i=1}^{n_a} a_i R_{yu}(\tau-i) + \sum_{j=1}^{n_b} b_j R_{vu}(\tau-j) + \sum_{i=1}^{n_a} a_i R_{eu}(\tau-i) + R_{eu}(\tau) \tag{2.119}$$

由于输出噪声 $e(k)$ 与输入信号 $u(k)$ 是相互独立的，可以得到 $R_{eu}(\tau) = 0$，则

$$R_{yu}(\tau) = -\sum_{i=1}^{n_a} a_i R_{yu}(\tau-i) + \sum_{j=1}^{n_b} b_j R_{vu}(\tau-j) \tag{2.120}$$

根据定理 2.2 和式(2.120)可以得到

$$R_{yu}(\tau) = -\sum_{i=1}^{n_a} a_i R_{yu}(\tau-i) + \sum_{j=1}^{n_b} \overline{b}_j R_u(\tau-j) \tag{2.121}$$

其中，$\overline{b} = b_0 b_j$。

因此，采用相关性分析法[21]估计动态线性模块的参数。假设 $\tau = 1,2,\cdots,P(P \geqslant n_a + n_b)$，可以得到

$$\boldsymbol{\theta} = \boldsymbol{R}\boldsymbol{\psi}^{\mathrm{T}}(\boldsymbol{\psi}\boldsymbol{\psi}^{\mathrm{T}})^{-1} \tag{2.122}$$

其中，$\boldsymbol{\psi}=\begin{bmatrix} -R_{yu}(0) & -R_{yu}(1) & -R_{yu}(2) & \cdots & -R_{yu}(P-1) \\ 0 & -R_{yu}(0) & -R_{yu}(1) & \cdots & -R_{yu}(P-2) \\ \vdots & \vdots & \vdots & & \vdots \\ 0 & 0 & 0 & \cdots & -R_{yu}(P-n_a) \\ R_u(0) & R_u(1) & R_u(2) & \cdots & R_u(P-1) \\ 0 & R_u(0) & R_u(1) & \cdots & R_u(P-2) \\ \vdots & \vdots & \vdots & & \vdots \\ 0 & 0 & 0 & \cdots & R_u(P-n_b) \end{bmatrix}$，$\boldsymbol{\theta}=[a_1,a_2,\cdots,a_{n_a},\bar{b}_1,\bar{b}_2,\cdots,\bar{b}_{n_b}]$，$\boldsymbol{R}=[R_{yu}(1),R_{yu}(2),\cdots,R_{yu}(P)]$。

本节采用式(2.123)和式(2.124)分别计算 $R_{yu}(\tau)$ 和 $R_u(\tau)$

$$R_{yu}(\tau)=\frac{1}{N}\sum_{k=1}^{N}y(k)u(k-\tau) \tag{2.123}$$

$$R_u(\tau)=\frac{1}{N}\sum_{k=1}^{N}u(k)u(k-\tau) \tag{2.124}$$

2. 静态非线性模块的辨识

静态非线性模块的辨识即基于随机多步信号的输入输出数据，估计神经模糊模型的中心 c_l、宽度 σ_l 和权重 w_l，这是一个非线性优化问题。采用 2.1 节中的聚类算法计算神经模糊模型的中心 c_l 和宽度 σ_l。在此基础上，根据 2.1 节中推导的偏差补偿递推最小二乘方法更新神经模糊模型的权重 w_l(具体的辨识过程详见2.1.2 节中的静态非线性模块的辨识)。

本节提出的基于可分离-随机信号的神经模糊 Hammerstein 系统辨识方法总结如下。

步骤 1　根据可分离信号的输入和输出，利用本节前面描述的相关分析法辨识动态线性模块的参数 $\hat{\boldsymbol{\theta}}=[\hat{a}_1,\hat{a}_2,\cdots,\hat{a}_{n_a},\hat{b}_1,\hat{b}_2,\cdots,\hat{b}_{n_b}]$。

步骤 2　在随机信号作用下，利用聚类算法估计神经模糊的 c_l 和 σ_l，在此基础上采用提出的偏差补偿递推最小二乘方法估计系统参数 $\boldsymbol{\vartheta}=[\hat{a}_1,\cdots,\hat{a}_{n_a},\hat{b}_1\hat{w}_1,\cdots,\hat{b}_1\hat{w}_L,\cdots,\hat{b}_{n_b}\hat{w}_1,\cdots,\hat{b}_{n_b}\hat{w}_L]^{\mathrm{T}}$。

步骤 3　在步骤 1 和步骤 2 的基础上，计算神经模糊的权重 w_l。

2.5.3　仿真结果

将提出的方法运用到三种典型的 Hammerstein 输出误差系统中。

(1) 考虑如下的 Hammerstein 系统，其静态分线性模块是分段非线性函数：

$$v(k)=\begin{cases} 2u(k), & u(k)\geqslant 0 \\ 5u(k), & u(k)<0 \end{cases}$$

$$y(k)=0.8y(k-1)+0.3v(k-1)+e(k)-0.8e(k-1)$$

其中，$e(k)$是与系统输入$u(k)$相互独立的零均值白噪声。

为了辨识白噪声干扰下的 Hammerstein 系统，产生如图 2.23 所示的可分离-随机输入信号及相应的输出数据。该组合输入信号包括：①均值为 0、方差为 0.5 的高斯信号；②区间为[−1, 1]的随机信号。

使用 2.2.3 节定义的噪信比δ_{ns}，k时刻线性模块参数估计偏差：$\delta=\|\hat{\boldsymbol{\theta}}(k)-\boldsymbol{\theta}\|/\|\boldsymbol{\theta}\|$。

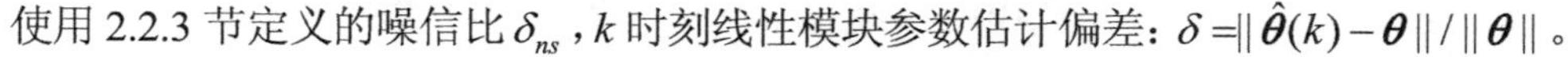

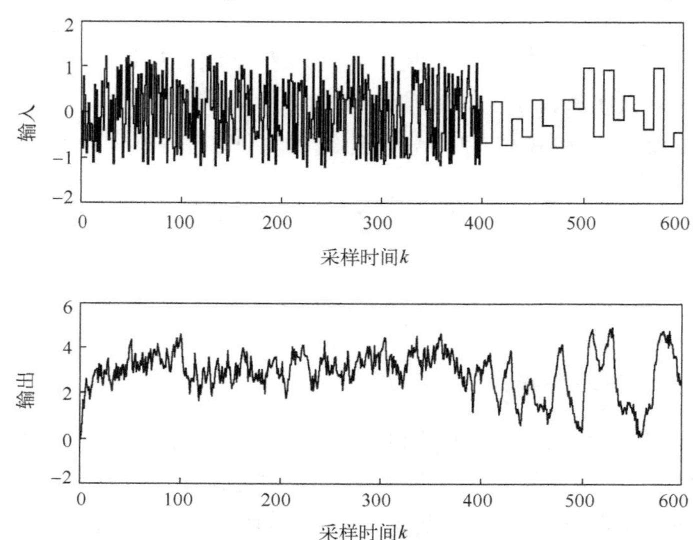

图 2.23　可分离-随机的部分输入输出 1

首先，利用相关分析法辨识动态线性模块的参数。表 2.7 给出了在不同噪信比下本节提出的方法和递推最小二乘方法[22]得到的辨识结果。图 2.24 给出了不同噪信比下动态线性模块参数估计误差曲线。

表 2.7　不同噪信比下动态线性模块的辨识结果 1

噪信比/%	k	相关分析方法			递推最小二乘方法		
		$\hat{a}$	$\hat{b}$	δ	$\hat{a}$	$\hat{b}$	δ
$\delta_{ns}=15.87$	200	−0.8144	0.2967	0.0173	−0.7890	0.2991	0.0129
	1000	−0.7972	0.2985	0.0037	−0.7885	0.3004	0.0134
	2000	−0.8031	0.2977	0.0045	−0.7914	0.2992	0.0101
	3000	−0.8030	0.2980	0.0043	−0.7924	0.2994	0.0089
	4000	−0.8041	0.2979	0.0053	−0.7926	0.2989	0.0088
$\delta_{ns}=33.01$	200	−0.8334	0.2946	0.0396	−0.7568	0.3038	0.0508
	1000	−0.7958	0.2928	0.0098	−0.7528	0.3008	0.0553

续表

噪信比/%	k	相关分析方法			递推最小二乘方法		
		$\hat{a}$	$\hat{b}$	δ	$\hat{a}$	$\hat{b}$	δ
$\delta_{ns}=33.01$	2000	−0.8012	0.2943	0.0068	−0.7558	0.3030	0.0518
	3000	−0.8038	0.2957	0.0067	−0.7586	0.3051	0.0488
	4000	−0.8067	0.2939	0.0106	−0.7578	0.3029	0.0495
真实值		−0.8	0.3	0	−0.8	0.3	0

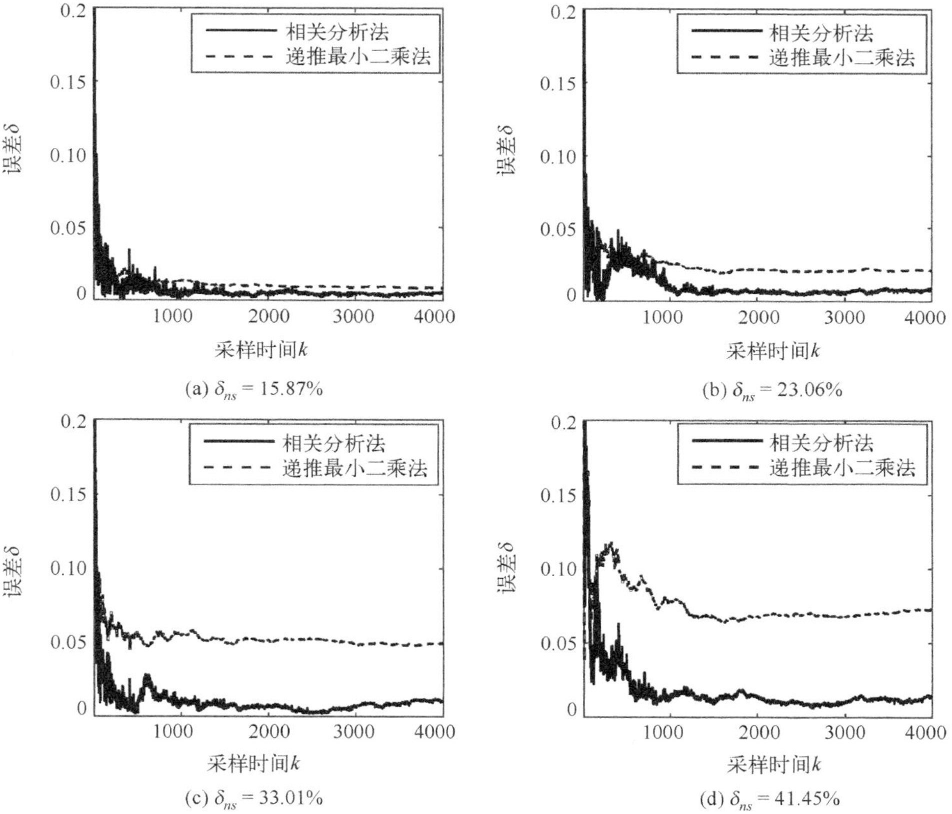

(a) $\delta_{ns}=15.87\%$　(b) $\delta_{ns}=23.06\%$

(c) $\delta_{ns}=33.01\%$　(d) $\delta_{ns}=41.45\%$

图 2.24　参数估计误差 1

由表 2.7 和图 2.24 可以看出，对白噪声干扰下的 Hammerstein 系统，本节提出的相关性分析算法比递推最小二乘算法有更高的辨识精度，且随着噪声比例逐渐增加，本节提出方法的优越性更加明显。

另外，在仿真研究中选取的高斯信号可以换成正弦信号或二进制信号等可分离信号。表 2.8 给出了不同可分离输入信号下采用本节所提出的算法得到的 Hammerstein 系统的动态线性模块辨识结果。

表 2.8　不同可分离信号下线性模块的辨识结果 1

估计值		$\hat{a}$	$\hat{b}$
$\delta_{ns}=5.91\%$	二进制信号	−0.8006	0.2974
	正弦信号	−0.8056	0.2993
$\delta_{ns}=11.76\%$	二进制信号	−0.7947	0.2930
	正弦信号	−0.8006	0.3077
$\delta_{ns}=21.52\%$	二进制信号	−0.7869	0.3044
	正弦信号	−0.7976	0.3086
真实值		−0.8	0.3

由表 2.8 可以看出，在不同可分离信号作用下，本节提出的算法对 Hammerstein 系统的动态线性模块都能取得较好的辨识结果。

其次，基于 $\delta_{ns}=15.87\%$ 条件下线性模块的参数辨识结果，利用随机信号的输入和输出辨识神经模糊 Hammerstein 系统静态非线性模块的参数。设置参数 $S_0=0.97$，$\rho=1$，$\lambda=0.01$，得到模糊规则数 $L=5$，神经模糊模型拟合静态非线性模块的均方误差为 9.7676×10^{-4}。

图 2.25 给出了利用神经模糊模型拟合静态非线性模块的结果。显然，神经模糊模型能精确地拟合 Hammerstein 系统的静态非线性模块。

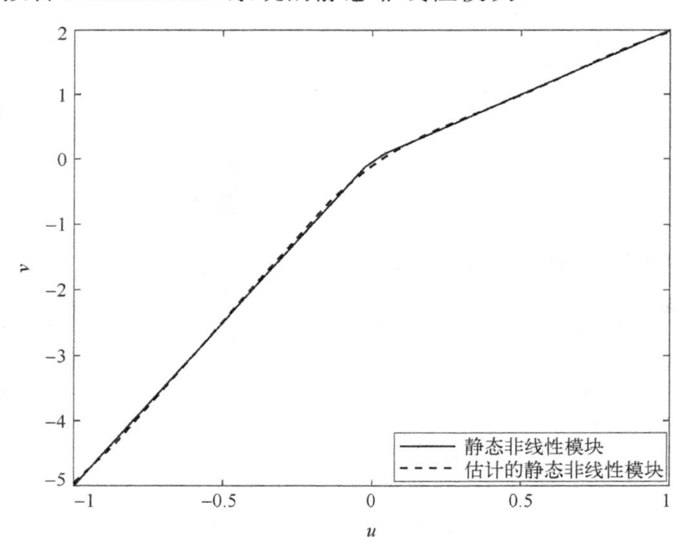

图 2.25　静态非线性模块的拟合

(2) 考虑一类静态非线性模块是分段不连续函数的 Hammerstein 输出误差系统：

$$v(k)=\begin{cases}2-\cos(3u(k))-\exp(-u(k)), & u(k)\leqslant 3.15\\ 3, & u(k)>3.15\end{cases}$$

$$y(k)=0.5y(k-1)+0.6v(k-1)+e(k)-0.5e(k-1)$$

其中，$e(k)$ 是零均值白噪声。

为了辨识 Hammerstein 系统，产生如图 2.26 所示的可分离-随机输入信号及相应的输出数据。该组合式输入信号包括：①幅值为 0 或 3 的二进制信号；②区间为 [0, 4]随机信号。

利用相关分析法辨识动态线性模块的参数。表 2.9 给出了在不同噪信比下本节提出的相关分析法和递推最小二乘方法得到的辨识结果。图 2.27 给出了不同噪信比下动态线性模块参数估计误差曲线。

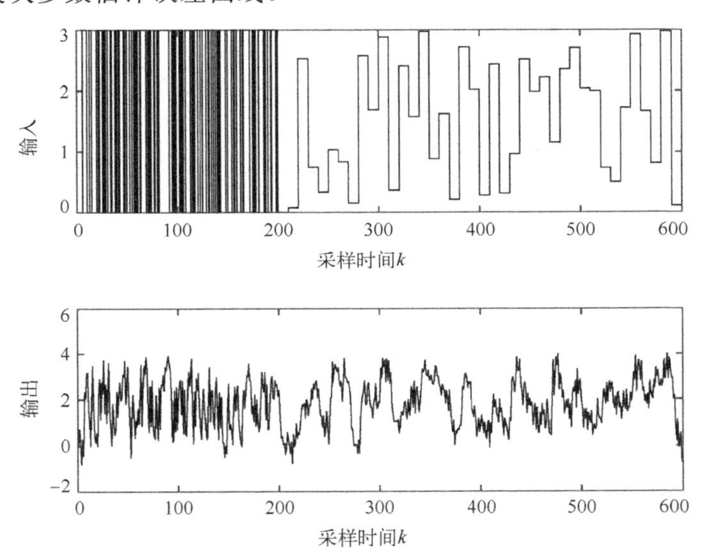

图 2.26　可分离-随机信号的部分输入输出 2

由表 2.9 和图 2.27 可以看出，对于白噪声干扰下的 Hammerstein 系统，本节提出的相关性分析算法比递推最小二乘算法有更高的辨识精度，且随着噪声比例的增加，本节提出的相关分析方法优越性更明显。

表 2.9　不同噪信比下动态线性模块的辨识结果 2

噪信比/%	k	相关分析方法			递推最小二乘方法		
		$\hat{a}$	$\hat{b}$	δ	$\hat{a}$	$\hat{b}$	δ
$\delta_{ns}=11.59$	200	−0.4976	0.5971	0.0048	−0.5006	0.5986	0.0019
	1000	−0.5033	0.5967	0.0060	−0.5002	0.5980	0.0026
	2000	−0.4995	0.6008	0.0012	−0.4973	0.6021	0.0044
	3000	−0.5010	0.6006	0.0014	−0.4976	0.6017	0.0038
	4000	−0.4990	0.6004	0.0013	−0.4975	0.6019	0.0039

续表

噪信比/%	k	相关分析方法			递推最小二乘方法		
		$\hat{a}$	$\hat{b}$	δ	$\hat{a}$	$\hat{b}$	δ
$\delta_{ns}=34.10$	200	−0.5132	0.6160	0.0265	−0.4882	0.6154	0.0248
	1000	−0.4950	0.6117	0.0162	−0.4768	0.6182	0.0378
	2000	−0.4903	0.6042	0.0136	−0.4780	0.6150	0.0341
	3000	−0.4935	0.6022	0.0087	−0.4789	0.6130	0.0317
	4000	−0.4922	0.6027	0.0106	−0.4781	0.6145	0.0336
真实值		−0.5	0.6	0	−0.5	0.6	0

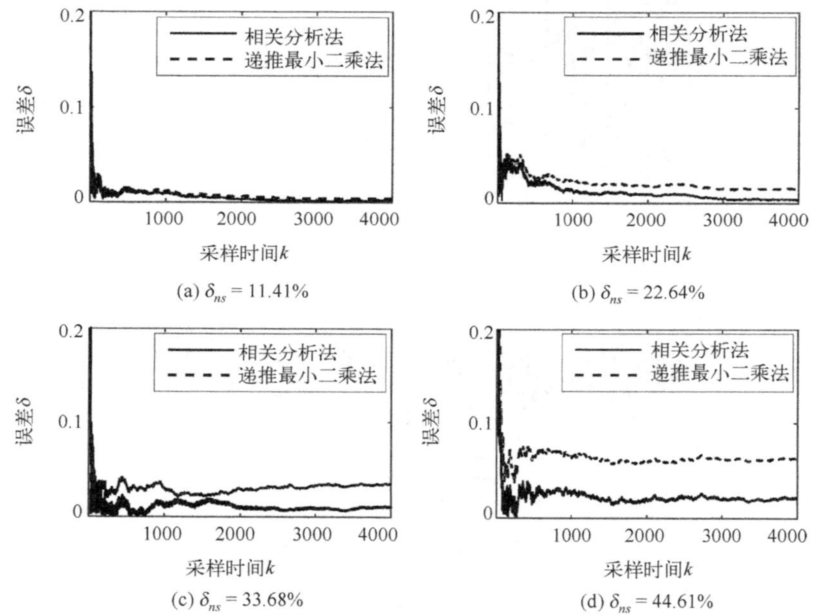

(a) $\delta_{ns}=11.41\%$　(b) $\delta_{ns}=22.64\%$

(c) $\delta_{ns}=33.68\%$　(d) $\delta_{ns}=44.61\%$

图 2.27　参数估计误差 2

另外，在仿真研究中选取的二进制信号可以换成正弦输入信号或高斯信号等可分离信号。表 2.10 给出了不同可分离输入信号下动态线性模块辨识结果。从表 2.10 中容易看出，在不同可分离信号作用下，本节提出的算法对 Hammerstein 系统的动态线性模块都能取得较好的辨识结果。

基于 $\delta_{ns}=15.87\%$ 条件下线性模块的参数辨识结果，利用随机信号及其相应的输出辨识静态非线性模块的参数。设置参数 $S_0=0.998$，$\rho=1$，$\lambda=0.01$，得到模糊规则数 $L=29$，神经模糊模型拟合静态非线性模块的 MSE 为 6.7986×10^{-4}。图 2.28 给出了估计的静态非线性模块及其估计误差。从图 2.28 中可以看出，神经模糊模型对不连续的非线性函数具有较好的逼近能力。

表 2.10　不同可分离信号下线性模块的辨识结果 2

估计值		$\hat{a}$	$\hat{b}$
δ_{ns}=11.48%	高斯信号	−0.5043	0.6102
	正弦信号	−0.4972	0.5985
δ_{ns}=25.42%	高斯信号	−0.5322	0.6018
	正弦信号	−0.5049	0.6005
δ_{ns}=41.05%	高斯信号	−0.5310	0.5917
	正弦信号	−0.4845	0.5806
真实值		−0.5	0.6

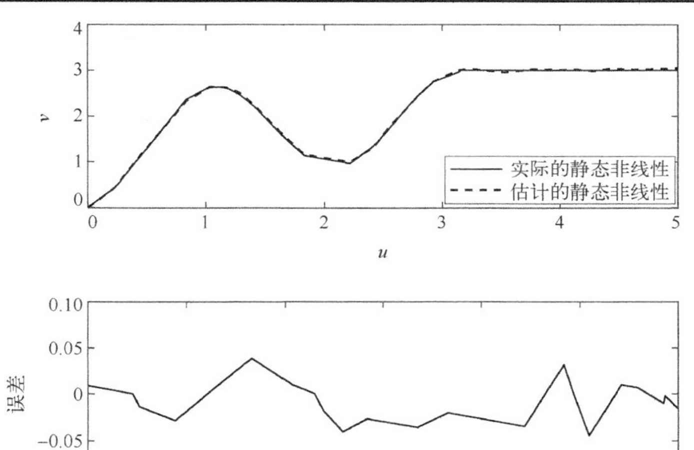

图 2.28　静态非线性模块的估计及其误差 1

为了验证本节提出方法的有效性，再随机产生 100 组测试信号，在过程的输出信号中加入 5%的高斯白噪声，系统预测误差(MSE)为 3.2×10^{-3}，图 2.29 显示了 Hammerstein 系统的预测输出及其误差。从图 2.29 中可以看出，针对具有分段非线性函数和数据受到噪声干扰的 Hammerstein 系统，本节提出的辨识方法仍然能够取得较好的预测性能。

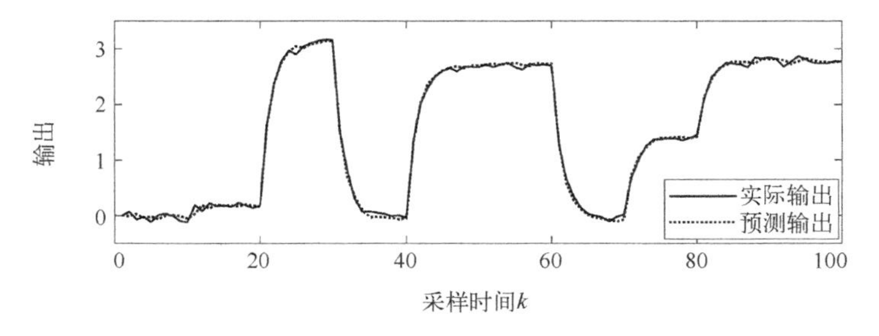

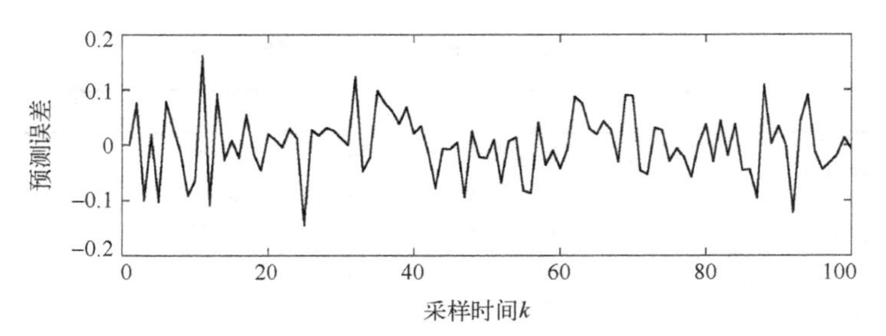

图 2.29　Hammerstein 系统的预测输出及其误差 1

(3) 为了进一步验证本节提出方法的有效性，考虑如下更复杂的一类 Hammerstein 系统，其静态分线性模块是分段且不连续的非线性函数：

$$v(k)=\begin{cases}\tanh(2u(k)), & u(k)\leqslant 1.5\\ -\dfrac{\exp(u(k))-1}{\exp(u(k))+1}, & u(k)>1.5\end{cases}$$

$$y(k)=0.8y(k-1)+0.4v(k-1)+e(k)-0.8e(k-1)$$

其中，$e(k)$ 是零均值白噪声。

为了辨识 Hammerstein 系统，产生如图 2.30 所示的组合式输入信号及相应的输出数据。该组合式输入信号源包括：①区间为[−1.5, 1.5]的正弦信号；②区间为[0, 4]的随机信号。

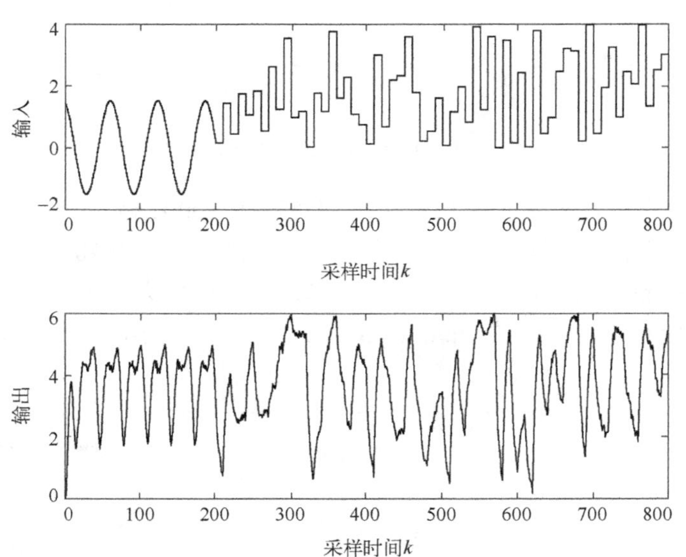

图 2.30　可分离-随机信号的部分输入输出 3

利用相关分析法辨识动态线性模块的参数。表 2.11 给出了在不同噪信比下本节提出的相关分析法和递推最小二乘算法得到的辨识结果。由表 2.11 可知，本节提出的相关性分析算法比递推最小二乘算法有更高的辨识精度，且随着噪声比例的增加，相关分析方法的优越性更明显。

表 2.11　不同噪信比下动态线性模块的辨识结果 3

噪信比/%	k	相关分析方法			递推最小二乘方法		
		$\hat{a}$	$\hat{b}$	δ	$\hat{a}$	$\hat{b}$	δ
$\delta_{ns}=11.80$	200	−0.8127	0.3850	0.0220	−0.7786	0.3458	0.0651
	1000	−0.8058	0.3888	0.0141	−0.7654	0.3662	0.0541
	2000	−0.8032	0.3944	0.0072	−0.7647	0.3676	0.0536
	3000	−0.8020	0.3967	0.0043	−0.7625	0.3703	0.0535
	4000	−0.8008	0.3988	0.0016	−0.7619	0.3715	0.0532
$\delta_{ns}=38.45$	200	−0.7506	0.4975	0.1221	−0.4850	0.7454	0.5227
	1000	−0.7825	0.4363	0.0450	−0.4853	0.7511	0.5272
	2000	−0.7825	0.4170	0.0208	−0.5068	0.7145	0.4807
	3000	−0.7942	0.4140	0.0169	−0.5248	0.6895	0.4466
	4000	−0.7942	0.4119	0.0148	−0.5250	0.6862	0.4438
真实值		−0.8	0.4	0	−0.8	0.4	0

另外，在仿真研究中选取的正弦输入信号可以换成二进制信号或高斯信号等可分离信号。表 2.12 给出了不同可分离输入信号下采用本节所提出的算法得到动态线性模块的辨识结果。

表 2.12　不同可分离信号下线性模块的辨识结果 3

估计值		$\hat{a}$	$\hat{b}$
$\delta_{ns}=8.20\%$	高斯信号	−0.8018	0.3986
	二进制信号	−0.8059	0.3942
$\delta_{ns}=20.50\%$	高斯信号	−0.8309	0.4141
	二进制信号	−0.7900	0.3887
$\delta_{ns}=41.80\%$	高斯信号	−0.7980	0.3798
	二进制信号	−0.8182	0.4201
真实值		−0.8	0.4

基于 $\delta_{ns}=15.87\%$ 条件下线性模块的参数辨识结果，利用随机信号及其相应的输出信号辨识神经模糊 Hammerstein 系统静态非线性模块的参数。设置参数 $S_0=0.997$，$\rho=2$，$\lambda=0.01$，得到模糊规则数 $L=22$，神经模糊模型拟合静态非线性模块的 MSE 为 3.0452×10^{-4}。图 2.31 给出了神经模糊模型拟合静态非线性模块的结果。从图 2.31 中可以看出，神经模糊模型对分段且不连续的非线性函数具有较好的逼近能力。

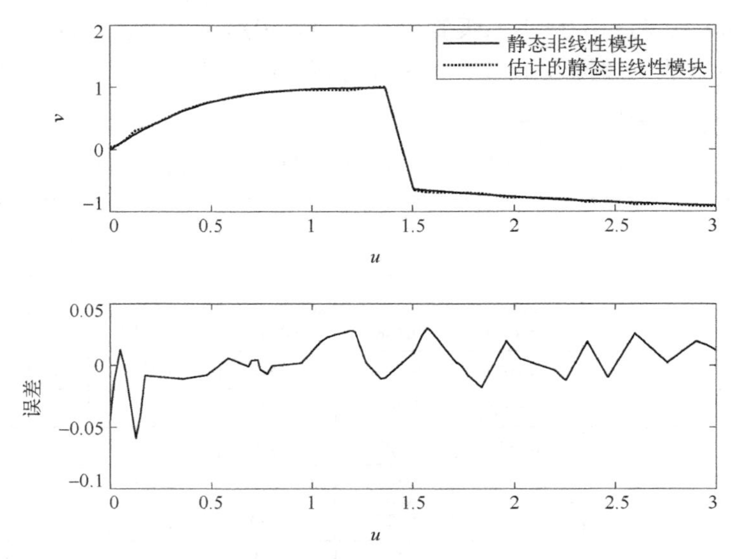

图 2.31　静态非线性模块的估计及其误差 2

为进一步验证神经模糊模型及本节提出算法的有效性，将文献[23]中的算法和本节提出的算法进行比较。图 2.32 和图 2.33 给出了在不同噪信比下两种辨识方法拟合非线性模块的结果，表 2.13 给出了不同方法的均方误差和最大误差。

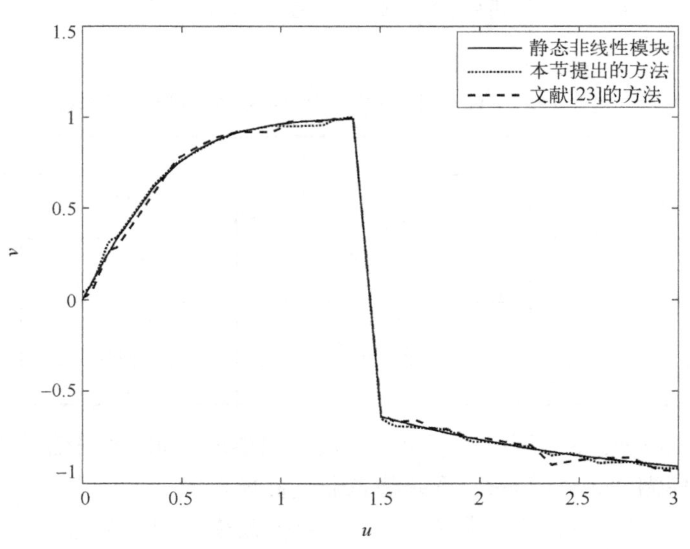

图 2.32　不同方法拟合静态非线性模块的结果（$\delta_{ns}=5.99\%$）

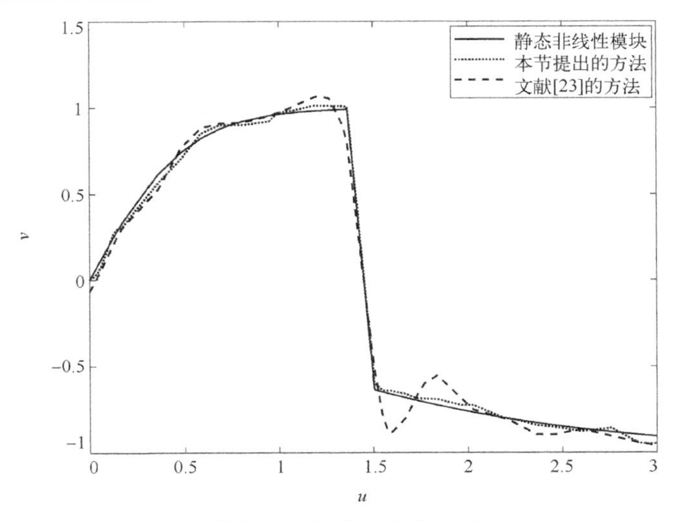

图 2.33　不同方法拟合静态非线性模块的结果（$\delta_{ns}=11.41\%$）

表 2.13　不同算法辨识非线性模块的误差比较

噪信比/%	方法	MSE	ME
$\delta_{ns}=5.99$	本节提出的方法	3.0452×10^{-4}	0.0588
	文献[23]的方法	4.8914×10^{-4}	0.0693
$\delta_{ns}=11.41$	本节提出的方法	8.9666×10^{-4}	0.0908
	文献[23]的方法	3.9×10^{-3}	0.2141

从图 2.32、图 2.33 和表 2.13 中可以看出，本节提出的相关性分析算法比递推最小二乘算法有更高的辨识精度，且随着噪声比例的增加，本节提出的算法优越性更明显。

为了验证本节提出辨识方法的有效性，再随机产生 200 组测试信号，在过程的输出信号中加入 5%的高斯白噪声，Hammerstein 系统预测(MSE)为 8.6739×10^{-4}。图 2.34 显示了 Hammerstein 系统的预测输出及其误差。从图 2.34 中可以看出，针对具有分段不连续非线性函数和数据受到噪声干扰的 Hammerstein 系统，本节提出的辨识方法仍然能够取得较好的辨识精度以及具有较好的预测性能。

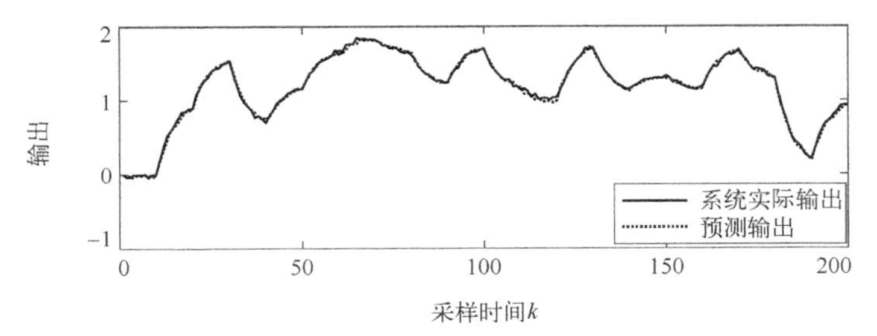

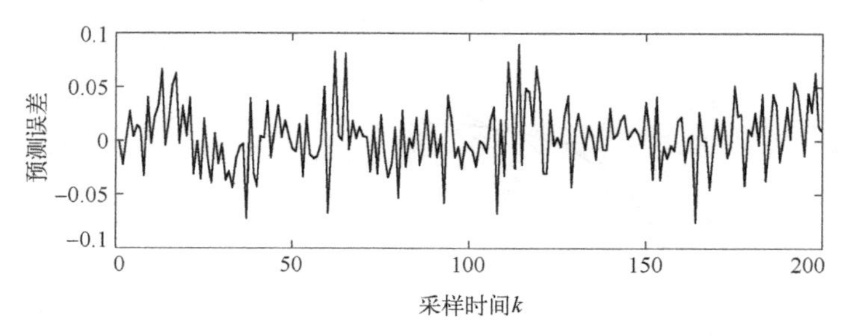

图 2.34　Hammerstein 系统的预测输出及其误差 2

2.5.4　小结

本节提出了基于可分离-随机信号的 Hammerstein 输出误差系统辨识方法。在研究中，将经典的 Bussgang 定理推广到白噪声干扰下的 Hammerstein 系统中。首先，在可分离信号作用下分析了 Hammerstein 系统的静态非线性模块的不变特性，并利用随机过程理论给出了严格证明，从而实现了 Hammerstein 系统静态非线性模块和动态线性模块辨识的分离。其次，采用相关性分析法辨识 Hammerstein 系统的动态线性模块的参数。在此基础上，在递推最小二乘的参数估计中引入偏差补偿项，补偿输出噪声引起的估计偏差，从而通过偏差补偿递推最小二乘算法估计 Hammerstein 系统中静态非线性模块的参数。仿真结果表明，本节设计的可分离-随机信号能够有效辨识神经模糊 Hammerstein 输出误差系统。

2.6　基于时滞 Hammerstein 系统的非迭代辨识

在 2.3 节研究的基础上，本节提出了一种基于时滞 Hammerstein 系统的非迭代辨识方法，将可分离信号和随机信号组成的组合信号用于时滞 Hammerstein 系统的参数分离辨识。首先，利用单位后移算子的性质，将时滞状态空间模型转化为输入输出的数学表达式，基于可分离信号的输入输出数据，采用相关分析方法估计线性模块的参数。其次，基于随机信号的输入输出数据，利用聚类算法和推导的解析法辨识静态非线性模块的参数。

2.6.1　白噪声干扰下的时滞 Hammerstein 系统

对于如图 2.35 所示的白噪声干扰下时滞 Hammerstein 系统，利用 2.3.1 节中的定理 2.1 将动态线性模块的状态空间模型转化为下列关系：

$$
\begin{aligned}
w(k) &= \boldsymbol{D}(z^2\boldsymbol{I} - \boldsymbol{A}z - \boldsymbol{B})^{-1}\boldsymbol{C}zv(k) \\
&= \frac{z^{-2n}\operatorname{cadj}\,[z^2\boldsymbol{I} - \boldsymbol{A}z - \boldsymbol{B}]\boldsymbol{C}z}{z^{-2n}\det\,[z^2\boldsymbol{I} - \boldsymbol{A}z - \boldsymbol{B}]}v(k) = \frac{b(z)}{a(z)}v(k)
\end{aligned}
\tag{2.125}
$$

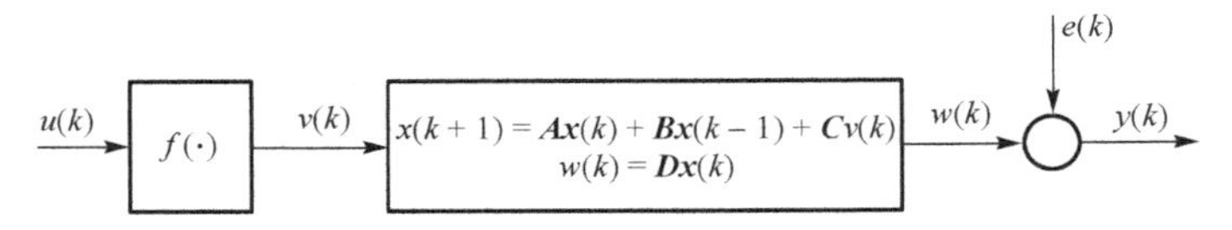

图 2.35　白噪声干扰下的时滞 Hammerstein 系统

其中，$a(z)=z^{-2n}\det[z^2\boldsymbol{I}-\boldsymbol{A}z-\boldsymbol{B}]=1+a_1z^{-1}+\cdots+a_{2n}z^{-2n}$，$b(z)=z^{-2n+1}\mathrm{cadj}[z^2\boldsymbol{I}-\boldsymbol{A}z-\boldsymbol{B}]\boldsymbol{C}=b_1z^{-1}+\cdots+a_{2n-1}z^{-(2n-1)}$。

基于上述分析，对于任意给定的阈值 ε，建立时滞 Hammerstein 输出误差系统就是要寻求满足如下条件的参数：

$$
\begin{aligned}
&E=\frac{1}{2N}\sum_{k=1}^{N}[y(k)-\hat{y}(k)]^2\leqslant\varepsilon\\
&\text{s.t.}\quad \hat{v}(k)=\hat{f}(u(k))\\
&\hat{y}(k)=\frac{\hat{b}(z)}{\hat{a}(z)}(\hat{v}(k))+e(k)
\end{aligned}\tag{2.126}
$$

其中，$\hat{f}(\cdot)$ 表示估计的静态非线性模块，$\hat{v}(k)$ 表示估计的中间不可测量变量，$\hat{y}(k)$ 表示估计的系统输出，N 是输入输出数据的数目。

2.6.2　白噪声干扰下的时滞 Hammerstein 系统辨识

1. 动态线性模块的辨识

基于可分离输入信号 $u_1(k)$ 及其相应的输出 $y_1(k)$，利用 2.5.2 节中的相关分析方法辨识动态线性模块的参数。

$$
\boldsymbol{\theta}_1=\boldsymbol{R}\boldsymbol{\psi}^{\mathrm{T}}(\boldsymbol{\psi}\boldsymbol{\psi}^{\mathrm{T}})^{-1}\tag{2.127}
$$

其中，
$$
\boldsymbol{\psi}=\begin{bmatrix}
-R_{y_1u_1}(0) & -R_{y_1u_1}(1) & -R_{y_1u_1}(2) & \cdots & -R_{y_1u_1}(P-1)\\
0 & -R_{y_1u_1}(0) & -R_{y_1u_1}(1) & \cdots & -R_{y_1u_1}(P-2)\\
\vdots & \vdots & \vdots & & \vdots\\
0 & 0 & 0 & \cdots & -R_{y_1u_1}(P-n_a)\\
R_{u_1}(0) & R_{u_1}(1) & R_{u_1}(2) & \cdots & R_{u_1}(P-1)\\
0 & R_{u_1}(0) & R_{u_1}(1) & \cdots & R_{u_1}(P-2)\\
\vdots & \vdots & \vdots & & \vdots\\
0 & 0 & 0 & \cdots & R_{u_1}(P-n_b)
\end{bmatrix}
$$
，$\boldsymbol{\theta}_1=[a_1,a_2,\cdots,a_{n_a},\bar{b}_1,\bar{b}_2,\cdots,\bar{b}_{n_b}]$，$\boldsymbol{R}=[R_{y_1u_1}(1),R_{y_1u_1}(2),\cdots,R_{y_1u_1}(P)]$。

2. 静态非线性模块的辨识

基于随机信号的输入 $u_2(k)$ 及其相应的输出 $y_2(k)$，采用 2.1 节中的聚类算法计算神经模糊模型的中心 c_l 和宽度 σ_l，在此基础上，利用泰勒级数展开方法估计神经模糊模型的权重 $\boldsymbol{w}=[w_1,w_2,\cdots,w_L]^{\mathrm{T}}$。

对式(2.126)求一阶偏导数得到

$$\frac{\partial E}{\partial \boldsymbol{w}}=\frac{1}{N}\sum_{k=1}^{N}[\hat{y}_2(k)-y_2(k)]\frac{\partial \hat{y}_2(k)}{\partial \boldsymbol{w}} \tag{2.128}$$

其中，$\boldsymbol{w}=[w_1,w_2,\cdots,w_L]^{\mathrm{T}}$，$\dfrac{\partial \hat{y}_2(k)}{\partial \boldsymbol{w}}=\left[\dfrac{\partial \hat{y}_2(k)}{\partial w_1},\dfrac{\partial \hat{y}_2(k)}{\partial w_2},\cdots,\dfrac{\partial \hat{y}_2(k)}{\partial w_L}\right]^{\mathrm{T}}$。

根据式(2.126)，可以得到

$$\begin{aligned}\frac{\partial \hat{y}_2(k)}{\partial w_l}&=\frac{\partial \hat{y}_2(k)}{\partial \hat{v}(k-1)}\frac{\partial \hat{v}(k-1)}{\partial w_l}+\cdots+\frac{\partial \hat{y}_2(k)}{\partial \hat{v}(k-n_b)}\frac{\partial \hat{v}(k-n_b)}{\partial w_l}\\&=\hat{b}_1\phi_l(u(k-1))+\cdots+\hat{b}_{n_b}\phi_l(u(k-n_b))\ \ (l=1,2,\cdots,L)\end{aligned} \tag{2.129}$$

对式(2.126)求二阶偏导数得到

$$\frac{\partial^2 E}{\partial \boldsymbol{w}^2}=\frac{1}{N}\sum_{k=1}^{N}[\hat{y}_2(k)-y_2(k)]\frac{\partial^2 \hat{y}_2(k)}{\partial \boldsymbol{w}^2}+\frac{1}{N}\sum_{k=1}^{N}\left[\frac{\partial \hat{y}_2(k)}{\partial \boldsymbol{w}}\right]\left[\frac{\partial \hat{y}_2(k)}{\partial \boldsymbol{w}}\right]^{\mathrm{T}} \tag{2.130}$$

因此

$$\frac{\partial^2 \hat{v}(k-1)}{\partial \boldsymbol{w}^2}=0 \tag{2.131}$$

进一步可以得到

$$\frac{\partial^2 \hat{y}_2(k)}{\partial \boldsymbol{w}^2}=\frac{\partial^2 \hat{y}_2(k)}{\partial^2 \hat{v}(k-1)}\frac{\partial^2 \hat{v}(k-1)}{\partial \boldsymbol{w}^2}=0 \tag{2.132}$$

基于上述分析，二阶偏导数可以表示为

$$\frac{\partial^2 E}{\partial \boldsymbol{w}^2}=\frac{1}{N}\sum_{k=1}^{N}\left[\frac{\partial \hat{y}_2(k)}{\partial \boldsymbol{w}}\right]\left[\frac{\partial \hat{y}_2(k)}{\partial \boldsymbol{w}}\right]^{\mathrm{T}} \tag{2.133}$$

很容易得到

$$\frac{\partial^j E}{\partial \boldsymbol{w}^j}=0\ \ (j\geqslant 3) \tag{2.134}$$

因而

$$\frac{\partial E}{\partial \boldsymbol{w}}=\left.\frac{\partial E}{\partial \boldsymbol{w}}\right|_{\boldsymbol{w}=0}+\left.\frac{\partial^2 E}{\partial \boldsymbol{w}^2}\right|_{\boldsymbol{w}=0}\cdot \boldsymbol{w} \tag{2.135}$$

令 $\partial E / \partial \boldsymbol{w} = 0$，得到权重的估计：

$$\boldsymbol{w} = -\left[\left.\frac{\partial^2 E}{\partial \boldsymbol{w}^2}\right|_{\boldsymbol{w}=0}\right]^{-1} \cdot \left[\left.\frac{\partial E}{\partial \boldsymbol{w}}\right|_{\boldsymbol{w}=0}\right] \tag{2.136}$$

2.6.3　仿真结果

为了验证本节提出参数辨识方法的有效性，考虑白噪声干扰下的时滞 Hammerstein 系统，其中静态非线性模块是不连续连续函数：

$$v(k) = \begin{cases} 2 - \cos(3u(k)) - \exp(-u(k)), & u(k) \leqslant 3.15 \\ 3, & u(k) > 3.15 \end{cases}$$

$$\boldsymbol{x}(k+1) = \begin{bmatrix} 0 & 1 \\ -0.4 & -0.7 \end{bmatrix} \boldsymbol{x}(k) + \begin{bmatrix} 0.20 & -0.30 \\ 0.15 & -0.20 \end{bmatrix} \boldsymbol{x}(k-1) + \begin{bmatrix} 1.00 \\ -1.00 \end{bmatrix} v(k)$$

$$y(k) = [1\ 0]\boldsymbol{x}(k) + e(k)$$

利用 2.3.1 节中的定理得到 Hammerstein 系统输入输出关系如下：

$$\begin{aligned} y(k) &= \frac{b_1 z^{-1} + b_2 z^{-2} + b_3 z^{-3}}{1 + a_1 z^{-1} + a_2 z^{-2} + a_3 z^{-3} + a_4 z^{-4}} v(k) + e(k) \\ &= \frac{z^{-1} - 0.3z^{-2} + 0.5z^{-3}}{1 + 0.7z^{-1} + 0.4z^{-2} - 0.41z^{-3} + 0.045z^{-4}} v(k) + e(k) \end{aligned}$$

其中，$\boldsymbol{\theta}_1 = [a_1, a_2, a_3, a_4, b_1, b_2, b_3]^{\mathrm{T}} = [0.7, 0.4, -0.41, 0.045, 1, -0.3, 0.5]^{\mathrm{T}}$，$e(k)$ 表示零均值白噪声序列。

使用 2.2.3 节中定义的噪信比 δ_{ns}，为了辨识时滞 Hammerstein 输出误差系统，本节设计了组合式信号，该组合式信号包括：①5000 组区间为[−2, 2]的正弦信号；②5000 组区间为[0, 6]的随机信号。

首先，利用相关性方法辨识动态线性模块的未知参数。图 2.36～图 2.39 给出了在不同噪信比下动态线性模块的参数辨识曲线。从图 2.36 和图 2.37 中可以看出，当 $\delta_{ns}=12.21\%$ 时相关分析方法能够有效辨识动态线性模块。从图 2.38 和图 2.39 中容易看出，当噪信比增加时，动态线性模块的辨识精度有所下降，采样时间达到 3000 时参数辨识曲线才逐渐趋于稳定。

基于 $\delta_{ns}=12.21\%$ 条件下线性模块的参数辨识结果，利用随机信号的输入和输出估计白噪声干扰下的时滞 Hammerstein 系统中静态非线性模块的参数，设置参数：$S_0 = 0.989$，$\rho = 1$ 以及 $\lambda = 0.1$，得到静态非线性模块拟合的均方差为 3.7600×10^{-4}。

为了说明神经模糊模型拟合静态非线性函数的有效性，使用相同的训练数据构建了 2.1.3 节中的多项式模型。图 2.40 给出了神经模糊模型和多项式模型近似静态

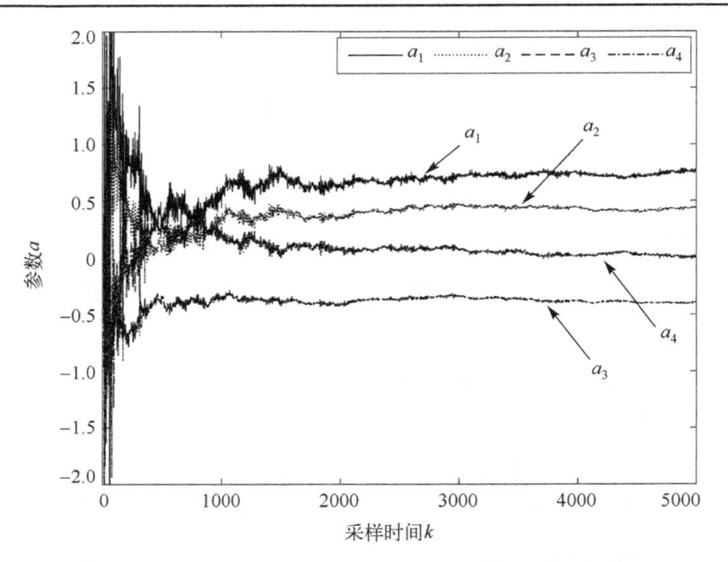

图 2.36　噪信比为 $\delta_{ns}=12.21\%$ 的线性模块辨识结果 1

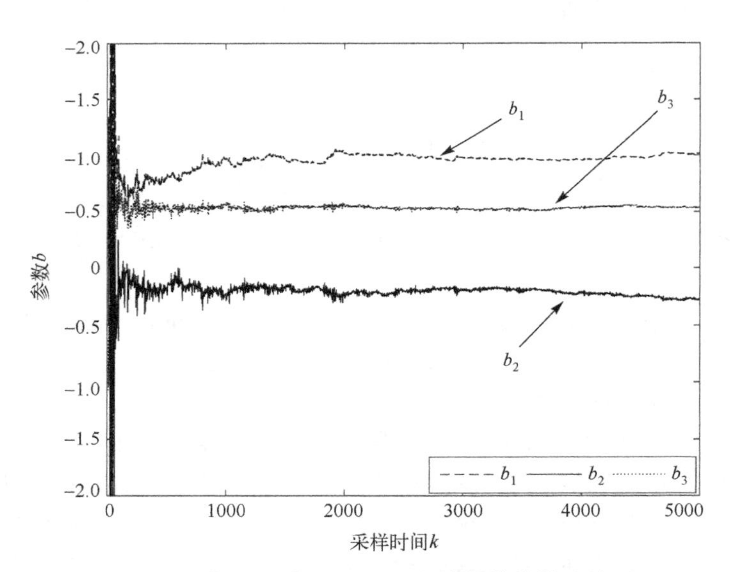

图 2.37　噪信比为 $\delta_{ns}=12.21\%$ 的线性模块辨识结果 2

非线性模块的结果，表 2.14 列出了多项式模型在取不同阶次时得到的 MSE 和 ME。由表 2.14 可以看出，当模型阶次 $r=11$ 时，多项式模型的建模精度最高。

从图 2.40 和表 2.14 中可以看出，本节提出的方法能够有效辨识神经模糊模型，与多项式模型相比，辨识得到的神经模糊模型能够更好地拟合不连续非线性函数。

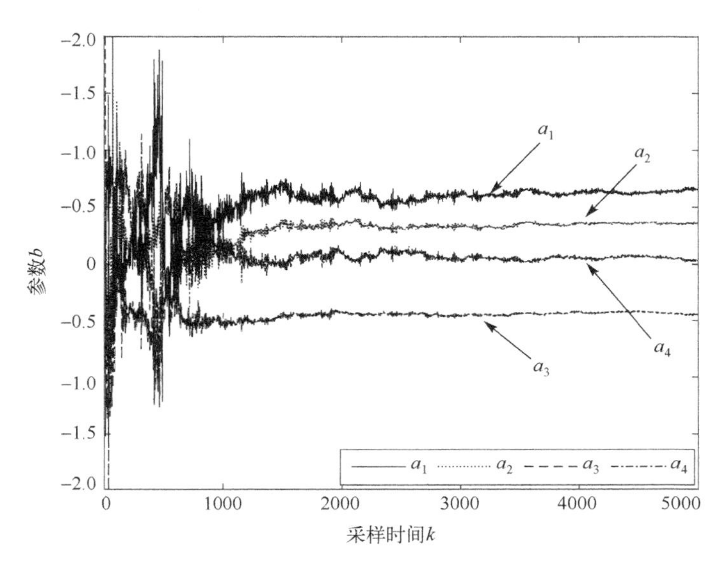

图 2.38　噪信比为 $\delta_{ns}=21.67\%$ 的线性模块辨识结果 1

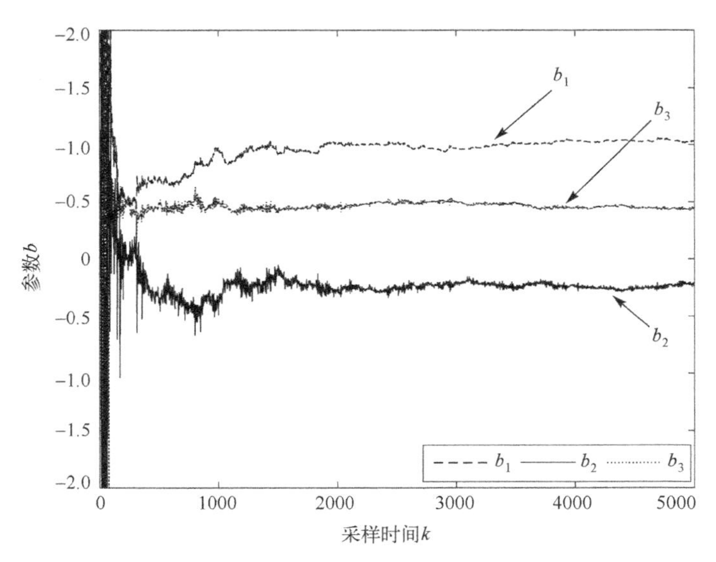

图 2.39　噪信比为 $\delta_{ns}=21.67\%$ 的线性模块辨识结果 2

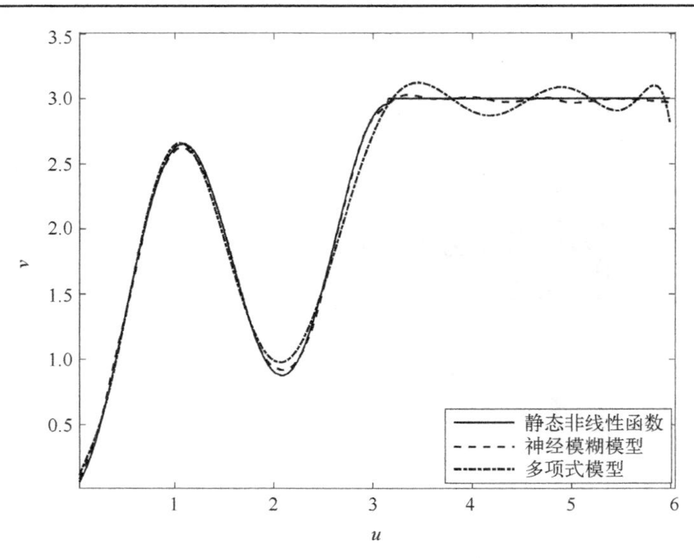

图 2.40 不同建模方法拟合静态非线性函数结果

表 2.14 不同建模方法近似拟合非线性函数的误差比较

方法		MSE	ME
多项式模型	$r=9$	0.0234	0.3180
	$r=10$	0.0055	0.1880
	$r=11$	0.0042	0.1596
	$r=12$	0.0072	0.2218
神经模糊模型		3.7600×10^{-4}	0.0433

2.6.4 小结

本节提出了白噪声干扰下的时滞 Hammerstein 系统非迭代辨识。利用设计的组合信号分离 Hammerstein 系统两个模块的分离辨识，避免迭代方法中系统参数的收敛性问题。此外，采用神经模糊模型拟合 Hammerstein 系统的静态非线性模块，避免采用多项式模型逼近静态非线性模块的限制。仿真结果表明，本节提出的两阶段辨识方法能够辨识时滞 Hammerstein 系统。

参考文献

[1] Gomez J C, Baeyens E. Subspace-based identification algorithms for Hammerstein and Wiener models[J]. European Journal of Control, 2005, 11(2): 127-136.

[2] Bai E W, Li D, Convergence of the iterative Hammerstein system identification algorithm[J].

IEEE Transactions on Automatic Control, 2004, 49(11): 1929-1940.

[3] Bai E W, Li K. Convergence of the iterative algorithm for a general Hammerstein system identification[J]. Automatica, 2010, 46(11): 1891-1896.

[4] Janczak A. Neural network approach for identification of Hammerstein systems[J]. International Journal of Control, 2003, 76(17): 1749-1766.

[5] Ding F, Shi Y, Chen T W. Auxiliary model-based least-squares identification methods for Hammerstein output-error system[J]. Systems and Control Letters, 2007, 56(5): 373-380.

[6] Li F, Jia L, Peng D. Identification method of neuro-fuzzy-based Hammerstein model with coloured noise[J]. IET Control Theory and Applications, 2017, 11(17): 3026-3037.

[7] Jia L, Chiu M S, Ge S. A noniterative neuro-fuzzy based identification method for Hammerstein processes[J]. Journal of Process Control, 2005, 15(17): 749-761.

[8] Jia L, Chiu M S, Ge S. Iterative identification of neuro-fuzzy-based Hammerstein model with global convergence[J]. Industrial & Engineering Chemistry Research, 2005, 44(6): 1823-1831.

[9] Ghorbel C, Rayouf Z, Rraiek B. Robust stabilization and tracking control schemes for disturbed multi-input multi-output Hammerstein model in presence of approximate polynomial nonlinearities[J]. Journal of Systems and Control Engineering, 2020, 235(7): 1245-1257.

[10] Ma J, Wu O, Huang B, et al. Expectation maximization estimation for a class of input nonlinear state space systems by using the Kalman smoother[J]. Signal Processing, 2018, 145: 295-303.

[11] Wang X, Ding F. Joint estimation of states and parameters for an input nonlinear state-space scystem with colored noise using the filtering technique[J]. Circuits, Systems, and Signal Processing, 2016, 35(2): 481-500.

[12] Wang Y, Ding F. Recursive parameter estimation algorithms and convergence for a class of nonlinear systems with colored noise[J]. Circuits, Systems, and Signal Processing, 2016, 35(10): 3461-3481.

[13] Ding J L, Chai T Y. Offline modeling for product quality prediction of mineral processing using modeling error PDF shaping and entropy minimization[J]. IEEE Transactions on Neural Networks, 2011, 22(3): 408-419.

[14] Wang D, Yan Y, Liu Y, et al. Model recovery for Hammerstein systems using the hierarchical orthogonal matching pursuit method[J]. Journal of Computational and Applied Mathematics, 2018, 345: 135-145.

[15] Bowman A W, Azzalini A. Applied Smoothing Techniques for Data Analysis[M]. New York: Oxford University Press, 1997.

[16] Bussgang J J. Crosscorrelation functions of amplitude-distorted gaussian signals[R]. Cambridge: MIT Research Laboratory of Electronics, 1952.

[17] Nuttall A H. Theory and application of the separable class of random processes[R]. Boston:

Massachusetts Institute of Technology, 1958.

[18] Schoukens M, Pintelon R, Rolain Y. Parametric identification of parallel Hammerstein systems[J]. IEEE Transactions on Instrumentation and Measurement, 2011, 60(12): 3391-3398.

[19] Enqvist M, Ljung L. Linear approximations of nonlinear FIR systems for separable input processes[J]. Automatica, 2005, 41(3): 459-473.

[20] Bai E W, Cerone V, Regruto D. Separable inputs for the identification of block-oriented nonlinear systems[C]//2007 American Control Conference, 2007: 1548-1553.

[21] 胡寿松. 多变量系统参数辨识的相关分析法[J]. 航空学报, 1990, 11(7): 400-404.

[22] 贾立, 杨爱华, 邱铭森. 基于辅助模型递推最小二乘法的 Hammerstein 模型多信号源辨识[J]. 南京理工大学学报, 2014, 38(1): 34-39.

[23] Jia L, Li X, Chiu M S. Correlation analysis based MIMO neuro-fuzzy Hammerstein model with noises[J]. Journal of Process Control, 2016, 41: 76-91.

第 3 章　有色噪声干扰下 Hammerstein 系统辨识方法

本章基于神经模糊模型研究了有色噪声干扰下 Hammerstein 系统辨识方法，通过组合信号的设计，来解决有色噪声干扰下 Hammerstein 系统的可辨识性问题和串联模块的参数辨识分离问题。在研究中，系统的静态非线性模块采用 2.1 节中的四层神经模糊模型拟合，有效避免了采用多项式方法逼近非线性函数的限制，拓宽了非线性模型的适用范围。此外，利用增广原理、数据滤波技术、辅助模型技术等抑制有色输出噪声的干扰，改善了系统的辨识精度。

3.1　自回归噪声干扰下 Hammerstein 系统辨识

实际工业生产过程中普遍存在测量噪声或者过程噪声，在研究时通常假设这些噪声是白噪声或者服从高斯分布。然而，实际工业过程中的噪声往往是有色噪声或者不服从高斯分布。噪声不仅会对系统的相关性能造成影响，甚至会引起系统的不稳定。因此，有必要研究能抑制有色噪声干扰下的 Hammerstein 系统辨识方法，以提高模型精度。实际应用中的有色噪声可以采用自回归模型(autoregressive, AR)[1]、滑动平均模型(moving average, MA)[2,3]或者自回归滑动平均模型(autoregressive moving average，ARMA)[4]进行拟合。

本节考虑自回归噪声的干扰，为了保证非线性 Hammerstein 系统在自回归噪声干扰下仍然具有收敛性和稳定性，提出了一种基于二进制-随机组合信号的含有自回归噪声扰动的 Hammerstein 系统两阶段辨识方法，简化了辨识过程。在第一阶段，基于二进制信号的输入输出数据，利用递推最小二乘算法估计动态线性模块的未知参数。在第二阶段，首先基于随机输入信号，利用聚类算法计算神经模糊模型的中心和宽度。其次，为了提高辨识参数的收敛速度，采用粒子群优化算法学习神经模糊模型的权值。

3.1.1　自回归噪声干扰下 Hammerstein 系统

如图 3.1 所示，考虑如下的自回归噪声干扰下 Hammerstein 系统[5]：

$$v(k)=f(u(k)) \tag{3.1}$$

$$y(k)=\frac{B(z)}{A(z)}v(k)+\frac{1}{A(z)}e(k) \tag{3.2}$$

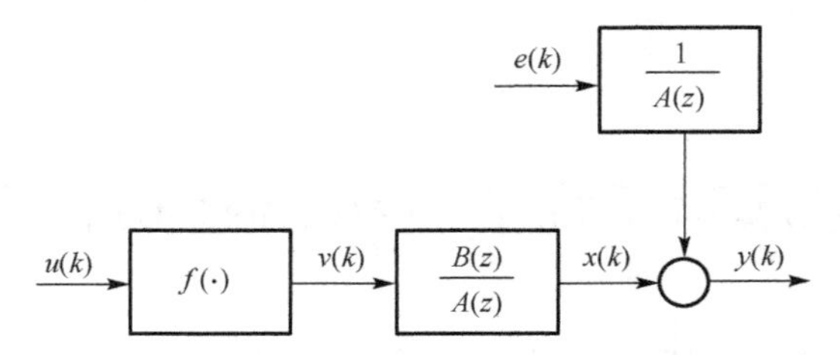

图 3.1　自回归噪声干扰下 Hammerstein 系统

其中，$f(\cdot)$表示静态非线性模块，利用 2.1 节中的神经模糊模型拟合，$e(k)$是白噪声，$A(z)=1+a_1z^{-1}+a_2z^{-2}+\cdots+a_{n_a}z^{-n_a}$，$B(z)=b_1z^{-1}+b_2z^{-2}+\cdots+b_{n_b}z^{-n_b}$，$a_i$和$b_j$是模型参数，$n_a$和$n_b$表示模型的阶次。

3.1.2　自回归噪声干扰下神经模糊 Hammerstein 系统辨识

1. 动态线性模块的辨识

基于二进制输入$u_1(k)$及其相应的输出$y_1(k)$，利用递推最小二乘方法估计线性模块的参数。

根据式(3.2)，自回归噪声干扰下 Hammerstein 系统表达式如下：

$$A(z)y_1(k)=B(z)v_1(k)+e(k) \tag{3.3}$$

其中，$v_1(k)=\beta u_1(k)$。

进一步可以得到

$$A(z)y_1(k)=\beta B(z)u_1(k)+e(k) \tag{3.4}$$

结合式(3.2)和式(3.4)，得到

$$y_1(k)=-\sum_{i=1}^{n_a}a_iy_1(k-i)+\beta\sum_{j=1}^{n_b}b_ju_1(k-j)+e(k)=\boldsymbol{\varphi}_1^{\mathrm{T}}(k)\boldsymbol{\theta}_1+e(k) \tag{3.5}$$

其中，$\boldsymbol{\varphi}_1(k)=[-y_1(k-1),\cdots,-y_1(k-n_a),u_1(k-1),\cdots,u_1(k-n_b)]^{\mathrm{T}}$，$\boldsymbol{\theta}_1=[a_1,\cdots,a_{n_a},\beta b_1,\cdots,\beta b_{n_b}]^{\mathrm{T}}$。

利用下列递推最小二乘方法辨识式(3.5)描述的动态线性模块：

$$\hat{\boldsymbol{\theta}}_1(k)=\hat{\boldsymbol{\theta}}_1(k-1)+\boldsymbol{L}(k)[y_1(k)-\boldsymbol{\varphi}_1^{\mathrm{T}}(k)\hat{\boldsymbol{\theta}}_1(k-1)] \tag{3.6}$$

$$\boldsymbol{L}(k)=\frac{\boldsymbol{P}(k-1)\hat{\boldsymbol{\varphi}}_1(k)}{1+\boldsymbol{\varphi}_1^{\mathrm{T}}(k)\boldsymbol{P}(k-1)\hat{\boldsymbol{\varphi}}_1(k)} \tag{3.7}$$

$$\boldsymbol{P}(k)=\left[\boldsymbol{I}-\boldsymbol{L}(k)\boldsymbol{\varphi}_1(k)\right]\boldsymbol{P}(k-1) \tag{3.8}$$

$$\hat{\boldsymbol{\theta}}_1(k)=[\hat{a}_1(k),\cdots,\hat{a}_{n_a}(k),\beta\hat{b}_1(k),\cdots,\beta\hat{b}_{n_b}(k)] \tag{3.9}$$

$$\boldsymbol{\varphi}_1(k)=[-y_1(k-1),\cdots,-y_1(k-n_a),u_1(k-1),\cdots,u_1(k-n_b)]^{\mathrm{T}} \tag{3.10}$$

其中，β 可以通过实际非线性模块的输入输出关系求出。

2. 静态非线性模块的辨识

基于随机信号的输入 $u_2(k)$ 及其相应的输出 $y_2(k)$，采用 2.1 节中的聚类算法计算神经模糊模型的中心 c_l 和宽度 σ_l，在此基础上，利用粒子群优化方法估计神经模糊模型的权重 w_m $(m=1,\cdots,L)$。

根据式(3.1)得到

$$v_2(k)=f(u_2(k))=\sum_{m=1}^{L}\phi_i(u_2(k))w_m \tag{3.11}$$

根据式(3.2)和式(3.11)得到

$$y_2(k)=-\sum_{i=1}^{n_a}a_iy_2(k-i)+\sum_{j=1}^{n_b}\sum_{m=1}^{L}b_j\phi_m(u_2(k-j))w_m+e(k) \tag{3.12}$$

将上式写成回归形式：

$$y_2(k)=\boldsymbol{\varphi}_2^{\mathrm{T}}(k)\boldsymbol{\theta}+e(k) \tag{3.13}$$

其中，$\boldsymbol{\varphi}_2(k)=\left[-y_2(k-1),\cdots,-y_2(k-n_a),\phi_1(u_2(k-1)),\cdots,\phi_m(u_2(k-1)),\cdots,\phi_m(u_2(k-n_b))\right]^{\mathrm{T}}$，$\boldsymbol{\theta}=[a_1,\cdots,a_{n_a},b_1w_1,\cdots,b_1w_m,\cdots,b_{n_b}w_1,\cdots,b_{n_b}w_m]^{\mathrm{T}}$。

利用粒子群优化算法[6,7]对上式回归方程中的未知参数进行估计，具体过程如下。

定义叠加输出向量 $\boldsymbol{Y}(p)$ 和叠加矩阵 $\boldsymbol{\psi}(p)$：

$$\boldsymbol{Y}(p)=[y_2(p),y_2(p-1),\cdots,y_2(1)]^{\mathrm{T}} \tag{3.14}$$

$$\boldsymbol{\psi}(p)=[\boldsymbol{\varphi}_2(p),\boldsymbol{\varphi}_2(p-1),\cdots,\boldsymbol{\varphi}_2(1)]^{\mathrm{T}} \tag{3.15}$$

其中，p 为数据长度。

定义每个粒子的独立位置 $\boldsymbol{\theta}_i$ 和独立速度 $\boldsymbol{V}_i$：

$$\boldsymbol{\theta}_i=[a_1,\cdots,a_{n_a},b_1w_1,\cdots,b_1w_m,\cdots b_{n_b}w_1,\cdots,b_{n_b}w_m]^{\mathrm{T}} \tag{3.16}$$

$$\boldsymbol{V}_i=[v_1,v_2,\cdots,v_n] \tag{3.17}$$

其中，i 是粒子数。

用 $\hat{\boldsymbol{\theta}}_i(k)=[\hat{a}_1(k),\cdots,\hat{a}_{n_a}(k),\hat{b}_1\hat{w}_1(k),\cdots,\hat{b}_1\hat{w}_m(k),\cdots,\hat{b}_{n_b}\hat{w}_1(k),\cdots,\hat{b}_{n_b}\hat{w}_m(k)]^{\mathrm{T}}$ 表示每个粒子的独立位置 $\boldsymbol{\theta}_i$ 在第 k 次迭代时的估计值。在每次迭代中，每个粒子都有自己的最佳位置 $\hat{\boldsymbol{\theta}}_{ib}$：

$$\hat{\boldsymbol{\theta}}_{ib}(k)=[\hat{a}_{1b}(k),\cdots,\hat{a}_{n_ab}(k),\hat{b}_{1b}\hat{w}_{1b}(k),\cdots,\hat{b}_{1b}\hat{w}_{mb}(k),\cdots,\hat{b}_{n_bb}\hat{w}_{1b}(k),\cdots,\hat{b}_{n_bb}\hat{w}_{mb}(k)]^{\mathrm{T}} \tag{3.18}$$

且 $\hat{\boldsymbol{\theta}}_{ib}(k)$ 需要满足：

$$\hat{\boldsymbol{\theta}}_{ib}(k)=\min(\|\boldsymbol{Y}(p)-\boldsymbol{\psi}^{\mathrm{T}}(p)\hat{\boldsymbol{\theta}}_{i}(k)\|,\ \|\boldsymbol{Y}(p)-\boldsymbol{\psi}^{\mathrm{T}}(p)\hat{\boldsymbol{\theta}}_{ib}(k)\|) \tag{3.19}$$

所有粒子都有相同的全局最佳位置 $\hat{\boldsymbol{\theta}}_{g}$：

$$\hat{\boldsymbol{\theta}}_{g}(k)=[\hat{a}_{1g}(k),\cdots,\hat{a}_{n_a g}(k),\hat{b}_{1g}\hat{w}_{1g}(k),\cdots,\hat{b}_{1g}\hat{w}_{mg}(k),\cdots,\hat{b}_{n_b g}\hat{w}_{1g}(k),\cdots,\hat{b}_{n_b g}\hat{w}_{mg}(k)]^{\mathrm{T}} \tag{3.20}$$

且 $\hat{\boldsymbol{\theta}}_{g}(k)$ 需要满足：

$$\hat{\boldsymbol{\theta}}_{g}(k)=\min(\|\boldsymbol{Y}(p)-\boldsymbol{\psi}^{\mathrm{T}}(p)\hat{\boldsymbol{\theta}}_{ib}(k)\|) \tag{3.21}$$

根据粒子群优化的基本原理，每个粒子在 $k+1$ 次迭代中产生一个新的位置和速度，即

$$\boldsymbol{V}_{i}(k+1)=\omega\boldsymbol{V}_{i}(k)+c1r1(\hat{\boldsymbol{\theta}}_{ib}(k)-\hat{\boldsymbol{\theta}}_{i}(k))+c1r1(\hat{\boldsymbol{\theta}}_{g}(k)-\hat{\boldsymbol{\theta}}_{i}(k)) \tag{3.22}$$

$$\hat{\boldsymbol{\theta}}_{i}(k+1)=\hat{\boldsymbol{\theta}}_{i}(k)+\boldsymbol{V}_{i}(k+1) \tag{3.23}$$

其中，$c1$ 和 $c2$ 为学习因子，$c1$ 表示粒子下一步动作来源于自己经验部分所占的权重，$c2$ 表示粒子下一步动作来源于其他粒子经验部分所占的权重，ω 被称为惯性因子，用于控制前一速度对当前速度的影响，$r1$ 和 $r2$ 是均匀分布在[0,1]中的两个独立随机数。

基于上述分析，得到如下粒子群优化算法：

$$\boldsymbol{V}_{i}(k+1)=\omega\boldsymbol{V}_{i}(k)+c1r1(\hat{\boldsymbol{\theta}}_{ib}(k)-\hat{\boldsymbol{\theta}}_{i}(k))+c1r1(\hat{\boldsymbol{\theta}}_{g}(k)-\hat{\boldsymbol{\theta}}_{i}(k)) \tag{3.24}$$

$$\hat{\boldsymbol{\theta}}_{i}(k+1)=\hat{\boldsymbol{\theta}}_{i}(k)+\boldsymbol{V}_{i}(k+1) \tag{3.25}$$

$$\hat{\boldsymbol{\theta}}_{ib}(k)=[\hat{a}_{1b}(k),\cdots,\hat{a}_{n_a b}(k),\hat{b}_{1b}\hat{w}_{1b}(k),\cdots,\hat{b}_{1b}\hat{w}_{mb}(k),\cdots,\hat{b}_{n_b b}\hat{w}_{1b}(k),\cdots,\hat{b}_{n_b b}\hat{w}_{mb}(k)]^{\mathrm{T}} \tag{3.26}$$

$$\hat{\boldsymbol{\theta}}_{ib}(k)=\min(\|\boldsymbol{Y}(p)-\boldsymbol{\psi}^{\mathrm{T}}(p)\hat{\boldsymbol{\theta}}_{i}(k)\|,\ \|\boldsymbol{Y}(p)-\boldsymbol{\psi}^{\mathrm{T}}(p)\hat{\boldsymbol{\theta}}_{ib}(k)\|) \tag{3.27}$$

$$\hat{\boldsymbol{\theta}}_{g}(k)=[\hat{a}_{1g}(k),\cdots,\hat{a}_{n_a g}(k),\hat{b}_{1g}\hat{w}_{1g}(k),\cdots,\hat{b}_{1g}\hat{w}_{mg}(k),\cdots,\hat{b}_{n_b g}\hat{w}_{1g}(k),\cdots,\hat{b}_{n_b g}\hat{w}_{mg}(k)]^{\mathrm{T}} \tag{3.28}$$

$$\hat{\boldsymbol{\theta}}_{g}(k)=\min(\|\boldsymbol{Y}(p)-\boldsymbol{\psi}^{\mathrm{T}}(p)\hat{\boldsymbol{\theta}}_{ib}(k)\|) \tag{3.29}$$

$$\hat{\boldsymbol{\theta}}_{i}(k)=[\hat{a}_{1}(k),\cdots,\hat{a}_{n_a}(k),\hat{b}_{1}\hat{w}_{1}(k),\cdots,\hat{b}_{1}\hat{w}_{m}(k),\cdots,\hat{b}_{n_b}\hat{w}_{1}(k),\cdots,\hat{b}_{n_b}\hat{w}_{m}(k)]^{\mathrm{T}} \tag{3.30}$$

3.1.3　仿真结果

考虑如下自回归噪声干扰下的 Hammerstein 系统，其中，静态非线性模块是分段非线性不连续函数，线性模块的阶次 $n_a=1$，$n_b=1$：

$$v(k)=\begin{cases}\tanh(2u(k)), & u(k)\leqslant 1.5\\ -\dfrac{\exp(u(k))-1}{\exp(u(k))+1}, & u(k)>1.5\end{cases}$$

$$y(k)=\frac{0.6z^{-1}}{1-0.8z^{-1}}v(k)+\frac{1}{1-0.8z^{-1}}e(k)$$

其中，$e(k)$ 是零均值白噪声。

定义 k 时刻线性模块参数估计偏差：$\delta = \| \hat{\boldsymbol{\theta}}_1(k) - \boldsymbol{\theta}_1 \| / \| \boldsymbol{\theta}_1 \|$。

为了辨识自回归噪声干扰下的 Hammerstein 系统，本节设计了二进制-随机组合信号，该组合式信包括：①5000 组幅值为 0 或 1 的二进制信号；②5000 组区间为 [0, 4]的随机信号。设置参数：$S_0 = 0.97$，$\rho = 1.5$ 以及 $\lambda = 0.02$。

在第一阶段，基于二进制信号的输入输出数据，利用递推最小二乘法辨识动态线性模块参数。图 3.2 给出了不同噪声方差下利用递推最小二乘方法和标准的最小二乘方法辨识动态线性模块的参数估计误差。从图 3.2 中可以看出，与标准的最小二乘方法相比，随着噪声方差的增加，本节提出的递推最小二乘方法能够获得更高的参数辨识精度。

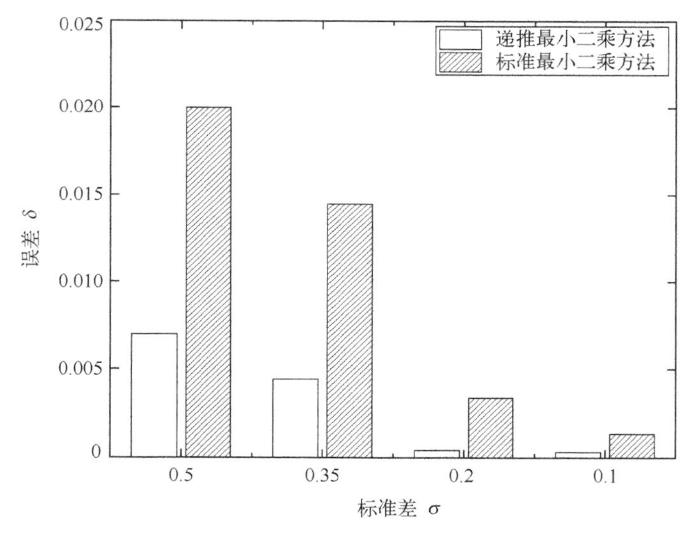

图 3.2　不同噪声方差下动态线性模块参数估计误差

在第二阶段，基于随机信号的输入输出数据，利用本节提出的粒子群优化方法更新神经模糊模型参数。为了说明神经模糊模型拟合静态非线性函数的有效性，使用相同的训练数据构建了 2.1.3 节中的多项式模型。图 3.3 显示了两种不同建模方法拟合静态非线性模块的结果，表 3.1 比较了多项式模型和神经模糊模型拟合结果的均方误差。从图 3.3 和表 3.1 中可以看出，粒子群优化方法能够有效更新神经模糊模型参数，对于强非线性且不连续函数参数，神经模糊模型能够获得更好的逼近能力。

为了进一步验证本节提出的两阶段辨识方法的有效性，使用 400 组随机信号作为测试信号。利用加权多新息随机梯度算法[8]（仿真中新息长度 p 取 6）和本节提出的算法预测自回归噪声干扰下的 Hammerstein 系统的输出，图 3.4 给出了两种方法的预测结果。从图 3.4 中容易看出，与多新息随机梯度算法相比，本节提出的两阶段辨识方法可以更有效辨识自回归噪声干扰下的 Hammerstein 系统，且具有更高的预测精度。

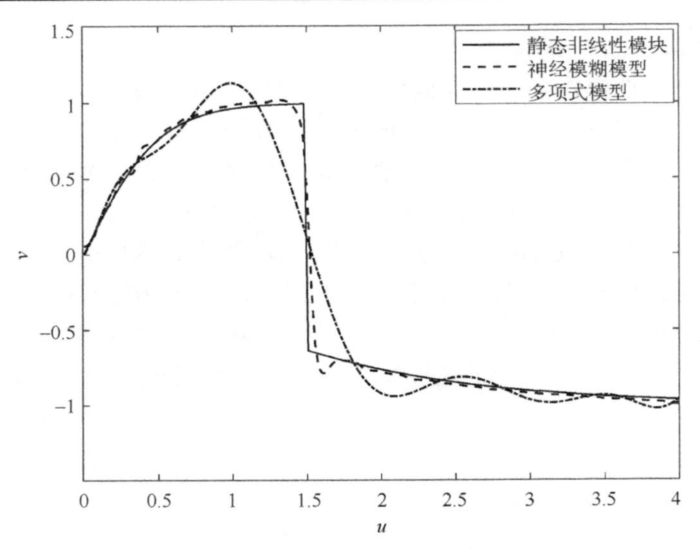

图 3.3 两种建模方法拟合静态非线性模块的结果

表 3.1 两种建模方法拟合非线性模块的误差比较

建模方法		MSE
多项式模型	$r=10$	0.0375
	$r=11$	0.0337
	$r=12$	0.0321
	$r=13$	0.0394
神经模糊模型		6.7×10^{-3}

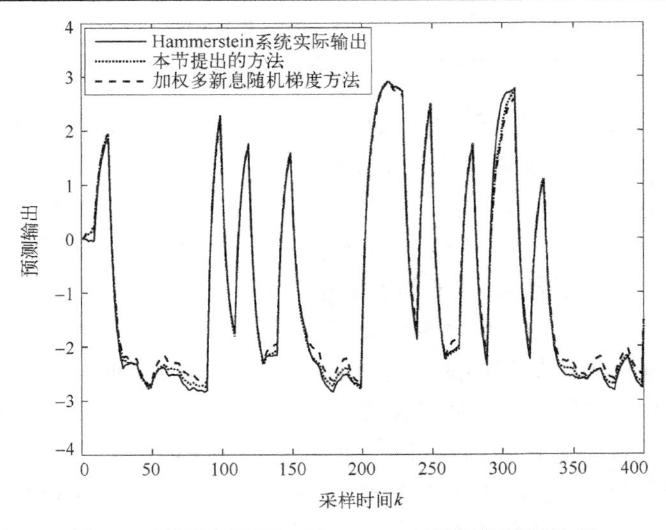

图 3.4 两种方法下 Hammerstein 系统的预测输出

3.1.4　小结

本节提出了自回归噪声干扰下 Hammerstein 系统两阶段辨识方法。利用设计的组合信号实现自回归噪声干扰下的 Hammerstein 系统各串联模块的分离辨识，简化了辨识过程。仿真结果表明，与标准的最小二乘方法和多新息随机梯度方法相比，本节提出的两阶段辨识方法能够有效辨识自回归噪声干扰下的 Hammerstein 系统。

3.2　自回归滑动平均噪声干扰下 Hammerstein 系统辨识

考虑到实际非线性过程普遍受到有色噪声的干扰，本节考虑一类自回归滑动平均噪声的干扰，提出了一种实际非线性过程的 Hammerstein 系统辨识方法。具体辨识过程分为两步：首先，基于二进制信号的输入输出数据，利用递推增广最小二乘算法辨识动态线性模块和自回归滑动平均噪声模型的参数。其次，为了解决辨识系统的中间变量信息和噪声变量信息不可测量问题，利用辅助模型的输出和噪声变量的估计值分别代替中间变量和噪声变量，推导了辅助模型递推增广最小二乘算法，基于随机输入输出信号，利用聚类算法和辅助模型递推增广最小二乘算法辨识神经模糊模型的参数。

3.2.1　自回归滑动平均噪声干扰下 Hammerstein 系统

如图 3.5 所示，自回归滑动平均噪声干扰下 Hammerstein 系统输入输出关系如下：

$$v(k)=f(u(k)) \tag{3.31}$$

$$y(k)=\frac{B(z)}{A(z)}v(k)+\frac{D(z)}{A(z)}e(k) \tag{3.32}$$

其中，$f(\cdot)$ 是静态非线性模块，利用 2.1 节中的神经模糊模型拟合，$e(k)$ 是白噪声，$A(z)=1+a_1z^{-1}+a_2z^{-2}+\cdots+a_{n_a}z^{-n_a}$，$B(z)=b_1z^{-1}+b_2z^{-2}+\cdots+b_{n_b}z^{-n_b}$，$D(z)=d_1z^{-1}+d_2z^{-2}+\cdots+d_{n_d}z^{-n_d}$，$a_i$、$b_j$ 和 d_m 是多项式模型参数，n_a、n_b 和 n_d 表示模型的阶次。

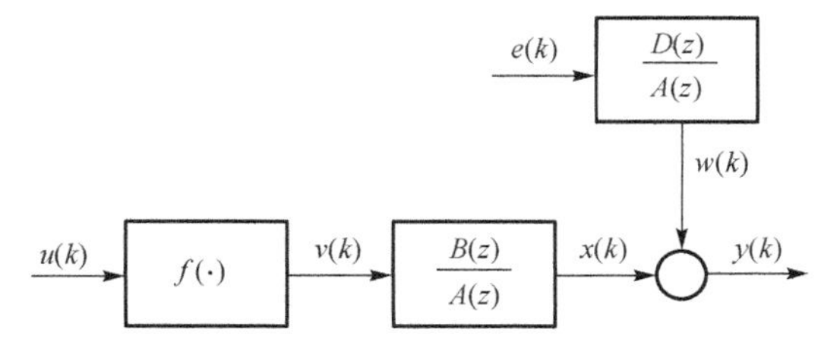

图 3.5　自回归滑动平均噪声干扰下 Hammerstein 系统

3.2.2 自回归滑动平均噪声干扰下神经模糊 Hammerstein 系统辨识

针对本节提出的实际非线性过程 Hammerstein 系统辨识问题，设计了如图 3.6 所示的辨识方法，其基本思想是利用组合信号分离 Hammerstein 系统的分离辨识，即首先利用 u_1 和 y_1 辨识动态线性模块和自回归滑动平均噪声模型的参数。其次，利用 u_2 和 y_2 辨识静态非线性模块的参数。

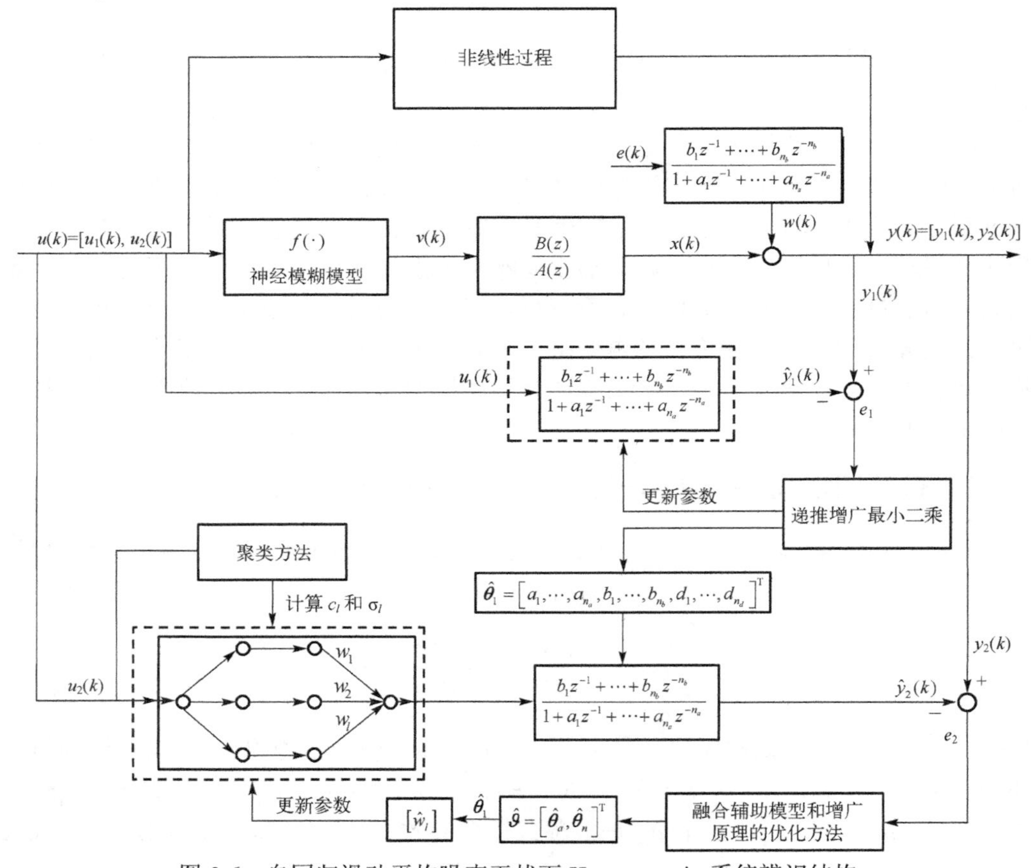

图 3.6 自回归滑动平均噪声干扰下 Hammerstein 系统辨识结构

1. 动态线性模块和自回归滑动平均噪声模型的辨识

基于二进制输入 $u_1(k)$ 及其相应的输出 $y_1(k)$，利用递推最小二乘方法辨识动态线性模块的参数。

根据式(3.32)得到 Hammerstein 系统的输入输出关系：

$$y_1(k)=\frac{B(z)}{A(z)}v_1(k)+\frac{D(z)}{A(z)}e(k) \tag{3.33}$$

其中，$v_1(k)=\beta u_1(k)$。

进一步，将式(3.33)表示为

$$y_1(k)=\frac{B(z)}{A(z)}u_1(k)+\frac{D(z)}{A(z)}e(k) \tag{3.34}$$

根据式(3.32)和式(3.34)得到

$$\begin{aligned}y_1(k)&=-\sum_{i=1}^{n_a}a_i y_1(k-i)+\sum_{j=1}^{n_b}b_j u_1(k-j)+\sum_{w=1}^{n_d}d_w e(k-w)+e(k)\\&=\boldsymbol{\varphi}^{\mathrm{T}}(k)\boldsymbol{\theta}_1+e(k)\end{aligned} \tag{3.35}$$

其中，$\boldsymbol{\varphi}(k)=[-y_1(k-1),\cdots,-y_1(k-n_a),u_1(k-1),\cdots,u_1(k-n_b),e(k-1),\cdots,e(k-n_d)]^{\mathrm{T}}$，$\boldsymbol{\theta}_1=[a_1,\cdots,a_{n_a},b_1,\cdots,b_{n_b},d_1,\cdots,d_{n_d}]^{\mathrm{T}}$。

由于式(3.35)中包含了未知项噪声项$e(k)$，因此标准最小二乘方法无法实现上述系统的参数估计。为了解决这一问题，在辨识过程中利用噪声项的估计值$\hat{e}(k)$代替其真实值$e(k)$，得到下列辨识过程：

$$\hat{\boldsymbol{\theta}}_1(k)=\hat{\boldsymbol{\theta}}_1(k-1)+\boldsymbol{L}(k)[y(k)-\hat{\boldsymbol{\varphi}}^{\mathrm{T}}(k)\hat{\boldsymbol{\theta}}_1(k-1)] \tag{3.36}$$

$$\boldsymbol{L}(k)=\frac{\boldsymbol{P}(k-1)\hat{\boldsymbol{\varphi}}(k)}{1+\hat{\boldsymbol{\varphi}}^{\mathrm{T}}(k)\boldsymbol{P}(k-1)\hat{\boldsymbol{\varphi}}(k)} \tag{3.37}$$

$$\boldsymbol{P}(k)=[\boldsymbol{I}-\boldsymbol{L}(k)\hat{\boldsymbol{\varphi}}(k)]\boldsymbol{P}(k-1) \tag{3.38}$$

$$\hat{e}(k)=y(k)-\hat{\boldsymbol{\varphi}}^{\mathrm{T}}(k)\hat{\boldsymbol{\theta}}_1(k) \tag{3.39}$$

$$\hat{\boldsymbol{\theta}}_1=[\hat{a}_1,\cdots,\hat{a}_{n_a},\hat{b}_1,\cdots,\hat{b}_{n_b},\cdots,\hat{d}_1,\cdots,\hat{d}_{n_d}]^{\mathrm{T}} \tag{3.40}$$

$$\hat{\boldsymbol{\varphi}}(k)=[-y(k-1),\cdots,-y(k-n_a),u_1(k-1),\cdots,u_1(k-n_b),\hat{e}(k-1),\cdots,\hat{e}(k-n_d)]^{\mathrm{T}} \tag{3.41}$$

2. 静态非线性模块的辨识

基于随机信号的输入$u_2(k)$及其相应的输出$y_2(k)$，首先，采用 2.1 节中的聚类算法计算神经模糊模型的中心c_l和宽度σ_l。其次，利用辅助模型的输出和噪声变量的估计值分别代替辨识系统的中间不可测变量和噪声不可测变量，推导了辅助模型递推增广最小二乘算法，辨识得到神经模糊模型的权重w_l（$l=1,\cdots,L$）。

根据图 3.5 和神经模糊模型的表达式得到

$$x(k)=\frac{B(z)}{A(z)}\sum_{l=1}^{L}\phi_l\left(u_2(k)\right)w_l=-\sum_{i=1}^{n_a}a_i x(k-i)+\sum_{j=1}^{n_b}\sum_{l=1}^{L}b_j\phi_l(u_2(k))w_l \tag{3.42}$$

$$w(k)=\frac{D(z)}{A(z)}e(k)=-\sum_{i=1}^{n_a}a_i w(k-i)+\sum_{m=1}^{n_d}d_m e(k-m)+e(k) \tag{3.43}$$

因此，得到 Hammerstein 系统的输出：

$$y_2(k)=x(k)+w(k)=\boldsymbol{\xi}^{\mathrm{T}}(k)\boldsymbol{\theta}_2+\boldsymbol{\xi}_n^{\mathrm{T}}(k)\boldsymbol{\theta}_n+e(k) \tag{3.44}$$

其中，$\boldsymbol{\theta}_2=[a_1,\cdots,a_{n_a},b_1w_1,\cdots,b_1w_N,\cdots,b_{n_b}w_1,\cdots,b_{n_b}w_L]^{\mathrm{T}}$，$\boldsymbol{\theta}_n=[a_1,\cdots,a_{n_a},d_1,\cdots,d_{n_d}]^{\mathrm{T}}$，$\boldsymbol{\xi}_n(k)=[-w(k-1),\cdots,-w(k-n_a),e(k-1),\cdots,e(k-n_d)]^{\mathrm{T}}$，$\boldsymbol{\xi}(k)=[-x(k-1),\cdots,-x(k-n_a),\phi_1(u_2(k-1)),\cdots,\phi_1(u_2(k-2)),\cdots,\phi_L(u_2(k-n_b))]^{\mathrm{T}}$。

定义信息向量 $\boldsymbol{\psi}(k)=\begin{bmatrix}\boldsymbol{\xi}(k)\\ \boldsymbol{\xi}_n(k)\end{bmatrix}$，参数向量 $\boldsymbol{\vartheta}=\begin{bmatrix}\boldsymbol{\theta}_2\\ \boldsymbol{\theta}_n\end{bmatrix}$，将式(3.45)写成回归形式：

$$y_2(k)=\boldsymbol{\psi}^{\mathrm{T}}(k)\boldsymbol{\vartheta}+e(k) \tag{3.45}$$

式(3.45)中存在未知项 $x(k)$、$w(k)$ 和 $e(k)$，因此无法进行参数估计。为解决这一问题，本节引入了辅助模型技术[9]，利用辅助模型 $x_a(k)$ 替换未知项 $x(k)$，进一步将噪声项 $w(k)$ 和 $e(k)$ 利用各自的估计残差代替，即 $\hat{w}(k)$ 和 $\hat{e}(k)$。

定义辅助变量如下：

$$x_a(k)=\xi_a^{\ \mathrm{T}}(k)\boldsymbol{\theta}_a(k) \tag{3.46}$$

其中，$\xi_a(k)=[-x_a(k-1),\cdots,-x_a(k-n_a),\phi_1(u_2(k-1)),\cdots,\phi_1(u_2(k-2)),\cdots,\phi_L(u_2(k-n_b))]^{\mathrm{T}}$，$\boldsymbol{\theta}_a=[\hat{a}_1,\cdots,\hat{a}_{n_a},\hat{b}_1\hat{w}_1,\cdots,\hat{b}_1\hat{w}_N,\cdots,\hat{b}_{n_b}\hat{w}_1,\cdots,\hat{b}_{n_b}\hat{w}_L]^{\mathrm{T}}$。

根据式(3.44)得到 $w(k)$ 在 k 时刻的估计 $\hat{w}(k)$：

$$\hat{w}(k)=y_2(k)-x_a(k) \tag{3.47}$$

设 $\boldsymbol{\theta}_n$ 在 k 时刻的估计为 $\hat{\boldsymbol{\theta}}_n(k)$，$w(k)$ 和 $\xi_n(k)$ 在 k 时刻的估计为 $\hat{w}(k)$ 和 $\hat{\xi}_n(k)$。因此，$e(k)$ 在 k 时刻的估计 $\hat{e}(k)$ 可以表示为

$$\hat{e}(k)=\hat{w}(k)-\hat{\xi}_n^{\mathrm{T}}(k)\hat{\boldsymbol{\theta}}_n(k) \tag{3.48}$$

其中，$\hat{\xi}_n(k)=[-\hat{w}(k-1),\cdots,-\hat{w}(k-n_a),\hat{e}(k-1),\cdots,\hat{e}(k-n_d)]^{\mathrm{T}}$，$\hat{\boldsymbol{\theta}}_n=[\hat{a}_1,\cdots,\hat{a}_{n_a},\hat{d}_1,\cdots,\hat{d}_{n_d}]^{\mathrm{T}}$。

根据式(3.45)定义如下均方准则函数：

$$J(\boldsymbol{\vartheta})=\sum_{k=1}^{N}[y_2(k)-\hat{\boldsymbol{\psi}}^{\mathrm{T}}(k)\hat{\boldsymbol{\vartheta}}]^2 \tag{3.49}$$

其中，$\hat{\boldsymbol{\psi}}(k)=\begin{bmatrix}\xi_a(k)\\ \hat{\xi}_n(k)\end{bmatrix}$，$\hat{\boldsymbol{\vartheta}}=\begin{bmatrix}\boldsymbol{\theta}_a\\ \hat{\boldsymbol{\theta}}_n\end{bmatrix}$。

因此，得到辅助模型递推增广最小二乘方法：

$$\hat{\boldsymbol{\vartheta}}(k)=\hat{\boldsymbol{\vartheta}}(k-1)+\boldsymbol{L}(k)[y_2(k)-\hat{\boldsymbol{\psi}}^{\mathrm{T}}(k)\hat{\boldsymbol{\vartheta}}(k-1)] \tag{3.50}$$

$$\boldsymbol{L}(k)=\frac{\boldsymbol{P}(k-1)\hat{\boldsymbol{\psi}}(k)}{1+\hat{\boldsymbol{\psi}}^{\mathrm{T}}(k)\boldsymbol{P}(k-1)\hat{\boldsymbol{\psi}}(k)} \tag{3.51}$$

$$\boldsymbol{P}(k)=[\boldsymbol{I}-\boldsymbol{L}(k)\hat{\boldsymbol{\psi}}(k)]\boldsymbol{P}(k-1) \tag{3.52}$$

$$\hat{\boldsymbol{\psi}}(k)=\begin{bmatrix}\boldsymbol{\xi}_a(k)\\ \hat{\boldsymbol{\xi}}_n(k)\end{bmatrix},\ \hat{\boldsymbol{\vartheta}}=\begin{bmatrix}\boldsymbol{\theta}_a\\ \hat{\boldsymbol{\theta}}_n\end{bmatrix} \tag{3.53}$$

$$\boldsymbol{\xi}_a(k)=[-x_a(k-1),\cdots,-x_a(k-n_a),\phi_1(u_2(k-1)),\cdots,\phi_1(u_2(k-2)),\cdots,\phi_L(u_2(k-n_b))]^{\mathrm{T}} \tag{3.54}$$

$$\hat{\boldsymbol{\xi}}_n(k)=[-\hat{w}(k-1),\cdots,-\hat{w}(k-n_a),\hat{e}(k-1),\cdots,\hat{e}(k-n_d)]^{\mathrm{T}} \tag{3.55}$$

$$x_a(k)=\boldsymbol{\xi}_a^{\mathrm{T}}(k)\boldsymbol{\theta}_a(k) \tag{3.56}$$

$$\hat{w}(k)=y_2(k)-x_a(k) \tag{3.57}$$

$$\hat{e}(k)=\hat{w}(k)-\hat{\xi}_n^{\mathrm{T}}(k)\hat{\boldsymbol{\theta}}_{\mathrm{n}}(k) \tag{3.58}$$

$$\boldsymbol{\theta}_a=[\hat{a}_1,\cdots,\hat{a}_{n_a},\hat{b}_1\hat{w}_1,\cdots,\hat{b}_1\hat{w}_N,\cdots,\hat{b}_{n_b}\hat{w}_1,\cdots,\hat{b}_{n_b}\hat{w}_L]^{\mathrm{T}} \tag{3.59}$$

$$\hat{\boldsymbol{\theta}}_n=[\hat{a}_1,\cdots,\hat{a}_{n_a},\hat{d}_1,\cdots,\hat{d}_{n_d}]^{\mathrm{T}} \tag{3.60}$$

自回归滑动平均噪声干扰下 Hammerstein 系统辨识算法具体步骤总结如下。

步骤 1　基于二进制信号 $u_1(k)$ 和相应的输出信号 $y_1(k)$，根据辅助模型递推最小二乘算法得到动态线性模块参数和自回归滑动平均噪声模型的估计 $\hat{\boldsymbol{\theta}}_1=[\hat{a}_1,\cdots,\hat{a}_{n_a},\hat{b}_1,\cdots,\hat{b}_{n_b},\cdots,\hat{d}_1,\cdots,\hat{d}_{n_d}]^{\mathrm{T}}$。

步骤 2　基于随机信号，利用聚类算法得到神经模糊模型的中心 c_l 和宽度 σ_l。

步骤 3　基于随机信号 $u_2(k)$ 和相应的输出 $y_2(k)$，利用辅助模型递推增广最小二乘方法得到 Hammerstein 系统的参数 $\hat{\boldsymbol{\vartheta}}=[\boldsymbol{\theta}_a,\ \hat{\boldsymbol{\theta}}_n]^{\mathrm{T}}$。

步骤 4　基于上述步骤得到神经模糊模型的权重 $\boldsymbol{w}=[w_1,w_2,\cdots,w_L]^{\mathrm{T}}$。

3.2.3　仿真结果

本节采用 pH 过程作为实际非线性过程，如图 3.7 所示，其中，NaOH 表示碱，HCl 表示酸，进入中和槽搅拌中和，利用一台工控机(PC)通过调节盐酸的流量控制中和槽的 pH 值。

pH 过程的机理模型描述如下[10]：

$$\begin{aligned}
&F_{\mathrm{out}}=F_{\mathrm{HCl}}+F_{\mathrm{NaOH}}\\
&V\frac{\mathrm{d}X_{\mathrm{HCl}}}{\mathrm{d}t}=F_{\mathrm{HCl}}C_{0\mathrm{HCl}}-F_{\mathrm{out}}X_{\mathrm{HCl}}\\
&V\frac{\mathrm{d}X_{\mathrm{NaOH}}}{\mathrm{d}t}=F_{\mathrm{NaOH}}C_{0\mathrm{NaOH}}-F_{\mathrm{S}}X_{\mathrm{NaOH}}\\
&\frac{\mathrm{d}Q}{\mathrm{d}t}=\frac{1}{V}(F_{\mathrm{HCl}}X_{\mathrm{HCl}}-F_{\mathrm{NaOH}}X_{\mathrm{NaOH}}-(F_{\mathrm{HCl}}+F_{\mathrm{NaOH}})Q)\\
&Q=10^{-\mathrm{pH}}-\frac{K_W}{10^{-\mathrm{pH}}}
\end{aligned}$$

其中，F 代表流速，X 代表反应物浓度，表 3.2 给出了其他参数含义和标称值。

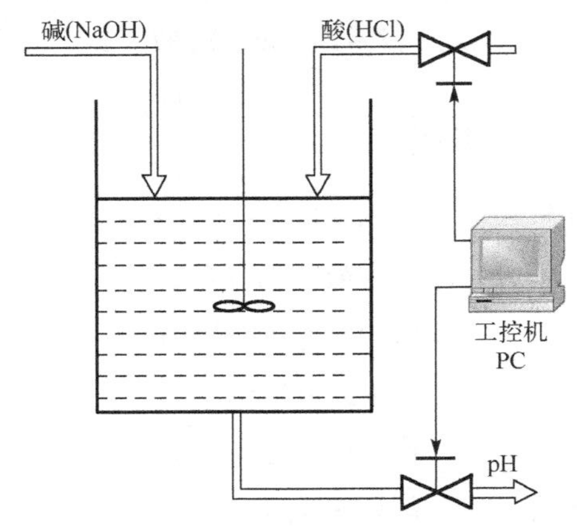

图 3.7　pH 中和过程示意图

表 3.2　pH 过程的参数名称以及标称值

参数	参数含义	参数值
V	体积	2L
X_{HCl}	HCl 浓度	0.001mol/L
X_{NaOH}	NaOH 浓度	0.001mol/L
F_{HCl}	HCl 流量	0.0067L/s
F_{NaOH}	NaOH 流量	0.005L/s
K_W	固定值	10^{-14}
$C_{0\mathrm{HCl}}$	HCl 初始浓度	0.01mol/L
$C_{0\mathrm{NaOH}}$	NaOH 初始浓度	0.1mol/L

定义平均绝对误差(mean absolute error，MAE)：$\mathrm{MAE}=\frac{1}{N}\sum_{k=1}^{N}|(\mathrm{observe}_k-\mathrm{predicte}_k)|$和噪信比：$\delta_{ns}=\sqrt{\frac{\mathrm{var}[w(k)]}{\mathrm{var}[y(k)-w(k)]}}\times 100\%$。为了辨识自回归滑动平均噪声干扰下 Hammerstein 系统，本节采用的组合信号由 200 组二进制信号和 5000 组[−0.5, 0.5]随机信号构成。设置参数：$S_0=0.992$，$\rho=2$ 以及 $\lambda=0.01$，图 3.8 给出了本节提出辨识方法的训练结果图，从图 3.8 中容易看出，本节提出的辨识方法能够取得较好的训练结果。

为了证明本节所提出辨识方法的可行性，比较了基于多项式的 Hammerstein 系统辨识方法[11]、基于滤波的递归最小二乘辨识方法[12]以及我们前期的研究工作[13]。图 3.9 显示了 pH 中和过程中四种 Hammerstein 系统辨识法的参数估计误差。从图 3.9 可以明显看出，与其他三种辨识方法相比，本节所提方法的收敛速度最快，主要在于该方法采用分离辨识技术，避免了文献[11]和文献[12]中出现的参数乘积项的分离，并在每个时刻估计了噪声模型参数，而不是文献[13]中的噪声方差。

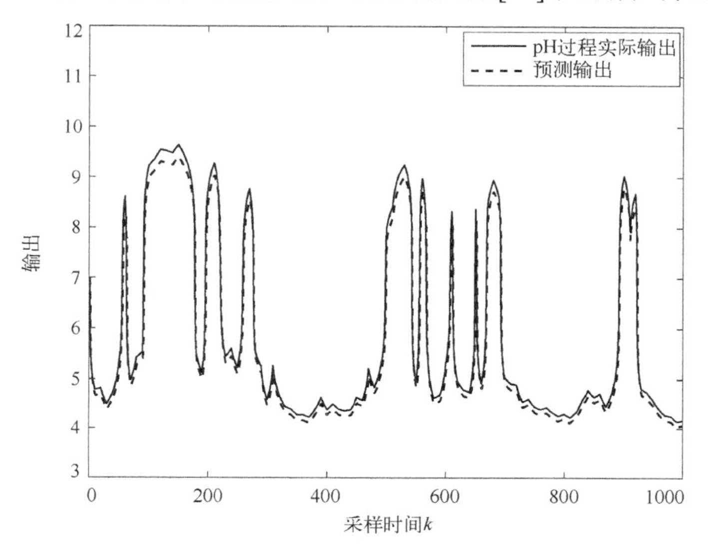

图 3.8　pH 中和过程的训练结果

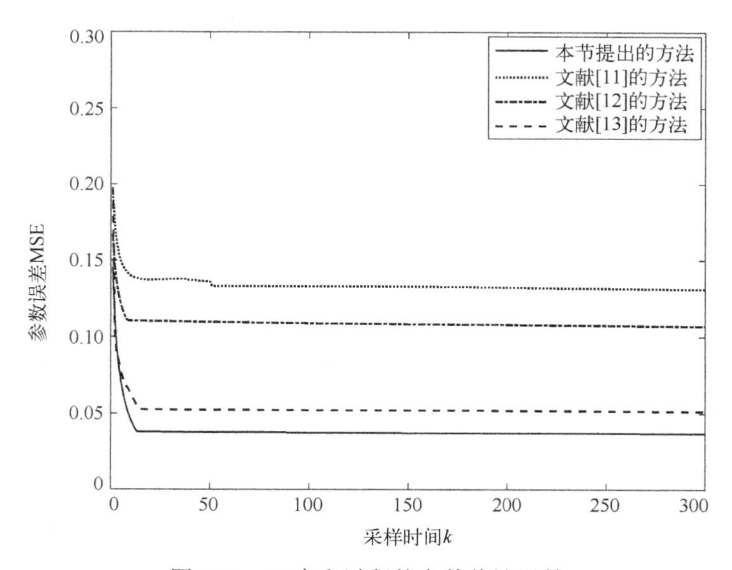

图 3.9　pH 中和过程的参数估计误差

注 3.1　在神经模糊模型参数计算中，选择合适的参数 λ 和 ρ 可以精确地逼近静态非线性模块。λ 越小，ρ 越大，模型误差越小，但收敛速度越慢。因此，参数的选择应该平衡模型误差和收敛速度。

为了进一步验证本节所提辨识方法的有效性，利用随机生成的[−0.5,0.5]测试信号进行预测，设定 $\delta_{ns}=7.13\%$。图 3.10 比较了三种不同辨识方法下得到的 pH 中和过程预测输出。和表 3.3 列出了不同辨识方法下得到 pH 中和过程的预测误差比较。

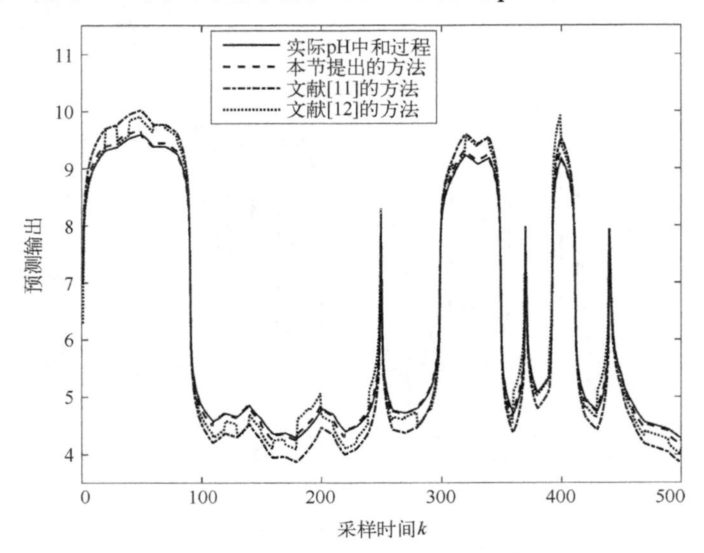

图 3.10　不同辨识方法下 pH 中和过程的预测输出

表 3.3　不同辨识方法下 pH 中和过程的预测误差比较

方法	MSE	MAE
文献[11]的方法	0.1260	0.7785
文献[12]的方法	0.0994	0.4800
本节提出的方法	0.0387	0.0754

从图 3.10 和表 3.3 可以明显看出，本节提出方法的预测精度高于文献[11]和文献[12]的预测精度。因此，本节提出的方法可以有效辨识自回归滑动平均噪声干扰下的实际非线性系统。

3.2.4　小结

本书提出了一种实际非线性过程的辨识方法，即 pH 中和过程辨识。在研究中，pH 中和过程采用自回归滑动平均噪声干扰下的 Hammerstein 系统进行建模，其中，静态非线性模块和动态线性模块分别采用神经模糊模型和 ARX 模型近似。利用所提的辨识方法可以实现 Hammerstein 系统串联模块分离辨识，改善非线性过程的辨识精度。

3.3　滑动平均噪声干扰下 Hammerstein 系统辨识

本节考虑另一类滑动平均噪声的干扰，提出了一种滑动平均噪声干扰下 Hammerstein 系统辨识方法。本节将 3.1 节和 3.2 节中的组合信号进一步拓展为可分离-随机信号，实现 Hammerstein 系统的静态非线性模块与动态线性模块和滑动平均噪声模型的分离辨识。辨识过程分为两个阶段：在第一阶段，基于可分离信号的输入输出数据，利用相关分析技术估计动态线性模块参数，减少了有色噪声对辨识的干扰；在第二阶段，基于随机信号的输入输出数据，在最小二乘算法中引入滤波技术，推导了滤波递推增广最小二乘算法，提高了非线性模块参数和滑动平均噪声模型参数的辨识精度。

3.3.1　滑动平均噪声干扰下 Hammerstein 神经模糊系统

如图 3.11 所示，滑动平均噪声干扰下 Hammerstein 系统输入输出关系如下所示：

$$v(k)=f(u(k)) \tag{3.61}$$

$$y(k)=\frac{B(z)}{A(z)}v(k)+D(z)e(k) \tag{3.62}$$

其中，式中各变量的表示与 3.2.1 节中的变量表示相对应。

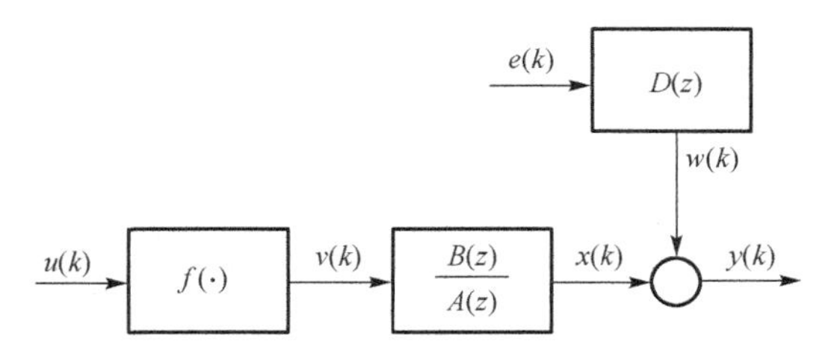

图 3.11　滑动平均噪声干扰下 Hammerstein 系统

对于任意给定的ε，建立 Hammerstein 非线性系统就是要寻求满足如下条件的参数：

$$\begin{aligned}
&E(\hat{f}(u(k)),\hat{a}_1,\cdots,\hat{a}_{n_a},\hat{b}_1,\cdots,\hat{b}_{n_b},\hat{d}_1,\cdots,\hat{d}_{n_d})=\frac{1}{2N_p}\sum_{k=1}^{N_p}\left[\hat{y}(k)-y(k)\right]^2\leqslant\varepsilon \\
&\text{s.t.}\quad \hat{v}(k)=\hat{f}(u(k)) \\
&\qquad \hat{y}(k)=\frac{\hat{B}(z)}{\hat{A}(z)}\hat{v}(k)+\hat{D}(z)e(k)
\end{aligned} \tag{3.63}$$

3.3.2 滑动平均噪声干扰下 Hammerstein 神经模糊系统辨识

1. 动态线性模块辨识

将可分离输入信号 $u_1(k)$ 及其相应的输出 $y_1(k)$ 用于动态线性模块的辨识，基于 2.5 节中的定理 2.2，利用相关分析方法[14]辨识动态线性模块的参数。

根据式(3.61)和式(3.62)，动态线性模块可以描述为

$$y_1(k)=-\sum_{i=1}^{n_a}a_i y_1(k-i)+\sum_{j=1}^{n_b}b_j v_1(k-j)+\sum_{i=1}^{n_a}\sum_{m=1}^{n_d}a_i d_m e(k-i-m) \tag{3.64}$$

式(3.64)两边同时右乘 $u(k-\tau)$，计算数学期望得到

$$R_{y_1u_1}(\tau)=-\sum_{i=1}^{n_a}a_i R_{y_1u_1}(\tau-i)+\sum_{j=1}^{n_b}b_j R_{v_1u_1}(\tau-j)+\sum_{i=1}^{n_a}\sum_{m=1}^{n_d}a_i d_m R_{eu_1}(\tau-i-m) \tag{3.65}$$

由于噪声 $e(k)$ 与输入信号 $u(k)$ 是相互独立的，可以得到 $R_{eu}(\tau)=0$，进一步可以得到

$$R_{y_1u_1}(\tau)=-\sum_{i=1}^{n_a}a_i R_{y_1u_1}(\tau-i)+\sum_{j=1}^{n_b}b_j R_{v_1u_1}(\tau-j) \tag{3.66}$$

根据定理 2.2 和式(3.66)可以得到

$$R_{y_1u_1}(\tau)=-\sum_{i=1}^{n_a}a_i R_{y_1u_1}(\tau-i)+\sum_{j=1}^{n_b}\overline{b}_j R_{u_1}(\tau-j) \tag{3.67}$$

其中，$\overline{b}_j=b_0 b_j$。

设 $\tau=1,2,\cdots,P\ (P\geqslant n_a+n_b)$，式(3.67)可以写成下列回归形式：

$$\boldsymbol{R}=\boldsymbol{\theta}_1\boldsymbol{\psi} \tag{3.68}$$

其中，$\boldsymbol{\psi}=\begin{bmatrix} -R_{y_1u_1}(0) & -R_{y_1u_1}(1) & -R_{y_1u_1}(2) & \cdots & -R_{y_1u_1}(P-1) \\ 0 & -R_{y_1u_1}(0) & -R_{y_1u_1}(1) & \cdots & -R_{y_1u_1}(P-2) \\ \vdots & \vdots & \vdots & & \vdots \\ 0 & 0 & 0 & \cdots & -R_{y_1u_1}(P-n_a) \\ R_{u_1}(0) & R_{u_1}(1) & R_{u_1}(2) & \cdots & R_{u_1}(P-1) \\ 0 & R_{u_1}(0) & R_{u_1}(1) & \cdots & R_{u_1}(P-2) \\ \vdots & \vdots & \vdots & & \vdots \\ 0 & 0 & 0 & \cdots & R_{u_1}(P-n_b) \end{bmatrix}$，$\boldsymbol{\theta}_1=[a_1,a_2,\cdots,a_{n_a},\overline{b}_1,\overline{b}_2,\cdots,\overline{b}_{n_b}]$，$\boldsymbol{R}=[R_{y_1u_1}(1),R_{y_1u_1}(2),\cdots,R_{y_1u_1}(P)]$。

定义准则函数：$J(\boldsymbol{\theta}_1)=\left\|\boldsymbol{R}-\boldsymbol{\theta}_1\boldsymbol{\psi}\right\|^2$，求偏导数得到

$$\begin{aligned}\frac{\partial J(\boldsymbol{\theta}_1)}{\partial\boldsymbol{\theta}_1}&=\frac{\partial\left[(\boldsymbol{R}-\boldsymbol{\theta}_1\boldsymbol{\psi})^{\mathrm{T}}(\boldsymbol{R}-\boldsymbol{\theta}_1\boldsymbol{\psi})\right]}{\partial\boldsymbol{\theta}_1}\\&=\frac{\partial(\boldsymbol{\psi}^{\mathrm{T}}\boldsymbol{\theta}_1^{\mathrm{T}}\boldsymbol{\theta}_1\boldsymbol{\psi}-\boldsymbol{\psi}^{\mathrm{T}}\boldsymbol{\theta}_1^{\mathrm{T}}\boldsymbol{R}-\boldsymbol{R}^{\mathrm{T}}\boldsymbol{\theta}_1\boldsymbol{\psi}+\boldsymbol{R}^{\mathrm{T}}\boldsymbol{R})}{\partial\boldsymbol{\theta}_1}\\&=2\boldsymbol{\theta}_1\boldsymbol{\psi}\boldsymbol{\psi}^{\mathrm{T}}-2\boldsymbol{R}^{\mathrm{T}}\boldsymbol{\theta}_1\end{aligned}\tag{3.69}$$

令 $\dfrac{\partial J(\boldsymbol{\theta}_1)}{\partial\boldsymbol{\theta}_1}=0$，得到 $\boldsymbol{\theta}_1\boldsymbol{\psi}\boldsymbol{\psi}^{\mathrm{T}}=\boldsymbol{R}^{\mathrm{T}}\boldsymbol{\theta}_1$，两边同时右乘 $(\boldsymbol{\psi}\boldsymbol{\psi}^{\mathrm{T}})^{-1}$ 有

$$\boldsymbol{\theta}_1=\boldsymbol{R}\boldsymbol{\psi}^{\mathrm{T}}(\boldsymbol{\psi}\boldsymbol{\psi}^{\mathrm{T}})^{-1}\tag{3.70}$$

2. 静态非线性模块和滑动平均噪声模型辨识

基于随机信号 $u_2(k)$ 及其相应的输出 $y_2(k)$，采用 2.1 节中的聚类算法计算出高斯函数的中心 c_j 和宽度 b_j，在此基础上，利用推导的滤波递推增广最小二乘方法求解神经模糊模型的权重 w_j 和滑动平均噪声模型参数 d_m。

根据式(3.62)得到 $v_2(k)=f(u_2(k))=\sum\limits_{j=1}^{L}\phi_j(u_2(k))w_j$。

为了能够抑制有色噪声的干扰，利用线性滤波器 $\dfrac{1}{D(z)}$ 对系统的输入和输出进行滤波，滤波后的输入 $v_f(k)$ 和滤波后的输出 $y_f(k)$ 表示为

$$v_f(k)=\frac{1}{D(z)}v_2(k)=\sum_{j=1}^{L}w_jU_j(k)\tag{3.71}$$

$$y_f(k)=\frac{1}{D(z)}y_2(k)=y_2(k)-\sum_{i=1}^{n_d}d_iy_f(k-i)\tag{3.72}$$

$$U_j(k)=\frac{1}{D(z)}\phi_j(u_2(k))\tag{3.73}$$

定义滤波后的中间变量 $x_f(k)$：

$$\begin{aligned}x_f(k)=\frac{B(z)}{A(z)}v_f(k)&=-\sum_{i=1}^{n_a}a_ix_f(k-i)+\sum_{h=1}^{n_b}b_hv_f(k)\\&=-\sum_{i=1}^{n_a}a_ix_f(k-i)+\sum_{h=1}^{n_b}\sum_{j=1}^{L}b_hw_jU_j(k)\end{aligned}\tag{3.74}$$

从而得到滤波后的表达式：

$$y_f(k)=x_f(k)+e(k)=-\sum_{i=1}^{n_a}a_ix_f(k-i)+\sum_{h=1}^{n_b}\sum_{j=1}^{L}b_hw_jU_j(k)+e(k)\tag{3.75}$$

根据式(3.75)得到

$$y_f(k)=\boldsymbol{\varphi}_f^{\mathrm{T}}(k)\boldsymbol{\theta}_s+e(k) \tag{3.76}$$

其中，$\boldsymbol{\varphi}_f(k)=[-x_f(k-1),\cdots,-x_f(k-n_a),U_1(k-1),\cdots, U_L(k-1),U_1(k-2),\cdots,U_L(k-n_b)]^{\mathrm{T}}$，$\boldsymbol{\theta}_s=[a_1,\cdots,a_{n_a},b_1w_1,\cdots,b_1w_L,b_2w_1,\cdots,b_2w_L,\cdots,b_{n_b}w_1,\cdots,b_{n_b}w_L]$。

利用式(3.63)得到

$$w(k)=\boldsymbol{\varphi}_n^{\mathrm{T}}(k)\boldsymbol{\theta}_n+e(k) \tag{3.77}$$

其中，$\boldsymbol{\varphi}_n(k)=[e(k-1),\cdots,e(k-n_d)]$，$\boldsymbol{\theta}_n=[d_1,\cdots,d_{n_d}]$。

在式(3.76)中，信息向量$\boldsymbol{\varphi}_f(k)$和噪声向量$\boldsymbol{\varphi}_n(k)$中分别包含了未知项$x_f(k)$和$e(k)$，因此该回归方程无法求解。为解决这一问题，在$k$时刻利用未知项的估计值代替真实值，具体分析如下。

定义噪声向量的估计：

$$\hat{\boldsymbol{\theta}}_n(k)=[\hat{d}_1(k),\cdots,\hat{d}_{n_d}(k)] \tag{3.78}$$

$D(z)$的估计表示为

$$\hat{D}(z)=1+\hat{d}_1(k)z^{-1}+\cdots+\hat{d}_{n_d}(k)z^{-n_d} \tag{3.79}$$

进一步得到

$$\hat{U}_j(k)=\frac{1}{\hat{D}(z)}\phi_j(u_2(k))=-\sum_{i=1}^{n_d}\hat{d}_i(k)\hat{U}_j(k-i)+\phi_j(u_2(k)) \tag{3.80}$$

$$\hat{v}_f(k)=\sum_{j=1}^{N}w_j\hat{U}_j(k) \tag{3.81}$$

$$\begin{aligned}\hat{x}_f(k)&=\frac{B(z)}{A(z)}\hat{v}_f(k)=-\sum_{i=1}^{n_a}a_i\hat{x}_f(k-i)+\sum_{h=1}^{n_b}b_h\hat{v}_f(k)\\&=-\sum_{i=1}^{n_a}a_i\hat{x}_f(k-i)+\sum_{h=1}^{n_b}\sum_{j=1}^{N}b_hw_j\hat{U}_j(k)\end{aligned} \tag{3.82}$$

$$\hat{y}_f(k)=\frac{1}{\hat{D}(z)}y_2(k)=y_2(k)-\sum_{i=1}^{n_d}\hat{d}_i(k)\hat{y}_f(k-i) \tag{3.83}$$

令$\hat{\boldsymbol{\theta}}_s(k)$为$k$时刻$\boldsymbol{\theta}_s$的估计，则$\hat{x}_f(k)$和$\hat{x}(k)$表示为

$$\hat{x}_f(k)=\hat{\boldsymbol{\varphi}}_f^{\mathrm{T}}(k)\hat{\boldsymbol{\theta}}_s(k) \tag{3.84}$$

$$\hat{x}(k)=\hat{\boldsymbol{\varphi}}_s^{\mathrm{T}}(k)\hat{\boldsymbol{\theta}}_s(k) \tag{3.85}$$

其中，$\hat{\boldsymbol{\varphi}}_f(k)=[-\hat{x}_f(k-1),\cdots,-\hat{x}_f(k-n_a),\hat{U}_1(k-1),\cdots,\hat{U}_L(k-1),\hat{U}_1(k-2),\cdots,\hat{U}_L(k-n_b)]^{\mathrm{T}}$，

$\hat{\boldsymbol{\varphi}}_s(k)=[-\hat{x}(k-1),\cdots,-\hat{x}(k-n_a),\phi_1(u_2(k-1)),\cdots,\phi_L(u_2(k-1)),\cdots,\phi_L(u_2(k-n_b))]^{\mathrm{T}}$ 。

因此

$$\hat{e}(k)=\hat{y}_f(k)-\hat{\boldsymbol{\varphi}}_f^{\mathrm{T}}(k)\hat{\boldsymbol{\theta}}_s(k) \tag{3.86}$$

$$\hat{w}(k)=y_2(k)-\hat{\boldsymbol{\varphi}}_s^{\mathrm{T}}(k)\hat{\boldsymbol{\theta}}_s(k) \tag{3.87}$$

根据上述分析，基于数据滤波的递推增广最小二乘算法推导如下：

$$\hat{\boldsymbol{\theta}}_s(k)=\hat{\boldsymbol{\theta}}_s(k-1)+\boldsymbol{L}_1(k)[\hat{y}_f(k)-\hat{\boldsymbol{\varphi}}_f^{\mathrm{T}}(k)\hat{\boldsymbol{\theta}}_s(k-1)] \tag{3.88}$$

$$\boldsymbol{L}_1(k)=\frac{\boldsymbol{P}_1(k-1)\hat{\boldsymbol{\varphi}}_f(k)}{1+\hat{\boldsymbol{\varphi}}_f^{\mathrm{T}}(k)\boldsymbol{P}_1(k-1)\hat{\boldsymbol{\varphi}}_f(k)} \tag{3.89}$$

$$\boldsymbol{P}_1(k)=[\boldsymbol{I}-\boldsymbol{L}_1(k)\hat{\boldsymbol{\varphi}}_f(k)]\boldsymbol{P}_1(k-1) \tag{3.90}$$

$$\hat{\boldsymbol{\varphi}}_f(k)=[-\hat{x}_f(k-1),\cdots,-\hat{x}_f(k-n_a),\hat{U}_1(k-1),\cdots,\hat{U}_L(k-1),\hat{U}_1(k-2),\cdots,\hat{U}_L(k-n_b)]^{\mathrm{T}} \tag{3.91}$$

$$\hat{y}_f(k)=y_2(k)-\sum_{i=1}^{n_d}\hat{d}_i(k)\hat{y}_f(k-i) \tag{3.92}$$

$$\hat{U}_j(k)=-\sum_{i=1}^{n_d}\hat{d}_i(k)\hat{U}_j(k-i)+\phi_j(u_2(k)) \tag{3.93}$$

$$\hat{x}_f(k)=\hat{\boldsymbol{\varphi}}_f^{\mathrm{T}}(k)\hat{\boldsymbol{\theta}}_s(k) \tag{3.94}$$

$$\hat{\boldsymbol{\theta}}_n(k)=\hat{\boldsymbol{\theta}}_n(k-1)+\boldsymbol{L}_2(k)(\hat{w}(k)-\hat{\boldsymbol{\varphi}}_n^{\mathrm{T}}(k)\hat{\boldsymbol{\theta}}_n(k-1)) \tag{3.95}$$

$$\boldsymbol{L}_2(k)=\frac{\boldsymbol{P}_2(k-1)\hat{\boldsymbol{\varphi}}_n(k)}{1+\hat{\boldsymbol{\varphi}}_n^{\mathrm{T}}(k)\boldsymbol{P}_2(k-1)\hat{\boldsymbol{\varphi}}_n(k)} \tag{3.96}$$

$$\boldsymbol{P}_2(k)=[\boldsymbol{I}-\boldsymbol{L}_2(k)\hat{\boldsymbol{\varphi}}_n(k)]\boldsymbol{P}_2(k-1) \tag{3.97}$$

$$\hat{\boldsymbol{\varphi}}_s(k)=[-\hat{x}(k-1),\cdots,-\hat{x}(k-n_a),\phi_1\left(u_2(k-1)\right),\cdots,\phi_L\left(u_2(k-1)\right),\cdots,\phi_L(u_2(k-n_b))]^{\mathrm{T}} \tag{3.98}$$

$$\hat{\boldsymbol{\varphi}}_n=[\hat{e}(k-1),\cdots,\hat{e}(k-n_d)]^{\mathrm{T}} \tag{3.99}$$

$$\hat{w}(k)=y_2(k)-\hat{\boldsymbol{\varphi}}_s^{\mathrm{T}}(k)\hat{\boldsymbol{\theta}}_s(k) \tag{3.100}$$

$$\hat{x}_2(k)=\hat{\boldsymbol{\varphi}}_s^{\mathrm{T}}(k)\hat{\boldsymbol{\theta}}_s(k) \tag{3.101}$$

$$\hat{e}(k)=\hat{y}_f(k)-\hat{\boldsymbol{\varphi}}_f^{\mathrm{T}}(k)\hat{\boldsymbol{\theta}}_s(k) \tag{3.102}$$

$$\hat{\boldsymbol{\theta}}_s(k)=[\hat{a}_1(k),\cdots,\hat{a}_{n_a}(k),\hat{b}_1\hat{w}_1(k),\cdots,\hat{b}_1\hat{w}_L(k),\hat{b}_2\hat{w}_1(k),\cdots,\ \hat{b}_{n_b}\hat{w}_1(k),\cdots,\hat{b}_{n_b}\hat{w}_L(k)]^{\mathrm{T}} \tag{3.103}$$

$$\hat{\boldsymbol{\theta}}_n(k)=[\hat{d}_1(k),\cdots,\hat{d}_{n_d}(k)]^{\mathrm{T}} \tag{3.104}$$

3.3.3　仿真结果

为了说明本节提出辨识方法的有效性，将提出的方法运用到滑动平均噪声干扰下 Hammerstein 系统中。考虑如下 Hammerstein 非线性系统：

$$v(k)=\begin{cases}\tan(2u(k)), & u(k)\leqslant 1.5\\ -\dfrac{\exp(u(k))-1}{\exp(u(k))+1}, & u(k)>1.5\end{cases}$$

$$y(k)=\frac{0.6z^{-1}}{1-0.8z^{-1}}v(k)+w(k)$$

$$w(k)=(1+0.8z^{-1})e(k)$$

定义信噪比(signal-to-noise ratios，SNR)为 $\mathrm{SNR}=10\lg\left(\dfrac{P_{\text{signal}}}{P_{\text{noise}}}\right)(\mathrm{dB})$， k 时刻的参数辨识误差 $\delta=\|\hat{\theta}_1(k)-\theta_1\|/\|\theta_1\|$。本节运用高斯信号和随机信号组成的组合信号辨识 Hammerstein 系统，其中，高斯信号的均值为 0、方差为 0.5，随机信号的区间为[0, 4]。

首先，基于 5000 组高斯信号输入输出数据，利用相关性分析法对动态线性块参数进行辨识。图 3.12 和图 3.13 分别给出了参数 a 和 b 在不同 SNR 的参数辨识结果。图 3.14 列出了相关性分析方法和最小二乘法在不同 SNR 下的参数辨识误差。

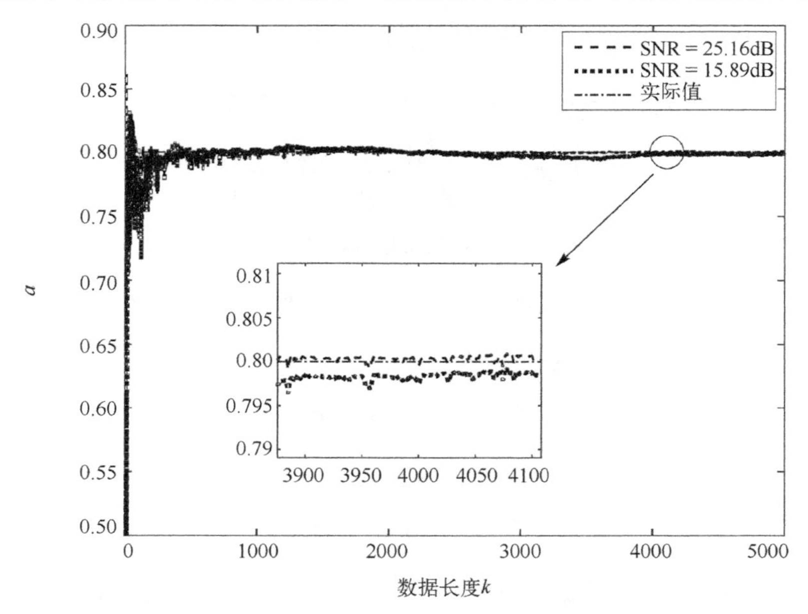

图 3.12　不同 SNR 下参数 a 的估计结果

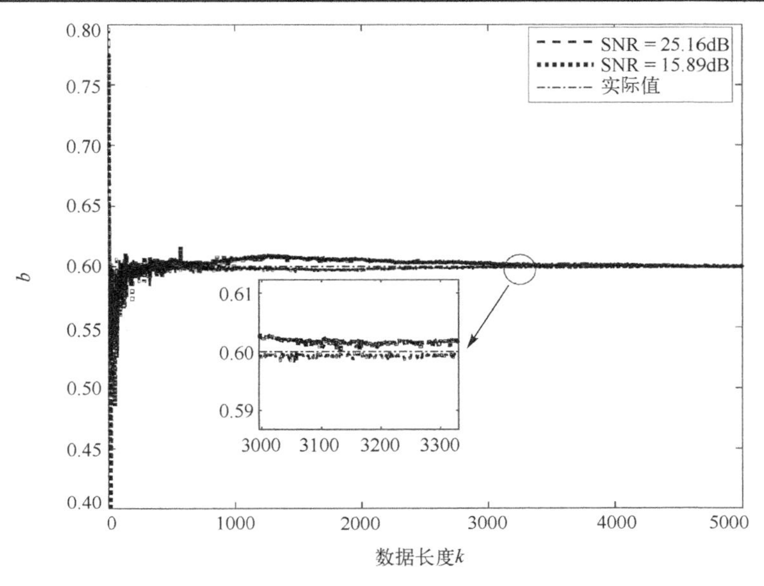

图 3.13　不同 SNR 下参数 b 的估计结果

从图 3.12 和图 3.13 可以看出，在不同 SNR 下相关性分析法能够有效辨识线性模块的参数。从图 3.14 中容易看出，针对有色噪声的干扰，与最小二乘辨识相比，相关分析法能够获得更高的辨识精度，且随着信噪比增加，相关分析法的效果更加明显。相关分析法利用输入输出变量之间的互协方差函数和输入变量的自协方差函数来辨识系统的未知参数，由于系统输入和噪声相互独立，得到 $R_{eu}(\tau)=0$，因此有效抑制噪声的干扰，从而提高了参数辨识精度。

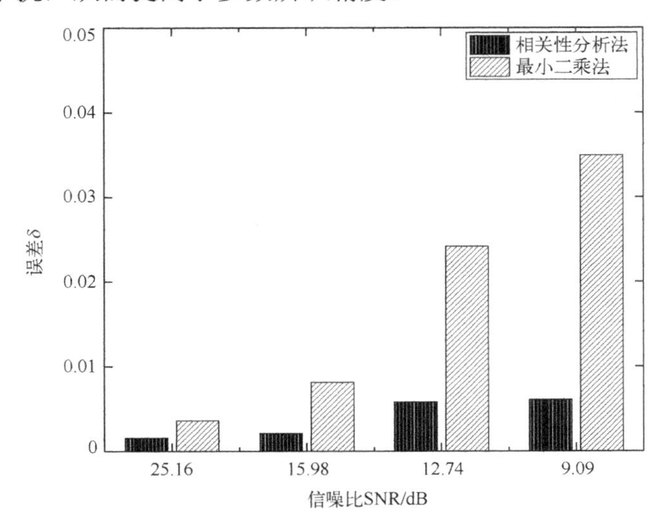

图 3.14　不同 SNR 下相关分析法和递推最小二乘误差比较

其次，利用随机信号的输入输出数据和本节推导的方法辨识神经模糊模型的参数和滑动平均噪声的参数。设置参数：$S_0 = 0.991$，$\rho = 2.0$ 和 $\lambda = 0.01$。图 3.15 给出了两种建模方法下静态非线性模块的拟合结果。图 3.16 给出了滑动平均噪声的参数估计。

从图 3.15 可以看出，针对滑动平均噪声的干扰，本节提出的方法能够有效估计神经模糊模型，与多项式模型相比，具有更高的辨识精度。

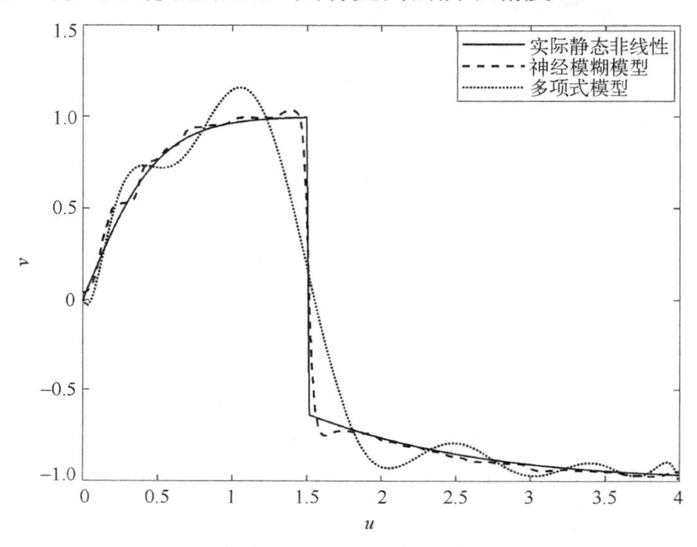

图 3.15　两种建模方法下静态非线性模块的拟合结果

注 3.2　全局逼近理论表明，如果模糊规则数足够大，那么模型逼近误差可以任意小。尽管更多的模糊规则能够产生较小的模型逼近误差，但是通常以模型的泛化能力为代价。因此，在选择模糊规则数时应综合考虑模型的训练误差和测试误差。表 3.4 给出了不同模糊规则下神经模糊模型拟合静态非线性模块的训练误差和测试误差，可见选取 25 个模糊规则时可得到较小的训练误差和测试误差。

表 3.4　神经模糊模型的训练和测试误差

模糊规则数	MSE（训练）	MSE（测试）
19	9.6×10^{-3}	2.17×10^{-2}
23	4.2×10^{-3}	5.9×10^{-3}
25	3.7×10^{-3}	5.1×10^{-3}
33	6.2×10^{-3}	8.0×10^{-3}
43	7.4×10^{-3}	1.13×10^{-2}
61	6.9×10^{-3}	9.4×10^{-3}

注 3.3　参数 S_0 为设定的阈值，S_0 越大，神经模糊模型的模糊规则数越多，其逼近能力越强，反之越弱，选择 S_0 的值时应遵循从大到小的原则。λ 为聚类中心的调整率，λ 越大，聚类中心更新的幅度就越大，反之越小。如果 λ 过大，将会破坏已有的分类，影响拟合精度，因此 λ 的值应遵循从小到大的原则，且不宜选择过大。ρ 用来评价模型对非线性函数的拟合效果，对于连续非线性系统，ρ 选择较小值能够取得较好的拟合结果，对于严重非线性或者不连续系统，ρ 选择较大值能够取得较好的拟合结果。

从图 3.16 容易看出，数据滤波技术能够有效改善系统参数的估计精度，随着数据长度的增加，估计值逐渐趋于稳定。

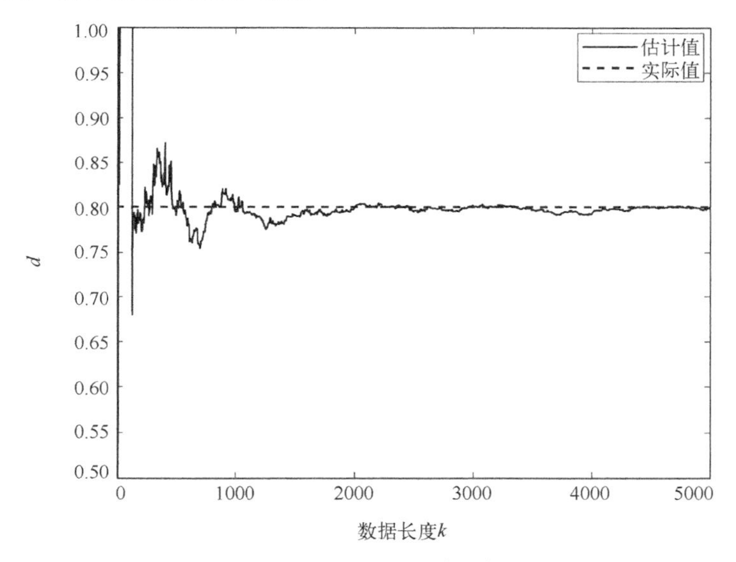

图 3.16　滑动平均噪声的参数估计

3.3.4　小结

本节提出了滑动平均噪声干扰下 Hammerstein 系统辨识方法。针对滑动平均噪声干扰，利用线性滤波器对 Hammerstein 系统的输入和输出数据进行滤波，推导了基于数据滤波的递推增广最小二乘算法，在每次递推辨识过程中利用噪声估计值能够有效抑制噪声的干扰。值得注意的是，这种数据滤波方法只改变滑动平均噪声对系统的影响，而不能改变系统本身的结构。

3.4　基于组合信号的有色噪声干扰下 Hammerstein 系统辨识

本节考虑了 3.2 中的自回归滑动平均噪声干扰下 Hammerstein 系统，将 3.2 节中的组合信号进一步拓展为可分离-随机信号，并提出了输出测量噪声干扰下 Hammerstein

系统辨识方法。首先，基于可分离信号的输入输出数据，采用相关性分析方法估计动态线性模块的参数，有效抑制噪声的干扰。其次，针对 Hammerstein 辨识系统中的不可测噪声项，利用残差的估计值代替不可测变量，推导了递推增广最小二乘辨识方法，根据随机信号的输入输出数据辨识静态非线性模块和自回归滑动平均噪声模型的参数。

3.4.1 有色噪声干扰下 Hammerstein 系统多信号源辨识

本节考虑的有色噪声干扰下 Hammerstein 系统辨识如图 3.5 所示，即自回归滑动平均噪声干扰下 Hammerstein 系统。

1. 动态线性模块辨识

将可分离输入信号 $u_1(k)$ 及其相应的输出 $y_1(k)$ 用于动态线性模块的辨识，基于 2.5 节中的定理 2.2，利用 3.3.2 节中提出的相关分析方法辨识动态线性模块的参数。

$$\boldsymbol{\theta}_1 = \boldsymbol{R}\boldsymbol{\psi}^{\mathrm{T}}(\boldsymbol{\psi}\boldsymbol{\psi}^{\mathrm{T}})^{-1} \tag{3.105}$$

其中，$\boldsymbol{\psi} = \begin{bmatrix} -R_{y_1u_1}(0) & -R_{y_1u_1}(1) & -R_{y_1u_1}(2) & \cdots & -R_{y_1u_1}(P-1) \\ 0 & -R_{y_1u_1}(0) & -R_{y_1u_1}(1) & \cdots & -R_{y_1u_1}(P-2) \\ \vdots & \vdots & \vdots & & \vdots \\ 0 & 0 & 0 & \cdots & -R_{y_1u_1}(P-n_a) \\ R_{u_1}(0) & R_{u_1}(1) & R_{u_1}(2) & \cdots & R_{u_1}(P-1) \\ 0 & R_{u_1}(0) & R_{u_1}(1) & \cdots & R_{u_1}(P-2) \\ \vdots & \vdots & \vdots & & \vdots \\ 0 & 0 & 0 & \cdots & R_{u_1}(P-n_b) \end{bmatrix}$，$\boldsymbol{\theta}_1 = [a_1, a_2, \cdots, a_{n_a}, \bar{b}_1, \bar{b}_2, \cdots, \bar{b}_{n_b}]$，$\boldsymbol{R} = [R_{y_1u_1}(1), R_{y_1u_1}(2), \cdots, R_{y_1u_1}(P)]$。

2. 静态非线性模块和噪声模型辨识

基于随机信号 $u_2(k)$ 及其相应的输出 $y_2(k)$，采用 2.1 节中的聚类算法计算出高斯函数的中心 c_l 和宽度 b_l，在此基础上，利用递推增广最小二乘方法估计神经模糊模型的权重 w_l 和噪声模型参数 d_m。

根据图 3.5 可知，Hammerstein 系统的输出表示为

$$\begin{aligned} y_2(k) &= \frac{B(z)}{A(z)}\sum_{l=1}^{L}\phi_l\left(u_2(k)\right)w_l + \frac{D(z)}{A(z)}e(k) \\ &= -\sum_{i=1}^{n_a} a_i y(k-i) + \sum_{j=1}^{n_b}\sum_{l=1}^{L} b_j \phi_l(u_2(k))w_l + \sum_{m=1}^{n_d} d_m e(k-m) + e(k) \end{aligned} \tag{3.106}$$

将式(3.106)改写成回归形式：

$$y_2(k)=\boldsymbol{\varphi}(k)^{\mathrm{T}}\boldsymbol{\theta}_2+e(k) \tag{3.107}$$

其中，信息向量 $\boldsymbol{\varphi}(k)=[-y(k-1),\cdots,-y(k-n_a),\phi_1(u_2(k-1)),\cdots,\phi_L(u_2(k-1)),\cdots,\phi_1(u_2(k-n_b)),\cdots,\phi_L(u_2(k-n_b)),e(k-1),\cdots,e(k-n_d)]^{\mathrm{T}}$，参数向量 $\boldsymbol{\theta}_2=[a_1,\cdots,a_{n_a},b_1w_1,\cdots,b_1w_L,\cdots,b_{n_b}w_1,\cdots,b_{n_b}w_L,d_1,\cdots,d_{n_d}]^{\mathrm{T}}$。

由式(3.107)可知，Hammerstein 的辨识系统中包含不可测噪声项 $e(k-i)$，采用标准最小二乘方法估计系统参数是有偏的。为了改善系统的辨识精度，将不可测的噪声项 $e(k-i)$ 用估计的残差 $\hat{e}(k-i)$ 代替，从而得到参数向量 $\boldsymbol{\theta}_2$ 的估计 $\hat{\boldsymbol{\theta}}_2$。

基于上述分析，得到下列递推增广最小二乘估计方法：

$$\hat{\boldsymbol{\theta}}_2(k)=\hat{\boldsymbol{\theta}}_2(k-1)+\boldsymbol{L}(k)[y_2(k)-\hat{\boldsymbol{\varphi}}^{\mathrm{T}}(k)\hat{\boldsymbol{\theta}}_2(k-1)] \tag{3.108}$$

$$\boldsymbol{L}(k)=\frac{\boldsymbol{P}(k-1)\hat{\boldsymbol{\varphi}}(k)}{1+\hat{\boldsymbol{\varphi}}^{\mathrm{T}}(k)\boldsymbol{P}(k-1)\hat{\boldsymbol{\varphi}}(k)} \tag{3.109}$$

$$\boldsymbol{P}(k)=[\boldsymbol{I}-\boldsymbol{L}(k)\hat{\boldsymbol{\varphi}}(k)]\boldsymbol{P}(k-1) \tag{3.110}$$

$$\hat{e}(k)=y(k)-\hat{\boldsymbol{\varphi}}^{\mathrm{T}}(k)\hat{\boldsymbol{\theta}}_2(k) \tag{3.111}$$

$$\hat{\boldsymbol{\theta}}_2=[\hat{a}_1,\cdots,\hat{a}_{n_a},\hat{b}_1\hat{w}_1,\cdots,\hat{b}_1\hat{w}_L,\cdots,\hat{b}_{n_b}\hat{w}_1,\cdots,\hat{b}_{n_b}\hat{w}_L,\hat{d}_1,\cdots,\hat{d}_{n_d}]^{\mathrm{T}} \tag{3.112}$$

$$\begin{aligned}\hat{\boldsymbol{\varphi}}(k)=[&-y(k-1),\cdots,-y(k-n_a),\phi_1(u_2(k-1)),\cdots,\phi_L(u_2(k-1)),\cdots,\\&\phi_1(u_2(k-n_b))\cdots,\phi_L(u_2(k-n_b)),\hat{e}(k-1),\cdots,\hat{e}(k-n_d)]^{\mathrm{T}}\end{aligned} \tag{3.113}$$

3.4.2 仿真结果

(1)考虑如下自回归滑动平均噪声干扰下 Hammerstein 系统：

$$v(k)=2-\cos(3u(k))-\exp(-abs(u(k)))$$

$$y(k)=\frac{0.6z^{-1}}{1-0.8z^{-1}}v(k)+\frac{1+0.3z^{-1}}{1-0.8z^{-1}}e(k)$$

本节设计的组合信号源由 5000 组幅值为 0 或 3 的二进制信号和 5000 组区间为[0, 4]的随机信号组成。使用 3.2.3 节中定义的噪信比 δ_{ns} 和 3.3.3 节中的参数估计误差 δ。

首先，根据二进制信号的输入输出数据，采用相关性分析方法辨识线性模块的参数。表 3.5 列出了不同噪信比下提出的方法与最小二乘方法的参数辨识结果对比，图 3.17 给出了不同噪信比下动态线性模块的参数估计误差。由表 3.5 和图 3.17 可以看出，在不同噪信比下，相关性分析方法相对于最小二乘方法均有更高的辨识精度。当噪信比大于 10.55%时，两种方法的误差结果更为明显。

表 3.5　不同噪信比下两种辨识方法的参数估计结果 1

δ_{ns} /%	k	相关性分析方法		最小二乘方法	
		$\hat{a}$	$\hat{b}$	$\hat{a}$	$\hat{b}$
$\delta_{ns}=5.29$	1000	0.8006	0.6004	0.8019	0.5990
	2000	0.7988	0.5995	0.8020	0.5988
	3000	0.7996	0.5997	0.8018	0.6005
	4000	0.7997	0.5985	0.8023	0.6001
	5000	0.8005	0.5996	0.8021	0.6001
$\delta_{ns}=20.57$	1000	0.8032	0.6102	0.8110	0.6020
	2000	0.8035	0.6059	0.8097	0.5973
	3000	0.8020	0.6031	0.8108	0.6000
	4000	0.8010	0.6033	0.8107	0.5979
	5000	0.8015	0.6031	0.8117	0.5962
实际值		0.8	0.6	0.8	0.6

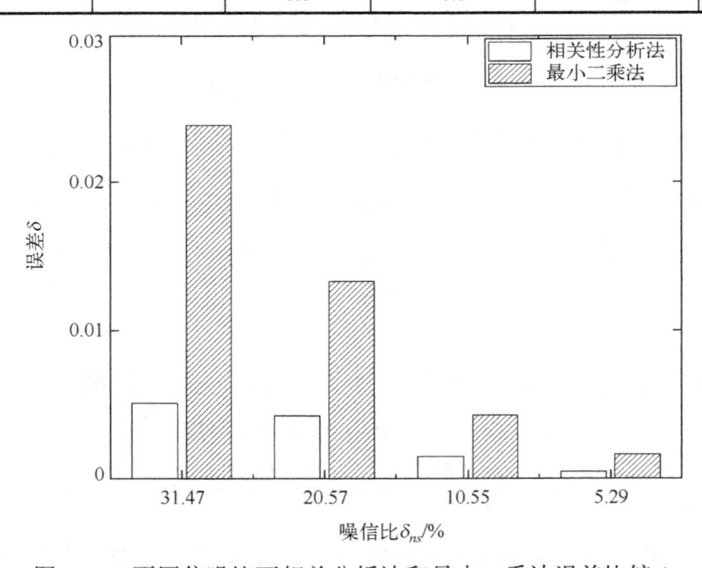

图 3.17　不同信噪比下相关分析法和最小二乘法误差比较 1

其次，利用随机信号的输入输出数据辨识非线性模块和噪声模块的参数，设置参数 $S_0=0.945$，$\rho=1.0$ 和 $\lambda=0.01$。图 3.18 给出了三种不同模型下静态非线性模块的拟合结果，表 3.6 显示了不同模型下的 MSE 和 ME 比较，图 3.19 给出了噪声模型的参数估计曲线。从图 3.18 和表 3.6 可以看出，神经模糊模型拟合静态非线性模块的效果最佳。由图 3.19 看出，有色噪声模型参数当数据长度达到 1000 时，参数的估计值接近实际值，且随着数据长度增加，参数的估计值趋于稳定。

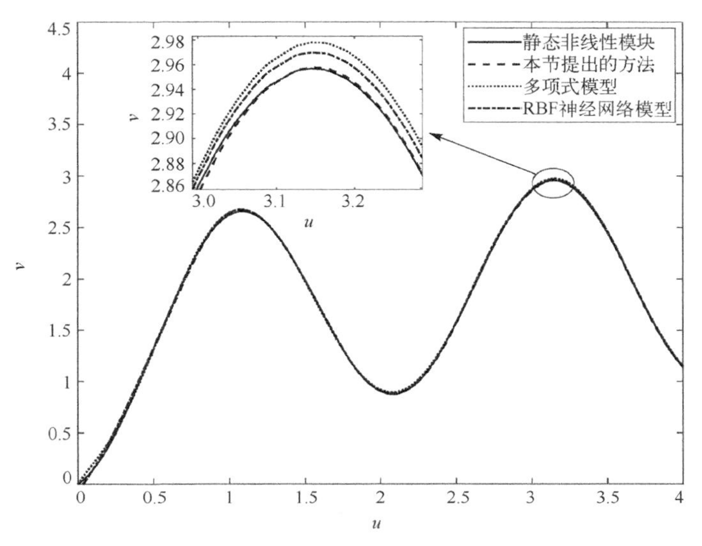

图 3.18　不同模型下非线性模块的拟合结果 1

表 3.6　不同模型的 MSE 和 ME 比较 1

方法		MSE	ME
多项式模型	$r=9$	2.9×10^{-3}	0.3546
	$r=10$	5.2×10^{-4}	0.1279
	$r=11$	4.2×10^{-4}	0.1349
	$r=12$	3.5×10^{-3}	0.5394
RBF 神经网络模型		3.7×10^{-4}	0.1745
本节提出的方法		3.0071×10^{-4}	0.0960

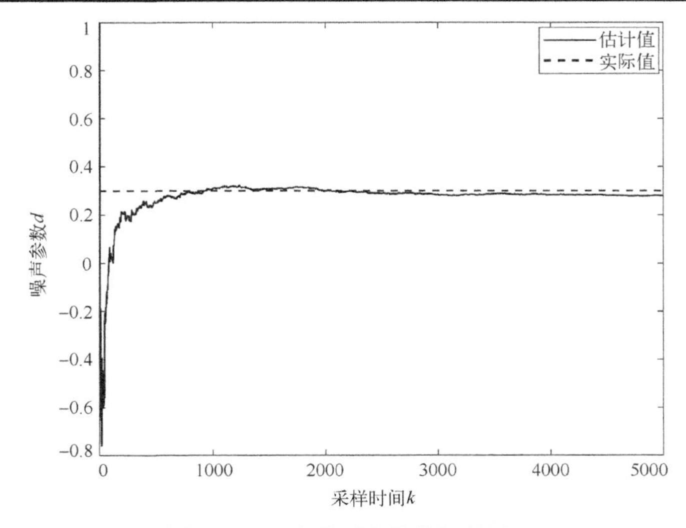

图 3.19　噪声模型参数辨识结果 1

(2)考虑更为复杂的一类 Hammerstein 系统，其静态非线性模块是一个复杂的分段不连续非线性函数，如下所示：

$$v(k)=\begin{cases}\tanh(2u(k)), & u(k)<1.5\\ -\dfrac{\exp(u(k))-1}{\exp(u(k))+1}, & u(k)\geqslant 1.5\end{cases}$$

$$y(k)=\frac{0.6z^{-1}}{1-0.8z^{-1}}v(k)+\frac{1+0.4z^{-1}}{1-0.8z^{-1}}e(k)$$

组合信号由 5000 组幅值为 0 或 3 的二进制信号和 5000 组区间为[0, 4]的随机信号组成。

首先，根据二进制信号的输入输出数据，采用相关性分析方法辨识线性模块的参数。表 3.7 列出了不同噪信比下两种辨识方法的参数估计结果。图 3.20 给出了不同噪信比下相关分析法和最小二乘法误差比较。

表 3.7　不同噪信比下两种辨识方法的参数估计结果 2

δ_{ns} /%	k	相关性分析方法		最小二乘法	
		$\hat{a}$	$\hat{b}$	$\hat{a}$	$\hat{b}$
$\delta_{ns}=5.05$	1000	0.8025	0.6059	0.8029	0.6065
	2000	0.7986	0.6068	0.8021	0.6067
	3000	0.7993	0.6014	0.8016	0.6048
	4000	0.7991	0.6007	0.8025	0.6015
	5000	0.8003	0.6002	0.8006	0.6008
$\delta_{ns}=20.76$	1000	0.7947	0.6185	0.8632	0.6234
	2000	0.8168	0.6119	0.8619	0.6112
	3000	0.8045	0.6055	0.8617	0.6071
	4000	0.8072	0.6081	0.8630	0.6082
	5000	0.8031	0.6025	0.8614	0.6082
实际值		0.8	0.6	0.8	0.6

根据表 3.7 和图 3.20，在不同噪信比下，相关性分析方法相对于最小二乘方法均有更高的辨识精度。

其次，设置参数：$S_0=0.9949$，$\rho=2.0$ 和 $\lambda=0.01$。图 3.21 给出了三种不同模型下静态非线性模块的拟合结果，表 3.8 显示了不同模型下的 MSE 和 ME 比较，图 3.22 给出了噪声模型的参数估计曲线。

从图 3.21 和表 3.8 中可以看出，神经模糊模型拟合静态非线性模块的效果最佳。由图 3.22 可以看出，当数据长度达到 2000 时，噪声模型参数的估计值接近实际值，且随着数据长度增加，参数的估计值趋于稳定。

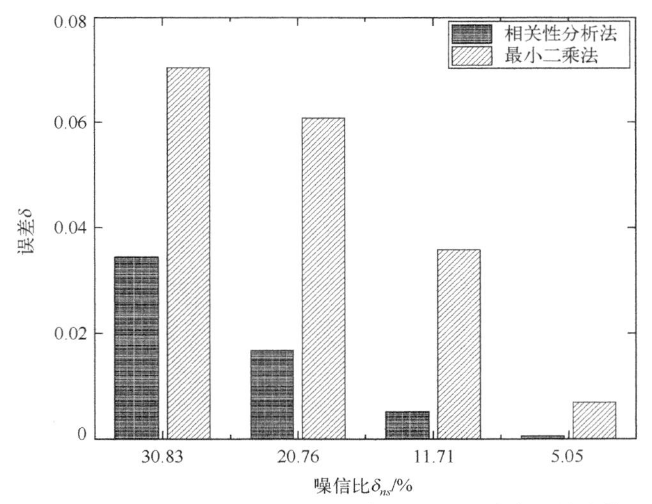

图 3.20　不同噪信比下相关分析法和最小二乘法误差比较 2

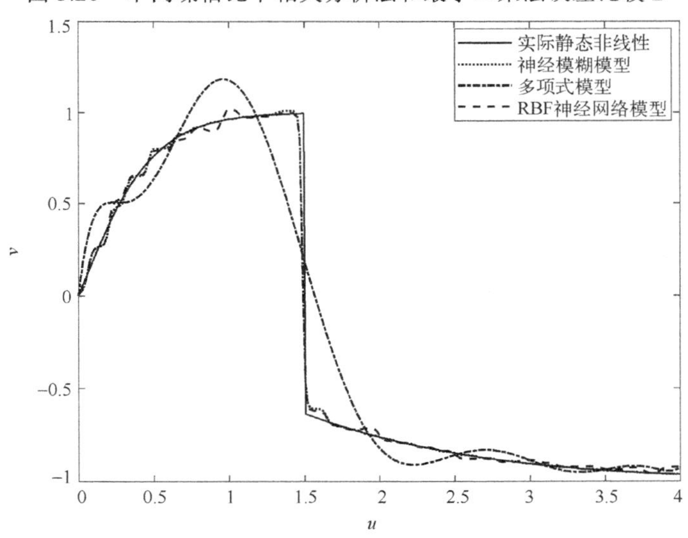

图 3.21　不同模型下非线性模块的拟合结果 2

表 3.8　不同模型的 MSE 和 ME 比较 2

方法	阶次	MSE	ME
多项式模型	$r=8$	4.2×10^{-2}	0.8620
	$r=9$	3.9×10^{-2}	0.8543
	$r=10$	3.5×10^{-2}	0.8079
	$r=11$	2.3×10^{-1}	2.8219
RBF 神经网络模型		8.4×10^{-3}	0.4845
神经模糊模型		3.4691×10^{-3}	0.2101

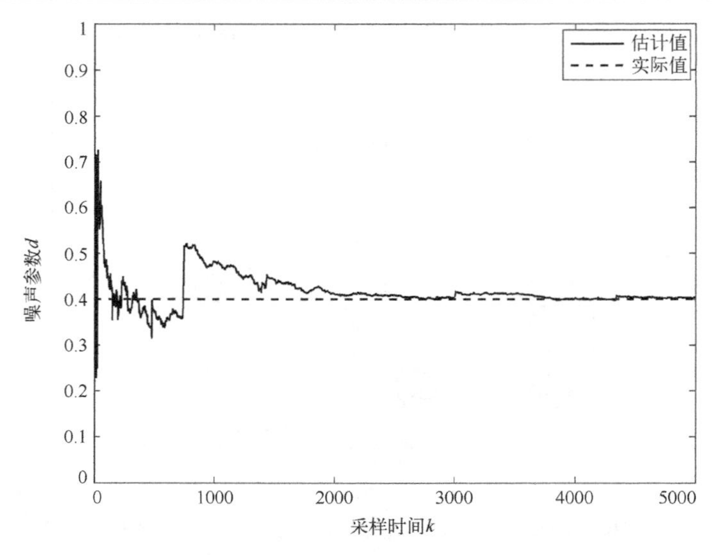

图 3.22　噪声模型参数辨识结果 2

3.4.3　小结

本节提出了自回归滑动平均噪声干扰下 Hammerstein 系统的辨识。利用设计的组合信号分离 Hammerstein 系统两个模块的分离辨识，利用相关性方法抑制了自回归滑动平均噪声对线性模块辨识的影响。此外，采用神经模糊模型拟合 Hammerstein 系统的静态非线性模块，避免采用多项式模型逼近静态非线性模块的限制。仿真结果表明，本节提出的两阶段辨识方法能够有效辨识自回归滑动平均噪声干扰下的 Hammerstein 系统。

3.5　自回归滑动平均噪声干扰下 Hammerstein 系统辨识及收敛性分析

本节考虑了 3.2 节和 3.4 节中的自回归滑动平均噪声干扰下 Hammerstein 系统，提出了自回归滑动平均噪声干扰下的 Hammerstein 系统多信号源辨识方法。首先，基于可分离信号的输入和输出，采用相关性分析法辨识动态线性模块的参数。其次，采用多新息增广随机梯度算法估计静态非线性模块和噪声模型的参数。最后，根据随机鞅理论证明了在持续激励条件下系统参数的估计值一致收敛到真实值。

3.5.1　自回归滑动平均噪声干扰下 Hammerstein 系统分离辨识

本节考虑如图 3.5 所示的自回归滑动平均噪声干扰下 Hammerstein 系统，其辨识结构图如图 3.23 所示。

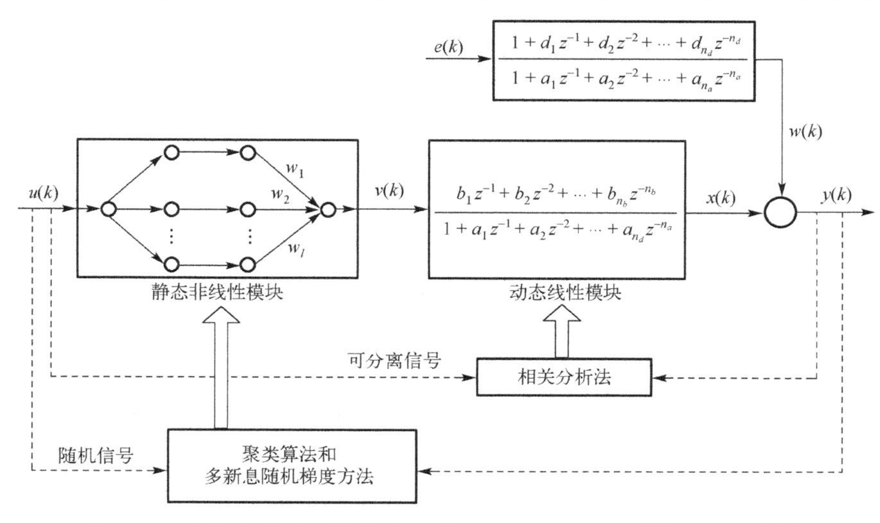

图 3.23　自回归滑动平均噪声干扰下 Hammerstein 系统辨识结构图

1. 动态线性模块辨识

基于可分离输入信号及其相应的输出，利用 3.3.2 节中的相关分析方法辨识动态线性模块的参数，详细辨识过程参照 3.3.2 节的描述。

2. 静态非线性模块和噪声模型辨识

本节的目标是在随机信号激励下，估计静态非线性模块和噪声模型的参数。首先，利用 2.1 节中的聚类算法估计神经模糊的中心 c_l 和宽度 σ_l。然而，关键问题是求解神经模糊模型的权重 w_l 和噪声模型参数 d_m。

根据图 3.23 得到

$$y(k)=-\sum_{i=1}^{n_a}a_iy(k-i)+\sum_{j=1}^{n_b}\sum_{l=1}^{L}b_j\phi_l\big(u(k)\big)w_l+\sum_{m=1}^{n_d}d_me(k-m)+e(k)\tag{3.114}$$

为了简单起见，将式(3.114)写成回归形式：

$$y(k)=\boldsymbol{\varphi}^{\mathrm{T}}(k)\boldsymbol{\theta}+e(k)\tag{3.115}$$

其中，$\boldsymbol{\theta}=[\boldsymbol{\theta}_s,\boldsymbol{\theta}_e]^{\mathrm{T}}\in\mathbf{R}^n$, $n=n_a+L\times n_b+n_d$，$\boldsymbol{\theta}_e=[d_1,d_2,\cdots,d_{n_d}]^{\mathrm{T}}\in\mathbf{R}^{n_d}$，$\boldsymbol{\theta}_s=[a_1,\cdots,a_{n_a},b_1w_1,\cdots,b_1w_L,\cdots,b_{n_b}w_1,\cdots,b_{n_b}w_L]^{\mathrm{T}}\in\mathbf{R}^{n_a+L\times n_b}$，$\boldsymbol{\varphi}(k)=[\boldsymbol{\varphi}_s^{\mathrm{T}}(k),\boldsymbol{\varphi}_e^{\mathrm{T}}(k)]\in\mathbf{R}^{n_a+L\times n_b+n_d}$，$\boldsymbol{\varphi}_e(k)=[e(k-1),\cdots,e(k-n_d)]^{\mathrm{T}}\in\mathbf{R}^{n_d}$，$\boldsymbol{\varphi}_s(k)=[-y(k-1),\cdots,-y(k-n_a),\phi_1(u(k-1)),\cdots,\phi_L(u(k-1)),\cdots,\phi_1(u(k-n_b)),\cdots,\phi_L(u(k-n_b))]^{\mathrm{T}}$。

根据式(3.115)定义均方准则函数：

$$J(\boldsymbol{\theta})=\sum_{k=1}^{N}\left\|y(k)-\boldsymbol{\varphi}^{\mathrm{T}}(k)\boldsymbol{\theta}\right\|^2\tag{3.116}$$

根据负方向搜索，并最小化 $J(\boldsymbol{\theta})$ 得到

$$\begin{aligned}\hat{\boldsymbol{\theta}}(k) &= \hat{\boldsymbol{\theta}}(k-1) - \frac{1}{2r(k)}\operatorname{grad}[J(\hat{\boldsymbol{\theta}}(k-1))] \\ &= \hat{\boldsymbol{\theta}}(k-1) + \frac{\boldsymbol{\varphi}(k)}{r(k)}[y(k) - \boldsymbol{\varphi}^{\mathrm{T}}(k)\hat{\boldsymbol{\theta}}(k-1)]\end{aligned} \tag{3.117}$$

$$r(k) = r(k-1) + \|\boldsymbol{\varphi}(k)\|^2 \tag{3.118}$$

由于信息向量 $\boldsymbol{\varphi}(k)$ 中含有未知项 $e(k-m)$（$m=1,\cdots,n_d$），因此利用负方向搜索无法完成回归方程的辨识。根据式(3.115)得到

$$\hat{e}(k) = y(k) - \hat{\boldsymbol{\varphi}}^{\mathrm{T}}(k)\hat{\boldsymbol{\theta}}(k) \tag{3.119}$$

在信息向量 $\boldsymbol{\varphi}_e(k)$ 中，利用误差的估计值代替不可测量的噪声项，得到下列增广随机梯度方法：

$$\hat{\boldsymbol{\theta}}(k) = \hat{\boldsymbol{\theta}}(k-1) + \frac{\hat{\boldsymbol{\varphi}}(k)}{r(k)}[y(k) - \hat{\boldsymbol{\varphi}}^{\mathrm{T}}(k)\hat{\boldsymbol{\theta}}(k-1)] \tag{3.120}$$

$$r(k) = r(k-1) + \|\boldsymbol{\varphi}(k)\|^2 \tag{3.121}$$

$$\hat{\boldsymbol{\varphi}}(k) = \left[\boldsymbol{\varphi}_s^{\mathrm{T}}(k), \hat{\boldsymbol{\varphi}}_e^{\mathrm{T}}(k)\right] \tag{3.122}$$

$$\begin{aligned}\boldsymbol{\varphi}_s(k) = [&-y(k-1),\cdots,-y(k-n_a),\phi_1(u(k-1)),\cdots,\phi_L(u(k-1)),\cdots, \\ &\phi_1(u(k-n_b)),\cdots,\phi_L(u(k-n_b))]^{\mathrm{T}}\end{aligned} \tag{3.123}$$

$$\hat{\boldsymbol{\varphi}}_e(k) = [\hat{e}(k-1), \hat{e}(k-2), \cdots, \hat{e}(k-n_d)]^{\mathrm{T}} \tag{3.124}$$

$$\hat{e}(k) = y(k) - \hat{\boldsymbol{\varphi}}^{\mathrm{T}}(k)\hat{\boldsymbol{\theta}}(k) \tag{3.125}$$

为了提高参数估计的精度，本节引入了多新息辨识理论，它不仅利用了当前时刻的数据，而且在每次递推计算中使用过去的数据，从而能够有效地改善参数估计的精度。

考虑 p 个最新信息长度，从 $t-p+1$ 到 t，定义下列准则函数：

$$J_1(\boldsymbol{\theta}) = \sum_{j=0}^{p-1}\left\|y(k-j) - \boldsymbol{\varphi}^{\mathrm{T}}(k-j)\boldsymbol{\theta}\right\|^2 \tag{3.126}$$

利用随机梯度方法，并最小化准则函数 $J_1(\boldsymbol{\theta})$ 得到

$$\hat{\boldsymbol{\theta}}(k) = \hat{\boldsymbol{\theta}}(k-1) + \frac{1}{r(k)}\sum_{j=0}^{p-1}\boldsymbol{\varphi}(k-j)[y(k-j) - \boldsymbol{\varphi}^{\mathrm{T}}(k-j)\hat{\boldsymbol{\theta}}(k-1)] \tag{3.127}$$

$$r(k) = r(k-1) + \sum_{j=0}^{p-1}\|\boldsymbol{\varphi}(k-j)\|^2 \tag{3.128}$$

其中，p 表示新息长度。

类似式(3.117)和式(3.118)中的增广随机梯度方法，利用估计值 $\hat{\boldsymbol{\varphi}}(k-j)$ 代替信息向量中的 $\boldsymbol{\varphi}(k-j)$。因此，可以得到下列多新息增广随机梯度方法：

$$\hat{\boldsymbol{\theta}}(k)=\hat{\boldsymbol{\theta}}(k-1)+\frac{1}{r(k)}\sum_{j=0}^{p-1}\hat{\boldsymbol{\varphi}}(k-j)[y(k-j)-\hat{\boldsymbol{\varphi}}^{\mathrm{T}}(k-j)\hat{\boldsymbol{\theta}}(k-1)] \tag{3.129}$$

$$r(k)=r(k-1)+\sum_{j=0}^{p-1}\left\|\hat{\boldsymbol{\varphi}}(k-j)\right\|^2 \tag{3.130}$$

$$\hat{\boldsymbol{\varphi}}(k)=\left[\boldsymbol{\varphi}_s^{\mathrm{T}}(k),\hat{\boldsymbol{\varphi}}_e^{\mathrm{T}}(k)\right] \tag{3.131}$$

$$\begin{aligned}\boldsymbol{\varphi}_s(k)=&[-y(k-1),\cdots,-y(k-n_a),\phi_1(u(k-1)),\cdots,\phi_L(u(k-1)),\cdots,\\&\phi_1(u(k-n_b)),\cdots,\phi_L(u(k-n_b))]^{\mathrm{T}}\end{aligned} \tag{3.132}$$

$$\hat{\boldsymbol{\varphi}}_e(k)=[\hat{e}(k-1),\hat{e}(k-2),\cdots,\hat{e}(k-n_d)]^{\mathrm{T}} \tag{3.133}$$

$$\hat{e}(k)=y(k)-\hat{\boldsymbol{\varphi}}^{\mathrm{T}}(k)\hat{\boldsymbol{\theta}}(k) \tag{3.134}$$

根据上述分析过程，将本节提出Hammerstein系统的辨识方法用流程图表示，如图3.24所示。

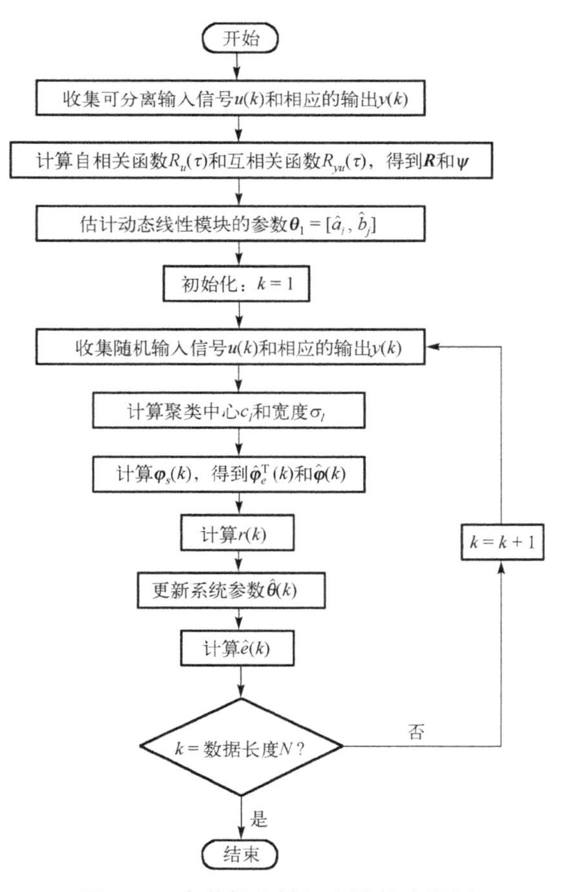

图3.24　本节提出辨识方法的流程图

3.5.2 收敛性分析

在本节中，将参数估计误差的递推关系与鞅收敛定理相结合，详细讨论了提出辨识方法的收敛性能。为了证明所提出方法的收敛性，使用下列引理。

引理 3.1　假设非负序列 $\{T_n\}$、$\{\alpha_n\}$ 和 $\{\beta_n\}$ 满足下列关系：

$$T_n \leqslant T_{n-1} + \alpha_n - \beta_n \tag{3.135}$$

当 $\sum_{n=1}^{\infty}\alpha_n < \infty$ 时，得到 $\sum_{n=1}^{\infty}\beta_n < \infty$，并且当 n 趋于无穷时，收敛到常数 T，即 $T_n \to T$。

引理 3.1 是鞅收敛定理的确定性形式[15]，可以参照其证明过程，因此这里省略了证明。

引理 3.2　对于式(3.115)的自回归滑动平均噪声干扰下的 Hammerstein 系统和式(3.129)～式(3.134)的多新息增广随机梯度算法，下列结论成立：

$$\sum_{k=1}^{\infty}\sum_{j=0}^{p-1}\frac{\|\boldsymbol{\varphi}(k-j)\|^2}{r^2(k)} < \infty,\ \text{a.s.}\, k \geqslant p \tag{3.136}$$

证明　根据式(3.121)中的 $r(k)$ 的表达式可以得到

$$\begin{aligned}\sum_{k=1}^{\infty}\frac{\|\boldsymbol{\varphi}(k)\|^2}{r^2(k)} &\leqslant \sum_{k=1}^{\infty}\frac{\|\boldsymbol{\varphi}(k)\|^2}{r(k)r(k-1)} \\ &= \sum_{k=1}^{\infty}\frac{r(k)-r(k-1)}{r(k)r(k-1)} = \sum_{k=1}^{\infty}\left[\frac{1}{r(k-1)} - \frac{1}{r(k)}\right] \\ &= \frac{1}{r(0)} - \frac{1}{r(\infty)} < \infty\end{aligned} \tag{3.137}$$

进一步得到

$$\begin{aligned}\sum_{k=1}^{\infty}\sum_{j=0}^{p-1}\frac{\|\boldsymbol{\varphi}(k-j)\|^2}{r^2(k)} &\leqslant \sum_{k=1}^{\infty}\sum_{j=0}^{p-1}\frac{\|\boldsymbol{\varphi}(k-j)\|^2}{r(k-j)r(k-j-1)} \\ &= \sum_{j=0}^{p-1}\sum_{k=1}^{\infty}\frac{\|\boldsymbol{\varphi}(k-j)\|^2}{r(k-j)r(k-j-1)} < \infty\end{aligned} \tag{3.138}$$

证毕。

定理 3.1　对于式(3.115)中辨识的受自回归滑动平均噪声干扰的神经模糊 Hammerstein 系统和式(3.129)～式(3.134)的多新息增广随机梯度算法，存在以下假设。

假设 3.1　假设 $e(k)$ 是均值为零、方差为 σ^2 的随机白噪声序列，即 $E[e(k)]=0$，$E[e^2(k)] \leqslant \sigma^2$，$E[e(k)e(j)]=0$，$k \neq j$。

假设 3.2　存在与时间 t 独立的整数 $N(t)$ 和正常数 α，使得下列条件成立：

$$\sum_{t=0}^{N(t)}\sum_{j=0}^{p-1}\frac{\hat{\boldsymbol{\varphi}}(k+t-j)\hat{\boldsymbol{\varphi}}^{\mathrm{T}}(k+t-j)}{r(k+t)}\geqslant \alpha \boldsymbol{I},\quad \text{a.s.}, \forall k>0 \tag{3.139}$$

因此，系统参数估计误差$\hat{\boldsymbol{\theta}}-\boldsymbol{\theta}$在均方意义下收敛到零。

证明　定义参数估计的误差向量：

$$\tilde{\boldsymbol{\theta}}(k)=\hat{\boldsymbol{\theta}}(k)-\boldsymbol{\theta} \tag{3.140}$$

将式(3.129)代入式(3.140)中，根据式(3.115)得到

$$\tilde{\boldsymbol{\theta}}(k)=\tilde{\boldsymbol{\theta}}(k-1)+\frac{1}{r(k)}\sum_{j=0}^{p-1}\hat{\boldsymbol{\varphi}}(k-j)[y(k-j)-\hat{\boldsymbol{\varphi}}^{\mathrm{T}}(k-j)\hat{\boldsymbol{\theta}}(k-1)] \tag{3.141}$$

结合式(3.115)、式(3.140)和式(3.141)得到

$$\begin{aligned}\tilde{\boldsymbol{\theta}}(k)&=\tilde{\boldsymbol{\theta}}(k-1)+\frac{1}{r(k)}\sum_{j=0}^{p-1}\hat{\boldsymbol{\varphi}}(k-j)[\hat{\boldsymbol{\varphi}}^{\mathrm{T}}(k-j)\boldsymbol{\theta}-\hat{\boldsymbol{\varphi}}^{\mathrm{T}}(k-j)\hat{\boldsymbol{\theta}}(k-1)+e(k-j)]\\&=\tilde{\boldsymbol{\theta}}(k-1)+\frac{1}{r(k)}\sum_{j=0}^{p-1}\hat{\boldsymbol{\varphi}}(k-j)[-\hat{\boldsymbol{\varphi}}^{\mathrm{T}}(k-j)\tilde{\boldsymbol{\theta}}(k-1)\\&\quad+(\boldsymbol{\varphi}(k-j)-\hat{\boldsymbol{\varphi}}(k-j))^{\mathrm{T}}\boldsymbol{\theta}+e(k-j)]\\&=\tilde{\boldsymbol{\theta}}(k-1)+\frac{1}{r(k)}\sum_{j=0}^{p-1}\hat{\boldsymbol{\varphi}}(k-j)[-\tilde{y}(k-j)+\Delta(k-j)+e(k-j)]\end{aligned} \tag{3.142}$$

其中，

$$\tilde{y}(k-j)=\hat{\boldsymbol{\varphi}}^{\mathrm{T}}(k-j)\tilde{\boldsymbol{\theta}}(k-1) \tag{3.143}$$

$$\Delta(k-j)=[\boldsymbol{\varphi}(k-j)-\hat{\boldsymbol{\varphi}}(k-j)]^{\mathrm{T}}\boldsymbol{\theta} \tag{3.144}$$

根据式(3.141)和式(3.142)得到

$$\begin{aligned}\tilde{\boldsymbol{\theta}}^{\mathrm{T}}(k)\tilde{\boldsymbol{\theta}}(k)&=\tilde{\boldsymbol{\theta}}^{\mathrm{T}}(k-1)\tilde{\boldsymbol{\theta}}(k-1)\\&\quad+\frac{1}{r(k)}\sum_{j=0}^{p-1}\tilde{\boldsymbol{\theta}}^{\mathrm{T}}(k-1)\hat{\boldsymbol{\varphi}}(k-j)[-\tilde{y}(k-j)+\Delta(k-j)+e(k-j)]\\&\quad+\frac{1}{r(k)}\sum_{j=0}^{p-1}[-\tilde{y}(k-j)+\Delta(k-j)+e(k-j)]\hat{\boldsymbol{\varphi}}^{\mathrm{T}}(k-j)\tilde{\boldsymbol{\theta}}(k-1)\\&\quad+\frac{1}{r^2(k)}\sum_{j=0}^{p-1}[-\tilde{y}(k-j)+\Delta(k-j)+e(k-j)]\\&\quad\times\hat{\boldsymbol{\varphi}}^{\mathrm{T}}(k-j)\hat{\boldsymbol{\varphi}}(k-j)\big[-\tilde{y}(k-j)+\Delta(k-j)+e(k-j)\big]\\&=\tilde{\boldsymbol{\theta}}^{\mathrm{T}}(k-1)\tilde{\boldsymbol{\theta}}(k-1)+\frac{2}{r(k)}\sum_{j=0}^{p-1}\tilde{y}(k-j)[-\tilde{y}(k-j)+\Delta(k-j)+e(k-j)]\end{aligned} \tag{3.145}$$

$$+\frac{1}{r^2(k)}\sum_{j=0}^{p-1}\hat{\boldsymbol{\varphi}}^{\mathrm{T}}(k-j)\hat{\boldsymbol{\varphi}}(k-j)[\tilde{y}^2(k-j)-2\tilde{y}(k-j)\\ \times(\Delta(k-j)+e(k-j))+(\Delta(k-j)+e(k-j))^2]$$

定义范数函数：

$$T(k)=\left\|\tilde{\boldsymbol{\theta}}(k)\right\|^2=\tilde{\boldsymbol{\theta}}^{\mathrm{T}}(k)\tilde{\boldsymbol{\theta}}(k) \tag{3.146}$$

由式(3.145)和式(3.146)得到

$$\begin{aligned}T(k)&=T(k-1)+\frac{2}{r(k)}\sum_{j=0}^{p-1}\tilde{y}(k-j)[-\tilde{y}(k-j)+\Delta(k-j)+e(k-j)]\\&\quad+\frac{1}{r^2(k)}\sum_{j=0}^{p-1}\left\|\hat{\boldsymbol{\varphi}}(k-j)\right\|^2[\tilde{y}^2(k-j)-2\tilde{y}(k-j)\\&\quad\times(\Delta(k-j)+e(k-j))+(\Delta(k-j)+e(k-j))^2]\\&=T(k-1)-\sum_{j=0}^{p-1}\left[\frac{2}{r(k)}-\frac{\left\|\hat{\boldsymbol{\varphi}}(k-j)\right\|^2}{r^2(k)}\right]\tilde{y}^2(k-j)\\&\quad+2\sum_{j=0}^{p-1}\left[\frac{1}{r(k)}-\frac{\left\|\hat{\boldsymbol{\varphi}}(k-j)\right\|^2}{r^2(k)}\right]\tilde{y}(k-j)[\Delta(k-j)+e(k-j)]\\&\quad+\frac{1}{r^2(k)}\sum_{j=0}^{p-1}\left\|\hat{\boldsymbol{\varphi}}(k-j)\right\|^2[(\Delta(k-j)+e(k-j))^2]\\&=T(k-1)-\frac{1}{r(k)}\sum_{j=0}^{p-1}\tilde{y}^2(k-j)-\sum_{j=0}^{p-1}\left[\frac{r(k)-\left\|\hat{\boldsymbol{\varphi}}(k-j)\right\|^2}{r^2(k)}\right]\tilde{y}^2(k-j)\\&\quad+2\sum_{j=0}^{p-1}\left[\frac{r(k)-\left\|\hat{\boldsymbol{\varphi}}(k-j)\right\|^2}{r^2(k)}\right]\tilde{y}(k-j)[\Delta(k-j)+e(k-j)]\\&\quad+\sum_{j=0}^{p-1}\frac{1}{r^2(k)}\left\|\hat{\boldsymbol{\varphi}}(k-j)\right\|^2[(\Delta(k-j)+e(k-j))^2]\end{aligned} \tag{3.147}$$

根据式(3.130)得到

$$r(k)-\sum_{j=0}^{p-1}\left\|\hat{\boldsymbol{\varphi}}(k-j)\right\|^2=r(k-1) \tag{3.148}$$

$$r(k-1)\leqslant r(k) \tag{3.149}$$

进一步，由式(3.147)可以得到下列不等式：

$$
\begin{aligned}
T(k) &= T(k-1) - \frac{1}{r(k)}\sum_{j=0}^{p-1}\tilde{y}^2(k-j) - \frac{r(k-1)}{r^2(k)}\sum_{j=0}^{p-1}[\tilde{y}^2(k-j) - 2\tilde{y}(k-j) \\
&\quad \times(\Delta(k-j)+e(k-j))] + \frac{1}{r^2(k)}\sum_{j=0}^{p-1}\|\hat{\boldsymbol{\varphi}}(k-j)\|^2[(\Delta(k-j)+e(k-j))^2] \\
&= T(k-1) - \frac{1}{r(k)}\sum_{j=0}^{p-1}\tilde{y}^2(k-j) - \frac{r(k-1)}{r^2(k)}\sum_{j=0}^{p-1}[(\tilde{y}(k-j)-\Delta(k-j))^2 \\
&\quad -\Delta^2(k-j) - 2\tilde{y}(k-j)e(k-j)] \\
&\quad + \frac{1}{r^2(k)}\sum_{j=0}^{p-1}\|\hat{\boldsymbol{\varphi}}(k-j)\|^2[(\Delta(k-j)+e(k-j))^2] \\
&\leqslant T(k-1) - \frac{1}{r(k)}\sum_{j=0}^{p-1}\tilde{y}^2(k-j) \\
&\quad - \frac{r(k-1)}{r^2(k)}\sum_{j=0}^{p-1}[\varDelta^2(k-j) + 2\tilde{y}(k-j)e(k-j)] \\
&\quad + \frac{1}{r^2(k)}\sum_{j=0}^{p-1}\|\hat{\boldsymbol{\varphi}}(k-j)\|^2[(\Delta(k-j)+e(k-j))^2] \\
&\leqslant T(k-1) - \frac{1}{r(k)}\sum_{j=0}^{p-1}\tilde{y}^2(k-j) - \frac{1}{r(k)}\sum_{j=0}^{p-1}\Delta^2(k-j) \\
&\quad + \frac{2r(k-1)}{r^2(k)}\sum_{j=0}^{p-1}\tilde{y}(k-j)e(k-j) \\
&\quad + \frac{1}{r^2(k)}\sum_{j=0}^{p-1}\|\hat{\boldsymbol{\varphi}}(k-j)\|^2[(\Delta(k-j)+e(k-j))^2]
\end{aligned}
\tag{3.150}
$$

因此，下列不等式成立。

假设 $\Delta(k-j)$ 是有界的，且 $\Delta^2(k-j)\leqslant\varepsilon<\infty$，当 $r(k)\to\infty$ 时，有 $\dfrac{\Delta^2(k-j)}{r(k)}\to 0$。

由于 $\hat{\varphi}(k-j)$、$\tilde{y}(k-j)$、$\Delta(k-j)$ 和 $r(k)$ 与白噪声 $e(k-j)$ 不相关，对式(3.150)取数学期望，并使用假设 3.1 推导出：

$$
\begin{aligned}
E[T(k)] &\leqslant E[T(k-1)] - E\sum_{j=0}^{p-1}\left[\frac{\tilde{y}^2(k-j)}{r(k)}\right] \\
&\quad + E\sum_{j=0}^{p-1}\left[\frac{\|\hat{\boldsymbol{\varphi}}(k-j)\|^2}{r^2(k)}(\Delta^2(k-j)+e^2(k-j))\right]
\end{aligned}
\tag{3.151}
$$

$$\leqslant E[T(k-1)]-E\sum_{j=0}^{p-1}\left[\frac{\tilde{y}^2(k-j}{r(k)}\right]+(\varepsilon+\sigma^2)E\sum_{j=0}^{p-1}\left[\frac{\|\hat{\boldsymbol{\varphi}}(k-j)\|^2}{r^2(k)}\right]$$

根据引理 3.2，对式(3.151)右边的最后一项从 $k=1$ 到 $k=\infty$ 的和是有界的，因此

$$\lim_{k\to\infty}E\left[\sum_{j=0}^{p-1}\frac{\|\boldsymbol{\varphi}(k-j)\|^2}{r^2(k)}\right]=0 \tag{3.152}$$

将引理 3.1 应用于式(3.151)，可以得到 $E[T(k)]$ 收敛到常数 T，并且

$$E\left[\sum_{k=1}^{\infty}\sum_{j=0}^{p-1}\frac{\tilde{y}^2(k-j)}{r(k)}\right]<\infty$$
$$\lim_{k\to\infty}E\left[\sum_{j=0}^{p-1}\frac{\tilde{y}^2(k-j)}{r(k)}\right]=0 \tag{3.153}$$

设 $e_1(k-j)=y(k-j)-\hat{\boldsymbol{\varphi}}^{\mathrm{T}}(k-j)\hat{\boldsymbol{\theta}}(k-1)$，利用式(3.141)得到

$$\tilde{\boldsymbol{\theta}}(k)=\tilde{\boldsymbol{\theta}}(k-1)+\frac{1}{r(k)}\sum_{j=0}^{p-1}\hat{\boldsymbol{\varphi}}(k-j)e_1(k-j) \tag{3.154}$$

在式(3.154)中利用 $k+t$ 代替 k，得到

$$\tilde{\boldsymbol{\theta}}(k+t)=\tilde{\boldsymbol{\theta}}(k)+\sum_{n=1}^{t}\sum_{j=0}^{p-1}\frac{\hat{\varphi}(k+n-j)}{r(k+n)}e_1(k+n-j) \tag{3.155}$$

结合式(3.143)和式(3.155)容易得到

$$\tilde{y}(k+t-j)=\hat{\boldsymbol{\varphi}}^{\mathrm{T}}(k+t-j)\tilde{\boldsymbol{\theta}}(k+t-1) \tag{3.156}$$

$$\hat{\boldsymbol{\varphi}}^{\mathrm{T}}(k+t-j)\tilde{\boldsymbol{\theta}}(k)=\tilde{y}(k+t-j)-\hat{\boldsymbol{\varphi}}^{\mathrm{T}}(k+t-j)\sum_{n=1}^{t-1}\sum_{j=0}^{p-1}\frac{\hat{\boldsymbol{\varphi}}^{\mathrm{T}}(k+n-j)}{r(k+n)}e_1(k+n-j) \tag{3.157}$$

式(3.157)两边平方，并根据式(3.155)可以推导出下列不等式：

$$\begin{aligned}
&\tilde{\boldsymbol{\theta}}^{\mathrm{T}}(k)\hat{\boldsymbol{\varphi}}(k+t-j)\hat{\boldsymbol{\varphi}}^{\mathrm{T}}(k+t-j)\tilde{\boldsymbol{\theta}}(k)\\
&=\|\tilde{y}(k+t-j)\|^2-2\tilde{y}(k+t-j)\hat{\boldsymbol{\varphi}}^{\mathrm{T}}(k+t-j)\sum_{n=1}^{t-1}\sum_{j=0}^{p-1}\frac{\hat{\boldsymbol{\varphi}}^{\mathrm{T}}(k+n-j)}{r(k+n)}e_1(k+n-j)\\
&\quad+\|\hat{\boldsymbol{\varphi}}^{\mathrm{T}}(k+t-j)\|^2\left\|\sum_{n=1}^{t-1}\sum_{j=0}^{p-1}\frac{\hat{\boldsymbol{\varphi}}^{\mathrm{T}}(k+n-j)}{r(k+n)}e_1(k+n-j)\right\|^2\\
&\leqslant 2\|\tilde{y}(k+t-j)\|^2+2\|\hat{\boldsymbol{\varphi}}^{\mathrm{T}}(k+n-j)\|^2\left\|\sum_{n=1}^{t-1}\sum_{j=0}^{p-1}\frac{\hat{\boldsymbol{\varphi}}^{\mathrm{T}}(k+n-j)}{r(k+n)}e_1(k+n-j)\right\|^2\\
&=2\|\tilde{y}(k+t-j)\|^2+2\|\hat{\boldsymbol{\varphi}}^{\mathrm{T}}(k+n-j)\|^2\|\tilde{\boldsymbol{\theta}}(k+j-1)-\tilde{\boldsymbol{\theta}}(k)\|^2\\
&\leqslant 2\|\tilde{y}(k+t-j)\|^2+4\|\hat{\boldsymbol{\varphi}}^{\mathrm{T}}(k+n-j)\|^2\left[\|\tilde{\boldsymbol{\theta}}(k+j-1)\|^2+\|\tilde{\boldsymbol{\theta}}(k)\|^2\right]
\end{aligned} \tag{3.158}$$

式(3.158)两边同时除以 $r(k+t)$，对 t 从 $t=0$ 到 $N(t)$ 求和，由假设3.2和式(3.155)可以得到以下不等式：

$$\begin{aligned}
\alpha\left\|\tilde{\boldsymbol{\theta}}(k)\right\|^2 &\leqslant \sum_{t=0}^{N(t)}\sum_{j=0}^{p-1}\frac{\tilde{\boldsymbol{\theta}}^{\mathrm{T}}(k)\hat{\boldsymbol{\varphi}}(k+t-j)\hat{\boldsymbol{\varphi}}^{\mathrm{T}}(k+t-j)\tilde{\boldsymbol{\theta}}(k)}{r(k+t)} \\
&= \sum_{t=0}^{N(t)}\frac{1}{r(k+t)}\sum_{j=0}^{p-1}\tilde{\boldsymbol{\theta}}^{\mathrm{T}}(k)\hat{\boldsymbol{\varphi}}(k+t-j)\hat{\boldsymbol{\varphi}}^{\mathrm{T}}(k+t-j)\tilde{\boldsymbol{\theta}}(k) \\
&\leqslant \sum_{t=0}^{N(t)}\left[\sum_{j=0}^{p-1}\frac{2\tilde{y}^2(k+t-j)}{r(k+t)}\right. \\
&\quad \left.+\sum_{j=0}^{p-1}\frac{4\left\|\hat{\boldsymbol{\varphi}}(k+t-j)\right\|^2}{r(k+t)}\left(\left\|\tilde{\boldsymbol{\theta}}(k+j-1)\right\|^2+\left\|\tilde{\boldsymbol{\theta}}(k)\right\|^2\right)\right]
\end{aligned} \tag{3.159}$$

对式(3.159)计算数学期望并且取极限，再由 $E[T(k)]=\left\|\tilde{\boldsymbol{\theta}}(k)\right\|^2\leqslant T$ 得出

$$\begin{aligned}
\lim_{k\to\infty}E\left[\left\|\tilde{\boldsymbol{\theta}}(k)\right\|^2\right] &\leqslant \frac{1}{\alpha}\lim_{k\to\infty}E\sum_{t=0}^{N(t)}\left[\sum_{j=0}^{p-1}\frac{2\tilde{y}^2(k+t-j)}{r(k+t)}\right. \\
&\quad \left.+\sum_{j=0}^{p-1}\frac{4\left\|\hat{\boldsymbol{\varphi}}(k+t-j)\right\|^2}{r(k+t)}\left(\left\|\tilde{\boldsymbol{\theta}}(k+j-1)\right\|^2+\left\|\tilde{\boldsymbol{\theta}}(k)\right\|^2\right)\right] \\
&\leqslant \frac{1}{\alpha}\lim_{k\to\infty}E\left[\sum_{t=0}^{N(t)}\left(\sum_{j=0}^{p-1}\frac{2\tilde{y}^2(k+t-j)}{r(k+t)}+\sum_{j=0}^{p-1}\frac{8T\left\|\hat{\boldsymbol{\varphi}}(k+t-j)\right\|^2}{r(k+t)}\right)\right]
\end{aligned} \tag{3.160}$$

最后，根据式(3.152)和式(3.153)得到

$$\lim_{k\to\infty}E\left[\left\|\tilde{\boldsymbol{\theta}}(k)\right\|^2\right]=0 \tag{3.161}$$

证毕。

3.5.3 仿真结果

为了证明本节提出方法的有效性，将提出的方法运用到典型的 Hammerstein 系统中。

(1)考虑如下自回归滑动平均噪声干扰下的 Hammerstein 系统，线性模块的阶次 $n_a=2$， $n_b=2$：

$$v(k)=2+2\tanh\big(u(k)\big)-2\exp\big(0.1u(k)\big)$$

$$x(k)=\frac{B(z)}{A(z)}v(k)=\frac{0.8z^{-1}+0.3z^{-2}}{1-1.2z^{-1}+0.6z^{-2}}v(k)$$

$$w(k)=\frac{D(z)}{A(z)}e(k)=\frac{1+0.85z^{-1}}{1-1.2z^{-1}+0.6z^{-2}}e(k)$$

$$y(k)=x(k)+w(k)$$

其中，$e(k)$是零均值白噪声，$w(k)$是有色噪声。

为了辨识自回归滑动平均噪声干扰下的 Hammerstein 系统，产生组合输入信号及相应的输出。该组合输入信号包括：①均值为 0、方差为 1 的高斯信号；②区间为[−2, 2]的随机信号。

使 3.2.3 节中定义的噪信比δ_{ns}和 3.3.3 节中定义的参数估计误差δ。

首先，利用相关分析法辨识线性模块的参数。表 3.9 和表 3.10 给出了在不同噪信比下相关分析法和递推最小二乘方法[16]辨识结果的比较。由表 3.9 和表 3.10 可以看出，与递推最小二乘方法相比，相关分析法能够更好地辨识动态线性模块的参数。且随着噪声比例的增加，相关分析法的优越性更明显。

表 3.9　动态线性模块的辨识结果（$\delta_{ns}=12.52\%$）

k	相关分析法				递推最小二乘方法			
	$\hat{a}_1$	$\hat{a}_2$	$\hat{b}_1$	$\hat{b}_2$	$\hat{a}_1$	$\hat{a}_2$	$\hat{b}_1$	$\hat{b}_2$
200	−1.2814	0.6774	0.8064	0.2644	−1.2691	0.6454	1.3169	0.3790
1000	−1.2223	0.6091	0.8439	0.2863	−1.2480	0.6213	1.0717	0.3582
2000	−1.2071	0.5939	0.8142	0.3033	−1.2415	0.6116	1.0751	0.3714
3000	−1.2062	0.5946	0.7932	0.3023	−1.2560	0.6269	1.0752	0.3524
4000	−1.2020	0.5956	0.8013	0.3022	−1.2529	0.6286	1.0807	0.3527
5000	−1.2036	0.5960	0.8050	0.3024	−1.2519	0.6264	1.0794	0.3531
真值	−1.2	0.6	0.8	0.3	−1.2	0.6	0.8	0.3

表 3.10　动态线性模块的辨识结果（$\delta_{ns}=33.27\%$）

k	相关分析法				递推最小二乘方法			
	$\hat{a}_1$	$\hat{a}_2$	$\hat{b}_1$	$\hat{b}_2$	$\hat{a}_1$	$\hat{a}_2$	$\hat{b}_1$	$\hat{b}_2$
200	−1.3242	0.7029	0.8035	0.2218	−1.4453	0.8072	1.0984	0.2189
1000	−1.2574	0.6271	0.8544	0.2748	−1.4049	0.7380	1.0831	0.2099
2000	−1.2310	0.6172	0.8234	0.2976	−1.3893	0.7386	1.0997	0.2303
3000	−1.2142	0.6144	0.7962	0.3136	−1.3778	0.7412	1.0880	0.2459
4000	−1.2083	0.5994	0.7982	0.3085	−1.3819	0.7425	1.0924	0.2309
5000	−1.1977	0.5899	0.7967	0.3152	−1.3782	0.7397	1.0923	0.2296
真值	−1.2	0.6	0.8	0.3	−1.2	0.6	0.8	0.3

其次，利用随机信号的输入输出数据辨识 Hammerstein 系统静态非线性模块和

有色噪声模型参数。设置参数：$S_0 = 0.905$，$\rho = 1$，$\lambda = 0.01$，得到模糊规则数 $L = 7$，系统的预测误差均方差为 6.3689×10^{-4}。图 3.25 给出了不同新息长度下静态非线性模块的近似结果。图 3.26 给出了不同新息长度下噪声模型参数的估计曲线。

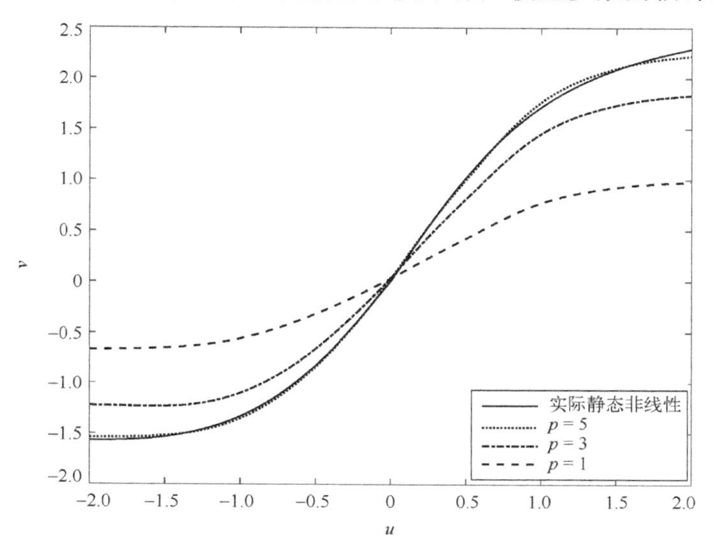

图 3.25　不同新息长度下静态非线性模块的近似 1

由图 3.25 可以看出，随着新息长度的增加，本节提出的方法能够更好地近似 Hammerstein 系统静态非线性模块。由图 3.26 可以看出，随着新息长度的增加，噪声模型参数的估计值更接近真实值。

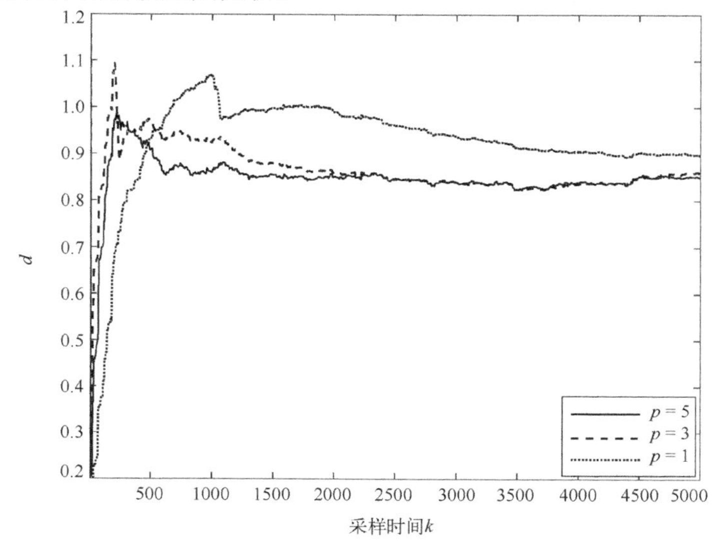

图 3.26　不同新息长度下噪声参数的估计曲线 1

为了说明神经模糊模型建立静态非线性模块的有效性，使用相同的训练数据构建了多项式模型。图 3.27 给出了两种不同模型下静态非线性模块的拟合结果，可以看出，神经模糊模型比多项式模型更有效地拟合非线性模块。

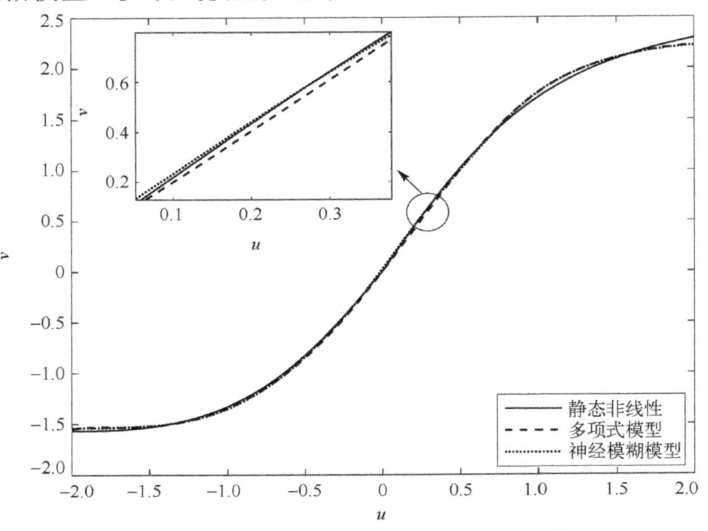

图 3.27　不同模型近似非线性模块的比较

最后，为了验证本节提出方法的有效性，随机产生 200 组测试信号计算系统的输出。图 3.28 给出了本节提出的方法、基于递推最大似然估计的 Hammerstein 辨识方法(recursive maximum likelihood-based Hammerstein，RML-H)[17]以及神经模糊网络方法(neuro-fuzzy network，NFN)的预测输出，表 3.11 给出了不同方法的 MSE 和 ME。

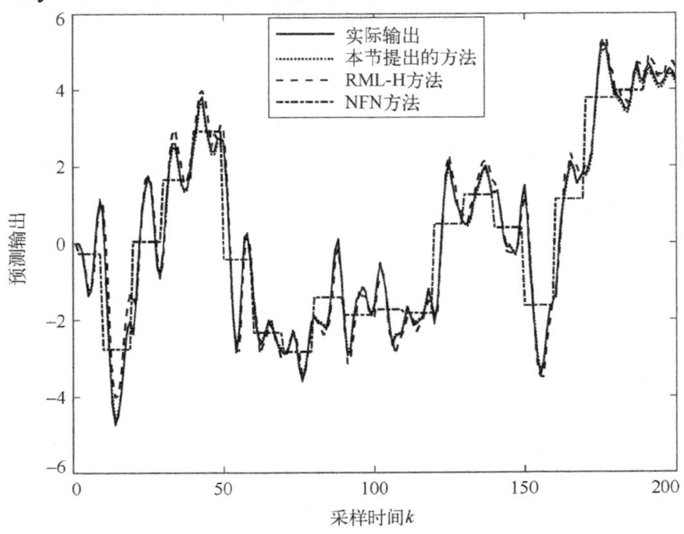

图 3.28　不同方法系统预测输出的比较 1

表 3.11　不同方法系统预测输出误差比较 1

方法	MSE	ME
本节提出的方法	0.0054	0.1836
RML-H 方法	0.0813	1.2095
NFN 方法	0.6420	2.4299

从图 3.28 和表 3.11 可以看出，与其他两种方法相比，本节提出的方法能够较好地预测自回归滑动平均噪声干扰下 Hammerstein 系统的。因此，该方法能够有效估计自回归滑动平均噪声干扰下神经模糊 Hammerstein 系统的参数。

(2) 考虑一类静态非线性模块是不连续函数的 Hammerstein 系统：

$$v(k)=\begin{cases}2-\cos(3u(k))-\exp(-u(k)), & u(k)\leqslant 3.15\\ 3, & u(k)>3.15\end{cases}$$

$$x(k)=\frac{B(z)}{A(z)}v(k)=\frac{0.6z^{-1}}{1-0.5z}v(k)$$

$$w(k)=\frac{D(z)}{A(z)}e(k)=\frac{1+0.45z^{-1}}{1-0.5z^{-1}}e(k)$$

$$y(k)=x(k)+w(k)$$

其中，$e(k)$ 是零均值白噪声，$w(k)$ 是有色噪声。

为了辨识 Hammerstein 系统，产生组合输入信号及相应的输出。该组合输入信号包括：①幅值为 0 或 3 的二进制信号；②区间为[0, 5]的随机信号。

首先，利用相关分析法辨识动态线性模块的参数。表 3.12 比较了在不同噪信比下本节提出的方法和递推最小二乘方法获得的辨识结果。由表 3.12 看出，与递推最小二乘方法相比，本节提出的方法能够更好地辨识动态线性模块的参数，且随着噪声比例的增加，本节提出的方法优越性更明显。

表 3.12　不同噪信比下线性模块的辨识结果

噪信比/%	k	相关分析法		递推最小二乘方法	
		$\hat{a}$	$\hat{b}$	$\hat{a}$	$\hat{b}$
$\delta_{ns}=11.07$	200	−0.4974	0.59556	−0.5034	0.5978
	1000	−0.4967	0.5967	−0.4994	0.5961
	2000	−0.5019	0.5981	−0.5021	0.5967
	3000	−0.5010	0.5980	−0.5022	0.5972
	4000	−0.5025	0.5986	−0.5026	0.5971
	5000	−0.5017	0.5968	−0.5033	0.5969

续表

噪信比/%	k	相关分析法		递推最小二乘方法	
		$\hat{a}$	$\hat{b}$	$\hat{a}$	$\hat{b}$
$\delta_{ns}=32.95$	200	−0.4993	0.5875	−0.5092	0.5742
	1000	−0.5040	0.5907	−0.5221	0.5823
	2000	−0.4942	0.5952	−0.5162	0.5883
	3000	−0.4896	0.5961	−0.5141	0.5902
	4000	−0.4915	0.5956	−0.5161	0.5902
	5000	−0.4921	0.5946	−0.5142	0.5891
真实值		−0.5	0.6	−0.5	0.6

其次，利用随机信号及其相应的输出辨识静态非线性模块的参数和噪声模型参数。设置参数 $S_0=0.935$， $\rho=1$， $\lambda=0.01$，得到模糊规则数 $L=11$，系统的预测误差均方差 MSE 为 3.1244×10^{-4}。图 3.29 给出了不同新息长度下静态非线性模块的近似结果。图 3.30 给出了不同新息长度下噪声模型参数的估计曲线。

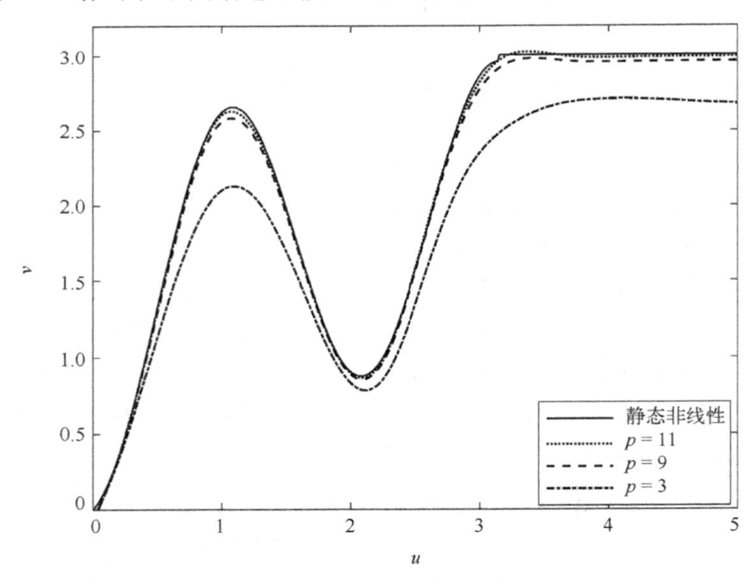

图 3.29　不同新息长度下静态非线性模块的近似 2

由图 3.29 可以看出，随着新息长度的增加，提出的方法能够更好地近似 Hammerstein 系统静态非线性模块。由图 3.30 可以看出，随着新息长度的增加，噪声模型参数的估计值更接近真实值。

为了说明神经模糊模型建立静态非线性模块的有效性，使用相同的训练数据构建了多项式模型。图 3.31 给出了神经模糊模型和多项式模型近似静态非线性模块的比较结果。可以看出，本节提出的神经模糊模型比多项式模型更有效地拟合静态非线性模块。

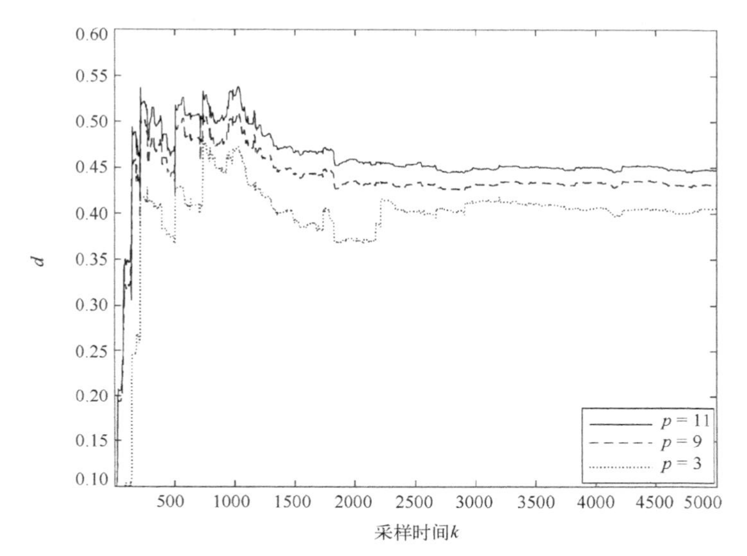

图 3.30　不同新息长度下噪声参数的估计曲线 2

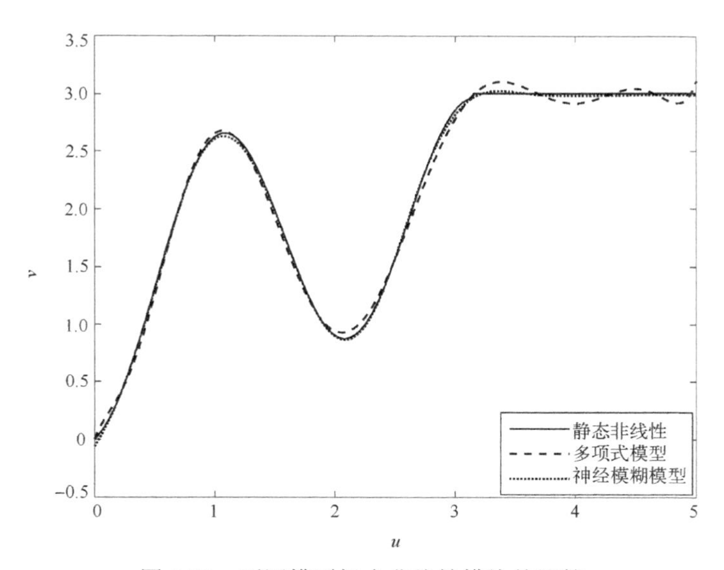

图 3.31　不同模型拟合非线性模块的比较

最后，为了验证本节提出方法的有效性，随机产生 200 组测试信号计算系统的输出。图 3.32 所示为不同方法下 Hammerstein 系统预测输出的比较。表 3.13 给出了不同方法下预测输出的 MSE 和 ME。

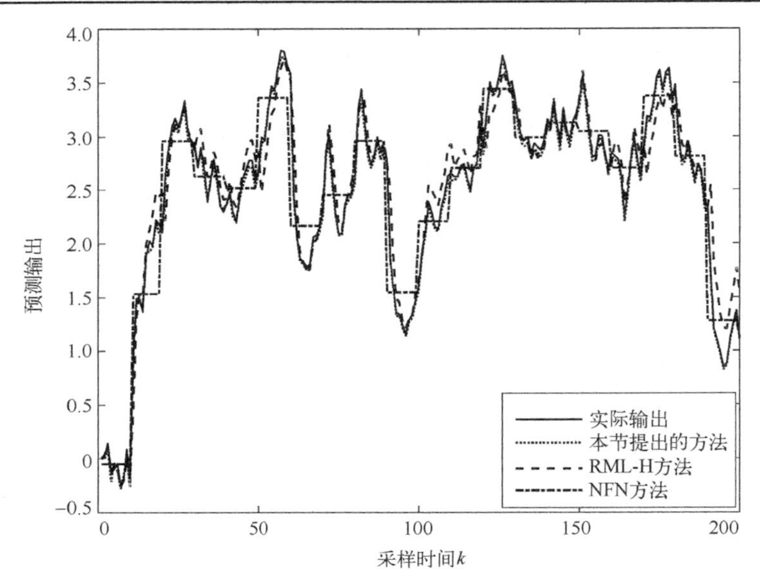

图 3.32　不同方法系统预测输出的比较 2

表 3.13　不同方法系统预测输出误差比较 2

方法	MSE	ME
本节提出的方法	0.0018	0.1033
RML-H 方法	0.0382	0.6569
NFN 方法	0.0555	0.6893

从图 3.32 和表 3.13 可以看出，与其他两种方法相比，本节提出的方法能够取得较好的预测结果。因此，该方法能够有效辨识自回归滑动平均噪声干扰下的神经模糊 Hammerstein 系统的参数。

3.5.4　小结

本节提出了自回归滑动平均噪声干扰下的 Hammerstein 系统组合式信号源辨识方法。在研究中，通过可分离信号和随机信号的组合式信号实现自回归滑动平均噪声干扰下 Hammerstein 系统的可辨识性和参数辨识分离问题，简化了辨识过程。首先，采用相关性分析法辨识动态线性模块的参数。其次，结合多新息辨识理论和随机梯度方法，提出了多新息增广随机梯度算法，获得了静态非线性模块和噪声模型的参数估计，改善了辨识精度。最后，利用随机鞅理论讨论了提出方法的收敛性，并得到了参数估计一致收敛的条件。仿真研究结果表明，提出的辨识方法对自回归滑动平均噪声干扰下的 Hammerstein 系统具有良好的辨识精度和预测性能。

参 考 文 献

[1] Ding F, Wang Y, Ding J. Recursive least squares parameter identification algorithms for systems with colored noise using the filtering technique and the auxiliary model[J]. Digital Signal Processing, 2015, 37: 100-108.

[2] Hu Y, Liu B, Zhou Q, et al. Recursive extended least squares parameter estimation for Wiener nonlinear systems with moving average noises[J]. Circuits, Systems, and Signal Process, 2014, 33(2): 655-664.

[3] Hu Y. Iterative and recursive least squares estimation algorithms for moving average systems[J]. Simulation Modelling Practice and Theory, 2013, 34: 12-19.

[4] Li J. Parameter estimation for Hammerstein CARARMA systems based on the Newton iteration[J]. Applied Mathematics Letters, 2013, 26(1): 91-96.

[5] Chen J, Wang, X. Identification of Hammerstein systems with continuous nonlinearity[J]. Information Processing Letters, 2015, 115(11): 822-827.

[6] 林卫星, 张惠娣, 刘士荣, 等. 应用粒子群优化算法辨识 Hammerstein 模型[J]. 仪器仪表学报, 2006, 27(1): 75-79.

[7] Zong T, Li J, Lu G. Auxiliary model-based multi-innovation PSO identification for Wiener-Hammerstein systems with scarce measurements[J]. Engineering Applications of Artificial Intelligence, 2021, 106: 104470.

[8] Ding J, Cao Z Chen J, et al. Weighted parameter estimation for Hammerstein nonlinear ARX systems[J]. Circuits, Systems, and Signal Processing, 2020, 39(1): 2178-2192.

[9] 李峰, 罗印升, 李博, 等. 基于组合式信号源的 Hammerstein-Wiener 模型辨识方法[J]. 控制与决策, 2021.

[10] Ipanaqué W, Manrique J. Identification and control of pH using optimal piecewise linear Wiener model[J]. IFAC Proceedings Volumes, 2011, 44(1): 12301-12306.

[11] Ding F, Chen H, Xu L, et al. A hierarchical least squares identification algorithm for Hammerstein nonlinear systems using the key term separation[J]. Journal of the Franklin Institute, 2018, 355(8): 3737-3752.

[12] Wang Z, Shen Y, Ji Z, et al. Filtering based recursive least squares algorithm for Hammerstein FIR-MA systems[J]. Nonlinear Dynamics, 2013, 73: 1045-1054.

[13] Li F, Jia L. Correlation analysis-based error compensation recursive least-square identification method for the Hammerstein model[J]. Journal of Statistical Computation and Simulation, 2017, 88(1): 56-74.

[14] 胡寿松. 多变量系统参数辨识的相关分析法[J]. 航空学报, 1990, 11(7): 400-404.

[15] Solo V. The convergence of AML[J]. IEEE Transactions on Automatic Control, 1980, 24(6): 958-962.

[16] 贾立, 杨爱华, 邱铭森. 基于辅助模型递推最小二乘法的 Hammerstein 模型多信号源辨识[J]. 南京理工大学学报, 2014, 38(1): 34-39.

[17] Ma L, Liu X. Recursive maximum likelihood method for the identification of Hammerstein ARMAX system[J]. Applied Mathematical Modelling, 2016, 40(13/14): 6523-6535.

第 4 章　相关噪声扰动的 Hammerstein 系统辨识方法

本章研究相关噪声扰动的 Hammerstein 系统辨识方法，通过可分离-随机信号的组合，来解决 Hammerstein 系统的可辨识性问题和串联模块的参数辨识分离问题。在研究中，考虑了有色噪声模型在不同时刻的自相关性，在辨识过程中利用估计的噪声相关函数补偿有色噪声对 Hammerstein 系统产生的误差，从而获得系统参数的无偏估计。

4.1　相关噪声扰动的 Hammerstein 系统偏差补偿辨识方法

在第 3 章中研究了不同形式的有色噪声模型，即自回归噪声、滑动平均噪声以及自回归滑动平均噪声，并研究了不同扰动的 Hammerstein 系统辨识方法。值得指出的是，研究中虽然考虑了不同形式的有色噪声模型，但其本质是白噪声序列驱动的线性模块的输出，并没有考虑到有色噪声模型在不同时刻的自相关性[1-3]。因此，研究相关噪声扰动的 Hammerstein 系统辨识方法十分必要。

本节提出了相关噪声扰动的 Hammerstein 系统偏差补偿辨识方法。首先，采用相关性分析方法估计动态线性模块的参数。其次，通过设计一个滤波器，将滤波器的零点嵌入到 Hammerstein 系统中，利用零点信息计算噪声模型的相关函数，补偿最小二乘算法中有色噪声引起的误差，进而通过误差补偿递推最小二乘算法得到静态非线性模块参数的无偏估计。最后，设计了基于 Hammerstein 系统的控制系统，由于利用了 Hammerstein 系统的特殊结构，简化了控制系统的设计，采用 PI 控制器就能得到较好的控制效果。

如图 4.1 所示，本节提出的相关噪声扰动的 Hammerstein 系统输入输出如下所示：

$$v(k)=f(u(k)) \tag{4.1}$$

$$\begin{aligned} H(\cdot)&=\frac{B(z)}{A(z)}=\frac{b_1z^{-1}+\cdots+b_{n_b}z^{-n_b}}{1+a_1z^{-1}+\cdots+a_{n_a}z^{-n_a}} \\ y(k)&=\frac{B(z)}{A(z)}v(k)+e(k) \end{aligned} \tag{4.2}$$

其中，$f(\cdot)$ 表示静态非线性模块，利用 2.1 节中的神经模糊模型拟合，$H(\cdot)$ 表示动态线性模块，$e(k)$ 表示有色相关噪声。

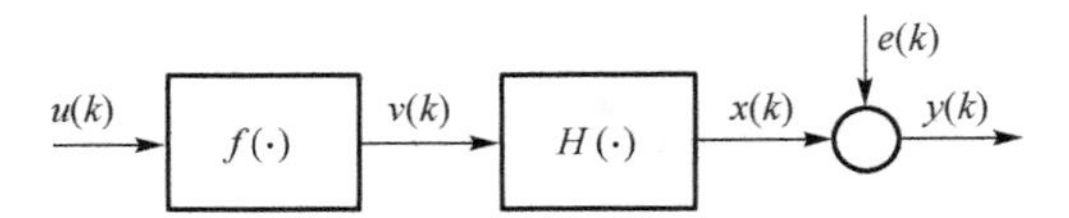

图 4.1　相关噪声扰动的 Hammerstein 系统结构

4.1.1　动态线性模块辨识

基于可分离输入信号及其相应的输出，利用 2.5.2 节中的相关分析方法辨识动态线性模块的参数，详细辨识过程参照 2.5.2 节的描述。

4.1.2　静态非线性模块辨识

本节的目标是在随机信号激励下，估计静态非线性模块的参数。首先，利用 2.1 节中的聚类算法估计神经模糊的中心 c_l 和宽度 σ_l 。接下来讨论神经模糊模型权重 $w_l(l=1,\cdots,L)$ 的辨识过程。

根据式(4.2)得到

$$y(k)=-\sum_{i=1}^{n_a}a_iy(k-i)+\sum_{j=1}^{n_b}\sum_{l=1}^{L}b_j\phi_l(u(k))w_l+\sum_{m=1}^{n_d}d_me(k-m)+e(k) \tag{4.3}$$

为了简单起见，将式(4.3)写成回归形式：

$$y(k)=\boldsymbol{\varphi}^{\mathrm{T}}(k)\boldsymbol{\theta}_1+\boldsymbol{\psi}^{\mathrm{T}}(k)\boldsymbol{\theta}_1+e(k) \tag{4.4}$$

其中， $\boldsymbol{\theta}_1=[\hat{a}_1,\cdots,\hat{a}_{n_a},\hat{b}_1\hat{w}_1,\cdots,\hat{b}_1\hat{w}_L,\cdots,\hat{b}_{n_b}\hat{w}_1,\cdots,\hat{b}_{n_b}\hat{w}_L]^{\mathrm{T}}\in\mathbf{R}^{n_a+n_b\times L}$ ， $\boldsymbol{\varphi}(k)=[-y(k-1),\cdots,-y(k-n_a),\phi_1(u(k-1)),\cdots,\phi_L(u(k-1)),\cdots,\phi_1(u(k-n_b)),\cdots,\phi_L(u(k-n_b))]^{\mathrm{T}}\in\mathbf{R}^{n_a+n_b\times L}$ ， $\boldsymbol{\psi}(k)=[e(k-1),\cdots,e(k-n_a),0,\cdots,0]^{\mathrm{T}}\in\mathbf{R}^{n_a+n_b\times L}$ 。

根据式(4.4)定义准则函数：

$$J(\boldsymbol{\theta}_1)=\sum_{k=1}^{N}\left\|y(k)-\boldsymbol{\varphi}^{\mathrm{T}}(k)\boldsymbol{\theta}_1\right\|^2 \tag{4.5}$$

利用最小二乘方法得到参数 $\boldsymbol{\theta}_1$ 的估计：

$$\hat{\boldsymbol{\theta}}_{LS}(k)=\boldsymbol{\theta}_1+\boldsymbol{P}(k)\sum_{i=1}^{k}\boldsymbol{\varphi}(i)[\boldsymbol{\psi}^{\mathrm{T}}(i)\boldsymbol{\theta}_1+e(i)] \tag{4.6}$$

式(4.6)两边同时乘以 $\boldsymbol{P}(k)/k$ ，并取极限得到

$$\lim_{k\to\infty}\frac{1}{k}\boldsymbol{P}^{-1}(k)[\hat{\boldsymbol{\theta}}_{LS}(k)-\boldsymbol{\theta}_1]$$

$$=\lim_{k\to\infty}\left[\frac{1}{k}\sum_{i=1}^{k}\boldsymbol{\varphi}(i)\boldsymbol{\psi}^{\mathrm{T}}(i)\right]\boldsymbol{\theta}_1+\lim_{k\to\infty}\frac{1}{k}\sum_{i=1}^{k}\boldsymbol{\varphi}(i)e(i) \tag{4.7}$$

其中，$\boldsymbol{P}^{-1}(k)=\sum_{i=1}^{k}\boldsymbol{\varphi}(i)\boldsymbol{\varphi}^{\mathrm{T}}(i)$。

由于噪声 $e(k)$ 与输入 $u(k)$ 是不相关的，因此，$\lim_{k\to\infty}\frac{1}{k}\sum_{i=1}^{k}u(i-j)e(i)=0, \forall j$。

定义噪声相关函数：

$$r_e(j)=\lim_{k\to\infty}\frac{1}{k}\sum_{i=1}^{k}e(i-j)\,e(i),\quad (j=0,1,\cdots,n_a) \tag{4.8}$$

结合式(4.2)、式(4.4)和式(4.8)得到

$$\lim_{k\to\infty}\left[\frac{1}{k}\sum_{i=1}^{k}\boldsymbol{\varphi}(i)\boldsymbol{\psi}^{\mathrm{T}}(i)\right]\boldsymbol{\theta}_1$$

$$=\lim_{k\to\infty}\frac{1}{k}\begin{bmatrix}\sum_{i=1}^{k}-y(i-1)e(i-1) & \cdots & \sum_{i=1}^{k}-y(i-1)e(i-n_a) & 0 & \cdots & 0\\ \vdots & & \vdots & \vdots & & \vdots\\ \sum_{i=1}^{k}-y(i-n_a)e(i-1) & \cdots & \sum_{i=1}^{k}-y(i-n_a)e(i-n_a) & 0 & \cdots & 0\\ \sum_{i=1}^{k}\phi_L(u(i-1))e(i-1) & \cdots & \sum_{i=1}^{k}\phi_L(u(i-1))e(i-n_a) & 0 & \cdots & 0\\ \vdots & & \vdots & \vdots & & \vdots\\ \sum_{i=1}^{k}\phi_L(u(i-n_b))e(i-1) & \cdots & \sum_{i=1}^{k}\phi_L(u(i-n_b))e\left(i-n_a\right) & 0 & \cdots & 0\end{bmatrix}\boldsymbol{\theta}_1$$

$$=\lim_{k\to\infty}\frac{1}{k}\begin{bmatrix}\sum_{i=1}^{k}-e(i-1)e(i-1) & \cdots & \sum_{i=1}^{k}-e(i-1)e(i-n_a) & 0 & \cdots & 0\\ \vdots & & \vdots & \vdots & & \vdots\\ \sum_{i=1}^{k}-e(i-n_a)e(i-1) & \cdots & \sum_{i=1}^{k}-e(i-n_a)e(i-n_a) & 0 & \cdots & 0\\ 0 & \cdots & 0 & 0 & \cdots & 0\\ \vdots & & \vdots & \vdots & & \vdots\\ 0 & \cdots & 0 & 0 & \cdots & 0\end{bmatrix}\boldsymbol{\theta}_1$$

$$=\begin{bmatrix} -r_e(0) & \cdots & -r_e(n_a-1) & 0 & \cdots & 0 \\ \vdots & & \vdots & \vdots & & \vdots \\ -r_e(n_a-1) & \cdots & -r_e(0) & 0 & \cdots & 0 \\ 0 & \cdots & 0 & 0 & \cdots & 0 \\ \vdots & & \vdots & \vdots & & \vdots \\ 0 & \cdots & 0 & 0 & \cdots & 0 \end{bmatrix}\boldsymbol{\theta}_1=-\boldsymbol{R}\boldsymbol{\theta}_1 \tag{4.9}$$

$$\lim_{k\to\infty}\frac{1}{k}\sum_{i=1}^{k}\varphi(i)e(i)=\lim_{k\to\infty}\frac{1}{k}\begin{bmatrix} \sum_{i=1}^{k}-y(i-1)e(i) \\ \vdots \\ \sum_{i=1}^{k}-y(i-n_a)e(i) \\ \sum_{i=1}^{k}\phi_L(u(i-1))e(i-1) \\ \vdots \\ \sum_{i=1}^{k}\phi_L(u(i-n_b))e(i-1) \end{bmatrix}=\begin{bmatrix} -r_e(1) \\ \vdots \\ -r_e(n_a) \\ 0 \\ \vdots \\ 0 \end{bmatrix}=-\boldsymbol{p} \tag{4.10}$$

其中，$\boldsymbol{R}=\begin{bmatrix} \boldsymbol{\gamma} & \boldsymbol{0} \\ \boldsymbol{0} & \boldsymbol{0} \end{bmatrix}\in\mathbf{R}^{(n_a+L\times n_b)\times(n_a+L\times n_b)}$，$\boldsymbol{p}=[\rho,0]\in\mathbf{R}^{n_a+L\times n_b}$，$\boldsymbol{\rho}=[r_e(1),r_e(2),\cdots,r_e(n_a)]\in\mathbf{R}^{n_a}$，$\boldsymbol{\gamma}=\begin{bmatrix} r_e(0) & r_e(1) & \cdots & r_e(n_a-1) \\ r_e(1) & r_e(0) & \cdots & r_e(n_a-2) \\ \vdots & \vdots & \ddots & \vdots \\ r_e(n_a-1) & r_e(n_a-2) & \cdots & r_e(0) \end{bmatrix}\in\mathbf{R}^{n_a\times n_a}$。其中，$\boldsymbol{0}$ 和 $\boldsymbol{0}$ 在 $\boldsymbol{R}$ 和 $\boldsymbol{p}$ 中分别表示适当维数的矩阵和向量。

因此，可以得到下列等式：

$$\begin{aligned} &\lim_{k\to\infty}\frac{1}{k}\boldsymbol{P}^{-1}(k)[\hat{\boldsymbol{\theta}}_{LS}(k)-\boldsymbol{\theta}_1] \\ &=\lim_{k\to\infty}\left[\frac{1}{k}\sum_{i=1}^{k}\boldsymbol{\varphi}(i)\boldsymbol{\psi}^{\mathrm{T}}(i)\right]\theta_1+\lim_{k\to\infty}\frac{1}{k}\sum_{i=1}^{k}\boldsymbol{\varphi}(i)e(i)=-(\boldsymbol{R}\boldsymbol{\theta}_1+\boldsymbol{p}) \end{aligned} \tag{4.11}$$

设 $\Delta\boldsymbol{\theta}(k)=-\boldsymbol{P}(k)k(\boldsymbol{R}\boldsymbol{\theta}_1+\boldsymbol{p})$，代入式(4.9)得到

$$\lim_{k\to\infty}\hat{\boldsymbol{\theta}}_{LS}(k)=\boldsymbol{\theta}_1-\lim_{k\to\infty}\boldsymbol{P}(k)k(\boldsymbol{R}\boldsymbol{\theta}_1+\boldsymbol{p})=\boldsymbol{\theta}_1+\lim_{k\to\infty}\Delta\boldsymbol{\theta}(k) \tag{4.12}$$

从式(4.12)可以看出，最小二乘估计 $\hat{\boldsymbol{\theta}}_{LS}(k)$ 是有偏的。如果补偿项 $\Delta\boldsymbol{\theta}(k)$ 加入到

最小二乘估计 $\hat{\boldsymbol{\theta}}_{LS}(k)$ 中，可以得到模型参数的无偏估计 $\hat{\boldsymbol{\theta}}_{B}(k)$。设 $\hat{\boldsymbol{R}}(k)$ 和 $\hat{\boldsymbol{p}}(k)$ 分别表示 $\boldsymbol{R}(k)$ 和 $\boldsymbol{p}(k)$ 在 k 时刻的估计，因此

$$\hat{\boldsymbol{\theta}}_{B}(k)=\hat{\boldsymbol{\theta}}_{LS}(k)+\boldsymbol{P}(k)k[\hat{\boldsymbol{R}}(k)\hat{\boldsymbol{\theta}}_{B}(k-1)+\hat{\boldsymbol{p}}(k)] \tag{4.13}$$

从式(4.13)可知，协方差矩阵 $\boldsymbol{P}^{-1}(k)$ 可以根据输入输出数据计算得到。然而，噪声相关函数 $\hat{\boldsymbol{R}}(k)$ 和 $\hat{\boldsymbol{p}}(k)$ 不能通过直接计算得到。因此，系统参数的无偏估计问题就转化为计算相关函数 $\hat{\boldsymbol{R}}(k)$ 和 $\hat{\boldsymbol{p}}(k)$。

本节采用滤波技术以获得系统参数的无偏估计。通过设计数据滤波器，将滤波器的零点嵌入到 Hammerstein 系统中，利用零点信息计算噪声模型的相关函数，补偿最小二乘算法中有色噪声引起的误差，进而通过误差补偿递推最小二乘算法得到静态非线性模块参数的无偏估计。

在 Hammerstein 系统的线性模块中引入一个 n_a 阶 $1/F(z)$ 滤波器：

$$F(z)=(1-\lambda_1 z^{-1})(1-\lambda_2 z^{-1})\cdots(1-\lambda_{n_a} z^{-1})=1+f_1 z^{-1}+f_2 z^{-2}+\cdots+f_{n_a} z^{-n_a} \tag{4.14}$$

其中，λ_i 满足 $0<\lambda_i<1$，$i=1,2,\cdots,n_a$。

式(4.2)的模型可以写成扩展的 Hammerstein 系统：

$$y(k)=\frac{B(z)F(z)}{A(z)}\bar{v}(k)+e(k)=\frac{\bar{B}(z)}{\bar{A}(z)}v(k)+e(k) \tag{4.15}$$

其中，$\bar{A}(z)=A(z)F(z)=1+\bar{a}_1 z^{-1}+\cdots+\bar{a}_{n_1} z^{-n_1}$，$\bar{B}(z)=B(z)F(z)=\bar{b}_1 z^{-1}+\cdots+\bar{b}_{n_2} z^{-n_2}$。

进一步，式(4.15)写成回归形式：

$$y(k)=\bar{\boldsymbol{\varphi}}^{\mathrm{T}}(k)\bar{\boldsymbol{\theta}}_2+\bar{\boldsymbol{\psi}}^{\mathrm{T}}(k)\bar{\boldsymbol{\theta}}_2+e(k) \tag{4.16}$$

其中，$\bar{\boldsymbol{\theta}}_2=[\bar{a}_1,\cdots,\bar{a}_{n_1},\bar{b}_1\hat{w}_1,\cdots,\bar{b}_1\hat{w}_L,\cdots,\bar{b}_{n_2}\hat{w}_1,\cdots,\bar{b}_{n_2}\hat{w}_L]^{\mathrm{T}}\in\mathbf{R}^{n_1+L\times n_2}$，$\bar{\boldsymbol{\varphi}}(k)=[-y(k-1),\cdots,-y(k-n_1),\phi_1(u(k-1)),\cdots,\phi_L(u(k-1)),\cdots,\phi_1(u(k-n_2)),\cdots,\phi_L(u(k-n_2))]^{\mathrm{T}}\in\mathbf{R}^{n_1+L\times n_2}$，$\bar{\boldsymbol{\psi}}(k)=[e(k-1),e(k-2),\cdots,e(k-n_a),0,\cdots,0]^{\mathrm{T}}\in\mathbf{R}^{n_1+L\times n_2}$。

利用最小二乘算法得到扩展系统参数 $\bar{\boldsymbol{\theta}}_2$ 的估计：

$$\hat{\bar{\boldsymbol{\theta}}}_{LS}(k)=\bar{\boldsymbol{\theta}}_2+\bar{\boldsymbol{P}}(k)\sum_{k=1}^{N}\bar{\boldsymbol{\varphi}}(k)[\bar{\boldsymbol{\psi}}^{\mathrm{T}}(k)\bar{\boldsymbol{\theta}}_2+e(k)] \tag{4.17}$$

其中，$\bar{\boldsymbol{P}}^{-1}(k)=\sum_{k=1}^{N}\bar{\boldsymbol{\varphi}}(k)\bar{\boldsymbol{\varphi}}^{\mathrm{T}}(k)$。

参照式(4.7)～式(4.11)的推导，容易得到

$$\begin{aligned}&\lim_{k\to\infty}\hat{\bar{\boldsymbol{\theta}}}_{LS}(k)\\&=\bar{\boldsymbol{\theta}}_2+\lim_{k\to\infty}\bar{\boldsymbol{P}}(k)k\left\{\lim_{k\to\infty}\left[\frac{1}{k}\sum_{i=1}^{k}\bar{\boldsymbol{\varphi}}(i)\bar{\boldsymbol{\psi}}^{\mathrm{T}}(i)\right]\bar{\boldsymbol{\theta}}_2+\lim_{k\to\infty}\frac{1}{k}\sum_{i=1}^{k}\bar{\boldsymbol{\varphi}}(i)e(i)\right\}\end{aligned}$$

$$=\bar{\boldsymbol{\theta}}_2-\lim_{k\to\infty}\bar{\boldsymbol{P}}(k)k(\boldsymbol{R}_1\bar{\boldsymbol{\theta}}_2+\boldsymbol{p}_1) \tag{4.18}$$

其中，$\boldsymbol{R}_1=-\lim\limits_{k\to\infty}\frac{1}{k}\sum\limits_{i=1}^{k}\bar{\boldsymbol{\varphi}}(i)\bar{\boldsymbol{\psi}}^{\mathrm{T}}(i)$，$\boldsymbol{p}_1=-\lim\limits_{k\to\infty}\frac{1}{k}\sum\limits_{i=1}^{k}\bar{\boldsymbol{\varphi}}(i)e(i)$。

类似式(4.13)的推导，得到扩展系统参数的无偏估计：

$$\hat{\bar{\boldsymbol{\theta}}}_B(k)=\hat{\bar{\boldsymbol{\theta}}}_{LS}(k)+\bar{\boldsymbol{P}}(k)k[\hat{\boldsymbol{R}}_1(k)\hat{\bar{\boldsymbol{\theta}}}_B(k-1)+\hat{\boldsymbol{p}}_1(k)] \tag{4.19}$$

讨论噪声相关函数估计值 $\hat{\boldsymbol{R}}_1(k)$ 和 $\hat{\boldsymbol{p}}_1(k)$ 的计算过程。

令 $\bar{A}^*(z)=z^{n_a}F(z)z^{n_a}A(z)=z^{n_1}\bar{A}(z)=z^{n_1}+\bar{a}_1z^{n_1-1}+\bar{a}_2z^{n_1-2}+\cdots+\bar{a}_{n_1}$，$\bar{B}^*(z)=z^{n_a}F(z)$ $z^{n_b}B(z)=z^{n_2}\bar{B}(z)=\bar{b}_1z^{n_2-1}+\bar{b}_2z^{n_2-2}+\cdots+\bar{b}_{n_2}$，则

$$\bar{A}^*(\lambda_{a_i})=\lambda_{a_i}^{n_1}+\bar{a}_1\lambda_{a_i}^{n_1-1}+\bar{a}_2\lambda_{a_i}^{n_1-2}+\cdots+\bar{a}_{n_1}=0 \tag{4.20}$$

$$\bar{B}^*(\lambda_{b_i})=\bar{b}_1\lambda_{b_i}^{n_2-1}+\bar{b}_2\lambda_{b_i}^{n_2-2}+\cdots+\bar{b}_{n_2}=0 \tag{4.21}$$

定义矩阵：

$$\boldsymbol{H}=\left[\begin{array}{cccc:cccc}\lambda_{a_1}^{n_1-1} & \cdots & \lambda_{a_1} & 1 & \lambda_{b_1}^{n_2-1} & \cdots & \lambda_{b_1} & 1\\ \lambda_{a_2}^{n_1-1} & \cdots & \lambda_{a_2} & 1 & \lambda_{b_2}^{n_2-1} & \cdots & \lambda_{b_2} & 1\\ \vdots & \ddots & \vdots & \vdots & \vdots & \ddots & \vdots & \vdots\\ \lambda_{a_{n_a}}^{n_1-1} & \cdots & \lambda_{a_{n_a}} & 1 & \lambda_{b_{n_a}}^{n_2-1} & \cdots & \lambda_{b_{n_a}} & 1\end{array}\right]^{\mathrm{T}}\in\mathbf{R}^{(n_1+n_2)\times n_a}$$

因此

$$\boldsymbol{H}^{\mathrm{T}}\bar{\boldsymbol{\theta}}_2=-[\lambda_{a_1}^{n_1},\lambda_{a_2}^{n_1},\cdots,\lambda_{a_{n_a}}^{n_1}]^{\mathrm{T}} \tag{4.22}$$

式(4.18)两边同时左乘矩阵 $\boldsymbol{H}^{\mathrm{T}}$，得到下列方程：

$$\boldsymbol{H}^{\mathrm{T}}\hat{\bar{\boldsymbol{\theta}}}_{LS}(k)=-[\lambda_{a_1}^{n_1},\lambda_{a_2}^{n_1},\cdots,\lambda_{a_{n_a}}^{n_1}]^{\mathrm{T}}-\boldsymbol{H}^{\mathrm{T}}\bar{\boldsymbol{P}}(k)k[\hat{\boldsymbol{R}}_1(k)\hat{\bar{\boldsymbol{\theta}}}_B(k-1)+\hat{\boldsymbol{p}}_1(k)] \tag{4.23}$$

定义误差：

$$\varepsilon_{LS}(k)=y(k)-\bar{\boldsymbol{\varphi}}^{\mathrm{T}}(k)\hat{\bar{\boldsymbol{\theta}}}_{LS}(k) \tag{4.24}$$

和目标函数：

$$J(k)=\sum_{k=1}^{N}\left\|y(k)-\bar{\boldsymbol{\varphi}}^{\mathrm{T}}(k)\hat{\bar{\boldsymbol{\theta}}}_{LS}(k)\right\|^2 \tag{4.25}$$

结合式(4.18)和以下关系：

$$\sum_{i=1}^{k}\varepsilon_{LS}(i)\bar{\boldsymbol{\varphi}}^{\mathrm{T}}(i)=0 \tag{4.26}$$

得到

$$
\begin{aligned}
\lim_{k\to\infty}\frac{1}{k}J(k) &= \lim_{k\to\infty}\sum_{i=1}^{k}\varepsilon_{LS}(i)[y(i)-\bar{\boldsymbol{\varphi}}^{\mathrm{T}}(i)\hat{\hat{\boldsymbol{\theta}}}_{LS}(i)] \\
&= \lim_{k\to\infty}\sum_{i=1}^{k}\varepsilon_{LS}(i)y(i) = \lim_{k\to\infty}\sum_{i=1}^{k}\varepsilon_{LS}(i)[\bar{\boldsymbol{\psi}}^{\mathrm{T}}(i)\bar{\boldsymbol{\theta}}_2 + e(i)] \\
&= \lim_{k\to\infty}\sum_{i=1}^{k}\bar{\boldsymbol{\varphi}}^{\mathrm{T}}(i)(\bar{\boldsymbol{\theta}}_2-\hat{\hat{\boldsymbol{\theta}}}_{LS})[\bar{\boldsymbol{\psi}}^{\mathrm{T}}(i)\bar{\boldsymbol{\theta}}_2+e(i)] + \sum_{i=1}^{k}[\bar{\boldsymbol{\psi}}^{\mathrm{T}}(i)\bar{\boldsymbol{\theta}}_2+e(i)]^2 \\
&= r_e(0) + \boldsymbol{p}_1{}^{\mathrm{T}}\bar{\boldsymbol{\theta}}_2 + \bar{\boldsymbol{\theta}}_2{}^{\mathrm{T}}(\boldsymbol{p}_1+\boldsymbol{R}_1\bar{\boldsymbol{\theta}}_2) - (\boldsymbol{p}_1+\boldsymbol{R}_1\bar{\boldsymbol{\theta}}_2)^{\mathrm{T}}\bar{\boldsymbol{P}}(k)k(\boldsymbol{p}_1{}^{\mathrm{T}}+\boldsymbol{R}_1\bar{\boldsymbol{\theta}}_2)
\end{aligned} \tag{4.27}
$$

将式(4.27)写成下列近似方程：

$$
\begin{aligned}
J(k)/k = {} & r_e(0) + \hat{\boldsymbol{p}}_1^{\mathrm{T}}(k)\hat{\hat{\boldsymbol{\theta}}}_B(k-1) + \hat{\hat{\boldsymbol{\theta}}}_B^{\mathrm{T}}(k-1)[\hat{\boldsymbol{p}}_1(k)+\hat{\boldsymbol{R}}_1\hat{\hat{\boldsymbol{\theta}}}_B(k-1)] \\
& -[\hat{\boldsymbol{p}}_1(k)+\hat{\boldsymbol{R}}_1(k)\hat{\hat{\boldsymbol{\theta}}}_B(k-1)]^{\mathrm{T}}\bar{\boldsymbol{P}}(k)k[\hat{\boldsymbol{p}}_1^{\mathrm{T}}(k)+\hat{\boldsymbol{R}}_1(k)\hat{\hat{\boldsymbol{\theta}}}_B(k-1)]
\end{aligned} \tag{4.28}
$$

根据式(4.23)和式(4.28)，可以计算出噪声相关函数估计值 $\hat{\boldsymbol{R}}_1(k)$ 和 $\hat{\boldsymbol{p}}_1(k)$。

最小二乘的估计 $\hat{\hat{\boldsymbol{\theta}}}_{LS}(k)$ 写成递推形式：

$$
\hat{\hat{\boldsymbol{\theta}}}_{LS}(k) = \hat{\hat{\boldsymbol{\theta}}}_{LS}(k-1) + \bar{\boldsymbol{P}}(k)\bar{\boldsymbol{\varphi}}(k)[y(k)-\bar{\boldsymbol{\varphi}}^{\mathrm{T}}(k)\hat{\hat{\boldsymbol{\theta}}}_{LS}(k-1)] \tag{4.29}
$$

$$
\bar{\boldsymbol{P}}(k) = \bar{\boldsymbol{P}}(k-1) + \bar{\boldsymbol{\varphi}}(k)\bar{\boldsymbol{\varphi}}^{\mathrm{T}}(k) \tag{4.30}
$$

此外，根据 $\hat{\hat{\boldsymbol{\theta}}}_{LS}(k)$ 递推关系得到准则函数的递推形式：

$$
J(k) = J(k-1) + \frac{[y(k)-\bar{\boldsymbol{\varphi}}^{\mathrm{T}}(k)\hat{\hat{\boldsymbol{\theta}}}_{LS}(k-1)]^2}{1+\bar{\boldsymbol{\varphi}}^{\mathrm{T}}(k)\bar{\boldsymbol{P}}(k-1)\bar{\boldsymbol{\varphi}}(k)} \tag{4.31}
$$

基于上述分析，得到下列误差补偿递推最小二乘参数估计方法：

$$
\hat{\hat{\boldsymbol{\theta}}}_B(k) = \hat{\hat{\boldsymbol{\theta}}}_{LS}(k) + \bar{\boldsymbol{P}}(k)k[\hat{\boldsymbol{R}}_1(k)\hat{\hat{\boldsymbol{\theta}}}_B(k-1)+\hat{\boldsymbol{p}}_1(k)] \tag{4.32}
$$

$$
\hat{\hat{\boldsymbol{\theta}}}_{LS}(k) = \hat{\hat{\boldsymbol{\theta}}}_{LS}(k-1) + \bar{\boldsymbol{P}}(k)\bar{\boldsymbol{\varphi}}(k)[y(k)-\bar{\boldsymbol{\varphi}}^{\mathrm{T}}(k)\hat{\hat{\boldsymbol{\theta}}}_{LS}(k-1)] \tag{4.33}
$$

$$
\boldsymbol{L}(k) = \bar{\boldsymbol{P}}(k-1)\bar{\boldsymbol{\varphi}}(k)[1+\bar{\boldsymbol{\varphi}}^{\mathrm{T}}(k)\bar{\boldsymbol{P}}(k-1)\bar{\boldsymbol{\varphi}}(k)]^{-1} \tag{4.34}
$$

$$
\bar{\boldsymbol{P}}(k) = [\boldsymbol{I}-\boldsymbol{L}(k)\bar{\boldsymbol{\varphi}}^{\mathrm{T}}(k)]\bar{\boldsymbol{P}}(k-1) \tag{4.35}
$$

本节提出的相关噪声扰动的 Hammerstein 系统辨识方法总结如下。

步骤 1　基于可分离信号的输入和输出，利用 2.5.2 节中描述的相关分析法辨识动态线性模块的参数 $\boldsymbol{\theta}_1=[\hat{a}_1,\hat{a}_2,\cdots,\hat{a}_{n_a},\hat{b}_1,\hat{b}_2,\cdots,\hat{b}_{n_b}]$。

步骤 2　基于随机信号，利用聚类算法估计神经模糊的中心 c_l 和宽度 σ_l。

步骤 3　基于随机信号的输入输出，利用给定滤波器的零点信息，利用式(4.32)

～式(4.35)估计扩展 Hammerstein 系统的参数 $\hat{\hat{\boldsymbol{\theta}}}_B=[\bar{a}_1,\cdots,\bar{a}_{n_1},\bar{b}_1\hat{w}_1,\cdots,\bar{b}_1\hat{w}_L,\cdots,\bar{b}_{n_2}\hat{w}_1,\cdots,\bar{b}_{n_2}\hat{w}_L]^{\mathrm{T}}$。

步骤 4　在步骤 1 和步骤 3 的基础上，计算神经模糊的权重数 w_l。

4.2 仿真结果

为了证明本节提出方法的有效性，将提出的方法运用到三种典型的 Hammerstein 系统中。

(1)考虑如下含有色观测噪声的 Hammerstein 系统：

$$v(k)=2+2\tanh(u(k))-2\exp(0.1u(k))$$

$$y(k)=\frac{B(z)}{A(z)}v(k)+e(k)=\frac{0.8z^{-1}+0.3z^{-2}}{1-1.2z^{-1}+0.6z^{-2}}v(k)+e(k)$$

$$e(k)=e_1(k)+0.6e_1(k-1)+0.3e_1(k-2)$$

其中，$e_1(k)$是均值为零、方差为σ^2白噪声。

为了辨识相关噪声的 Hammerstein 系统，产生如图 4.2 所示的组合信号，包括：①均值为 0、方差为 0.5 的高斯信号；②区间为[−1, 1]的随机信号。

定义参数估计偏差：$\delta=\left\|\hat{\boldsymbol{\theta}}_1(k)-\boldsymbol{\theta}_1\right\|/\left\|\boldsymbol{\theta}_1\right\|$，以及滤波器：$F(z)=(1-0.4z^{-1})(1-0.2z^{-1})$。

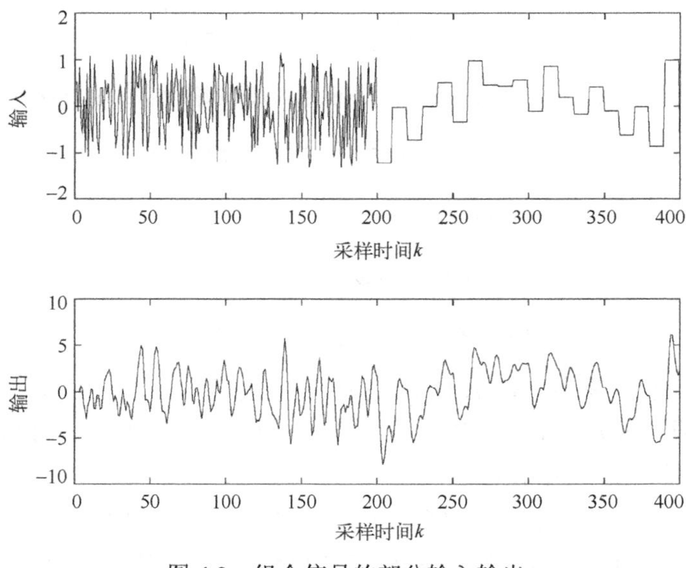

图 4.2　组合信号的部分输入输出

首先，利用相关分析法辨识动态线性模块的参数。表 4.1 给出了不同噪信比下相关分析方法和辅助模型递推最小二乘方法[4]辨识线性模块的结果。由表 4.1 可以看出，提出的相关性分析算法比辅助模型递推最小二乘算法有更高的辨识精度，且随着噪声比的增加，相关性分析算法的优越性更明显。

表 4.1　不同噪信比下两种方法动态线性模块的辨识结果 1

噪信比/%	k	相关分析方法				辅助模型递推最小二乘方法			
		$\hat{a}_1$	$\hat{a}_2$	$\hat{b}_1$	$\hat{b}_2$	$\hat{a}_1$	$\hat{a}_2$	$\hat{b}_1$	$\hat{b}_2$
$\delta_{ns}=11.79$	200	−1.2658	0.6660	0.9188	0.2392	−1.2754	0.6433	1.2810	0.3866
	1000	−1.1943	0.5884	0.8327	0.3092	−1.2443	0.6208	1.2704	0.4310
	2000	−1.2099	0.6094	0.8079	0.2977	−1.2520	0.6238	1.2627	0.4224
	3000	−1.2092	0.6092	0.8300	0.2923	−1.2470	0.6289	1.2645	0.4180
	4000	−1.2057	0.6066	0.8151	0.2990	−1.2454	0.6261	1.2677	0.4213
	5000	−1.2033	0.6035	0.8138	0.2977	−1.2452	0.6264	1.2630	0.4151
$\delta_{ns}=40.56$	200	−1.1785	0.5950	0.9990	0.2925	−1.4529	0.7970	1.1725	0.0240
	1000	−1.2267	0.6099	1.0135	0.3861	−1.4463	0.7631	1.3203	0.2903
	2000	−1.2938	0.6714	0.7936	0.2800	−1.4322	0.7616	1.2819	0.2251
	3000	−1.2634	0.6555	0.7885	0.2614	−1.4363	0.7684	1.2461	0.1954
	4000	−1.2728	0.6842	0.7670	0.2615	−1.4429	0.7714	1.2403	0.1939
	5000	−1.2504	0.6616	0.7737	0.2809	−1.4416	0.7724	1.2225	0.1950
真值		−1.2	0.6	0.8	0.3	−1.2	0.6	0.8	0.3

另外，在仿真研究中选取的高斯信号可以换成正弦信号或二进制信号等可分离信号。表 4.2 给出了不同可分离输入信号下采用相关分析方法得到的动态线性模块辨识结果。由表 4.2 可以看出，在不同可分离信号和不同噪信比的作用下，相关分析方法都能取得较好的辨识结果。

表 4.2　不同可分离信号下线性模块的辨识结果及误差 1

噪信比		$\hat{a}_1$	$\hat{a}_2$	$\hat{b}_1$	$\hat{b}_2$	δ
$\delta_{ns}=10.20\%$	二进制信号	−1.1558	0.5645	0.8525	0.3334	0.0529
$\delta_{ns}=12.65\%$	正弦信号	−1.1983	0.5869	0.7637	0.3285	0.0292
$\delta_{ns}=22.24\%$	二进制信号	−1.1539	0.5050	0.7474	0.3525	0.0812
$\delta_{ns}=21.88\%$	正弦信号	−1.2030	0.5954	0.7281	0.3353	0.0505
$\delta_{ns}=44.45\%$	二进制信号	−1.1533	0.3805	0.8639	0.4511	0.1747
$\delta_{ns}=40.38\%$	正弦信号	−1.0774	0.5182	1.0163	0.4402	0.1867
真值		−1.2	0.6	0.8	0.3	0

其次，利用随机信号及其相应的输出信号辨识静态非线性模块的参数，即神经模糊模型的参数。设置参数 $S_0=0.98$，$\rho=1$，$\lambda=0.01$，得到模糊规则数 $L=6$，静

态非线性模块的训练 MSE 为 9.1448×10^{-4}。图 4.3 给出了不同滤波器作用下的神经模糊模型和多项式模型拟合静态非线性模块的比较。表 4.3 给出了不同滤波器作用下拟合静态非线性模块的估计误差。

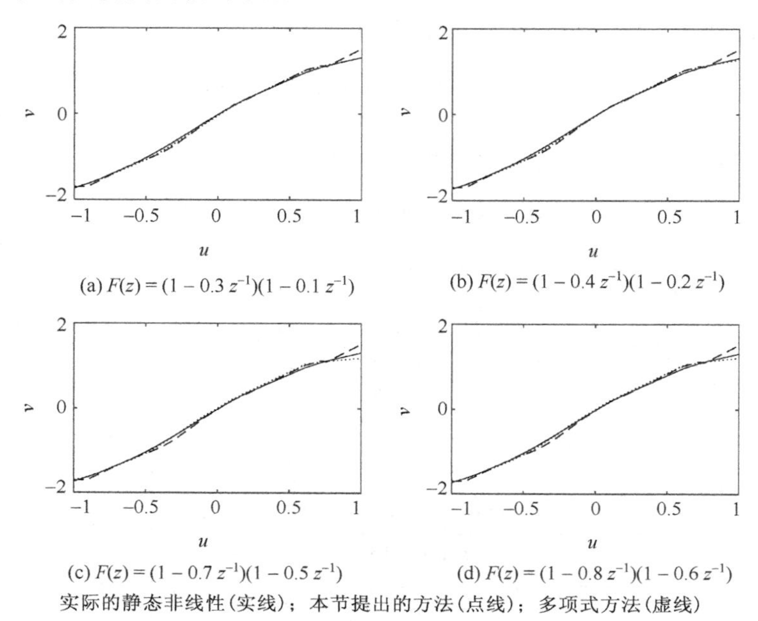

图 4.3 不同滤波器作用下静态非线性模块的拟合结果 1

表 4.3 不同滤波器下静态非线性模块的估计误差 1

滤波器	MSE
$F(z)=(1-0.3z^{-1})(1-0.1z^{-1})$	1.0×10^{-3}
$F(z)=(1-0.4z^{-1})(1-0.2z^{-1})$	9.1448×10^{-4}
$F(z)=(1-0.7z^{-1})(1-0.5z^{-1})$	8.3487×10^{-4}
$F(z)=(1-0.8z^{-1})(1-0.6z^{-1})$	8.6809×10^{-4}

由图 4.3 和表 4.3 可以看出，选择不同滤波器时，本节提出的方法能够有效近似静态非线性模块。

为了进一步验证本节提出方法的有效性，随机产生 200 组区间为[−1, 1]的测试信号，用于测试系统的输出性能。图 4.4 比较了本节提出的方法和基于辅助模型最小二乘的 Hammerstein 系统辨识方法(auxiliary model-based least squares，AM-LS)[5]的预测输出。表 4.4 给出了不同方法下预测输出的 MSE 和 ME。

从图 4.4 和表 4.4 中看出，与基于辅助模型最小二乘的 Hammerstein 系统辨识方法相比，本节提出的方法能有效跟踪 Hammerstein 系统的真实输出，且在不同滤波器作用下系统预测性能变化较小。因此，针对相关噪声的扰动，本节提出的方法能够有效辨识 Hammerstein 系统。

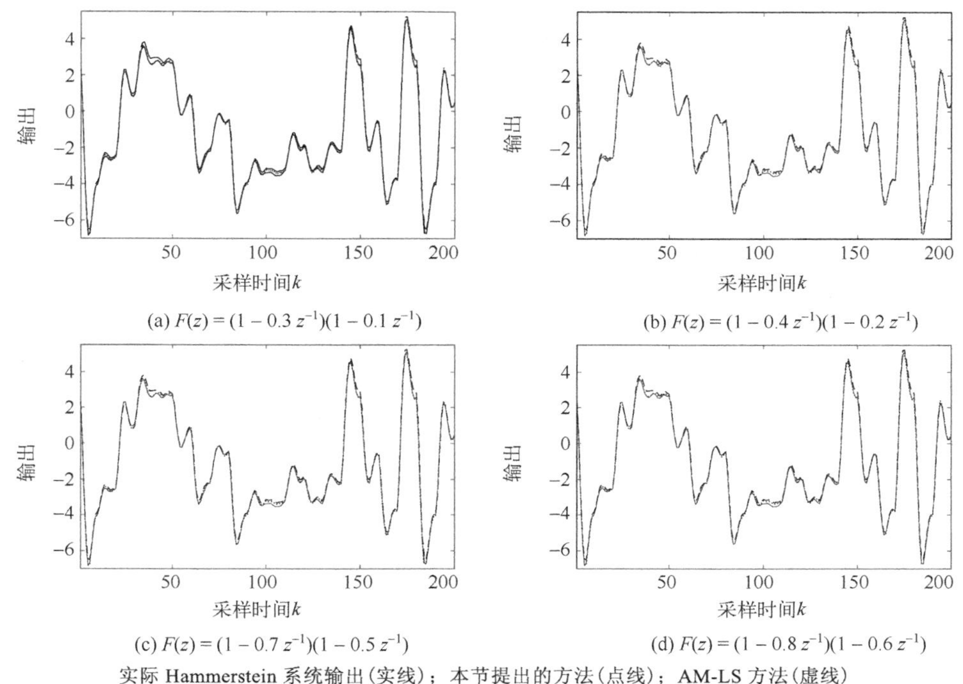

(a) $F(z)=(1-0.3z^{-1})(1-0.1z^{-1})$　(b) $F(z)=(1-0.4z^{-1})(1-0.2z^{-1})$

(c) $F(z)=(1-0.7z^{-1})(1-0.5z^{-1})$　(d) $F(z)=(1-0.8z^{-1})(1-0.6z^{-1})$

实际 Hammerstein 系统输出(实线)；本节提出的方法(点线)；AM-LS 方法(虚线)

图 4.4　不同方法下 Hammerstein 系统预测输出 1

表 4.4　不同方法下的预测误差比较 1

方法		MSE	ME
本节提出的方法	$F(z)=(1-0.3z^{-1})(1-0.1z^{-1})$	5.4×10^{-3}	0.1869
	$F(z)=(1-0.4z^{-1})(1-0.2z^{-1})$	5.5×10^{-3}	0.1861
	$F(z)=(1-0.7z^{-1})(1-0.5z^{-1})$	5.9×10^{-3}	0.1953
	$F(z)=(1-0.8z^{-1})(1-0.6z^{-1})$	6.1×10^{-3}	0.1967
AM-LS 方法		3.47×10^{-2}	0.5801

注 4.1　对于设计的稳定二阶滤波器 $1/F(z)$，且 $F(z)=(1-\lambda_1 z^{-1})(1-\lambda_2 z^{-1})$，其所有零点严格位于单位圆内，即 $0<\lambda_1<1$，$0<\lambda_2<1$。仿真结果表明，使用合适的过滤器可以准确地逼近实际过程的静态非线性。滤波器参数λ_1越小，滤波器参数λ_2越大，模型误差越小，但收敛速度越慢。因此，滤波器的参数应有效平衡模型误差和收敛速度。

(2) 考虑更复杂的一类 Hammerstein 系统，其静态非线性模块是更分段且不连续的复杂非线性函数。

$$v(k)=\begin{cases}\tanh(2u(k)), & u(k)\leqslant 1.5\\ -\dfrac{\exp(u(k))-1}{\exp(u(k))+1}, & u(k)>1.5\end{cases}$$

$$y(k)=\frac{B(z)}{A(z)}v(k)+e(k)=\frac{1.4z^{-1}+0.3z^{-2}}{1+1.6z^{-1}+0.78z^{-2}}v(k)+e(k)$$

$$e(k)=e_1(k)+0.5e_1(k-1)+0.2e_1(k-2)$$

其中，$e_1(k)$ 是均值为零方差为 σ^2 白噪声。

在该仿真中，组合信号包括：①幅值为 0 或者 3 的二进制信号；②区间为[0, 3]的随机信号。首先，利用相关分析法辨识动态线性模块的参数。表 4.5 给出了不同噪信比下相关分析方法和辅助模型递推最小二乘方法辨识线性模块的结果。

由表 4.5 可以看出，相关性分析算法比辅助模型递推最小二乘方法有更高的辨识精度，且随着噪信比的增加，相关性分析算法优势更为明显。

表 4.5　不同噪信比下两种方法动态线性模块的辨识结果 2

噪信比/%	k	相关分析方法				辅助模型递推最小二乘方法			
		$\hat{a}_1$	$\hat{a}_2$	$\hat{b}_1$	$\hat{b}_2$	$\hat{a}_1$	$\hat{a}_2$	$\hat{b}_1$	$\hat{b}_2$
$\delta_{ns}=12.06$	200	1.6058	0.7799	1.4717	0.3168	1.5388	0.7159	1.4118	0.1972
	1000	1.5995	0.7686	1.3384	0.3023	1.5502	0.7284	1.4140	0.2204
	2000	1.5829	0.7542	1.3529	0.2759	1.5532	0.7330	1.4130	0.2381
	3000	1.5881	0.7609	1.3391	0.2873	1.5543	0.7352	1.4131	0.2447
	4000	1.6301	0.7790	1.3597	0.3107	1.5543	0.7349	1.4130	0.2414
	5000	1.6096	0.7880	1.4005	0.3190	1.5229	0.7334	1.4128	0.2395
$\delta_{ns}=31.81$	200	1.5629	0.7182	1.5806	0.4327	1.4279	0.5968	1.3419	0.0064
	1000	1.5392	0.6818	1.3549	0.3161	1.3665	0.5474	1.3651	0.0379
	2000	1.5615	0.7130	1.4674	0.2933	1.3887	0.5714	1.3861	0.0367
	3000	1.6062	0.7679	1.4327	0.3625	1.3740	0.5563	1.4055	0.0285
	4000	1.6203	0.7919	1.4573	0.3606	1.3794	0.5062	1.4186	0.0262
	5000	1.5839	0.7510	1.4870	0.2845	1.3851	0.5697	1.4266	0.0325
真值		1.6	0.78	1.4	0.3	1.6	0.78	1.4	0.3

在仿真研究中可分离信号可以换成正弦信号或高斯信号。表 4.6 给出了不同可分离输入信号下采用相关分析方法得到的动态线性模块辨识结果。由表 4.6 可以看

出，在不同可分离信号和不同噪信比的作用下，相关分析方法都能取得较好的辨识结果。

表 4.6　不同可分离信号下线性模块的辨识结果及误差 2

噪信比		$\hat{a}_1$	$\hat{a}_2$	$\hat{b}_1$	$\hat{b}_2$	δ
$\delta_{ns}=10.58\%$	高斯信号	1.5373	0.7043	1.3866	0.1594	0.0753
$\delta_{ns}=10.92\%$	正弦信号	1.6378	0.8210	1.3834	0.3192	0.0268
$\delta_{ns}=22.20\%$	高斯信号	1.6582	0.8406	1.3806	0.4612	0.0800
$\delta_{ns}=22.15\%$	正弦信号	1.5866	0.7691	1.4569	0.2126	0.0463
$\delta_{ns}=31.09\%$	高斯信号	1.7236	0.9277	1.3084	0.4379	0.1099
$\delta_{ns}=31.26\%$	正弦信号	1.5251	0.7396	1.3880	0.1992	0.0580
真值		1.6	0.78	1.4	0.3	0

其次，利用随机信号及其相应的输出信号辨识神经模糊模型。定义滤波器：$F(z)=(1-0.4z^{-1})(1-0.2z^{-1})$。设置参数 $S_0=0.985$，$\rho=2$，$\lambda=0.01$，得到模糊规则数 $L=11$，静态非线性模块的训练 MSE 为 7.7883×10^{-4}。图 4.5 给出了不同滤波器作用下的神经模糊模型和多项式模型拟合静态非线性模块的比较。表 4.7 给出了不同滤波器作用下拟合静态非线性模块的估计误差。

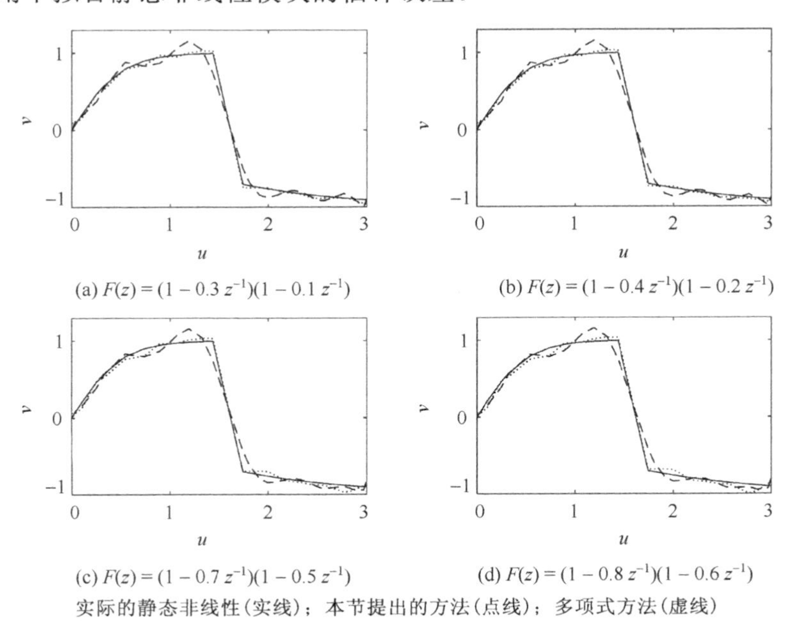

图 4.5　不同滤波器作用下静态非线性模块的拟合结果 2

表 4.7　不同滤波器下静态非线性模块的估计误差 2

滤波器	MSE
$F(z)=(1-0.3z^{-1})(1-0.1z^{-1})$	8.2309×10^{-4}
$F(z)=(1-0.4z^{-1})(1-0.2z^{-1})$	7.7883×10^{-4}
$F(z)=(1-0.7z^{-1})(1-0.5z^{-1})$	1.4×10^{-3}
$F(z)=(1-0.8z^{-1})(1-0.6z^{-1})$	1.6×10^{-3}

由图 4.5 和表 4.7 可以看出，选择不同滤波器时，本节提出的方法能够有效近似静态非线性模块。

为了进一步验证本节提出方法的有效性，随机产生 100 组区间为[0, 3]的测试信号，用于测试系统的输出性能。图 4.6 比较了本节提出的方法和基于辅助模型最小二乘的预测输出。表 4.8 给出了不同方法下预测输出的 MSE 和 ME。

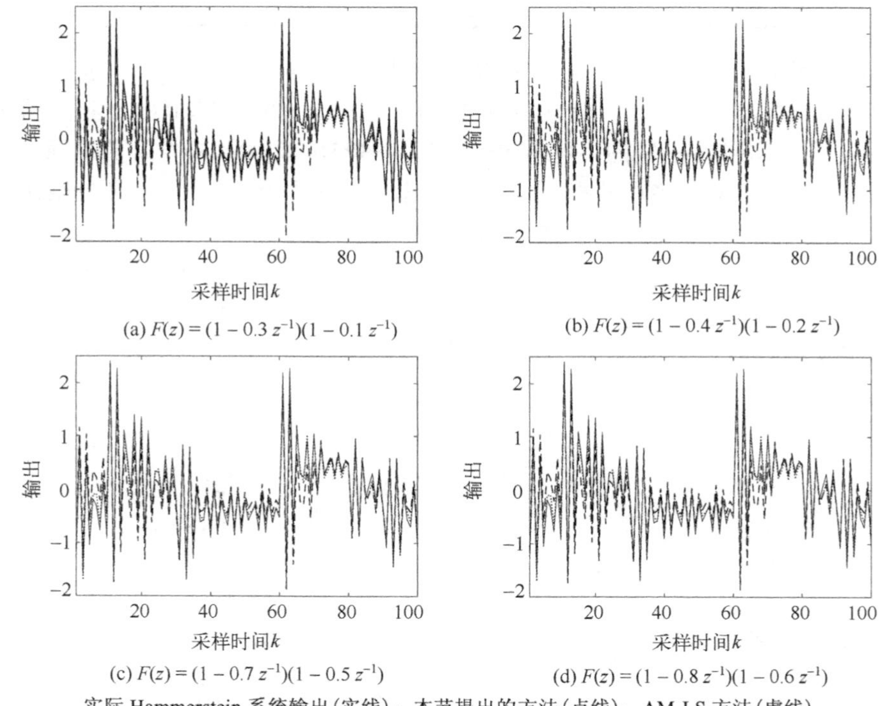

(a) $F(z)=(1-0.3z^{-1})(1-0.1z^{-1})$

(b) $F(z)=(1-0.4z^{-1})(1-0.2z^{-1})$

(c) $F(z)=(1-0.7z^{-1})(1-0.5z^{-1})$

(d) $F(z)=(1-0.8z^{-1})(1-0.6z^{-1})$

实际 Hammerstein 系统输出(实线)；本节提出的方法(点线)；AM-LS 方法(虚线)

图 4.6　不同方法下 Hammerstein 系统预测输出 2

(3) 为进一步验证本节所提辨识方法的可行性，选用一个非线性 CSTR 中的 Van de Vusse 反应作为仿真研究对象[6,7]，如图 4.7 所示。该过程具有动态反应：$A\xrightarrow{k_1}B\xrightarrow{k_2}C$，$2A\xrightarrow{k_3}D$，其动力学方程为

$$\frac{\mathrm{d}C_A}{\mathrm{d}t} = -k_1 C_A - k_3 C_A^2 + \frac{F}{V}(C_{Af} - C_A)$$

$$\frac{\mathrm{d}C_B}{\mathrm{d}t} = k_1 C_A - k_2 C_B - \frac{F}{V} C_B$$

$$y = C_B$$

其中，C_A 和 C_B 分别表示反应物 A 和 B 的浓度，F 表示流速，C_{Af} 是入口处物质 A 的浓度，V 是反应器的体积，k_1，k_2 和 k_3 是动力学参数。

表 4.8　不同方法下的预测误差比较 2

方法		MSE	ME
本节提出的方法	$F(z)=(1-0.3z^{-1})(1-0.1z^{-1})$	8.3×10^{-3}	0.2437
	$F(z)=(1-0.4z^{-1})(1-0.2z^{-1})$	8.0×10^{-3}	0.2391
	$F(z)=(1-0.7z^{-1})(1-0.5z^{-1})$	7.5×10^{-3}	0.2299
	$F(z)=(1-0.8z^{-1})(1-0.6z^{-1})$	7.4×10^{-3}	0.2277
AM-LS 方法		8.02×10^{-2}	0.5913

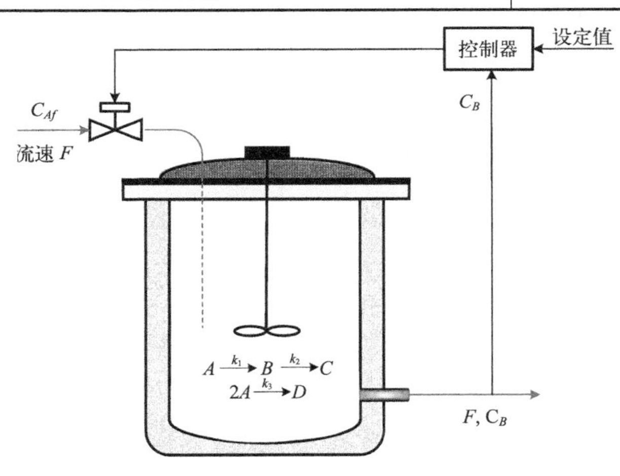

图 4.7　CSTR 过程示意图

表 4.9 给出了该反应的系统参数和设定值。该反应的目的是通过流量 F 对反应釜中的浓度 C_B 进行控制。

表 4.9　CSTR 过程参数与设定值

参数	设定值	参数	设定值
k_1	$50\ \mathrm{h}^{-1}$	C_{Bss}	1.12 mol/L
k_2	$100\ \mathrm{h}^{-1}$	V	1 L
k_3	10 L/(mol·h)	F_{ss}	34.3 L/h
C_{Ass}	3.0 mol/L	C_{Af}	10 mol/L

本节设计的组合信号包括：①幅值为 0 或 0.5 的二进制信号；②区间为[−1, 1]的随机信号。仿真中首先对输入和输出变量进行归一化处理：$u=(F-F_{ss})/F_{ss}$，$y=(C_B-C_{Bss})/C_{Bss}$。其中，u 为系统输入，y 为系统输出，F 为控制变量，C_B 为输出。

为了辨识 Hammerstein 系统，设置参数：$S_0=0.995$，$\rho=1$，$\lambda=0.01$，产生由 9 条模糊规则的神经模糊模型和线性模块 $\hat{y}(k)=-1.5446y(k-1)+0.6922y(k-2)+0.0142\hat{v}(k-1)+0.0038\hat{v}(k-2)$ 串联的 Hammerstein 系统。在获得的神经模糊 Hammerstein 系统基础上设计控制系统，如图 4.8 所示。控制系统的设计原理是消除 Hammerstein 系统中的非线性部分，使得虚线框内近似等价于一个线性系统，从而能够被线性控制器控制[8, 9]。

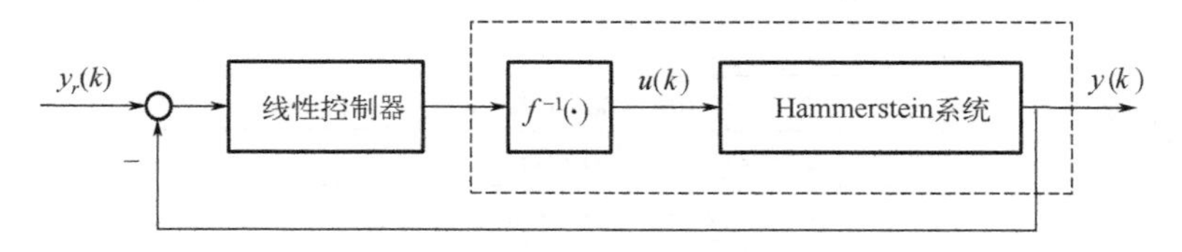

图 4.8　基于 Hammerstein 系统的控制系统设计

设反应从原稳态工作点 0 分别跃变到新的工作点 0.1 和−0.5，仿真中非线性 PI 控制器参数为 $K_c=0.2$，$\tau_I=8$。为了比较，在仿真中采用下列传统的线性 PI 控制器（$K_c=2$，$\tau_I=10$）对 Hammerstein 系统控制：

$$u(k)=u(k-1)+K_c\left[e(k)-e(k-1)+\frac{e(k)}{\tau_I}\right]$$

其中，$e(k)=y_r(k)-y(k)$，$y_r(k)$ 是设定值。

两种 PI 控制器的控制结果分别如图 4.9 和图 4.10 所示。从图 4.9 和图 4.10 中容易看出，无论如何调节控制器参数，线性 PI 控制器在设定点−0.5 附近产生振荡响应，在设定点 0.1 处则表现出迟缓现象。如果采取较为保守的 PI 控制器参数设计（相对于当前的 PI 参数），可以避免设定值从 0 变化到−0.5 的振荡响应，但将使设定值从 0 变化到 0.1 的响应更缓慢。相反，如果要加快后者的速度，必以前者的高震荡甚至不稳定为代价。相比之下，本节设计的非线性 PI 控制器能够取得较好的跟踪性能。

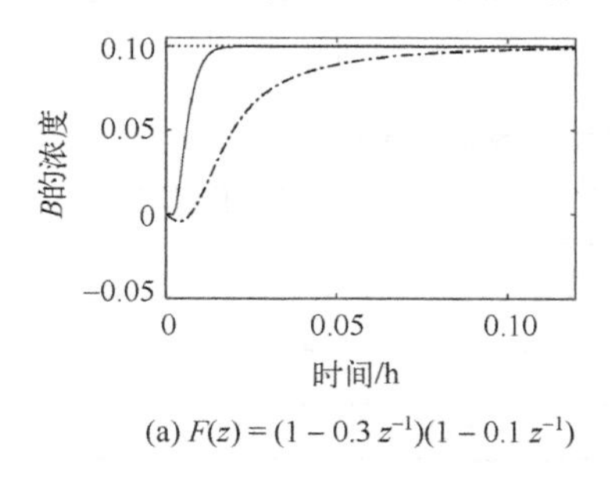

(a) $F(z)=(1-0.3z^{-1})(1-0.1z^{-1})$

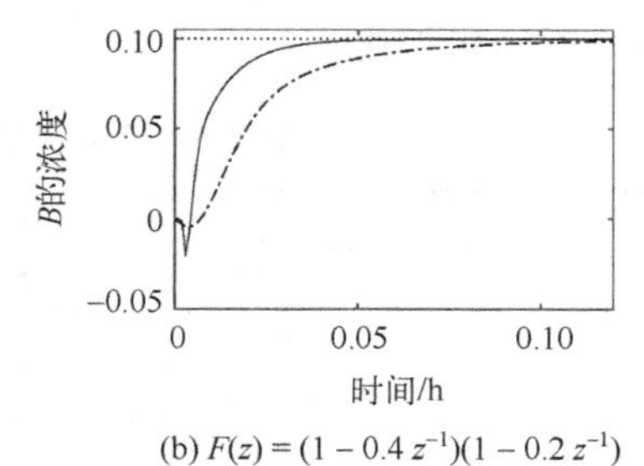

(b) $F(z)=(1-0.4z^{-1})(1-0.2z^{-1})$

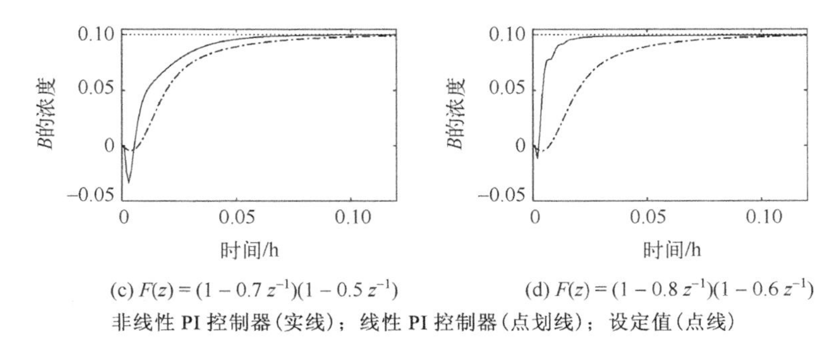

图 4.9　不同滤波器下设定值为 0.1 的响应曲线

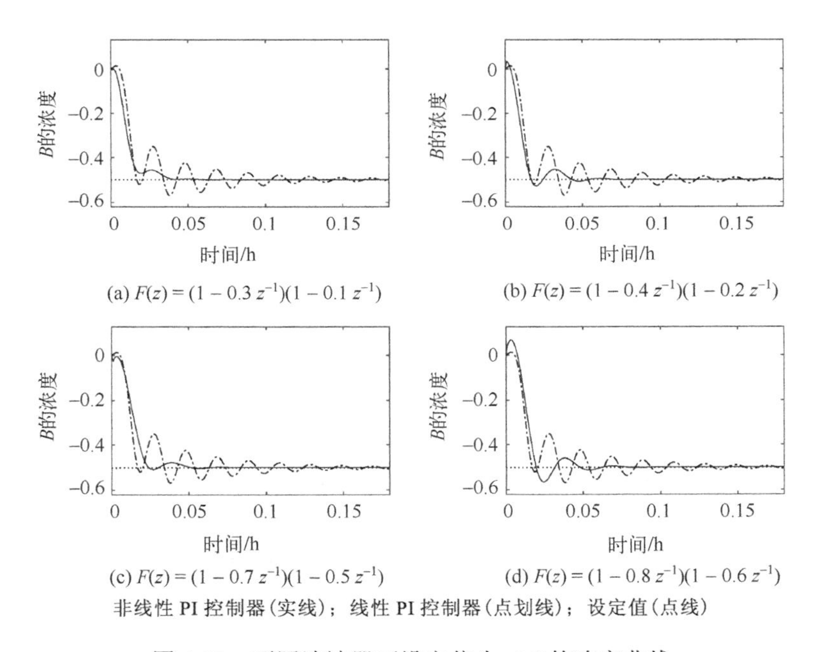

图 4.10　不同滤波器下设定值为−0.5 的响应曲线

4.3　小　　结

本章提出了相关噪声扰动的 Hammerstein 系统辨识方法。在研究中，通过组合信号实现相关噪声扰动下 Hammerstein 系统的各串联模块的分离辨识。首先，采用相关性分析方法估计动态线性模块的参数。其次，通过设计一个滤波器，将滤波器的零点嵌入到 Hammerstein 系统中，利用零点信息计算噪声模型的相关函数，补偿最小二乘算法中有色噪声引起的误差，进而通过误差补偿递推最小二乘算法得到静态非线性模块参数的无偏估计。最后，设计了基于 Hammerstein 系统的控制系统，由于利用了块结构系统的特殊结构，简化了控制系统的设计，采用简单的 PI 控制器就能得到较好的控制效果。三种典型 Hammerstein 过程的仿真结果表明，提出的方法对相关噪声扰动的 Hammerstein 系统具有良好的辨识精度和预测性能。

参考文献

[1] 张颖, 冯纯伯. 应用 Hammerstein 模型辨识受相关噪声扰动的非线性系统[J]. 控制理论与应用, 1995, 12(6): 712-718.

[2] 张勇, 杨慧中. 有色噪声干扰输出误差系统的偏差补偿递推最小二乘辨识方法[J]. 自动化学报, 2007, 33(10): 1053-1060.

[3] Zhang Y, Cui C. Bias compensation methods for stochastic systems with colored noise[J]. Applied Mathematical Modelling, 2011, 35(4): 1709-1716.

[4] 贾立, 杨爱华, 邱铭森. 基于辅助模型递推最小二乘法的 Hammerstein 模型多信号源辨识[J]. 南京理工大学学报, 2014, 38(1): 34-39.

[5] Ding F. Hierarchical multi-innovation stochastic gradient algorithm for Hammerstein nonlinear system modeling[J]. Applied Mathematical Modelling, 2013, 37(4): 1694-1704.

[6] Kuntanapreeda S, Marusak P M. Nonlinear extended output feedback control for CSTRs with Van de Vusse reaction[J]. Computers and Chemical Engineering, 2012, 41: 10-23.

[7] Hahn J, Edgar T F. A gramian based approach to nonlinearity quantification and model classification[J]. Industrial & Engineering Chemistry Research, 2001, 40(24): 5724-5731.

[8] Sung S W. System identification method for Hammerstein processes[J]. Industrial & Engineering Chemistry Research, 2002, 41(17): 4295-4302.

[9] Ramesh K, Hisyam A, Aziz N, et al. Nonlinear model predictive control of a distillation column using wavenet based Hammerstein model[J]. Engineering Letters, 2012, 20(4): 330-335.

第三部分

Wiener 非线性动态系统辨识方法

第 5 章　神经模糊 Wiener 系统辨识方法

在前面的章节中分析了两类信号在静态非线性模块作用下的统计特性，研究了 Hammerstein 系统辨识方法。本章研究神经模糊 Wiener 非线性系统辨识方法。在研究中，分析了高斯信号在动态线性模块和静态非线性模块作用下的统计特性，在此基础上设计高斯-随机信号的组合信号，实现了 Wiener 系统中串联模块的参数分离辨识。所提出的辨识方法中包括的主要原理有：相关函数理论、聚类方法、最小二乘理论、随机梯度理论等。

5.1　基于参数分离的神经模糊 Wiener 系统辨识

与 Hammerstein 系统的结构相反，Wiener 系统是由一个动态线性模块后串联一个静态非线性模块组合而成。对于任意静态非线性系统，Bussgang 研究了高斯输入信号下系统输入输出的互相关函数与系统输入自相关函数的关系[1]，即 $R_{yu}(\tau)=b_0R_u(\tau)$，其中，$b_0$ 为常数。Nuttall 将该理论拓展到系统输入满足可分离信号的条件，即当且仅当非线性系统输入的条件期望满足 $E(u(t-\tau)|u(t))=b(\tau)u(t)$，则该过程是可分离的，满足上述条件的信号有随机二进制信号、正弦信号和一些调制信号等[2]。基于可分离输入思想，Bai 利用随机相位的正弦作为输入，分离了 Wiener 系统中线性模块和非线性模块的辨识问题，简化了辨识过程[3]。

本节提出了一种基于参数分离的神经模糊 Wiener 系统辨识方法。首先，采用高斯信号实现 Wiener 系统的线性模块和非线性模块的参数辨识分离，进而利用相关分析法辨识线性模块的参数。其次，基于随机信号的输入输出数据，利用聚类方法和最小二乘方法对非线性模块参数进行辨识，避免了噪声的干扰。

5.1.1　神经模糊 Wiener 系统

如图 5.1 所示，白噪声扰动的 Wiener 系统输入输出如下所示：

$$v(k)=G(q)u(k)=\frac{B(q)}{A(q)}u(k) \tag{5.1}$$

$$y(k)=f(v(k))+e(k) \tag{5.2}$$

其中，$f(\cdot)$ 表示静态非线性模块，利用 2.1 节中的神经模糊模型拟合，$G(q)$ 表示动态线性模块，$e(k)$ 表示均值为 0 的随机白噪声。$A(q)$ 和 $B(q)$ 为后移算子 q^{-1} 的多项式，$A(q)=1+\sum_{i=1}^{n_a} a_i q^{-i}$ 、$B(q)=\sum_{j=1}^{n_b} b_j q^{-j}$，阶次 n_a 和 n_b 已知，并且在 $k\leqslant 0$ 时，$u(k)=0$ 、$e(k)=0$ 以及 $y(k)=0$ 。

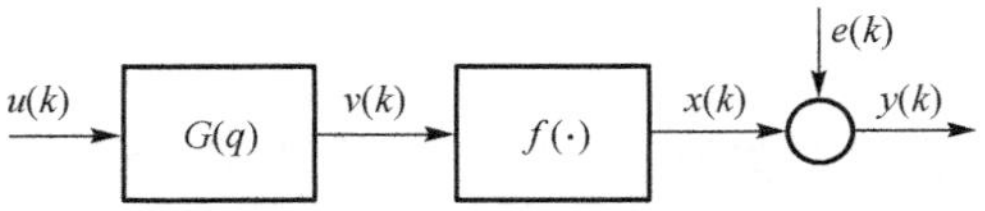

图 5.1　白噪声扰动的 Wiener 系统结构

对于任意给定的 ε，辨识神经模糊 Wiener 系统的目标是尽可能地优化式(5.3)描述的损失函数，即寻找使损失函数尽可能小的参数。

$$
\begin{aligned}
& E(\hat{f}(\hat{v}(k)),\hat{G}(q))=\frac{1}{2N}\sum_{k=1}^{N}[y(k)-\hat{y}(k)]^2\leqslant\varepsilon \\
\text{s.t.}\quad & \hat{v}(k)=\hat{G}(q)u(k) \\
& \hat{y}(k)=\hat{f}(\hat{v}(k))+e(k)
\end{aligned}
\tag{5.3}
$$

其中，$\hat{f}(\cdot)$、$\hat{G}(q)$ 和 $\hat{v}(k)$ 表示估计。

5.1.2　基于可分离-随机信号的神经模糊 Wiener 系统辨识

随机信号分析中指出：若 $(X_1,X_2,\cdots,X_n)$ 服从 n 维正态分布，设 $Y_1,Y_2,\cdots,Y_k$ 是 $X_i(i=1,2,\cdots,n)$ 的线性函数，则 $(Y_1,Y_2,\cdots,Y_k)$ 也服从多维正态分布，这一性质称为正态变量的线性变换不变性[4]。基于这一理论，本节讨论 Wiener 系统的输入为一维正态分布时的线性特性。

设系统是零初始化，即 $v(1)=0$，动态线性模块 $G(q)$ 的输出可以表示如下：

$$
\begin{aligned}
& v(2)=b_1u(1) \\
& v(3)=-a_1v(2)-a_2v(1)+b_1u(2)+b_2u(1)=(-a_1b_1+b_2)u(1)+b_1u(2) \\
& \quad\vdots \\
& v(k)=\sum_{t=1}^{k-1}h_k(t)u(k-t)
\end{aligned}
\tag{5.4}
$$

其中，$h_k(t)$ 表示在第 $k-t$ 时刻 $u(k-t)$ 的系数。

计算中间变量 $v(k)$ 的条件期望：

$$
\begin{aligned}
E(v(k-\tau)|v(k)) &= \sum_{t=1}^{k-\tau-1}h_{k-\tau}(t)E\left(u(k-\tau-t)\,|\,\sum_{\xi=1}^{k-1}h_k(\xi)u(k-\xi)\right) \\
&= \sum_{t=1}^{k-\tau-1}h_{k-\tau}(t)E\left(u(k-\tau-t)\,|\,h_k(\tau+t)u(k-\tau-t)+\sum_{\xi=1}^{k-1}h_k(\xi)u(k-\xi)\right)
\end{aligned}
$$

$$= \sum_{t=1}^{k-\tau-1} h_{k-\tau}(t) E(Z_{k-\tau-t} \mid X_{k-\tau-t} + Y_k), \quad (\xi \neq \tau + t) \tag{5.5}$$

其中，$Z_{k-\tau-t} = u(k-\tau-t)$，$X_{k-\tau-t} = h_k(\tau+t) U_{k-\tau-t}$，$Y_k = \sum_{\xi=1}^{k-1} h_k(\xi)\, u(k-\xi)$，$\xi \neq \tau + t$。

根据随机变量的方差性质 $D(cx) = c^2 D(x)$，当输入信号满足 $u(k) \sim N(0,1)$ 分布，中间变量 $x(k)$ 的方差为 $\sigma_v^2 = \sum_{t=1}^{k-1} h_k^2(t)$。当输入服从 $u(k) \sim N(0, \sigma_u^2)$，则中间变量 $x(k)$ 的方差为 $\sigma_v^2 = \sigma_u^2 \sum_{t=1}^{k-1} h_k^2(t)$。因此随机高斯信号 $u(k-t)$ 经过有限次数的线性组合后仍然为高斯信号。

在式(5.5)中，令 $V_k = X_{k-\tau-t} + Y_k$，则 $Z_{k-\tau-t}$ 和 V_k 的联合分布写成

$$\begin{aligned} f_{(Z_{k-\tau-t}, V_k)}(z, v) &= f_{(X_{k-\tau-t}, Y_k)}(h_k(\tau+t) z, v - h_k(\tau+t) z) \cdot |\mathrm{Jac}|^{-1} \\ &= f_{X_{k-\tau-t}}(h_k(\tau+t) z) \cdot f_{Y_k}(v - h_k(\tau+t) z) \cdot |\mathrm{Jac}|^{-1} \\ &= h_k(\tau+t) \cdot \frac{1}{2\pi \sigma_u \sigma_Y h_k(\tau+t)} \mathrm{e}^{-\frac{z^2}{2\sigma_u{}^2} - \frac{(v-h_k(\tau+t)z)^2}{2\sigma_Y{}^2}} \\ &= \frac{1}{2\pi \sigma_u \sigma_Y} \mathrm{e}^{-\frac{z^2 \sigma_Y{}^2 + (v-h_k(\tau+t)z)^2 \sigma_u{}^2}{2\sigma_u{}^2 \sigma_Y{}^2}} \end{aligned} \tag{5.6}$$

其中，$|\mathrm{Jac}|$ 表示 Jac 的行列式，Jac 为雅克比矩阵，$\mathrm{Jac} = \dfrac{\partial(Z_{k-\tau-t}, V_k)}{\partial(X_{k-\tau-t}, Y_k)} = \begin{vmatrix} \dfrac{\partial Z_{k-\tau-t}}{\partial X_{k-\tau-t}} & \dfrac{\partial Z_{k-\tau-t}}{\partial Y_k} \\ \dfrac{\partial V_k}{\partial X_{k-\tau-t}} & \dfrac{\partial V_k}{\partial Y_k} \end{vmatrix} = \dfrac{1}{h_k(\tau+t)}$，$Z_{k-\tau-t} = \dfrac{X_{k-\tau-t}}{h_k(\tau+t)}$。

则关于 $Z_{k-\tau-t}$ 的条件概率密度分布可以表示为

$$\begin{aligned} f_{Z_{k-\tau-t}|V_k=C}\left(z \mid v=c\right) &= \frac{f_{(Z_{k-\tau-t}, V_k)}(z, c)}{f_{V_k}(c)} \\ &= \frac{\sigma_v}{\sqrt{2\pi} \sigma_u \sigma_Y} \mathrm{e}^{\frac{c^2}{2\sigma_v^2} - \frac{z^2 \sigma_Y^2 + (c-h_k(\tau+t)z)^2 \sigma_u^2}{2\sigma_u^2 \sigma_Y^2}} \\ &= \frac{\sigma_v}{\sqrt{2\pi} \sigma_u \sigma_Y} \mathrm{e}^{\frac{\sigma_u^2 \sigma_Y^2 c^2}{2\sigma_v^2 \sigma_u^2 \sigma_Y^2}} \cdot \mathrm{e}^{-\frac{[z^2 \sigma_Y^2 + (c-h_k(\tau+t)z)^2 \sigma_u^2] \sigma_v^2}{2\sigma_v^2 \sigma_u^2 \sigma_Y^2}} \end{aligned}$$

$$
\begin{aligned}
&= \frac{\sigma_v}{\sqrt{2\pi}\sigma_u\sigma_Y} \mathrm{e}^{\frac{\sigma_u^2(\sigma_Y^2-\sigma_v{}^2)c^2}{2\sigma_v^2\sigma_u^2\sigma_Y^2}} \cdot \mathrm{e}^{-\frac{\sigma_v^2[\sigma_Y^2+\sigma_u^2 h_k(\tau+t)^2]z^2-2\sigma_v^2\sigma_u^2 h_k(\tau+t)cz}{2\sigma_v^2\sigma_u^2\sigma_Y^2}} \\
&= k_c \mathrm{e}^{-\frac{k_a z^2-2k_b cz}{2\sigma_v^2\sigma_u{}^2\sigma_Y^2}} = k_c \mathrm{e}^{-\frac{k_a(z-k_b c/k_a)^2}{2\sigma_v^2\sigma_u^2\sigma_Y^2}} \cdot \mathrm{e}^{\frac{k_b^2 c^2}{2k_a\sigma_v^2\sigma_u^2\sigma_Y{}^2}} = k_d \mathrm{e}^{-\frac{k_a(z-k_b c/k_a)^2}{2\sigma_v^2\sigma_u^2\sigma_Y^2 h_k(\tau+t)^2}}
\end{aligned} \tag{5.7}
$$

其中，系数 $k_a=\sigma_v^2(\sigma_Y^2+\sigma_u^2 h_k(\tau+t)^2)$，$k_b=\sigma_v^2\sigma_u^2 h_k(\tau+t)$，$k_c=\frac{\sigma_v}{\sqrt{2\pi}\sigma_u\sigma_Y}\mathrm{e}^{\frac{\sigma_u^2(\sigma_Y^2-\sigma_v^2)c^2}{2\sigma_v^2\sigma_u^2\sigma_Y^2}}$，$k_d=k_c\cdot\mathrm{e}^{\frac{k_b^2}{2k_a\sigma_v^2\sigma_u^2\sigma_Y^2}}$，常数 c 为中间变量 $v(k)$ 的值。

从式(5.7)可以看出，条件概率密度函数 $f_{Z_{k-\tau-t}|V_k=C}(z\,|\,v=\mathrm{c})$ 服从期望为 $k_b c/k_a$，方差为 $\sigma_v^2\sigma_u^2\sigma_Y^2 h_k(\tau+t)^2/k_a$ 的正态分布，因此 $u(k-\tau-t)$ 的条件期望为

$$
E\left(u(k-\tau-t)\left|\sum_{\xi=1}^{t-1} h_k(\xi)u(k-\xi)=c\right.\right)=\frac{k_b}{k_a}c \tag{5.8}
$$

因此根据式(5.8)，得到 $v(k)$ 的条件期望：

$$
E(v(k-\tau)|v(k))=\frac{k_b}{k_a}\cdot c\cdot\sum_{t=1}^{k-\tau-1} h_{k-\tau}(t)=b(\tau)\cdot c \tag{5.9}
$$

定理 5.1　对于 Wiener 系统，当输入信号 $u(k)$ 为可分离信号且均值 $E(u(k))=0$，则存在常数 b_0 满足下列关系：

$$
R_{yu}(\tau)=b_0 G(q)R_u(\tau) \tag{5.10}
$$

其中，$R_{yu}(\tau)=E(y(k)u(k-\tau))$，$R_u(\tau)=E(u(k)u(k-\tau))$，$b_0=\frac{E(y(k)v(k))}{E(v(k)v(k))}$。

证明　系统的输出 $y(k)$ 与中间变量 $v(k)$ 的相关函数为

$$
R_{yv}(\tau)=E(y(k)v(k-\tau)) \tag{5.11}
$$

根据随机变量全概率的性质，式(5.11)的互协方差函数可以表示为

$$
R_{yv}(\tau)=E(E(y(k)v(k-\tau)\,|\,v(k))) \tag{5.12}
$$

根据式(5.9)得到

$$
R_{yv}(\tau)=E(y(k)E(v(k-\tau)\,|\,v(k)))=b(\tau)E(y(k)v(k)) \tag{5.13}
$$

类似的推导可以得到

$$
R_v(\tau)=E(v(k)v(k-\tau))\ =b(\tau)E(v(k)v(k)) \tag{5.14}
$$

因此

$$
R_{yv}(\tau)=b_0 R_v(\tau) \tag{5.15}
$$

对于动态线性模块 $G(q)$，可以写成无限脉冲响应形式：

$$v(k)=G(q)u(k)=\sum_{t=1}^{\infty}g(t)q^{-t}\cdot u(k)=\sum_{t=1}^{\infty}g(t)u(k-t) \tag{5.16}$$

根据式(5.15)，将 $R_{yv}(\tau)$ 和 $R_{v}(\tau)$ 改写成

$$\begin{aligned}R_{yv}(\tau)&=E(y(k)v(k-\tau))=E\left(y(k)\sum_{t=1}^{\infty}g(t)u(k-\tau-t)\right)\\&=\sum_{t=1}^{\infty}g(t)R_{yu}(\tau+t)=\sum_{t=1}^{\infty}g(t)q^{t}\cdot R_{yu}(\tau)\end{aligned} \tag{5.17}$$

$$\begin{aligned}R_{v}(\tau)&=E(v(k)v(k-\tau))=E\left(\sum_{t=1}^{\infty}g(t)u(k-t)\sum_{\varsigma=1}^{\infty}g(\varsigma)u(k-\tau-\varsigma)\right)\\&=\sum_{t=1}^{\infty}\sum_{\varsigma=1}^{\infty}g(t)R_{u}(\tau+\varsigma-t)g(\varsigma)\\&=\sum_{\varsigma=1}^{\infty}g(\varsigma)q^{\xi}\cdot R_{u}(\tau)\cdot\sum_{t=1}^{\infty}g(t)q^{-t}\end{aligned} \tag{5.18}$$

对于同一个动态线性模块，式(5.17)中的 $\sum_{t=1}^{\infty}g(t)q^{t}$ 和式(5.18)中的 $\sum_{\varsigma=1}^{\infty}g(\varsigma)q^{\xi}$ 是等价的。因此

$$R_{yu}(\tau)=b_0\sum_{t=1}^{\infty}g(t)q^{-t}\cdot R_{u}(\tau)=b_0G(q)R_{u}(\tau) \tag{5.19}$$

证毕。

1. 动态线性模块辨识

基于上述定理，Wiener 系统的线性模块采用相关分析法辨识。

根据式(5.1)、式(5.2)及式(5.19)得到

$$R_{yu}(\tau)=-\sum_{i=1}^{n_a}a_iR_{yu}(\tau-i)+b_0\sum_{j=1}^{n_b}b_jR_{u}(\tau-j) \tag{5.20}$$

令 $\tilde{b}_j=b_0b_j$，得到

$$R_{yu}(\tau)=-\sum_{i=1}^{n_a}a_iR_{yu}(\tau-i)+\sum_{j=1}^{n_b}\tilde{b}_jR_{u}(\tau-j) \tag{5.21}$$

因此

$$\hat{\boldsymbol{\theta}} = \boldsymbol{R}\boldsymbol{\Phi}^{\mathrm{T}}(\boldsymbol{\Phi}\boldsymbol{\Phi}^{\mathrm{T}})^{-1} \tag{5.22}$$

其中，$\hat{\boldsymbol{\theta}} = [\hat{a}_1, \hat{a}_2, \cdots, \hat{a}_{n_a}, \hat{b}_1, \hat{b}_2, \cdots, \hat{b}_{n_b}]$，$\tau = 1, 2, \cdots, P(P \geqslant n_a + n_b)$，$\boldsymbol{R} = [R_{yu}(1), R_{yu}(2), \cdots, R_{yu}(P)]$，$\boldsymbol{\Phi} = \begin{bmatrix} -R_{yu}(0) & -R_{yu}(1) & -R_{yu}(2) & \cdots & -R_{yu}(P-1) \\ 0 & -R_{yu}(0) & -R_{yu}(1) & \cdots & -R_{yu}(P-2) \\ \vdots & \vdots & \vdots & \ddots & \vdots \\ 0 & 0 & 0 & \cdots & -R_{yu}(P-n_a) \\ R_u(0) & R_u(1) & R_u(2) & \cdots & R_u(P-1) \\ 0 & R_u(0) & R_u(1) & \cdots & R_u(P-2) \\ \vdots & \vdots & \vdots & \ddots & \vdots \\ 0 & 0 & 0 & \cdots & R_u(P-n_b) \end{bmatrix}$。

$R_{yu}(\tau)$ 和 $R_u(\tau)$ 的计算如下：

$$R_{yu}(\tau) = \frac{1}{N}\sum_{k=1}^{N} y(k)u(k-\tau) \tag{5.23}$$

$$R_u(\tau) = \frac{1}{N}\sum_{k=1}^{N} u(k)u(k-\tau) \tag{5.24}$$

2. 静态非线性模块辨识

Wiener 系统中的静态非线性模块辨识问题实际上是基于随机信号的神经模糊模型参数辨识，即中心 c_l、宽度 σ_l 以及权重 w_l。在本节中，中心和宽度的辨识采用 2.1 节中的聚类方法辨识。神经模糊的中心 c_l 和宽度 σ_l 利用 2.1 节中的聚类算法估计，本节着重讨论基于最小二乘法的权重辨识问题。

根据式(5.2)得到

$$y(k) = \boldsymbol{w}\boldsymbol{\psi}(k) + e(k) \tag{5.25}$$

其中，$\boldsymbol{\psi}(k) = [\phi_1(\hat{v}(k)), \phi_2(\hat{v}(k)), \cdots, \phi_L(\hat{v}(k))]^{\mathrm{T}}$，$\boldsymbol{w} = [w_1, w_2, \cdots, w_L]$，$\hat{v}(k)$ 为 k 时刻线性模块的估计。

利用最小二乘方法得到 $\boldsymbol{w}$ 的估计：

$$\boldsymbol{w}_{LS} = \left[\sum_{k=1}^{N} y(k)\boldsymbol{\psi}^{\mathrm{T}}(k)\right]\left[\sum_{k=1}^{N} \boldsymbol{\psi}(k)\boldsymbol{\psi}^{\mathrm{T}}(k)\right]^{-1} \tag{5.26}$$

将上式中的 $y(k)$ 用 $\boldsymbol{w}\boldsymbol{\psi}(k) + e(k)$ 代替，式(5.26)改写成

$$\boldsymbol{w}_{LS} = \left[\sum_{k=1}^{N} (\boldsymbol{W}\boldsymbol{\psi}(k) + e(k))\boldsymbol{\psi}^{\mathrm{T}}(k)\right]\left[\sum_{k=1}^{N} \boldsymbol{\psi}(k)\boldsymbol{\psi}^{\mathrm{T}}(k)\right]^{-1}$$

$$
\begin{aligned}
&= \boldsymbol{w}\left[\sum_{k=1}^{N}\boldsymbol{\psi}(k)\boldsymbol{\psi}^{\mathrm{T}}(k)\right]\left[\sum_{k=1}^{N}\boldsymbol{\psi}(k)\boldsymbol{\psi}^{\mathrm{T}}(k)\right]^{-1}+\left[\sum_{k=1}^{N}e(k)\boldsymbol{\psi}^{\mathrm{T}}(k)\right]\left[\sum_{k=1}^{N}\boldsymbol{\psi}(k)\boldsymbol{\psi}^{\mathrm{T}}(k)\right]^{-1} \\
&= \boldsymbol{w}+\left[\sum_{k=1}^{N}e(k)\boldsymbol{\psi}^{\mathrm{T}}(k)\right]\left[\sum_{k=1}^{N}\boldsymbol{\psi}(k)\boldsymbol{\psi}^{\mathrm{T}}(k)\right]^{-1}
\end{aligned} \tag{5.27}
$$

因为 $e(k)$ 为零均值白噪声，因此

$$
\begin{aligned}
E(\boldsymbol{w}_{LS}) &= E(\boldsymbol{w})+E\left(\left[\sum_{k=1}^{N}e(k)\boldsymbol{\psi}^{\mathrm{T}}(k)\right]\left[\sum_{k=1}^{N}\boldsymbol{\psi}(k)\boldsymbol{\psi}^{\mathrm{T}}(k)\right]^{-1}\right) \\
&= \boldsymbol{w}+\left[\sum_{k=1}^{N}E(e(k))\boldsymbol{\psi}^{\mathrm{T}}(k)\right]\left[\sum_{k=1}^{N}\boldsymbol{\psi}(k)\boldsymbol{\psi}^{\mathrm{T}}(k)\right]^{-1} \\
&= \boldsymbol{w}
\end{aligned} \tag{5.28}
$$

因此，最小二乘方法得到的估计 $\boldsymbol{w}_{LS}$ 是 $\boldsymbol{w}$ 的无偏估计。

本节提出的输出噪声扰动下的神经模糊 Wiener 系统辨识方法总结如下。

步骤 1　基于可分离信号的输入和输出，采用相关分析法辨识线性模块参数 $\hat{\boldsymbol{\theta}}$。

步骤 2　基于随机信号的输入数据，利用聚类算法估计神经模糊模型的中心 c_l 和宽度 σ_l。

步骤 3　基于随机信号的输入输出，利用最小二乘方法得到权重 $\boldsymbol{w}$ 的无偏估计 $\boldsymbol{w}_{LS}$。

5.1.3　仿真结果

为了证明本节提出方法的有效性和可行性，将提出的辨识方法运用到数值仿真和实际 CSTR 非线性过程。

(1) 考虑如下噪声扰动的 Wiener 系统：

$$
\begin{aligned}
v(k) &= -0.8v(k-1)+0.4u(k-1) \\
x(k) &= 2+2\tanh(v(k))-2\exp(0.1v(k)-1)+2 \\
y(k) &= x(k)+e(k)
\end{aligned}
$$

其中，$e(k)$ 是均值为零、方差为 σ^2 白噪声。

为了辨识噪声扰动的神经模糊 Wiener 系统，产生如图 5.2 所示的组合信号，包括：①均值为 0、方差为 1 的高斯信号；②区间为[0, 4]的随机信号。使用 2.1.3 节中定义的噪信比 δ_{ns} 和动态线性模块的参数估计误差 δ。

首先，利用相关分析法辨识动态线性模块的参数，表 5.1 和表 5.2 列出了不同噪信比下线性模块参数辨识结果与误差，图 5.3 描述了不同噪信比下线性模块参数估计误差。

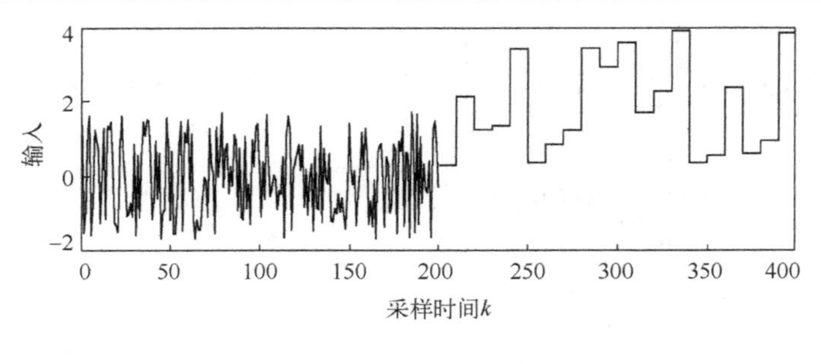

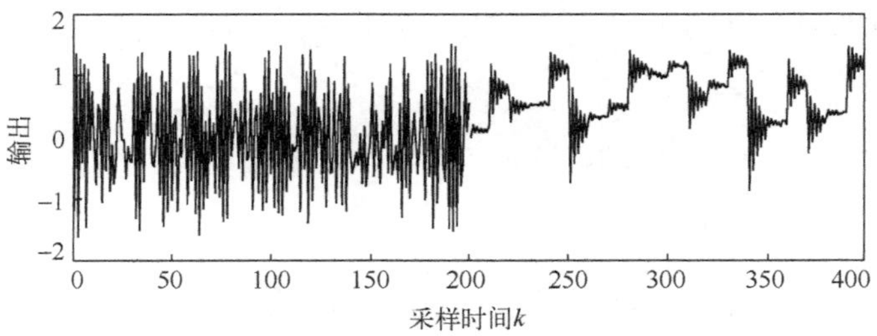

图 5.2　Wiener 系统的部分输入输出

表 5.1　线性模块的辨识结果与误差（$\delta_{ns}=10.92\%$）

k	$\hat{a}$	$\hat{b}$	δ / %
500	0.8042	0.3888	1.34
1000	0.7988	0.3967	0.39
1500	0.7971	0.4021	0.40
2000	0.7979	0.4033	0.44
真实值	0.8	0.4	0

表 5.2　线性模块的辨识结果与误差（$\delta_{ns}=20.04\%$）

k	$\hat{a}$	$\hat{b}$	δ / %
500	0.8122	0.3740	3.21
1000	0.7884	0.4031	1.35
1500	0.7905	0.4016	1.08
2000	0.7947	0.3988	0.61
真实值	0.8	0.4	0

从表 5.1、表 5.2 和图 5.3 容易看出，对于 Wiener 系统的动态线性模块，相关分析法能够取得较高的辨识精度，且随着噪信比增加，误差变化不大。

其次，利用随机信号及其相应的输出信号辨识静态非线性模块的参数，即神经模糊模型的参数。设置参数 $S_0=0.94$，$\rho=1$，$\lambda=0.02$，得到模糊规则数为 5，静态非线性模块的训练 MSE 为 2.0994×10^{-5}。图 5.4 给出了不同噪信比下神经模糊近似静态非线性模块的结果比较。

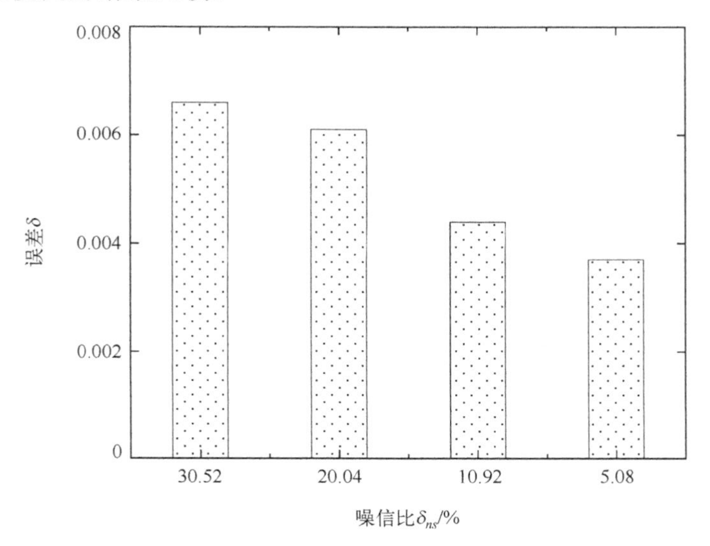

图 5.3　不同噪信比下线性模块参数估计误差 1

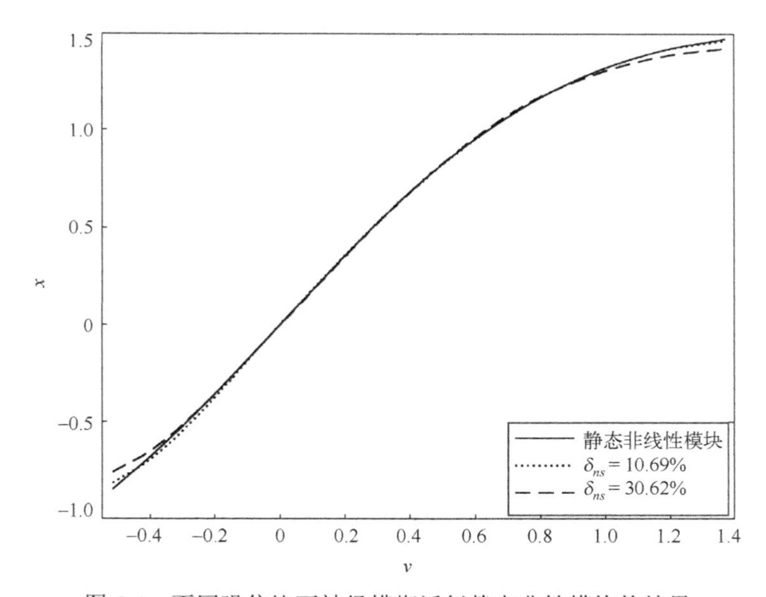

图 5.4　不同噪信比下神经模糊近似静态非性模块的结果

(2)为进一步验证本节所提辨识方法的可行性，选用一个 Van de Vusse 反应动力学控制的非线性 CSTR 过程作为仿真研究对象[5-7]。该过程具有动态反应：$A\xrightarrow{k_1}B\xrightarrow{k_2}C$，$2A\xrightarrow{k_3}D$，其动力学方程为

$$\frac{\mathrm{d}C_A}{\mathrm{d}t} = -k_1 C_A - k_3 C_A^2 + \frac{F}{V}(C_{Af} - C_A)$$

$$\frac{\mathrm{d}C_B}{\mathrm{d}t} = k_1 C_A - k_2 C_B - \frac{F}{V} C_B$$

$$y = C_B$$

其中，C_A 和 C_B 分别表示反应物 A 和 B 的浓度，F 表示流速，C_{Af} 是入口处物质 A 的浓度，V 是反应器的体积，k_1，k_2 和 k_3 是动力学参数。

表 5.3 列出了该反应的系统参数和取值。该反应的目的是通过流量 F 对反应釜中的浓度 C_B 进行控制。

表 5.3　CSTR 过程的参数与取值

参数	取值	参数	取值	参数	取值
k_1	50 h^{-1}	C_{Ass}	3.0 mol/L	F_{ss}	34.3 L/h
k_2	100 h^{-1}	C_{Bss}	1.12 mol/L	C_{Af}	10 mol/L
k_3	10 L/(mol·h)	V	1 L		

本节设计的组合信号包括：①5000 组均值为 0、方差为 1 的高斯信号；②5000 组区间为[0, 2]的随机信号。

为了辨识 Wiener 系统拟合的 CSTR 过程，设置参数：$S_0 = 0.99$，$\rho = 1$，$\lambda = 0.02$，产生由线性模块 $\hat{v}(k) = -1.5280v(k-1) + 0.5817v(k-2) - 0.0353u(k-1) + 0.0586u(k-2)$ 和模糊规则数为 7 的神经模糊模型串联的 Wiener 系统。在获得的神经模糊 Wiener 系统的基础上设计控制系统，如图 5.5 所示。控制系统的设计原理是消除 Wiener 系统中的非线性部分，从而利用线性控制器对基于 Wiener 系统的 CSTR 过程进行控制。

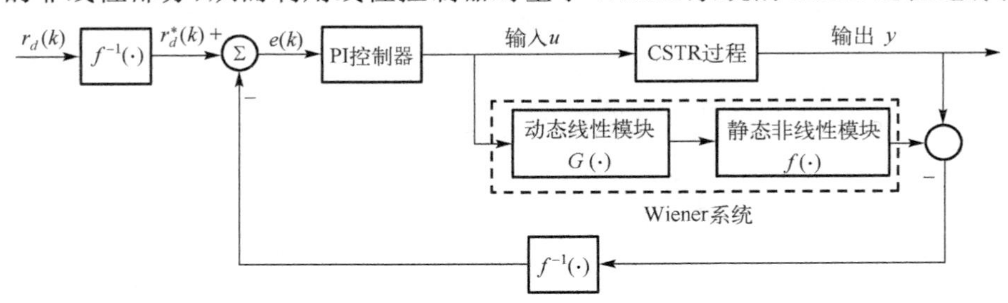

图 5.5　基于 Wiener 系统的 CSTR 控制系统设计

设反应从原稳态工作点 0 分别跃变到工作点 0.06，0.11，0.08 和−0.07，仿真中非线性 PI 控制器参数为 $K_c = 0.5$，$\tau_I = 6$。为了比较，在仿真中采用下列传统的线性 PI 控制器对基于 Wiener 系统的 CSTR 过程进行控制：

$$u(k) = u(k-1) + K_c\left[e(k) - e(k-1) + \frac{e(k)}{\tau_I}\right]$$

其中，$e(k)=r_d^*(k)-\hat{v}(k)$，$r_d(k)$ 是设定值。

两种 PI 控制器的控制结果如图 5.6 所示。从图 5.6 中容易看出，针对设定的不同工作点，在设置同样的控制器参数条件下，本节提出的非线性 PI 控制器均能表现出较快的响应，而传统的线性 PI 控制器则表现出迟缓现象，因此本节设计的非线性 PI 控制器能够取得较好的跟踪性能。

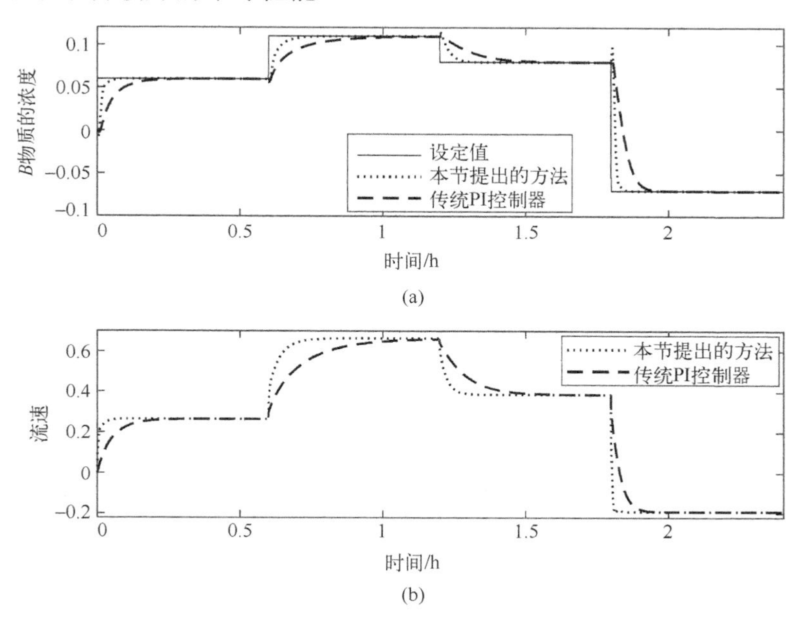

图 5.6　基于 Wiener 系统的 CSTR 控制系统设计

5.1.4　小结

本节扩展了 Nuttall 定理并将其应用于 Wiener 系统中，提出了一种基于参数分离的神经模糊 Wiener 系统辨识方法。在研究中，采用可分离信号实现 Wiener 系统的线性模块和非线性模块参数分离辨识。基于组合信号，本节利用相关分析法和最小二乘方法分别辨识线性模块和非线性模块的参数。提出的方法不仅有效克服了白噪声对 Wiener 系统辨识的干扰，而且避免了传统迭代方法参数初始化和收敛性问题，数值仿真和实际非线性 CSTR 过程的实例说明了本节提出方法的有效性。

5.2　滑动平均噪声扰动的神经模糊 Wiener 系统辨识

实际工业过程中的噪声往往是有色噪声或者不服从高斯分布，噪声不仅会对系统的相关性能造成影响，甚至会引起系统的不稳定。因此，有必要研究能抑制有色噪声干扰下的 Wiener 系统辨识方法，以提高模型精度。

在 5.1 节的研究基础上，本节考虑滑动平均噪声的干扰，提出了一种滑动平均噪声扰动的神经模糊 Wiener 系统辨识方法。首先，基于可分离信号的输入输出数据，利用相关分析方法估计动态线性模块的未知参数，有效抑制了滑动平均噪声的干扰。其次，为了解决 Wiener 辨识系统的未知噪声项，利用噪声估计值代替真实值，推导了带遗忘因子的递推增广随机梯度方法，从而得到神经模糊模型权重和噪声模型的估计。

5.2.1　滑动平均噪声扰动的神经模糊 Wiener 系统

如图 5.7 所示，滑动平均噪声扰动的 Wiener 系统输入输出如下所示：

$$v(k)=G(q)u(k)=\frac{B(q)}{A(q)}u(k) \tag{5.29}$$

$$y(k)=f\left(v(k)\right)+D(q)e(k) \tag{5.30}$$

其中，$f(\cdot)$表示静态非线性模块，利用 2.1 节中的神经模糊模型拟合，$G(q)$表示动态线性模块，$e(k)$表示均值为 0 的随机白噪声。$A(q)$、$B(q)$和$D(q)$表示后移算子q^{-1}的多项式，$A(q)=1+\sum_{i=1}^{n_a}a_iq^{-i}$，$B(q)=\sum_{j=1}^{n_b}b_jq^{-j}$，$D(q)=1+\sum_{m=1}^{n_d}d_mq^{-m}$，假设阶次$n_a$、$n_b$和$n_d$已知，并且在$k\leqslant 0$时，$u(k)=0$、$e(k)=0$以及$y(k)=0$。

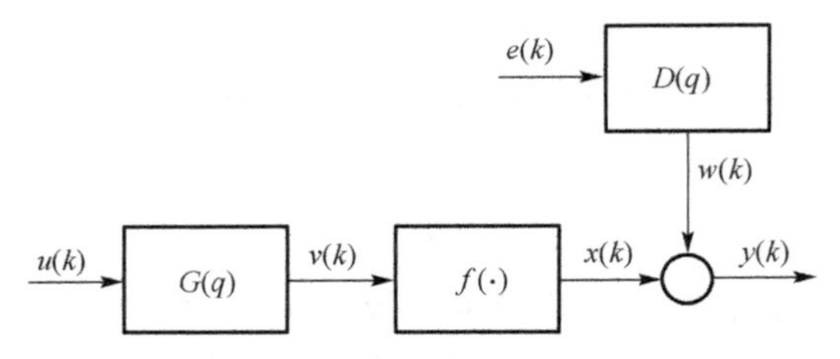

图 5.7　滑动平均噪声扰动的 Wiener 系统结构

对于任意给定的ε，辨识滑动平均噪声扰动的神经模糊 Wiener 系统的目标是尽可能地优化式(5.31)描述的损失函数，即寻找使损失函数尽可能小的参数。

$$\begin{aligned}&E(\hat{f}\left(\hat{v}(k)\right),\hat{G}(q),\hat{D}(q))=\frac{1}{2N}\sum_{k=1}^{N}[y(k)-\hat{y}(k)]^2\leqslant\varepsilon\\ &\text{s.t.}\quad \hat{v}(k)=\hat{G}(q)u(k)\\ &\qquad\ \hat{y}(k)=\hat{f}\left(\hat{v}(k)\right)+\hat{D}(q)e(k)\end{aligned} \tag{5.31}$$

其中，$\hat{f}(\cdot)$、$\hat{G}(q)$、$\hat{v}(k)$以及$\hat{D}(q)$表示估计。

5.2.2 滑动平均噪声扰动的神经模糊 Wiener 系统分离辨识

本节考虑滑动平均噪声扰动的神经模糊 Wiener 系统，其辨识结构图如图 5.8 所示。

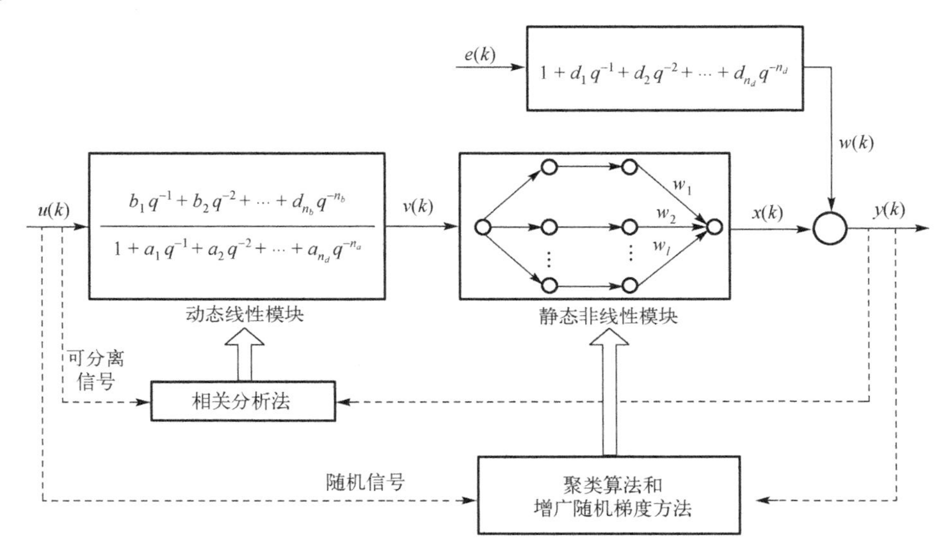

图 5.8　滑动平均噪声扰动的神经模糊 Wiener 系统辨识结构图

1. 动态线性模块辨识

基于可分离信号的输入输出数据，Wiener 系统的动态线性模块辨识参照 5.1.2 节中的辨识过程。

2. 静态非线性模块和滑动平均噪声模型辨识

Wiener系统中的静态非线性模块和滑动平均噪声模型辨识问题实际上是一个非线性优化问题，目的是利用优化算法求解中心 c_l、宽度 σ_l、权重 w_l 以及噪声模型 d_m。在本节中，中心 c_l 和宽度 σ_l 的求解采用 2.1 节中的聚类方法，接下来讨论神经模糊权重和滑动平均噪声模型的求解问题。

根据式(5.29)和式(5.30)得到

$$y(k)=\sum_{l=1}^{L}\phi_l(v(k))w_l+\sum_{m=1}^{n_d}d_m e(k-m)+e(k) \tag{5.32}$$

将式(5.32)写成回归方程形式：

$$y(k)=\boldsymbol{\varphi}^{\mathrm{T}}(k)\boldsymbol{\theta}+e(k) \tag{5.33}$$

其中，$\boldsymbol{\varphi}(k)=[\boldsymbol{\varphi}_s^{\mathrm{T}}(k),\boldsymbol{\varphi}_e^{\mathrm{T}}(k)]$，$\boldsymbol{\varphi}_s(k)=[\phi_1(v(k)),\phi_2(v(k)),\cdots,\phi_L(v(k))]^{\mathrm{T}}$，$\boldsymbol{\varphi}_e(k)=[e(k-1),\cdots,e(k-n_d)]^{\mathrm{T}}$，$\boldsymbol{\theta}=[\boldsymbol{\theta}_s,\boldsymbol{\theta}_e]^{\mathrm{T}}$，$\boldsymbol{\theta}_s=[w_1,w_2,\cdots,w_L]^{\mathrm{T}}$，$\boldsymbol{\theta}_e=[d_1,d_2,\cdots,d_{n_d}]^{\mathrm{T}}$。

由于信息向量$\boldsymbol{\varphi}_e(k)$中存在未知噪声变量$e(k)$，标准的随机梯度法无法实现系统的参数辨识。一个有效的解决方法是利用估计值代替未知变量，即用估计的残差$\hat{e}(k)$代替不可测的噪声变量$e(k)$，因此

$$\hat{e}(k)=y(k)-\hat{\boldsymbol{\varphi}}^{\mathrm{T}}(k)\hat{\boldsymbol{\theta}} \tag{5.34}$$

定义极小化准则函数：

$$J(\boldsymbol{\theta})=\sum_{k=1}^{N}[y(k)-\boldsymbol{\varphi}^{\mathrm{T}}(k)\hat{\boldsymbol{\theta}}]^2 \tag{5.35}$$

根据负方向搜索并最小化$J(\boldsymbol{\theta})$，推导了带遗忘因子的递推增广随机梯度方法：

$$\hat{\boldsymbol{\theta}}(k)=\hat{\boldsymbol{\theta}}(k-1)+\frac{\hat{\boldsymbol{\varphi}}(k)}{r(k)}[y(k)-\hat{\boldsymbol{\varphi}}(k)\hat{\boldsymbol{\theta}}(k-1)] \tag{5.36}$$

$$r(k)=r(k-1)\gamma+\|\hat{\boldsymbol{\varphi}}(k)\|^2 \tag{5.37}$$

$$\hat{\boldsymbol{\varphi}}(k)=[\boldsymbol{\varphi}_s(k),\hat{\boldsymbol{\varphi}}_e(k)]^{\mathrm{T}} \tag{5.38}$$

$$\boldsymbol{\varphi}_s(k)=[\phi_1(v(k)),\phi_2(v(k)),\cdots,\phi_L(v(k))]^{\mathrm{T}} \tag{5.39}$$

$$\hat{\boldsymbol{\varphi}}_e(k)=[\hat{e}(k-1),\hat{e}(k-2),\cdots,\hat{e}(k-n_d)]^{\mathrm{T}} \tag{5.40}$$

$$\hat{e}(k)=y(k)-\hat{\boldsymbol{\varphi}}^{\mathrm{T}}(k)\hat{\boldsymbol{\theta}} \tag{5.41}$$

$$\hat{\boldsymbol{\theta}}=[\hat{\boldsymbol{\theta}}_s,\hat{\boldsymbol{\theta}}_e]^{\mathrm{T}} \tag{5.42}$$

综上所述，滑动平均噪声扰动的神经模糊 Wiener 系统辨识方法概括为如下步骤。

步骤 1 基于可分离信号的输入输出，利用 5.1.2 节相关分析法辨识 Wiener 系统的动态线性模块辨识参数。

步骤 2 基于随机信号的输入数据，利用聚类算法估计神经模糊模型的中心c_l和宽度σ_l。

步骤 3 基于随机信号的输入输出数据，利用带遗忘因子的递推增广随机梯度方法更新权重w_l和滑动平均噪声模型d_m。

5.2.3 仿真结果

考虑如下滑动平均噪声扰动的 Wiener 系统：

$$v(k)+v(k-1)+0.5v(k-2)=0.95u(k-1)+0.25u(k-2)$$

$$x(k)=\begin{cases}0.8, & v(k)>0.8\\ v(k), & -0.8\leqslant v(t)\leqslant 0.8\\ -0.8, & v(t)<-0.8\end{cases}$$

$$w(k)=e(k)+0.1e(k-1)$$

$$y(k)=x(k)+e(k)$$

其中，$e(k)$是均值为零方差为σ^2白噪声。

为了辨识滑动平均噪声扰动的神经模糊 Wiener 系统，设计的组合信号包括：①均值为 0、标准差为 0.4 的高斯信号；②区间[0, 4]的随机信号。使用定义 2.1.3 节中定义的动态线性模块的参数估计误差δ和 3.2.3 节中定义的噪信比δ_{ns}。

图 5.9 描述了不同噪信比下的线性模块参数估计误差。从图中可以看出，在不同噪信比的条件下，相关分析法得到的辨识精度相对稳定，误差变化不大。

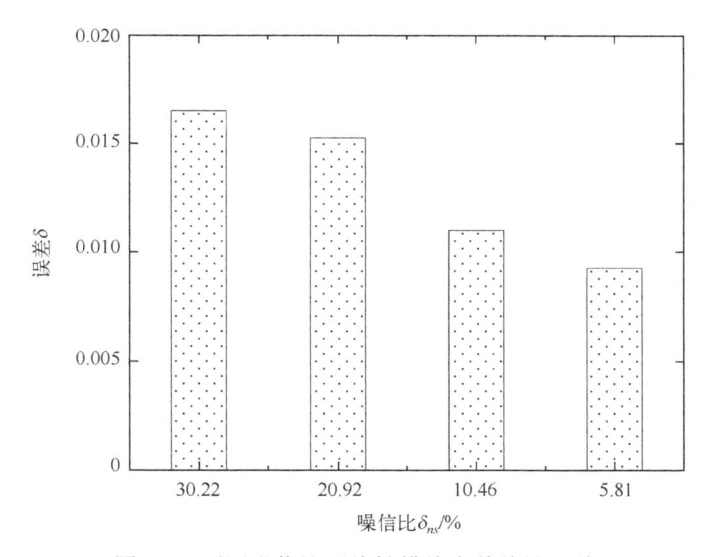

图 5.9　不同噪信比下线性模块参数估计误差 2

利用随机信号及其相应的输出信号辨识静态非线性模块和滑动平均噪声模型的参数。设置参数$S_0=0.97$，$\rho=1$，$\lambda=0.02$，遗忘因子$\gamma=0.85$。图 5.10 给出了不同噪信比下神经模糊拟合静态非线性模块的结果比较，图 5.11 描述了不同噪信比下滑动平均噪声模型的参数估计曲线。

从图 5.10 和图 5.11 可以看出，当噪信比δ_{ns}取值约为 10%时，静态非线性模块的拟合和噪声模型参数的估计都能取得较好的结果。随着噪信比的增大，静态非线性模块的拟合效果变弱，噪声参数的估计曲线波动较大。

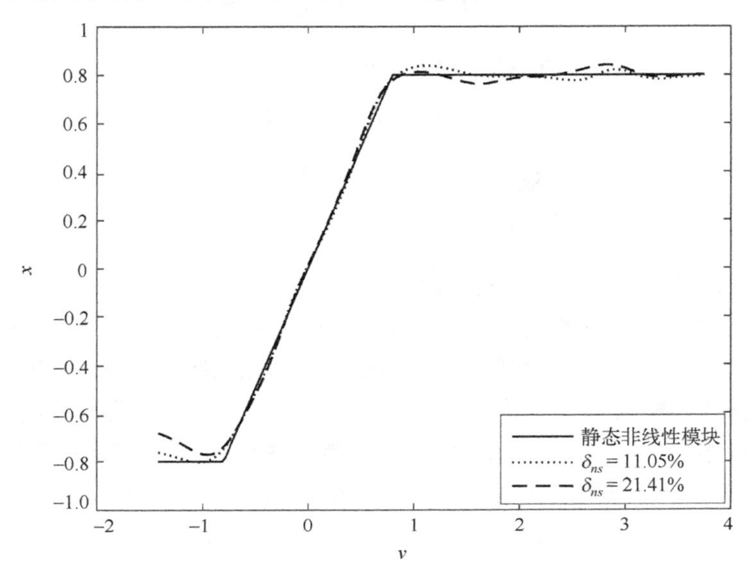

图 5.10　不同噪信比下神经模糊拟合静态非线性模块的结果

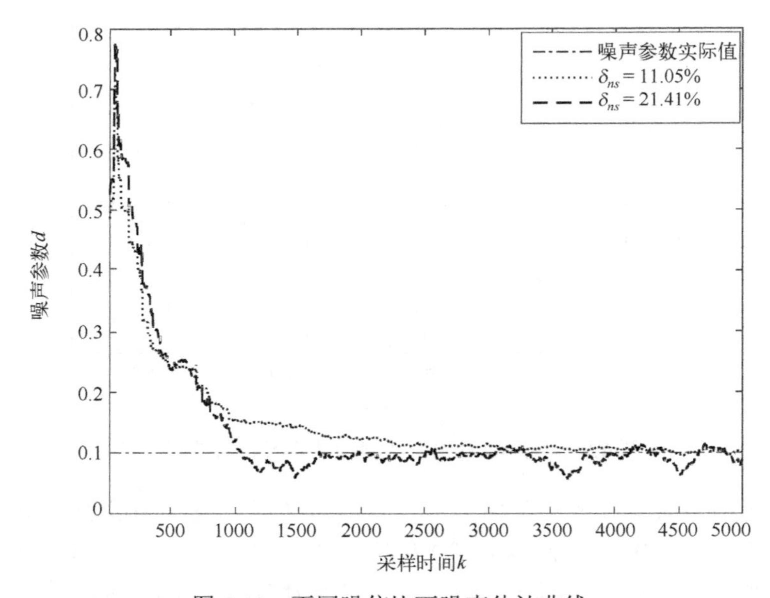

图 5.11　不同噪信比下噪声估计曲线

为了验证本节提出方法的有效性，随机产生 100 组测试信号，在系统的输出信号中加入 5%的高斯白噪声，系统预测误差(MSE)为 5.6257×10^{-4}，图 5.12 描述了

Wiener 系统的预测输出。从图中可以看出，针对滑动平均噪声干扰的 Wiener 系统，本节提出的辨识方法仍然能够取得较好的预测性能。

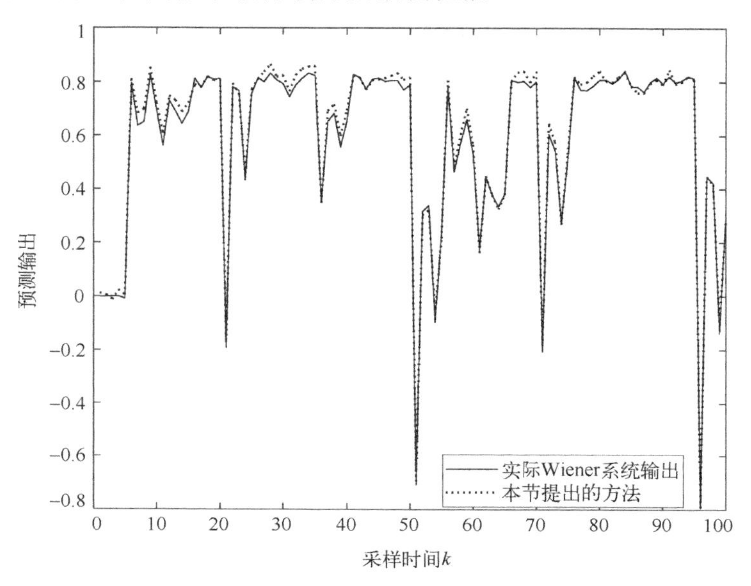

图 5.12　Wiener 系统的预测输出

5.2.4　小结

本节提出了一种滑动平均噪声扰动的神经模糊 Wiener 系统辨识方法。在动态线性模块的参数辨识过程中，由于利用了输入输出变量之间的互协方差函数和输入变量的自协方差函数，因此能够有效抑制滑动平均噪声的干扰，提高了参数辨识精度。对于静态非线性模块的参数辨识，在每一次的参数更新过程中利用了估计的噪声向量，有效补偿噪声产生的误差，从而得到静态非线性模块的参数估计。仿真结果表明了本节提出的辨识方法能够取得较好的辨识精度，且具有较强鲁棒性。

参 考 文 献

[1] Bussgang J J. Crosscorrelation functions of amplitude-distorted gaussian signals[R]. Cambridge: MIT Research Laboratory of Electronics, 1952.

[2] Nuttall A H. Theory and application of the separable class of random processes[R]. Cambridge: MIT Institute of Technology, 1958.

[3] Bai E W, Cerone V, Regruto D. Separable inputs for the identification of block-oriented

nonlinear systems[C]//Processing of 2007 American Control Conference, 2007: 1548-1553.

[4] 高新波. 随机信号分析[M]. 北京: 科学出版社, 2009.

[5] Doyle F J, Ogunnaike B A, Pearson R K. Nonlinear model based control using second-order Volterra models[J]. Automatica, 1995, 31(5): 697-714.

[6] Hahn J, Edgar T F. A gramian based approach to nonlinearity quantification and model classification[J]. Industrial & Engineering Chemistry Research, 2001, 40(24): 5724-5731.

[7] Kuntanapreeda S, Marusak P M. Nonlinear extended output feedback control for CSTRs with Van de Vusse reaction[J]. Computers and Chemical Engineering, 2012, 41: 10-23.

第四部分
Hammerstein-Wiener 非线性动态系统辨识方法

第6章 过程噪声扰动的Hammerstein-Wiener系统辨识方法

在前面的章节中研究了 Hammerstein 系统和 Wiener 系统的辨识方法。基于前面的研究，本章研究过程噪声扰动的 Hammerstein-Wiener 系统辨识方法。在研究中，利用两个独立的神经模糊模型分别拟合 Hammerstein-Wiener 系统的输入静态非线性模块和输出静态非线性模块，分析了 Hammerstein-Wiener 系统在不同幅值的可分离信号作用下的统计特性，提出了一种三阶段分离辨识方法。

针对 Hammerstein-Wiener 系统，文献[1]提出了一种基于最小二乘和奇异值分解技术的两阶段参数辨识方法。Vörös 采用基于最小二乘法的迭代方法辨识具有输出侧隙的三块级联模型的参数[2]。对于具有死区非线性输入块和多项式函数非线性输出块的 Hammerstein-Wiener 系统，文献[3]研究了一种新的递归算法。基于关键项分离原理，文献[4]提出了 Hammerstein-Wiener 系统的递归最小二乘算法，并设计了自适应控制器。然而，上述辨识方法的共同特点在于：Hammerstein-Wiener 系统的辨识过程包含静态非线性模块和动态线性模块的参数乘积，增加了辨识复杂性和计算负担。此外，Hammerstein-Wiener 系统没有考虑过程噪声，与系统的输出噪声不同，过程噪声位于输出静态非线性模块之前，这表明过程增益大时输出干扰增大，反之，增益小时输出干扰减小[5]。从过程运行的角度来看，考虑过程噪声更符合过程特性。

本节提出了含有过程噪声的 Hammerstein-Wiener 系统三阶段辨识方法。首先，设计组合信号，实现输入静态非线性模块、动态线性模块和输出静态非线性模块的辨识分离。基于两组不同幅值可分离信号的输入和输出数据，利用相关分析法和聚类方法辨识输出静态非线性模块参数。其次，基于其中一组可分离信号，利用基于相关函数的最小二乘方法辨识动态线性模块参数，从而利用计算的相关函数抑制过程噪声的扰动。最后，根据随机信号的输入输出数据，利用最小二乘法实现输入静态非线性模块参数的无偏估计。

如图 6.1 所示，含过程噪声的神经模糊 Hammerstein-Wiener 系统输入输出表达式为

$$v(k)=f(u(k)) \tag{6.1}$$

$$x(k)=H(z)v(k) \tag{6.2}$$

$$z(k) = x(k) + e(k) \tag{6.3}$$

$$y(k) = g(z(k)) \tag{6.4}$$

其中，$f(\cdot)$和$g(\cdot)$分别表示输入静态非线性模块和输出静态非线性模块，$H(z)$表示动态线性模块，本节中利用有限脉冲响应模型近似，即$B(z) = b_1 z^{-1} + b_2 z^{-2} + \cdots + b_{n_b} z^{-n_b}$，$z^{-1}$为后移算子，$n_b$为模型的阶次(本节中假设阶次已知)；$e(k)$表示均值为0的白噪声，$v(k)$、$x(k)$和$z(k)$表示系统的中间不可测变量，$u(k)$和$y(k)$表示系统的输入输出。

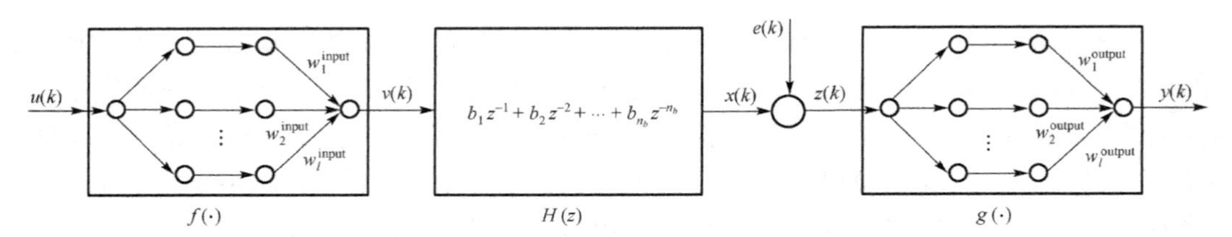

图 6.1　含有过程噪声的神经模糊 Hammerstein-Wiener 系统结构

假设输出静态非线性模块的逆存在，则$\hat{z}(k) = \hat{g}^{-1}\left(y(k)\right)$。利用 2.1 节中的神经模糊模型近似 Hammerstein-Wiener 的输入非线性模块和输出非线性模块。因此，输入非线性模块和输出非线性模块可以写成如下形式：

$$\begin{aligned} \hat{v}(k) &= \hat{f}(u(k)) = \sum_{l=1}^{L^{\text{input}}} \phi_l^{\text{input}}(u(k)) w_l^{\text{input}} \\ \hat{z}(k) &= \hat{g}^{-1}(y(k)) = \sum_{l=1}^{L^{\text{output}}} \phi_l^{\text{output}}(y(k)) w_l^{\text{output}} \end{aligned} \tag{6.5}$$

其中，“input”和“output”分别表示输入非线性模块和输出非线性模块，w_l^{input}和w_l^{output}分别表示输入神经模糊和输出神经模糊模型的权重，L^{input}和L^{output}分别表示输入和输出的模糊规则数。

对于任意给定的ε，辨识神经模糊 Hammerstein-Wiener 系统的目标是尽可能地优化式(6.6)描述的损失函数，即寻找使损失函数尽可能小的参数。

$$\begin{aligned} & E(\hat{f}(u(k)), \hat{b}_1, \cdots, \hat{b}_{n_b}, \hat{g}(\hat{z}(k))) = \frac{1}{2N} \sum_{k=1}^{N} [y(k) - \hat{y}(k)]^2 \leqslant \varepsilon \\ & \text{s.t.} \quad \hat{v}(k) = \hat{f}(u(k)) \\ & \qquad \hat{z}(k) = \hat{B}(z)\hat{v}(k) + e(k) \\ & \qquad \hat{y}(k) = \hat{g}(\hat{z}(k)) \end{aligned} \tag{6.6}$$

其中，$\hat{f}(\cdot)$表示估计的输入静态非线性模块，$\hat{g}(\cdot)$表示估计的输出静态非线性模块，$\hat{v}(k)$和$\hat{z}(k)$表示估计的中间不可测量变量，N是输入输出数据的数目。

6.1　含有过程噪声的神经模糊 Hammerstein-Wiener 系统三阶段辨识

6.1.1　输出静态非线性模块辨识

在输出静态非线性模块辨识中，利用两组不同幅值的可分离信号辨识输出神经模糊模型的参数。首先利用 2.1 节中的聚类算法[6]估计输出神经模糊模型的中心 c_l^{output} 和宽度 σ_l^{output}。接下来讨论输出神经模糊模型权重 w_l^{output} 的辨识。

两组不同幅值的可分离信号 $u_1(k)$ 和 $u_2(k)$，对应的输出为 $y_1(k)$ 和 $y_2(k)$，则输出静态非线性模块表示为

$$
\begin{aligned}
z_1(k) &= \hat{g}^{-1}(y_1(k)) = \sum_{l=1}^{L_1^{\text{output}}} \phi_l^{\text{output}}(y_1(k)) w_l^{\text{output}} \\
z_2(k) &= \hat{g}^{-1}(y_2(k)) = \sum_{l=1}^{L_2^{\text{output}}} \phi_l^{\text{output}}(y_2(k)) w_l^{\text{output}}
\end{aligned} \tag{6.7}
$$

基于式(6.2)和式(6.3)，将式(6.7)改写为线性回归形式：

$$
z_1(k) = \sum_{j=1}^{n_b} b_j v_1(k-j) + e(k) \tag{6.8}
$$

$$
z_2(k) = \sum_{j=1}^{n_b} b_j v_2(k-j) + e(k) \tag{6.9}
$$

将式(6.8)和式(6.9)两边乘以 $u_1(k-\tau)$ 和 $u_2(k-\tau)$，计算数学期望得到

$$
R_{z_1u_1}(\tau) = \sum_{j=1}^{n_b} b_j R_{v_1u_1}(\tau-j) + R_{eu_1}(\tau) \tag{6.10}
$$

$$
R_{z_2u_2}(\tau) = \sum_{j=1}^{n_b} b_j R_{v_2u_2}(\tau-j) + R_{eu_2}(\tau) \tag{6.11}
$$

由于噪声 $e(k)$ 和输入 $u_1(k), u_2(k)$ 是相互独立的，因此 $R_{eu_1}(\tau)=0$，$R_{eu_2}(\tau)=0$，得到

$$
R_{z_1u_1}(\tau) = \sum_{j=1}^{n_b} b_j R_{v_1u_1}(\tau-j) \tag{6.12}
$$

$$
R_{z_2u_2}(\tau) = \sum_{j=1}^{n_b} b_j R_{v_2u_2}(\tau-j) \tag{6.13}
$$

利用 2.5.2 节中的定理 2.2，则

$$R_{z_1u_1}(\tau)=\sum_{j=1}^{n_b}b_{01}b_jR_{u_1}(\tau-j) \tag{6.14}$$

$$R_{z_2u_2}(\tau)=\sum_{j=1}^{n_b}b_{02}b_jR_{u_2}(\tau-j)=\lambda^2\sum_{j=1}^{n_b}b_{02}b_jR_{u_1}(\tau-j) \tag{6.15}$$

其中，$\lambda=u_2/u_1$，$b_{01}=\dfrac{E(v_1(k)u_1(k))}{E(u_1(k)u_1(k))}$，$b_{02}=\dfrac{E(v_2(k)u_2(k))}{E(u_2(k)u_2(k))}$。

结合式(6.14)与式(6.15)得到

$$R_{z_2u_2}(\tau)=\beta R_{z_1u_1}(\tau) \tag{6.16}$$

其中，$\beta=\dfrac{\lambda^2b_{02}}{b_{01}}$。

将式(6.16)写成数学期望表达式：

$$E(z_2(k)u_2(k-\tau))=\beta E(z_1(k)u_1(k-\tau)) \tag{6.17}$$

将式(6.7)代入式(6.17)中：

$$\sum_{l=1}^{L^{\text{output}}}w_l^{\text{output}}E(\phi_l^{\text{output}}(y_2(k))u_2(k-\tau))=\beta\sum_{l=1}^{L^{\text{output}}}w_l^{\text{output}}E(\phi_l^{\text{output}}(y_1(k))u_1(k-\tau)) \tag{6.18}$$

设 $\phi_{l,i}^{\text{output}}(k)=\phi_l^{\text{output}}y_i(k)$ ($l=1,\cdots,L^{\text{output}};i=1,2$)，得到

$$\sum_{l=1}^{L^{\text{output}}}w_l^{\text{output}}R_{\phi_{l,2}^{\text{output}}u_2}(\tau)=\beta\sum_{l=1}^{L^{\text{output}}}w_l^{\text{output}}R_{\phi_{l,1}^{\text{output}}u_1}(\tau) \tag{6.19}$$

式(6.19)除以 w_1^{output} 得到

$$R_{\phi_{1,2}^{\text{output}}u_2}(\tau)-\beta R_{\phi_{1,1}^{\text{output}}u_1}(\tau)=\frac{\beta\sum_{l=2}^{L^{\text{output}}}w_l^{\text{output}}R_{\phi_{l,1}^{\text{output}}u_1}(\tau)-\sum_{l=2}^{L^{\text{output}}}w_l^{\text{output}}R_{\phi_{l,2}^{\text{output}}u_2}(\tau)}{w_1^{\text{output}}} \tag{6.20}$$

设 $\overline{w}_l^{\text{output}}=\dfrac{w_l^{\text{output}}}{w_1^{\text{output}}}$，因此

$$R_{\phi_{1,2}^{\text{output}}u_2}(\tau)-\beta R_{\phi_{1,1}^{\text{output}}u_1}(\tau)=\left[\sum_{l=2}^{L^{\text{output}}}(\beta R_{\phi_{l,1}^{\text{output}}u_1}(\tau)-R_{\phi_{l,2}^{\text{output}}u_2}(\tau))\right]\tilde{w}_l^{\text{output}} \tag{6.21}$$

假设 $\tau=1,2,\cdots,P\,(P\geqslant L^{\text{output}}-1)$，根据式(6.16)定义准则函数：

$$E(\overline{w}_l^{\text{output}})=\frac{1}{2P}\sum_{\tau=1}^{P}[R_{z_2u_2}(\tau)-\beta R_{z_1u_1}(\tau)]^2 \tag{6.22}$$

利用最小二乘方法得到输出静态非线性模块的参数：

$$\hat{\boldsymbol{\theta}}_{\text{output}} = (\boldsymbol{X}^{\mathrm{T}}\boldsymbol{X})^{-1}\boldsymbol{X}^{\mathrm{T}}\boldsymbol{Y} \tag{6.23}$$

其中，$\boldsymbol{x}_{l-1} = \begin{bmatrix} \beta R_{\phi_{l,1}^{\text{output}}u_1}(1) - R_{\phi_{l,2}^{\text{output}}u_2}(1) \\ \beta R_{\phi_{l,1}^{\text{output}}u_1}(2) - R_{\phi_{l,2}^{\text{output}}u_2}(2) \\ \vdots \\ \beta R_{\phi_{l,1}^{\text{output}}u_1}(P) - R_{\phi_{l,2}^{\text{output}}u_2}(P) \end{bmatrix}$，$\boldsymbol{Y} = \begin{bmatrix} R_{\phi_{1,2}^{\text{output}}u_2}(1) - \beta R_{\phi_{1,1}^{\text{output}}u_1}(1) \\ R_{\phi_{1,2}^{\text{output}}u_2}(2) - \beta R_{\phi_{1,1}^{\text{output}}u_1}(2) \\ \vdots \\ R_{\phi_{1,2}^{\text{output}}u_2}(P) - \beta R_{\phi_{1,1}^{\text{output}}u_1}(P) \end{bmatrix}$，$\hat{\boldsymbol{\theta}}_{\text{output}} = [\overline{w}_2^{\text{output}}, \overline{w}_3^{\text{output}}, \cdots, \overline{w}_{L^{\text{output}}}^{\text{output}}]^{\mathrm{T}}$，$\boldsymbol{X} = [\boldsymbol{x}_1, \boldsymbol{x}_2, \cdots, \boldsymbol{x}_{L^{\text{output}}-1}]$。

$R_{\phi_{l,1}^{\text{output}}u_1}(\tau)$ 和 $R_{\phi_{l,2}^{\text{output}}u_2}(\tau)$ 计算如下：

$$R_{\phi_{l,1}^{\text{output}}u_1}(\tau) = \frac{1}{N}\sum_{k=1}^{N}\sum_{l=2}^{L^{\text{output}}}\phi_{l,1}^{\text{output}}(y_1(k))u_1(k-\tau) \tag{6.24}$$

$$R_{\phi_{l,2}^{\text{output}}u_2}(\tau) = \frac{1}{N}\sum_{k=1}^{N}\sum_{l=2}^{L^{\text{output}}}\phi_{l,2}^{\text{output}}(y_2(k))u_2(k-\tau) \tag{6.25}$$

6.1.2　动态线性模块辨识

在得到输出静态非线性模块辨识的基础上，利用其中一组可分离信号的输入 $u_1(k)$ 和输出 $y_1(k)$ 辨识动态线性模块的参数。

根据式(6.14)，动态线性模块表示为

$$R_{z_1u_1}(\tau) = \sum_{j=1}^{n_b}\overline{b}_j R_{u_1}(\tau - j) \tag{6.26}$$

其中，$\overline{b}_j = b_{01}b_j$，$b_{01} = \dfrac{E(v_1(k)u_1(k))}{E(u_1(k)u_1(k))}$。

设 $\tau = 1,2,\cdots,P\ (P \geqslant n_b)$，根据式(6.26)得到

$$\boldsymbol{R} = \boldsymbol{\theta}_{\text{linear}}\boldsymbol{\psi} \tag{6.27}$$

其中，$\boldsymbol{\theta}_{\text{linear}} = [\overline{b}_1, \overline{b}_2, \cdots, \overline{b}_{n_b}]$，$\boldsymbol{\psi} = \begin{bmatrix} R_{u_1}(0) & R_{u_1}(1) & R_{u_1}(2) & \cdots & R_{u_1}(P-1) \\ 0 & R_{u_1}(0) & R_{u_1}(1) & \cdots & R_{u_1}(P-2) \\ \vdots & \vdots & \vdots & \cdots & \vdots \\ 0 & 0 & 0 & \cdots & R_{u_1}(P-n_b) \end{bmatrix}$，$\boldsymbol{R} = [R_{z_1u_1}(1), R_{z_1u_1}(2), \cdots, R_{z_1u_1}(P)]$。

定义均方准则函数：

$$E(\boldsymbol{\theta}_{\text{linear}}) = \left\| \boldsymbol{R} - \boldsymbol{\theta}_{\text{linear}} \boldsymbol{\psi} \right\|^2 \tag{6.28}$$

求一阶偏导数得到

$$\frac{\partial E(\boldsymbol{\theta}_{\text{linear}})}{\partial \boldsymbol{\theta}_{\text{linear}}} = \frac{\partial [(\boldsymbol{R} - \boldsymbol{\theta}_{\text{linear}} \boldsymbol{\psi})^{\text{T}} (\boldsymbol{R} - \boldsymbol{\theta}_{\text{linear}} \boldsymbol{\psi})]}{\partial \boldsymbol{\theta}_{\text{linear}}} = 2\boldsymbol{\theta}_{\text{linear}} \boldsymbol{\psi} \boldsymbol{\psi}^{\text{T}} - 2\boldsymbol{R}\boldsymbol{\psi} \tag{6.29}$$

令 $\frac{\partial E(\boldsymbol{\theta}_{\text{linear1}})}{\partial \boldsymbol{\theta}_{\text{linear}}} = 0$，得到

$$\boldsymbol{\theta}_{\text{linear}} \boldsymbol{\psi} \boldsymbol{\psi}^{\text{T}} = \boldsymbol{R} \boldsymbol{\psi}^{\text{T}} \tag{6.30}$$

将式(6.30)的两边乘以矩阵的逆，得到如下的参数估计：

$$\hat{\boldsymbol{\theta}}_{\text{linear}} = \boldsymbol{R} \boldsymbol{\psi}^{\text{T}} (\boldsymbol{\psi} \boldsymbol{\psi}^{\text{T}})^{-1} \tag{6.31}$$

$R_{z_1 u_1}(\tau)$ 和 $R_{u_1}(\tau)$ 计算如下：

$$R_{z_1 u_1}(\tau) = \frac{1}{N} \sum_{k=1}^{N} \sum_{l=2}^{L^{\text{output}}} \phi_{l,1}^{\text{output}} \big(y_1(k) \big) u_1(k - \tau) \tag{6.32}$$

$$R_{u_1}(\tau) = \frac{1}{N} \sum_{k=1}^{N} u_1(k) u_1(k - \tau) \tag{6.33}$$

6.1.3 输入静态非线性模块辨识

利用随机信号的输入 $u_3(k)$ 和输出 $y_3(k)$ 辨识输入静态非线性模块的参数。在参数辨识过程中，首先利用 2.1 节中的聚类算法估计输入神经模糊的中心 c_l^{input} 和宽度 σ_l^{input}，接下来讨论神经模糊模型权重 w_l^{input} 的辨识。

根据式(6.1)和式(6.3)得到

$$z_3(k) = \sum_{j=1}^{n_b} b_j v_3(k - j) + e(k) \tag{6.34}$$

进一步得到

$$z_3(k) = \sum_{j=1}^{n_b} \sum_{l=1}^{L^{\text{input}}} b_j \phi_l^{\text{input}} (u_3(k - j))\, w_l^{\text{input}} + e(k) \tag{6.35}$$

为了便于分析，将式(6.35)写成回归方程形式：

$$z_3(k) = \boldsymbol{\varphi}(k)^{\text{T}} \boldsymbol{\theta}_{\text{input}} + e(k) \tag{6.36}$$

其中，$\boldsymbol{\theta}_{\text{input}}=[b_1 w_1^{\text{input}},\cdots,b_1 w_L^{\text{input}},\cdots,b_{n_b} w_1^{\text{input}},\cdots,b_{n_b} w_L^{\text{input}}]^{\text{T}}$，$\boldsymbol{\varphi}(k)=[\phi_1^{\text{input}}(u_3(k-1)),\cdots,\phi_1^{\text{input}}(u_3(k-n_b)),\cdots,\phi_L^{\text{input}}(u_3(k-1)),\cdots,\phi_L^{\text{input}}(u_3(k-n_b))]^{\text{T}}$。

根据式(6.36)定义准则函数：

$$J(\boldsymbol{\theta}_{\text{input}})=\sum_{k=1}^{N}\left\|z_3(k)-\boldsymbol{\varphi}(k)^{\text{T}}\boldsymbol{\theta}_{\text{input}}\right\|^2 \tag{6.37}$$

利用最小二乘辨识方法得到输入静态非线性模块的估计：

$$\hat{\boldsymbol{\theta}}_{\text{input}}(k)=\left[\sum_{k=1}^{N}\boldsymbol{\varphi}(k)\boldsymbol{\varphi}^{\text{T}}(k)\right]^{-1}\left[\sum_{k=1}^{N}\boldsymbol{\varphi}(k)z_3(k)\right] \tag{6.38}$$

根据式(6.36)和式(6.38)，容易得到

$$\begin{aligned}\hat{\boldsymbol{\theta}}_{\text{input}}(k)&=\left[\sum_{k=1}^{N}\boldsymbol{\varphi}(k)\boldsymbol{\varphi}^{\text{T}}(k)\right]^{-1}\left[\sum_{k=1}^{N}\boldsymbol{\varphi}(k)\boldsymbol{\varphi}^{\text{T}}(k)\boldsymbol{\theta}_{\text{input}}+e(k))\right]\\&=\left[\sum_{k=1}^{N}\boldsymbol{\varphi}(k)\boldsymbol{\varphi}^{\text{T}}(k)\right]^{-1}\left[\sum_{k=1}^{N}\boldsymbol{\varphi}(k)\boldsymbol{\varphi}^{\text{T}}(k)\boldsymbol{\theta}_{\text{input}}\right]+\left[\sum_{k=1}^{N}\boldsymbol{\varphi}(k)\boldsymbol{\varphi}^{\text{T}}(k)\right]^{-1}\left[\sum_{k=1}^{N}\boldsymbol{\varphi}(k)e(k)\right]\\&=\boldsymbol{\theta}_{\text{input}}+\left[\sum_{k=1}^{N}\boldsymbol{\varphi}(k)\boldsymbol{\varphi}^{\text{T}}(k)\right]^{-1}\left[\sum_{k=1}^{N}\boldsymbol{\varphi}(k)e(k)\right]\end{aligned} \tag{6.39}$$

由于噪声 $e(k)$ 的均值为 0，因此，

$$E\left[\sum_{k=1}^{N}\boldsymbol{\varphi}(k)e(k)\right]=0 \tag{6.40}$$

结合式(6.39)和式(6.40)得到

$$\begin{aligned}E(\hat{\boldsymbol{\theta}}_{\text{input}}(k))&=E(\boldsymbol{\theta}_{\text{input}})+E\left[\left(\sum_{k=1}^{N}\boldsymbol{\varphi}(k)\boldsymbol{\varphi}^{\text{T}}(k)\right)^{-1}\left(\sum_{k=1}^{N}\boldsymbol{\varphi}(k)e(k)\right)\right]\\&=\boldsymbol{\theta}_{\text{input}}\end{aligned} \tag{6.41}$$

因此，$\hat{\boldsymbol{\theta}}_{\text{input}}$ 为输入非线性模块参数 $\boldsymbol{\theta}_{\text{input}}$ 的无偏估计。

根据上述分析过程，将本节提出的 Hammerstein-Wiener 系统辨识方法用流程图表示，如图 6.2 所示。

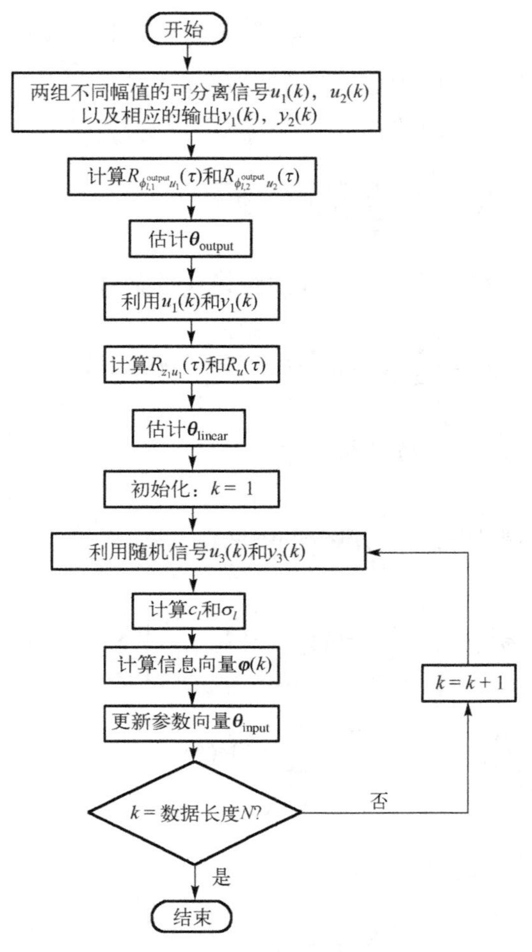

图 6.2　Hammerstein-Wiener 系统辨识方法流程图

6.2　仿 真 结 果

为了证明本节提出方法的有效性和可行性，将提出的 Hammerstein-Wiener 系统辨识方法运用到数值仿真和实际 CSTR 非线性过程。

(1)考虑如下含有过程噪声的非线性 Hammerstein-Wiener 系统，其中，输入非线性模块是不连续函数：

$$v(k)=\begin{cases}2-\cos(3u(k))-\exp(-u(k)), & u(k)\leqslant 3.15\\ 3, & u(k)>3.15\end{cases}$$

$$x(k)=0.9v(k-1)+0.6v(k-2)+0.3v(k-3)+0.1v(k-4)$$

$$z(k)=x(k)+e(k)$$

$$y(k)=\begin{cases}0.25\exp(z(k)-2.5), & z(k)>2.5\\ 0.1z(k), & z(k)\leqslant 2.5\end{cases}$$

其中，噪声 $e(k)$ 为白噪声。

定义动态线性模块在 k 时刻的参数辨识误差为 $\delta=\left\|\hat{\boldsymbol{\theta}}_{\text{linear}}(k)-\boldsymbol{\theta}_{\text{linear}}\right\|/\left\|\boldsymbol{\theta}_{\text{linear}}\right\|$，噪声信号比 $\delta_{ns}=\sqrt{\dfrac{\text{var}[e(k)]}{\text{var}[x(k)]}}\times 100\%$。

本节设计的组合信号包括：①200 组幅值为 0 或 4 的二进制信号；②200 组幅值为 0 或 2 的二进制信号；③400 组区间为[0, 4]的随机信号。图 6.3 给出了 Hammerstein-Wiener 系统的输入和输出。

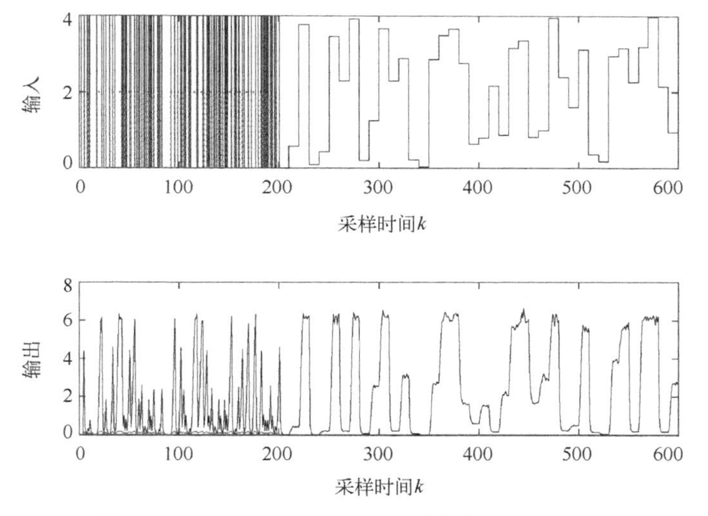

图 6.3　Hammerstein-Wiener 系统的输入和输出

首先，利用两组不同幅值的二进制信号辨识输出静态非线性模块的参数。设置参数：$S_0^{\text{output}}=0.995$，$\rho^{\text{output}}=1$ 和 $\lambda^{\text{output}}=0.03$。输出静态非线性模块的拟合结果如图 6.3 所示。从图 6.4 能够看出，本节提出的相关分析方法能够有效抑制 Hammerstein-Wiener 系统的过程噪声扰动，取得较好的拟合结果。

其次，基于幅值为 0 或 4 的二进制信号，利用最小二乘方法辨识动态线性模块的参数。为了说明相关分析方法的有效性，将提出的方法与辅助模型递推最小二乘方法(auxiliary model recursive least squares，AM-RLS)[7]进行对比，表 6.1 列出了辨识结果的比较，图 6.5 给出了参数辨识误差曲线图。

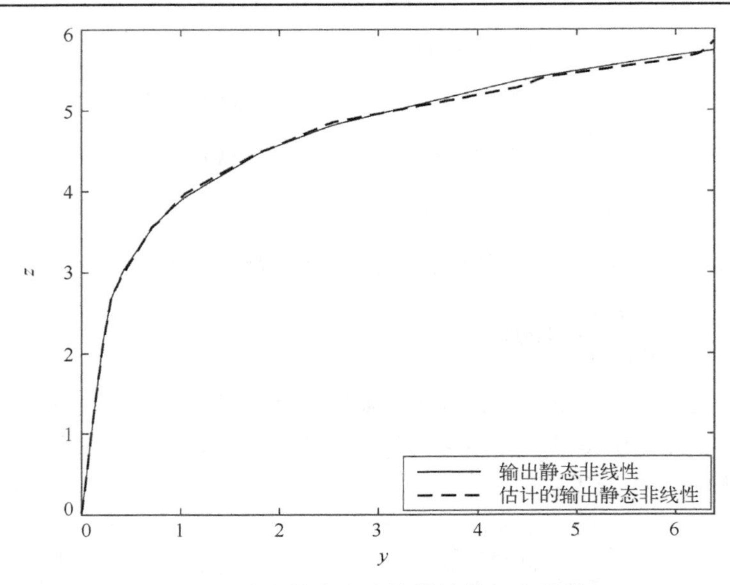

图 6.4　输出静态非线性模块的拟合结果

表 6.1　两种方法下动态线性模块的参数辨识结果

δ_{ns}/%	k	相关分析方法					AM-RLS 方法				
		$\hat{b}_1$	$\hat{b}_2$	$\hat{b}_3$	$\hat{b}_4$	δ	$\hat{b}_1$	$\hat{b}_2$	$\hat{b}_3$	$\hat{b}_4$	δ
12.14	500	0.8966	0.6144	0.2885	0.0938	0.0175	0.8827	0.5949	0.2674	0.0749	0.0399
	1000	0.8892	0.5964	0.2907	0.1032	0.0133	0.8909	0.5854	0.2724	0.0836	0.0327
	2000	0.9004	0.5917	0.2921	0.1057	0.0114	0.8942	0.5783	0.2728	0.0859	0.0337
	3000	0.9060	0.5947	0.2932	0.1080	0.0117	0.8958	0.5784	0.2730	0.0867	0.0330
	4000	0.9075	0.5965	0.2935	0.1101	0.0130	0.8929	0.5778	0.2733	0.0900	0.0327
	5000	0.9075	0.5959	0.2947	0.1098	0.0125	0.8947	0.5780	0.2744	0.0892	0.0318
23.37	500	0.8930	0.6235	0.3145	0.0535	0.0484	0.8690	0.5936	0.2826	0.0239	0.0748
	1000	0.8915	0.6236	0.3245	0.0849	0.0339	0.8738	0.5927	0.2843	0.0437	0.0572
	2000	0.9089	0.6174	0.3113	0.0841	0.0246	0.8842	0.5844	0.2713	0.0445	0.0588
	3000	0.9113	0.6186	0.3109	0.0822	0.0267	0.8816	0.5790	0.2725	0.0480	0.0577
	4000	0.9155	0.6189	0.3100	0.0815	0.0286	0.8821	0.5816	0.2705	0.0425	0.0617
	5000	0.9146	0.6162	0.3095	0.0759	0.0301	0.8836	0.5796	0.2708	0.0371	0.0658
真实值		0.9	0.6	0.3	0.1	0	0.9	0.6	0.3	0.1	0

从表 6.1 和图 6.5 可以看出，针对过程噪声的扰动，本节提出的相关分析方法比 AM-RLS 方法能够更有效辨识有限脉冲响应模型。随着噪信比的增加，所提出方法具有更明显的优势。

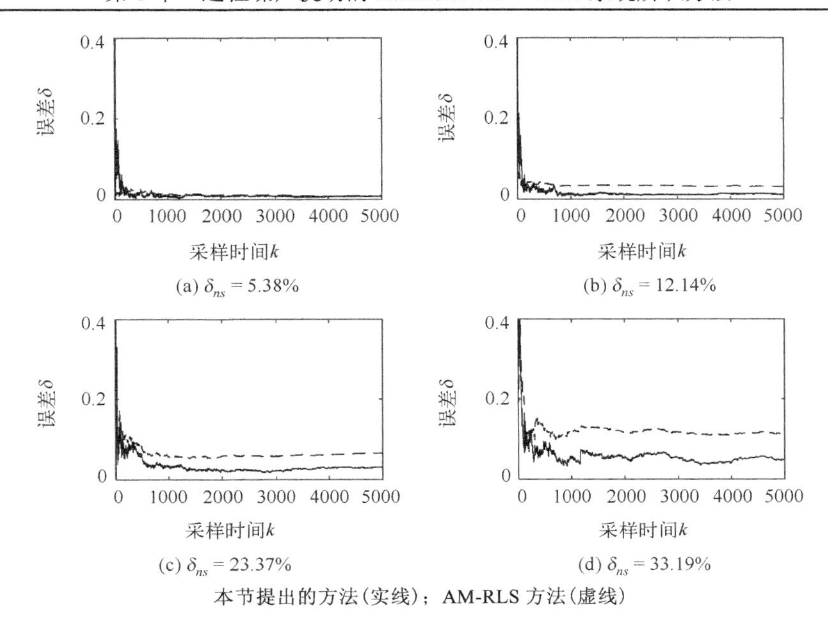

图 6.5　两种方法下参数辨识的误差曲线图

最后，基于随机信号的输入输出数据，设置参数：$S_0^{\text{input}}=0.97$，$\rho^{\text{input}}=1$ 和 $\lambda^{\text{input}}=0$，利用最小二乘方法辨识输入静态非线性模块参数。为了说明神经模糊模型建模的有效性，使用相同的训练数据构建了多项式模型。图 6.6 给出了不同方法近似输入静态非线性模块的结果，表 6.2 给出了多项式方法和本节提出的神经模糊模型近似输入静态非线性模块的 MSE 和 ME。从表 6.2 中可以看出，当模型阶次 $r=8$ 时，多项式模型建模精度最高。

表 6.2　不同建模方法近似输入静态非线性模块的误差比较

方法		MSE	ME
多项式模型	$r=7$	0.3713	0.3713
	$r=8$	0.0765	0.0765
	$r=9$	0.0853	0.0853
	$r=10$	0.1356	0.1356
神经模糊模型		6.7173×10^{-4}	0.0505

从图 6.6 和表 6.2 可以看出，在拟合 Hammerstein-Wiener 系统的输入静态非线性模块时，神经模糊模型比多项式模型有更强的非线性逼近能力，具有更小的均方误差和最大误差。结果表明，本节提出的参数辨识方法能够有效辨识具有过程噪声扰动的 Hammerstein-Wiener 系统。

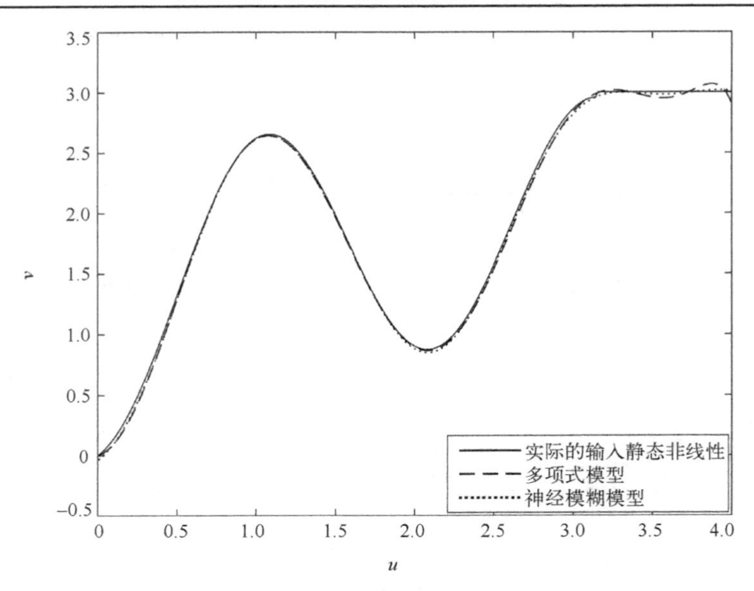

图 6.6　不同建模方法下输入静态非线性模块的估计

(2) 为进一步验证本节所提辨识方法的可行性，选用一个 Van de Vusse 反应动力学控制的非线性 CSTR 过程作为仿真研究对象[8-10]。该过程具有动态反应：$A\xrightarrow{k_1}B\xrightarrow{k_2}C$，$2A\xrightarrow{k_3}D$，其动力学方程为

$$\frac{\mathrm{d}C_A}{\mathrm{d}t}=-k_1C_A-k_3C_A^2+\frac{F}{V}(C_{Af}-C_A)$$

$$\frac{\mathrm{d}C_B}{\mathrm{d}t}=k_1C_A-k_2C_B-\frac{F}{V}C_B$$

$$y=C_B$$

其中，C_A 和 C_B 分别表示反应物 A 和 B 的浓度，F 表示流速，C_{Af} 是入口处物质 A 的浓度，V 是反应器的体积，k_1，k_2 和 k_3 是动力学参数。

该反应的系统参数和取值参照 5.1.3 节中的表 5.3。该反应的目的是通过流量 F 对反应釜中的浓度 C_B 进行控制。

本节设计的组合信号包括：①200 组幅值为 0 或 1 的二进制信号；②200 组幅值为 0 和 0.5 的二进制信号；③400 组区间为[−1, 1]的随机信号。首先对输入和输出变量进行归一化处理：$u=(F-F_{ss})/F_{ss}$，$y=(C_B-C_{Bss})/C_{Bss}$，其中，u 和 y 分别表示系统输入和输出。

为了辨识 Hammerstein-Wiener 系统拟合的 CSTR 过程，设置参数：$S_0^{\text{input}}=0.993$，$\rho^{\text{input}}=1$，$\lambda^{\text{input}}=0.01$ 和 $S_0^{\text{output}}=0.996$，$\rho^{\text{output}}=1$，$\lambda^{\text{output}}=0.01$，分别产生 9 条输入模糊规则和 4 条输出模糊规则。在获得神经模糊 Hammerstein-Wiener 系统的基础上设计控制系统，如图 6.7 所示。控制系统的设计原理是消除 Hammerstein-Wiener

系统中的输入静态非线性和输出静态非线性，通过输入静态非线性模块逆 $f^{-1}(\cdot)$ 和输出静态非线性模块逆 $g^{-1}(\cdot)$ 的作用，将 Hammerstein-Wiener 系统近似为线性系统，从而利用线性控制器对基于 Hammerstein-Wiener 系统的 CSTR 过程进行控制。

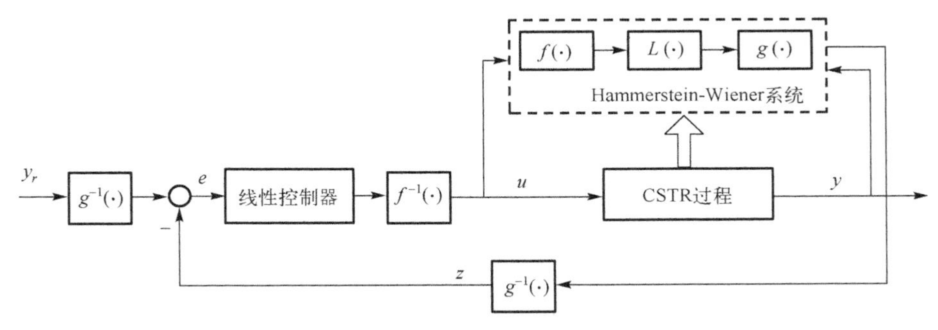

图 6.7　基于 Hammerstein-Wiener 系统的 CSTR 控制系统设计

仿真中非线性 PI 控制器参数为 $K_c = 0.5$，$\tau_I = 25$。为了比较，在仿真中采用传统的线性 PI 控制器（$K_c^{\text{linear}} = 2$，$\tau_I^{\text{linear}} = 10$）对基于 Hammerstein-Wiener 系统的 CSTR 过程进行控制。

$$u(k) = u(k-1) + K_c\left[e(k) - e(k-1) + \frac{e(k)}{\tau_I}\right]$$

其中，$e(k) = y_r(k) - z(k)$，$y_r(k)$ 是设定值。

图 6.8 和图 6.9 给出了线性 PI 控制器和非线性 PI 控制器的控制性能。从图 6.8

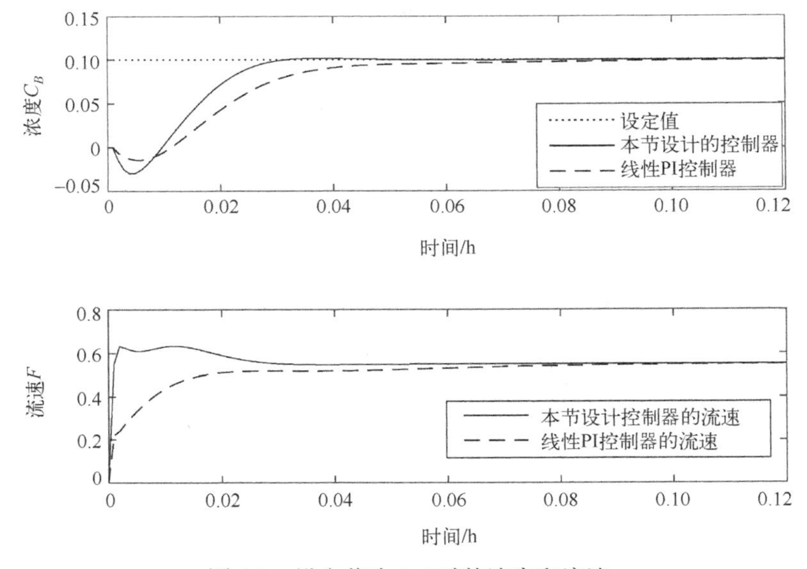

图 6.8　设定值为 0.1 时的浓度和流速

和图 6.9 可以看出，对于非线性 Hammerstein-Wiener 系统，传统的线性 PI 控制器无法实现良好的控制效果。特别是，当设定值为 0.1 时，会导致响应迟缓。然而，当设定值为–0.5 时，发现振荡响应。通过比较，本章设计的非线性 PI 控制器可以有效地平衡正负设定点的迟滞和振荡响应。结果表明，非线性 PI 控制器在标称工况下具有良好的跟踪性能。

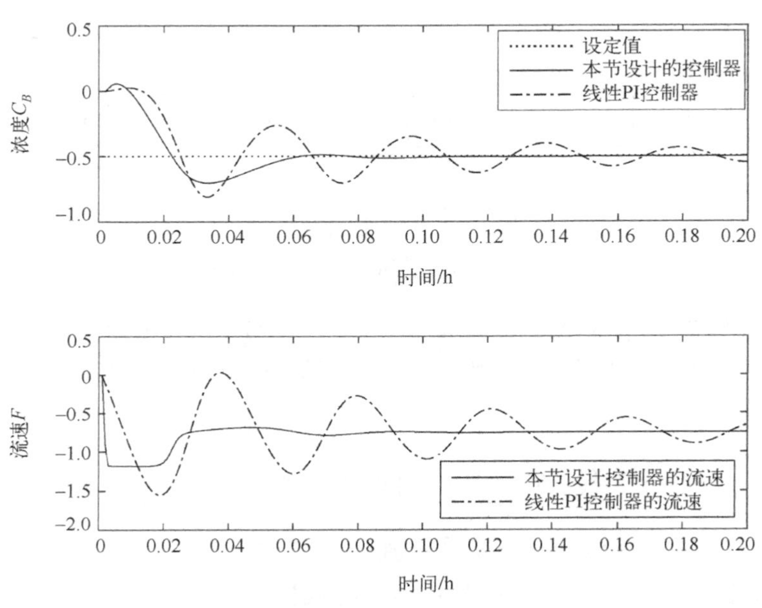

图 6.9　设定值为–0.5 时的浓度和流速

6.3　小　　结

本节提出了一种含过程噪声的 Hammerstein-Wiener 系统三阶段辨识。在 Hammerstein-Wiener 系统建模中，两个静态非线性模块分别利用两个独立的神经模糊模型表示，动态线性模块用有限脉冲响应模型描述。利用设计的组合信号对过程噪声扰动的 Hammerstein-Wiener 系统进行分析，实现了输出静态非线性模块、动态线性模块和输入静态非线性模块的参数分离辨识。数值仿真结果和实际非线性 CSTR 过程的实例说明了本节提出方法的有效性。

参 考 文 献

[1]　Bai E W. An optimal two-stage identification algorithm for Hammerstein-Wiener nonlinear systems[J]. Automatica, 1998, 34(3): 333-338.

[2] Vörös J. Iterative identification of nonlinear dynamic systems with output backlash using three-block cascade models[J]. Nonlinear Dynamics, 2015, 79: 2187-2195.

[3] Yu F, Mao Z, Jia M. Recursive identification for Hammerstein-Wiener systems with dead-zone input nonlinearity[J]. Journal of Process Control, 2013, 23: 1108-1115.

[4] Zhang B, Hong H, Mao Z. Adaptive control of Hammerstein-Wiener nonlinear systems[J]. International Journal of System Science, 2016, 47(9): 2032-2047.

[5] Zhu Y. Estimation of an N-L-N Hammerstein-Wiener model[J]. Automatica, 2002, 38: 1607-1614.

[6] Li F, Jia L. Correlation analysis-based error compensation recursive least-square identification method for the Hammerstein model[J]. Journal of Statistical Computation and Simulation, 2018, 88(1): 56-74.

[7] 贾立, 杨爱华, 邱铭森. 基于辅助模型递推最小二乘法的 Hammerstein 模型多信号源辨识[J]. 南京理工大学学报, 2014, 38(1): 34-39.

[8] Doyle F J, Ogunnaike B A, Pearson R K. Nonlinear model based control using second-order Volterra models[J]. Automatica, 1995, 31(5): 697-714.

[9] Hahn J, Edgar T F. A gramian based approach to nonlinearity quantification and model classification[J]. Industrial & Engineering Chemistry Research, 2001, 40(24): 5724-5731.

[10] Kuntanapreeda S, Marusak P M. Nonlinear extended output feedback control for CSTRs with Van de Vusse reaction[J]. Computers and Chemical Engineering, 2012, 41: 10-23.

第7章　有色过程噪声下Hammerstein-Wiener系统辨识方法

本章基于神经模糊模型研究了有色过程噪声下Hammerstein-Wiener系统辨识方法，通过组合信号的设计，来解决有色过程噪声下Hammerstein-Wiener系统中各串联模块的参数辨识分离问题。在研究中，利用多新息理论、辅助模型技术以及增广原理有效抑制有色过程噪声的干扰，改善了系统的辨识精度，增强了系统的鲁棒性。

7.1　滑动平均噪声干扰的Hammerstein-Wiener系统辨识

基于第6章的研究内容，本节提出了一种滑动平均噪声干扰下Hammerstein-Wiener系统辨识方法。首先，基于设计的两组不同幅值可分离信号的输入和输出数据，利用相关分析方法和聚类方法辨识输出静态非线性模块参数。其次，基于其中一组可分离信号，利用基于相关函数的最小二乘方法辨识动态线性模块参数，从而利用计算的相关函数抑制滑动平均过程噪声。最后，为了改善系统的辨识精度，将多新息理论和梯度优化方法相结合，推导了多新息递推增广随机梯度方法，实现输入静态非线性模块参数的辨识。

7.1.1　滑动平均噪声干扰的神经模糊Hammerstein-Wiener系统

如图7.1所示，滑动平均噪声干扰的神经模糊Hammerstein-Wiener系统输入输出表达式如下：

$$v(k)=f(u(k)) \tag{7.1}$$

$$x(k)=H(z)v(k) \tag{7.2}$$

$$w(k)=D(z)e(k) \tag{7.3}$$

$$z(k)=x(k)+w(k) \tag{7.4}$$

$$y(k)=g(z(k)) \tag{7.5}$$

其中，$f(\cdot)$和$g(\cdot)$分别表示输入静态非线性模块和输出静态非线性模块，$H(z)$表示动态线性模块，本节中利用有限脉冲响应模型近似，即$B(z)=b_1z^{-1}+b_2z^{-2}+\cdots+$

$b_{n_b}z^{-n_b}$；有色噪声模型 $w(k)$ 采用滑动平均模型，即 $D(z)=1+d_1z^{-1}+d_2z^{-2}+\cdots+d_{n_d}z^{-n_d}$，$e(k)$ 表示均值为 0 的白噪声；z^{-1} 为后移算子，n_b 和 n_d 为模型的阶次（本节中假设阶次已知），$v(k)$、$x(k)$ 和 $z(k)$ 表示系统的中间不可测变量，$u(k)$ 和 $y(k)$ 表示系统的输入输出。

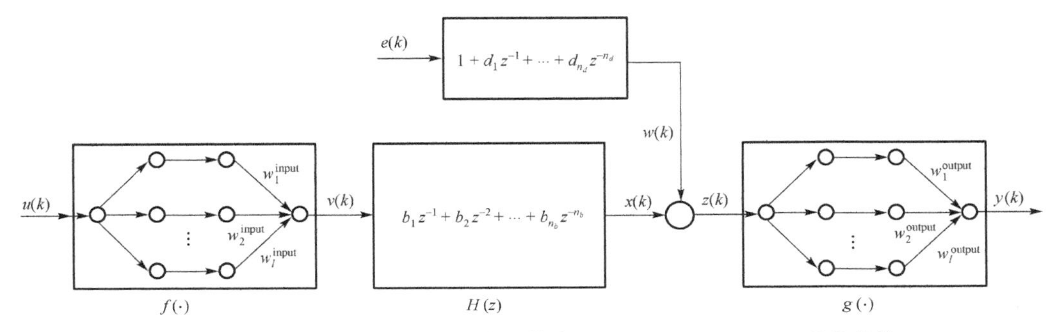

图 7.1　滑动平均噪声干扰的神经模糊 Hammerstein-Wiener 系统结构

假设输出静态非线性模块的逆存在，则 $\hat{z}(k)=\hat{g}^{-1}(y(k))$。因此，输入非线性模块表示为 $\hat{v}(k)=\hat{f}(u(k))=\sum_{l=1}^{L^{\text{input}}}\phi_l^{\text{input}}(u(k))w_l^{\text{input}}$，输出非线性模块 $\hat{z}(k)=\hat{g}^{-1}(y(k))=\sum_{l=1}^{L^{\text{output}}}\phi_l^{\text{output}}(y(k))w_l^{\text{output}}$。其中，$w_l^{\text{input}}$ 和 w_l^{output} 分别表示输入神经模糊和输出神经模糊模型的权重，L^{input} 和 L^{output} 分别表示输入和输出的模糊规则数。

对于任意给定的 ε，建立 Hammerstein-Wiener 系统就是要寻求满足如下条件的参数：

$$
\begin{aligned}
&E(\hat{f}(u(k)),\hat{b}_1,\cdots,\hat{b}_{n_b},\hat{d}_1,\cdots,\hat{d}_{n_d},\hat{g}(\hat{z}(k)))=\frac{1}{2N}\sum_{k=1}^{N}[y(k)-\hat{y}(k)]^2\leqslant\varepsilon\\
&\text{s.t.}\quad \hat{v}(k)=\hat{f}(u(k))\\
&\qquad\ \ \hat{z}(k)=\hat{B}(z)\hat{v}(k)+\hat{D}(z)e(k)\\
&\qquad\ \ \hat{y}(k)=\hat{g}(\hat{z}(k))
\end{aligned}
\tag{7.6}
$$

其中，“ˆ”表示估计，N 是输入输出数据的数目。

7.1.2　滑动平均噪声干扰的神经模糊 Hammerstein-Wiener 系统辨识

本节考虑的滑动平均噪声干扰的神经模糊 Hammerstein-Wiener 系统，其辨识结构图如图 7.2 所示。

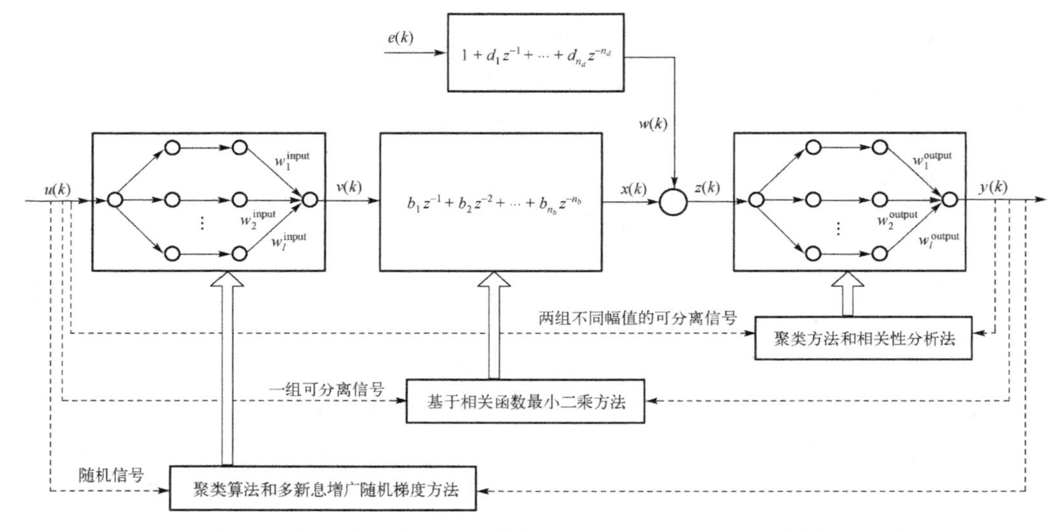

图 7.2　滑动平均噪声干扰的神经模糊 Hammerstein-Wiener 系统辨识结构图

1. 输出静态非线性模块辨识

在输出静态非线性模块辨识中，利用两组不同幅值的可分离信号辨识输出神经模糊模型的参数。首先利用 2.1 节中的聚类算法[1]计算输出神经模糊模型的中心 c_l^{output} 和宽度 σ_l^{output}。接下来讨论输出神经模糊模型权重 w_l^{output} 的辨识。

两组不同幅值的可分离信号 $u_1(k)$ 和 $u_2(k)$，对应的输出为 $y_1(k)$ 和 $y_2(k)$，则输出静态非线性模块表示为 $\hat{z}(k)=\hat{g}^{-1}(y(k))=\sum\limits_{l=1}^{L^{\text{output}}}\phi_l^{\text{output}}(y(k))w_l^{\text{output}}$。

根据式(7.2)～式(7.4)，得到

$$z_1(k)=\sum_{j=1}^{n_b}b_j v_1(k-j)+\sum_{m=1}^{n_d}d_m e(k-m)+e(k) \tag{7.7}$$

$$z_2(k)=\sum_{j=1}^{n_b}b_j v_2(k-j)+\sum_{m=1}^{n_d}d_m e(k-m)+e(k) \tag{7.8}$$

将式(7.7)和式(7.8)两边分别乘以 $u_1(k-\tau)$ 和 $u_2(k-\tau)$，计算数学期望得到

$$R_{z_1u_1}(\tau)=\sum_{j=1}^{n_b}b_j R_{v_1u_1}(\tau-j)+\sum_{m=1}^{n_d}d_m R_{eu_1}(\tau-m)+R_{eu_1}(\tau) \tag{7.9}$$

$$R_{z_2u_2}(\tau)=\sum_{j=1}^{n_b}b_j R_{v_2u_2}(\tau-j)+\sum_{m=1}^{n_d}d_m R_{eu_2}(\tau-m)+R_{eu_2}(\tau) \tag{7.10}$$

由于噪声 $e(k)$ 和输入 $u_1(k)$、$u_2(k)$ 是相互独立的，因此 $R_{eu_1}(\tau)=0$，$R_{eu_2}(\tau)=0$，$R_{eu_1}(\tau-m)=0$，$R_{eu_2}(\tau-m)=0$，因此

$$R_{z_1u_1}(\tau)=\sum_{j=1}^{n_b}b_jR_{v_1u_1}(\tau-j) \tag{7.11}$$

$$R_{z_2u_2}(\tau)=\sum_{j=1}^{n_b}b_jR_{v_2u_2}(\tau-j) \tag{7.12}$$

类似 6.1 节中的推导过程，得到

$$\hat{\boldsymbol{\theta}}_1=(\boldsymbol{X}^{\mathrm{T}}\boldsymbol{X})^{-1}\boldsymbol{X}^{\mathrm{T}}\boldsymbol{Y} \tag{7.13}$$

其中，$\hat{\boldsymbol{\theta}}_1=[\overline{w}_2^{\text{output}},\overline{w}_3^{\text{output}},\cdots,\overline{w}_{L^{\text{output}}}^{\text{output}}]^{\mathrm{T}}$，$\boldsymbol{x}_{l-1}=\begin{bmatrix}\beta R_{\phi_{l,1}^{\text{output}}u_1}(1)-R_{\phi_{l,2}^{\text{output}}u_2}(1)\\ \beta R_{\phi_{l,1}^{\text{output}}u_1}(2)-R_{\phi_{l,2}^{\text{output}}u_2}(2)\\ \vdots\\ \beta R_{\phi_{l,1}^{\text{output}}u_1}(P)-R_{\phi_{l,2}^{\text{output}}u_2}(P)\end{bmatrix}$，$\boldsymbol{X}=[\boldsymbol{x}_1,\boldsymbol{x}_2,\cdots,$ $\boldsymbol{x}_{L^{\text{output}}-1}]$，$\boldsymbol{Y}=\begin{bmatrix}R_{\phi_{1,2}^{\text{output}}u_2}(1)-\beta R_{\phi_{1,1}^{\text{output}}u_1}(1)\\ R_{\phi_{1,2}^{\text{output}}u_2}(2)-\beta R_{\phi_{1,1}^{\text{output}}u_1}(2)\\ \vdots\\ R_{\phi_{1,2}^{\text{output}}u_2}(P)-\beta R_{\phi_{1,1}^{\text{output}}u_1}(P)\end{bmatrix}$，$R_{\phi_{l,1}^{\text{output}}u_1}(\tau)=\dfrac{1}{N}\sum_{k=1}^{N}\sum_{l=2}^{L^{\text{output}}}\phi_{l,1}^{\text{output}}(y_1(k))u_1(k-\tau)$，$R_{\phi_{l,2}^{\text{output}}u_2}(\tau)=\dfrac{1}{N}\sum_{k=1}^{N}\sum_{l=2}^{L^{\text{output}}}\phi_{l,2}^{\text{output}}(y_2(k))u_2(k-\tau)$，$\beta=\dfrac{\sum_{\tau=1}^{P}R_{z_1u_1}(\tau)R_{z_2u_2}(\tau)}{\sum_{\tau=1}^{P}(R_{z_1u_1}(\tau))^2}$。

2. 动态线性模块辨识

在得到输出静态非线性模块辨识的基础上，利用其中一组可分离信号的输入 $u_1(k)$ 和输出 $y_1(k)$ 辨识动态线性模块的参数。

根据式(7.4)得到

$$z_1(k)=\sum_{j=1}^{n_b}b_jv_1(k-j)+\sum_{m=1}^{n_d}d_me(k-m)+e(k) \tag{7.14}$$

进一步得到

$$R_{z_1u_1}(\tau)=\sum_{j=1}^{n_b}\tilde{b}_jR_{u_1}(\tau-j) \tag{7.15}$$

类似 6.2 节中的推导过程，得到

$$\hat{\boldsymbol{\theta}}_2 = \boldsymbol{R}\boldsymbol{\psi}^{\mathrm{T}}(\boldsymbol{\psi}\boldsymbol{\psi}^{\mathrm{T}})^{-1} \tag{7.16}$$

其中，$\boldsymbol{\theta}_2 = [\tilde{b}_1, \tilde{b}_2, \cdots, \tilde{b}_{n_b}]$，$\boldsymbol{\psi} = \begin{bmatrix} R_{u_1}(0) & R_{u_1}(1) & R_{u_1}(2) & \cdots & R_{u_1}(P-1) \\ 0 & R_{u_1}(0) & R_{u_1}(1) & \cdots & R_{u_1}(P-2) \\ \vdots & \vdots & \vdots & \cdots & \vdots \\ 0 & 0 & 0 & \cdots & R_{u_1}(P-n_b) \end{bmatrix}$，$\boldsymbol{R} = [R_{z_1u_1}(1), R_{z_1u_1}(2), \cdots, R_{z_1u_1}(P)]$，$R_{z_1u_1}(\tau) = \dfrac{1}{N}\sum_{k=1}^{N}\sum_{l=2}^{L^{\mathrm{output}}} \phi_{l,1}^{\mathrm{output}}(y_1(k))u_1(k-\tau)$，$R_{u_1}(\tau) = \dfrac{1}{N}\sum_{k=1}^{N} u_1(k)u_1(k-\tau)$。

3. 输出静态非线性模块和滑动平均噪声模型辨识

利用随机信号的输入 $u_3(k)$ 和输出 $y_3(k)$ 辨识输入静态非线性模块的参数。在参数辨识过程中，首先利用 2.1 节中的聚类算法估计输入神经模糊的中心 c_l^{input} 和宽度 $\sigma_l^{\mathrm{input}}$。接下来讨论输入神经模糊模型权重 w_l^{input} 和噪声模型 d_m 的辨识。

根据式(7.1)～式(7.4)得到

$$z_3(k) = \sum_{j=1}^{n_b}\sum_{l=1}^{L^{\mathrm{intput}}} b_j \phi_l(u(k)) w_l^{\mathrm{intput}} + \sum_{m=1}^{n_d} d_m e(k-m) + e(k) \tag{7.17}$$

为了便于分析，将式(7.17)写成回归方程形式：

$$z_3(k) = \boldsymbol{\varphi}^{\mathrm{T}}(k)\boldsymbol{\theta}_3 + e(k) \tag{7.18}$$

其中，$\boldsymbol{\theta}_3 = [\boldsymbol{\theta}_s, \boldsymbol{\theta}_e]^{\mathrm{T}}$，$\boldsymbol{\theta}_s = [b_1\tilde{w}_2^{\mathrm{input}}, b_1\tilde{w}_3^{\mathrm{input}}, \cdots, b_1\tilde{w}_{L^{\mathrm{input}}}^{\mathrm{input}}, \cdots, b_{n_b}\tilde{w}_2^{\mathrm{input}}, \cdots, b_{n_b}\tilde{w}_{L^{\mathrm{input}}}^{\mathrm{input}}]^{\mathrm{T}}$，$\boldsymbol{\theta}_e = [d_1, d_2, \cdots, d_{n_d}]^{\mathrm{T}}$，$\boldsymbol{\varphi}_s(k) = [\phi_1(u(k-1)), \cdots, \phi_{L^{\mathrm{input}}}(u(k-1)), \cdots, \phi_1(u(k-n_b)), \cdots, \phi_{L^{\mathrm{input}}}(u(k-n_b))]^{\mathrm{T}}$，$\boldsymbol{\varphi}(k) = [\varphi_s(k), \varphi_e(k)]^{\mathrm{T}}$，$\boldsymbol{\varphi}_e(k) = [e(k-1), \cdots, e(k-n_d)]^{\mathrm{T}}$。

根据式(7.18)定义准则函数：

$$J(\boldsymbol{\theta}_3) = \sum_{k=1}^{N}\left\| z_3(k) - \boldsymbol{\varphi}^{\mathrm{T}}(k)\boldsymbol{\theta}_3 \right\|^2 \tag{7.19}$$

基于负方向搜索，最小化 $J(\boldsymbol{\theta}_3)$ 得到

$$\begin{aligned} \hat{\boldsymbol{\theta}}_3(k) &= \hat{\boldsymbol{\theta}}_3(k-1) - \frac{1}{2r(k)}\mathrm{grad}[J(\hat{\boldsymbol{\theta}}_3(k-1))] \\ &= \hat{\boldsymbol{\theta}}_3(k-1) + \frac{\boldsymbol{\varphi}(k)}{r(k)}[z_3(k) - \boldsymbol{\varphi}^{\mathrm{T}}(k)\hat{\boldsymbol{\theta}}_3(k-1)] \end{aligned} \tag{7.20}$$

$$r(k) = r(k-1) + \left\|\boldsymbol{\varphi}(k)\right\|^2 \tag{7.21}$$

值得注意的是，由于 $\varphi(k)$ 中含有未知噪声项 $e(k)$，式(7.20)和式(7.21)中的辨识算法无法实现。为了解决这一问题，利用 k 时刻的估计值 $\hat{e}(k)$ 替换不可测量的噪声项 $e(k)$，则 $\hat{e}(k)=z_3(k)-\hat{\boldsymbol{\varphi}}^{\mathrm{T}}(k)\hat{\boldsymbol{\theta}}_3(k)$。其中，$\hat{\boldsymbol{\varphi}}(k)=[\boldsymbol{\varphi}_s(k),\hat{\boldsymbol{\varphi}}_e(k)]^{\mathrm{T}}$，$\hat{\boldsymbol{\varphi}}_e(k)=[\hat{e}(k-1),\cdots,\hat{e}(k-n_d)]^{\mathrm{T}}$，$\hat{\boldsymbol{\theta}}_3=[\hat{\boldsymbol{\theta}}_s,\hat{\boldsymbol{\theta}}_e]^{\mathrm{T}}$。

因此，得到下列增广随机梯度方法：

$$\hat{\boldsymbol{\theta}}_3(k)=\hat{\boldsymbol{\theta}}_3(k-1)+\frac{\hat{\boldsymbol{\varphi}}(k)}{r(k)}[z_3(k)-\hat{\boldsymbol{\varphi}}^{\mathrm{T}}(k)\hat{\boldsymbol{\theta}}_3(k-1)] \tag{7.22}$$

$$r(k)=r(k-1)+\left\|\hat{\boldsymbol{\varphi}}(k)\right\|^2 \tag{7.23}$$

$$\hat{\boldsymbol{\varphi}}(k)=[\boldsymbol{\varphi}_s(k),\hat{\boldsymbol{\varphi}}_e(k)]^{\mathrm{T}},\quad \hat{\boldsymbol{\theta}}_3=[\hat{\boldsymbol{\theta}}_s,\hat{\boldsymbol{\theta}}_e]^{\mathrm{T}} \tag{7.24}$$

$$\hat{\boldsymbol{\varphi}}_e(k)=[\hat{e}(k-1),\cdots,\hat{e}(k-n_d)]^{\mathrm{T}} \tag{7.25}$$

$$\hat{e}(k)=z_3(k)-\hat{\boldsymbol{\varphi}}^{\mathrm{T}}(k)\hat{\boldsymbol{\theta}}_3(k) \tag{7.26}$$

为了改善随机梯度算法收敛速度慢这一缺陷，将多新息学习理论[2]用于输入静态非线性模块的辨识。新息向量不仅利用当前数据信息，而且在每次递推计算中还利用了过去的数据信息。

将 p 的长度从 $t=k$ 设置为 $t=k-p+1$，定义损失函数如下：

$$J(\boldsymbol{\theta}_3)=\sum_{t=0}^{p-1}\left\|z_3(k-t)-\boldsymbol{\varphi}^{\mathrm{T}}(k-t)\boldsymbol{\theta}_3\right\|^2 \tag{7.27}$$

利用随机梯度方法得到

$$\hat{\boldsymbol{\theta}}_3(k)=\hat{\boldsymbol{\theta}}_3(k-1)+\frac{1}{r(k)}\sum_{t=0}^{p-1}\boldsymbol{\varphi}(k-t)[z_3(k-t)-\boldsymbol{\varphi}^{\mathrm{T}}(k-t)\hat{\boldsymbol{\theta}}_3(k-1)] \tag{7.28}$$

其中，p 表示新息长度。

类似于增广随机梯度方法的分析，得到多新息增广随机梯度辨识方法：

$$\hat{\boldsymbol{\theta}}_3(k)=\hat{\boldsymbol{\theta}}_3(k-1)+\frac{1}{r(k)}\sum_{t=0}^{p-1}\hat{\boldsymbol{\varphi}}(k-t)[z_3(k-t)-\hat{\boldsymbol{\varphi}}^{\mathrm{T}}(k-t)\hat{\boldsymbol{\theta}}_3(k-1)] \tag{7.29}$$

$$r(k)=r(k-1)+\sum_{t=0}^{p-1}\left\|\hat{\boldsymbol{\varphi}}(k-t)\right\|^2 \tag{7.30}$$

$$\hat{\boldsymbol{\theta}}_3=[\hat{\boldsymbol{\theta}}_s,\hat{\boldsymbol{\theta}}_e]^{\mathrm{T}},\quad \hat{\boldsymbol{\varphi}}(k-t)=[\boldsymbol{\varphi}_s(k-t),\hat{\boldsymbol{\varphi}}_e(k-t)]^{\mathrm{T}} \tag{7.31}$$

$$\hat{\boldsymbol{\varphi}}_e(k-t)=[\hat{e}(k-t-1),\cdots,\hat{e}(k-t-n_d)]^{\mathrm{T}} \tag{7.32}$$

$$\hat{e}(k)=z_3(k)-\hat{\boldsymbol{\varphi}}^{\mathrm{T}}(k)\hat{\boldsymbol{\theta}}_3(k) \tag{7.33}$$

7.1.3　仿真结果

为了证明本节提出辨识方法的有效性，将提出的方法运用到两类 Hammerstein-Wiener 系统中。

(1) 研究了滑动平均噪声干扰的 Hammerstein-Wiener 系统，其中，输入静态非线性模块为多项式模型，输出静态非线性模块是分段函数。

$$
\begin{aligned}
&v(k)=0.98u(k)+0.2u(k)^2\\
&x(k)=0.2v(k-1)+0.5v(k-2)\\
&z(k)=x(k)+w(k)\\
&w(k)=e(k)+0.5e(k-1)\\
&y(k)=\begin{cases}0.1z(k), & z(k)\leqslant 1.5\\ 0.15\exp(z(k)-1.5), & z(k)>1.5\end{cases}
\end{aligned}
$$

其中，$e(k)$ 为随机白噪声。

使用 6.3 节中定义的噪信比 δ_{ns}，k 时刻的参数估计误差 $\delta=\left\|\hat{\boldsymbol{\theta}}_2(k)-\boldsymbol{\theta}_2\right\|/\left\|\boldsymbol{\theta}_2\right\|$。

本节设计的组合信号包括：①均值为 0、方差为 1 的高斯信号；②均值为 0、方差为 0.5 的高斯信号；③区间为[−3, 3]的随机信号。

首先，利用相关分析方法和聚类算法辨识输出非线性块的参数。设置参数：$S_0^{\text{output}}=0.99$，$\rho^{\text{output}}=1$ 和 $\lambda^{\text{output}}=0.01$。输出静态非线性模块的估计如图 7.3 所示。从图 7.3 可以看出，本节提出的辨识方法能够有效抑制 Hammerstein-Wiener 系统的滑动平均噪声扰动，输出静态非线性模块取得较好的拟合结果。

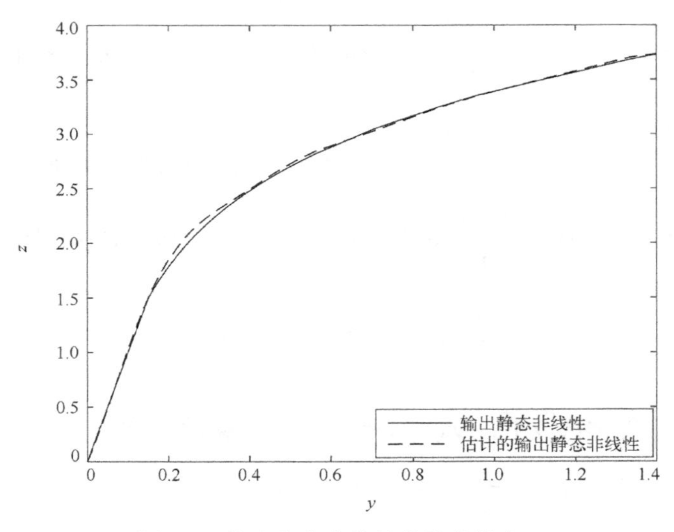

图 7.3　输出静态非线性模块的拟合 1

其次，基于均值为 0、方差为 1 的高斯信号的输入输出数据，利用基于相关函数的最小二乘方法辨识动态线性模块的参数。为了说明辨识方法的有效性，将提出的方法与递推增广最小二乘方法(recursive extended least squares，RELS)[3]进行对比，图 7.4 给出了不同噪信比下参数辨识误差曲线图。本节提出的方法利用输入输出变量之间的互协方差函数和输入变量的自协方差函数来辨识模型参数，可以有效地处理噪声干扰，提高辨识精度。从图 7.4 可以看出，随着噪信比的增加，本节提出的方法比 RELS 方法具有更高的辨识精度。

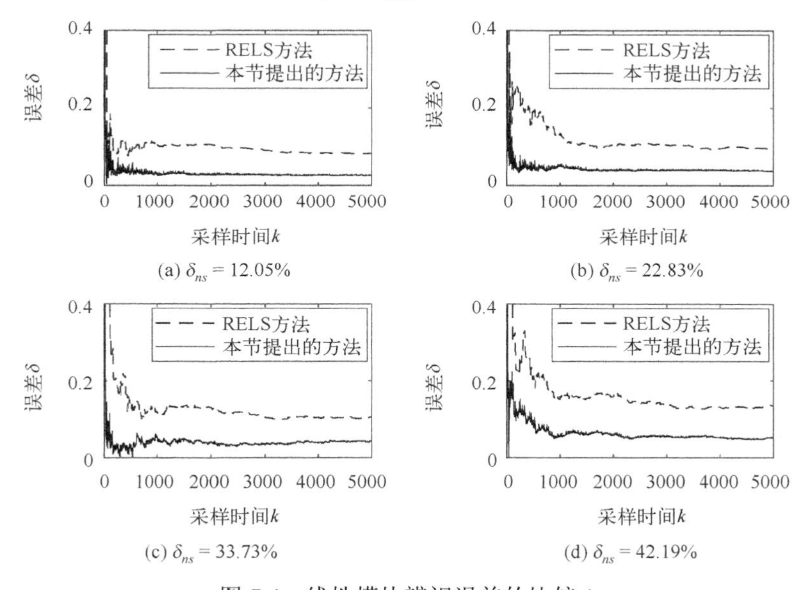

图 7.4　线性模块辨识误差的比较 1

基于随机信号的输入输出数据，设置参数：$S_0^{\text{input}}=0.9$，$\rho^{\text{input}}=1$ 和 $\lambda^{\text{input}}=0.01$，利用本节推导的多新息递推增广随机梯度方法和聚类方法辨识输入非线性参数和滑动平均噪声模型参数。图 7.5 描述了不同新息长度下输入静态非线性的逼近结果。图 7.6 显示了不同新息长度下噪声模型参数的估计曲线。

从图 7.5 可以看出，随着新息长度 p 的增加，输入静态非线性模块的逼近效果越好，有效改善了辨识精度。根据图 7.6 可知，随着新息长度 p 的增加，噪声模型参数估计值更接近实际值，并且获得较快的收敛速度。

(2)考虑下列一类更为复杂的 Hammerstein-Wiener 系统，输入静态非线性模块是不连续函数：

$$v(k)=\begin{cases}2-\cos(3u(k))-\exp(-u(k)), & u(k)\leqslant 3.15\\ 3, & u(k)>3.15\end{cases}$$

$$x(k)=0.9v(k-1)+0.6v(k-2)+0.3v(k-3)+0.1v(k-4)$$

$$z(k) = x(k) + w(k)$$
$$w(k) = e(k) + 0.5e(k-1)$$
$$y(k) = \begin{cases} 0.25\exp(z(k) - 2.5), & z(k) > 2.5 \\ 0.1z(k), & z(k) \leqslant 2.5 \end{cases}$$

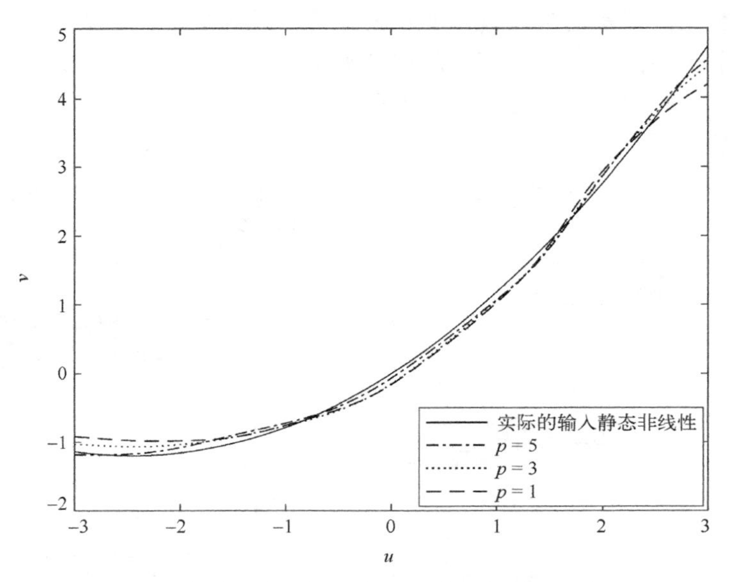

图 7.5　不同新息长度下输入静态非线性的逼近结果 1

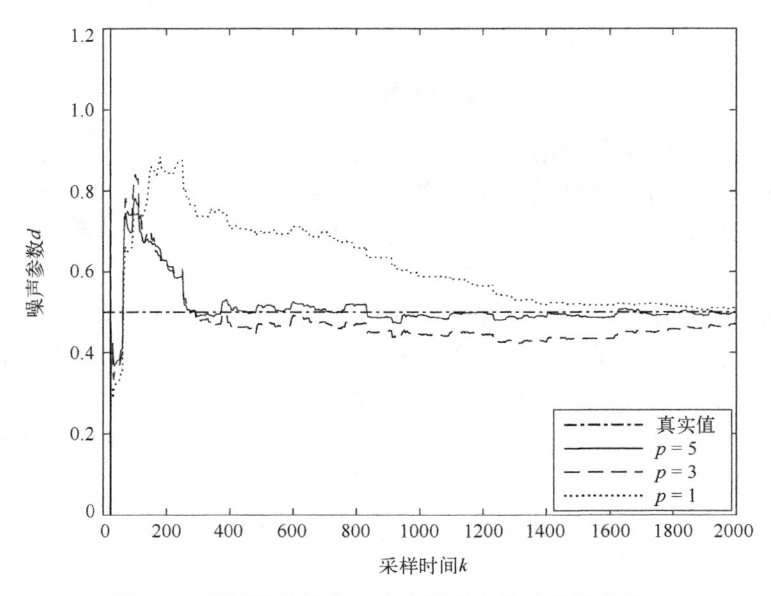

图 7.6　不同新息长度下噪声模型参数的估计曲线 1

本节设计的组合信号包括：①幅值为 0 或 4 的二进制信号；②幅值为 0 或 2 的二进制信号；③区间为[0, 5]的随机信号。

首先，利用相关分析方法和聚类算法辨识输出非线性块的参数。设置参数：$S_0^{\text{output}}=0.99$，$\rho^{\text{output}}=1$ 和 $\lambda^{\text{output}}=0$。输出静态非线性模块的估计如图 7.7 所示。

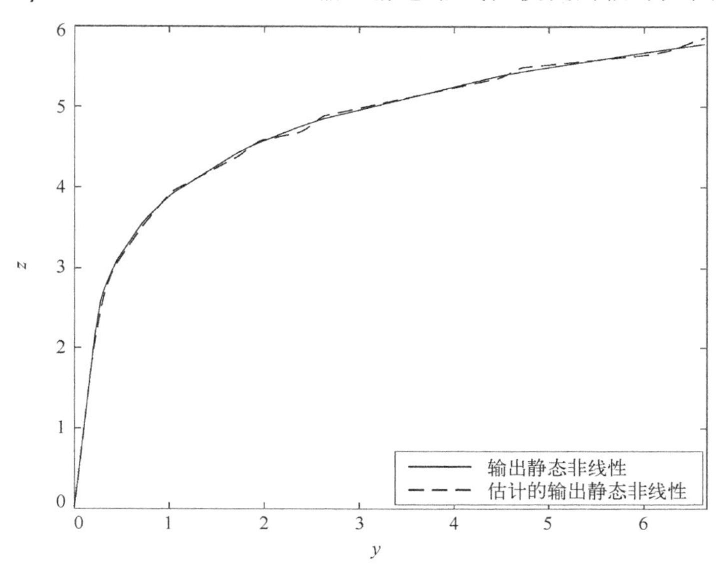

图 7.7　输出静态非线性模块的拟合 2

从图 7.7 可以看出，本节提出的辨识方法能够有效抑制 Hammerstein-Wiener 系统的滑动平均噪声扰动，输出静态非线性模块取得较好的拟合结果。

其次，基于幅度为 0 或 4 的二进制信号的输入输出数据，利用基于相关函数的最小二乘方法辨识动态线性模块的参数。图 7.8 给出了不同噪信比下两种方法辨识动态线性模块的误差曲线图。从图 7.8 可以看出，随着噪信比的增加，本节提出的方法比 RELS 方法具有更高的辨识精度。

基于随机信号的输入输出数据，设置参数：$S_0^{\text{input}}=0.92$，$\rho^{\text{input}}=1$ 和 $\lambda^{\text{input}}=0.01$，利用本节推导的多新息递推增广随机梯度方法和聚类方法辨识输入非线性参数和滑动平均噪声模型参数。图 7.9 描述了不同新息长度下输入静态非线性的逼近结果。图 7.10 显示了不同新息长度下噪声模型参数的估计曲线。

从图 7.9 可以看出，针对不连续的静态非线性模块，随着新息长度 p 的增加，输入静态非线性模块的逼近效果越好，有效改善了辨识精度。根据图 7.10 可知，随着新息长度 p 的增加，噪声模型参数估计值更接近实际值，并且获得较快的收敛速度。因此，本节提出的方法能够有效辨识滑动平均噪声的 Hammerstein-Wiener 系统。

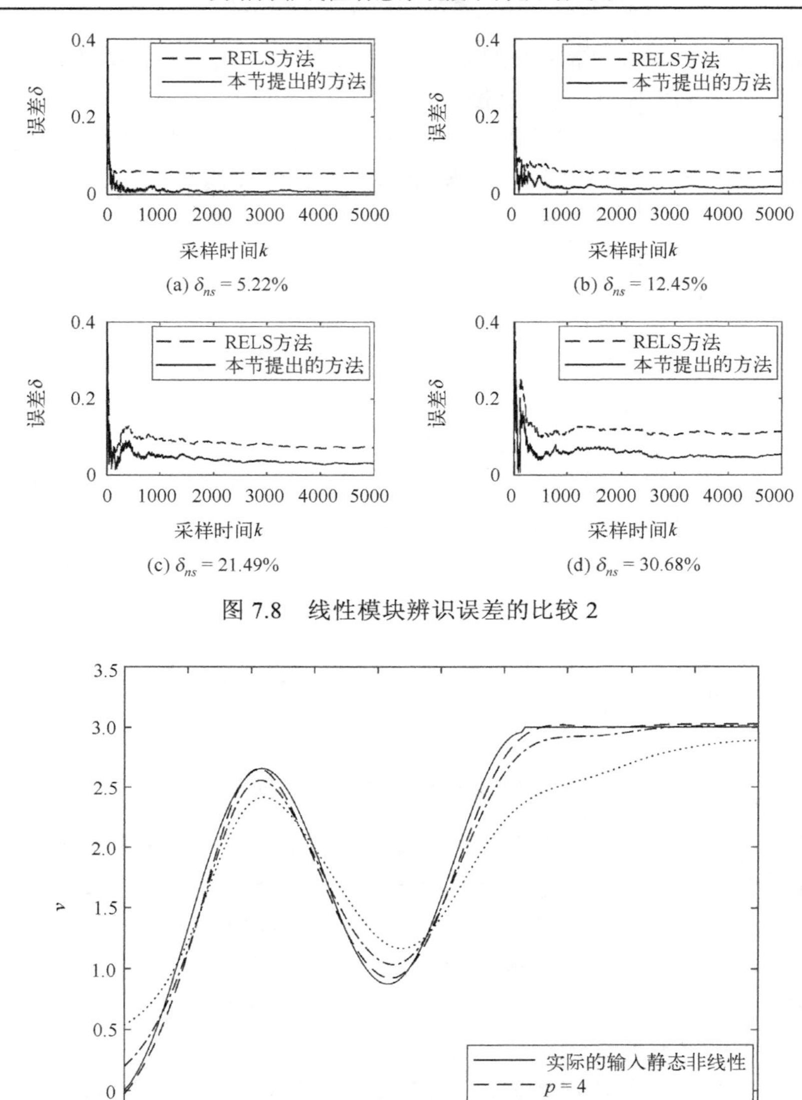

图 7.8　线性模块辨识误差的比较 2

图 7.9　不同新息长度下输入静态非线性的逼近结果 2

7.1.4　小结

本节提出了一种滑动平均噪声干扰的神经模糊 Hammerstein-Wiener 系统辨识方法。在研究中利用设计的组合信号辨识 Hammerstein-Wiener 系统的各个串联模块和噪声模块参数，避免了系统参数的冗余。辨识中的相关分析法能够有效抑制滑动平均噪声的干扰，多新息理论被用来改善辨识精度和收敛速度。仿真结果表明，针对过程噪声扰动的 Hammerstein-Wiener 系统，本节提出的辨识方法能够取得较好的辨识精度，对噪声有较强的鲁棒性。

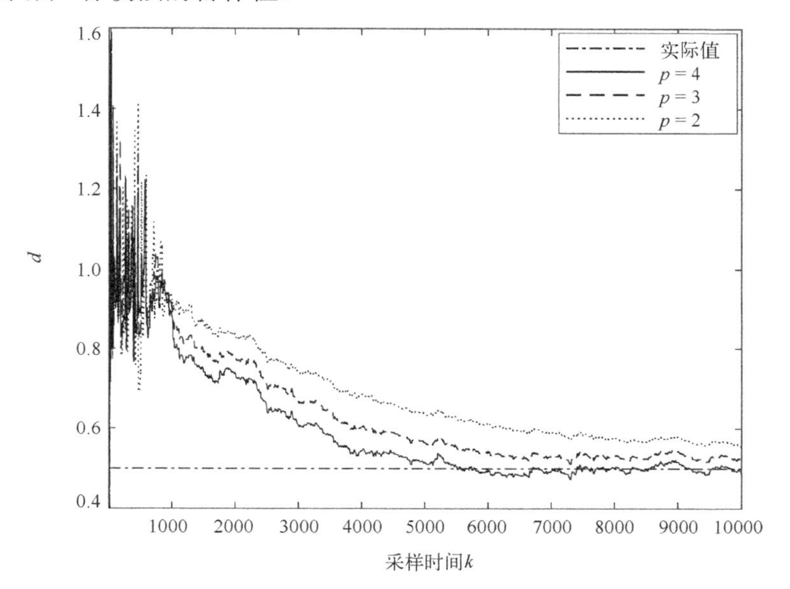

图 7.10　不同新息长度下噪声模型参数的估计曲线 2

7.2　滑动平均噪声下 Hammerstein-Wiener 系统辨识

基于 7.1 节的研究内容，本节提出了一种滑动平均噪声干扰下 Hammerstein-Wiener 系统三阶段最小二乘辨识方法。在第一阶段，基于两组不同幅值的可分离信号的输入和输出，利用基于相关函数的最小二乘和聚类方法辨识输出静态非线性模块参数。在第二阶段，基于其中一组可分离信号，利用基于相关函数的最小二乘方法辨识动态线性模块参数，利用计算的相关函数抑制滑动平均过程噪声。在第三阶段，利用递推增广最小二乘方法辨识输入静态非线性模块参数。

7.2.1　滑动平均噪声下 Hammerstein-Wiener 系统

如图 7.11 所示，滑动平均噪声下 Hammerstein-Wiener 系统输入输出表达式如下：

$$v(k) = f(u(k)) \tag{7.34}$$

$$x(k) = G(q)v(k) \tag{7.35}$$

$$w(k) = D(q)e(k) \tag{7.36}$$

$$z(k) = x(k) + w(k) \tag{7.37}$$

$$y(k) = g(z(k)) \tag{7.38}$$

其中，$f(\cdot)$和$g(\cdot)$分别表示输入静态非线性模块和输出静态非线性模块，$G(q)$表示动态线性模块，且$G(q) = b_1 q^{-1} + b_2 q^{-2} + \cdots + b_{n_b} q^{-n_b}$；有色噪声模型$w(k)$采用滑动平均模型，即$D(q) = 1 + d_1 q^{-1} + d_2 q^{-2} + \cdots + d_{n_d} q^{-n_d}$，$e(k)$表示均值为0的白噪声；$q^{-1}$为后移算子，$n_b$和$n_d$为模型的阶次(本节中假设阶次已知)。

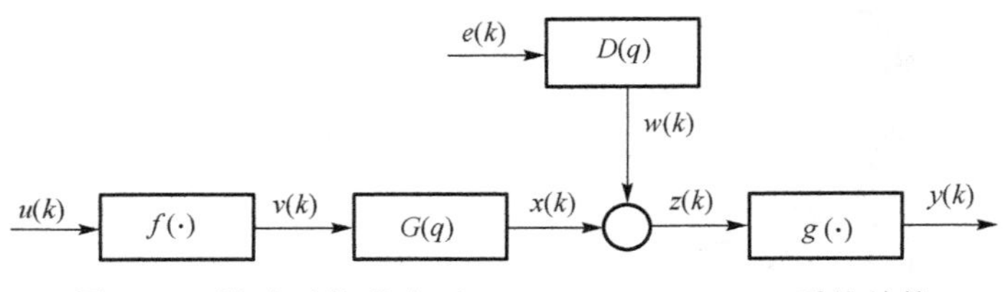

图 7.11　滑动平均噪声下 Hammerstein-Wiener 系统结构

7.2.2　滑动平均噪声下 Hammerstein-Wiener 系统三阶段辨识

基于滑动平均噪声下 Hammerstein-Wiener 系统，本节采用三阶段最小二乘方法辨识各串联模块和滑动平均噪声模型的参数。

1. 输出静态非线性模块辨识

在输出静态非线性模块辨识中，利用两组不同幅值的可分离信号辨识输出神经模糊模型的参数。首先，利用2.1节中的聚类算法计算输出神经模糊模型的中心c_l^{output}和宽度σ_l^{output}。其次，利用6.1节中基于相关函数的最小二乘方法求解输出神经模糊模型权重w_l^{output}，详细过程参照6.1节。

2. 动态线性模块辨识

在得到输出静态非线性模块辨识的基础上，基于其中一组可分离信号的输入和输出，利用6.2节中基于相关函数的最小二乘方法求解辨识动态线性模块的参数，详细过程参照6.2节。

3. 输入静态非线性模块和滑动平均噪声模型辨识

利用随机信号的输入$u_3(k)$和输出$y_3(k)$辨识输入静态非线性模块的参数。在参数辨识过程中，首先利用2.1节中的聚类算法估计输入神经模糊的中心c_l^{input}和宽度σ_l^{input}。接下来求解输入神经模糊模型权重w_l^{input}和噪声模型d_m。

根据式(7.34)～式(7.38)得到

$$z_3(k)=\sum_{j=1}^{n_b}\sum_{l=1}^{L^{\text{input}}}b_j\phi_l(u_3(k))w_l^{\text{input}}+\sum_{m=1}^{n_d}d_m e(k-m)+e(k) \tag{7.39}$$

根据式(7.39)，将其改成回归方程形式：

$$z_3(k)=\boldsymbol{\varphi}^{\mathrm{T}}(k)\boldsymbol{\theta}_3+e(k) \tag{7.40}$$

其中，$\boldsymbol{\theta}_3=[\boldsymbol{\theta}_s,\boldsymbol{\theta}_e]^{\mathrm{T}}$，$\boldsymbol{\theta}_s=[b_1\tilde{w}_2^{\text{input}},b_1\tilde{w}_3^{\text{input}},\cdots,b_1\tilde{w}_{L^{\text{input}}}^{\text{input}},\cdots,b_{n_b}\tilde{w}_2^{\text{input}},\cdots,b_{n_b}\tilde{w}_{L^{\text{input}}}^{\text{input}}]^{\mathrm{T}}$，$\boldsymbol{\theta}_e=[d_1,d_2,\cdots,d_{n_d}]^{\mathrm{T}}$，$\boldsymbol{\varphi}_s(k)=[\phi_1(u_3(k-1)),\cdots,\phi_{L^{\text{input}}}(u_3(k-1)),\cdots,\phi_1(u_3(k-n_b)),\cdots,\phi_{L^{\text{input}}}(u_3(k-n_b))]^{\mathrm{T}}$，$\boldsymbol{\varphi}(k)=[\boldsymbol{\varphi}_s(k),\boldsymbol{\varphi}_e(k)]^{\mathrm{T}}$，$\boldsymbol{\varphi}_e(k)=[e(k-1),e(k-2),\cdots,e(k-n_d)]^{\mathrm{T}}$。

根据式(7.40)，定义下列均方准则函数：

$$J(\boldsymbol{\theta}_3)=\sum_{k=1}^{N}\left\|z_3(k)-\boldsymbol{\varphi}^{\mathrm{T}}(k)\boldsymbol{\theta}_3\right\|^2 \tag{7.41}$$

利用递推最小二乘估计参数向量 $\boldsymbol{\theta}_3$：

$$\boldsymbol{\theta}_3(k)=\boldsymbol{\theta}_3(k-1)+\boldsymbol{P}(k)\boldsymbol{\varphi}(k)[z_3(k)-\boldsymbol{\varphi}^{\mathrm{T}}(k)\boldsymbol{\theta}_3(k-1)] \tag{7.42}$$

$$\boldsymbol{P}^{-1}(k)=\boldsymbol{P}^{-1}(k-1)+\boldsymbol{\varphi}(k)\boldsymbol{\varphi}^{\mathrm{T}}(k) \tag{7.43}$$

其中，$\boldsymbol{P}^{-1}(k)=\sum_{k=1}^{N}\boldsymbol{\varphi}(k)\boldsymbol{\varphi}^{\mathrm{T}}(k)$。

由于式(7.42)中的信息向量 $\boldsymbol{\varphi}(k)$ 包含未知噪声项 $e(k)$，上述方法无法求解未知参数向量 $\boldsymbol{\theta}_3$。一个有效的解决方法是利用估计值 $\hat{e}(k)$ 代替未知噪声项 $e(k)$，因此，$\boldsymbol{\varphi}(k)$ 的估计为 $\hat{\boldsymbol{\varphi}}(k)=[\boldsymbol{\varphi}_s(k),\hat{\boldsymbol{\varphi}}_e(k)]^{\mathrm{T}}$。

估计值 $\hat{e}(k)$ 计算如下：

$$\hat{e}(k)=z(k)-\hat{\boldsymbol{\varphi}}^{\mathrm{T}}(k)\hat{\boldsymbol{\theta}}_3(k) \tag{7.44}$$

定义 $\boldsymbol{L}(k)=\boldsymbol{P}(k)\boldsymbol{\varphi}(k)$，将矩阵的可逆公式 $(\boldsymbol{A}+\boldsymbol{BC})^{-1}=\boldsymbol{A}^{-1}-\boldsymbol{A}^{-1}\boldsymbol{B}(\boldsymbol{I}+\boldsymbol{CA}^{-1}\boldsymbol{B})^{-1}\boldsymbol{CA}^{-1}$[4]用于式(7.43)，得到下列递推增广最小二乘算法：

$$\hat{\boldsymbol{\theta}}_3(k)=\hat{\boldsymbol{\theta}}_3(k-1)+\boldsymbol{L}(k)[z_3(k)-\hat{\boldsymbol{\varphi}}^{\mathrm{T}}(k)\hat{\boldsymbol{\theta}}_3(k-1)] \tag{7.45}$$

$$\boldsymbol{L}(k)=\boldsymbol{P}(k-1)+\boldsymbol{L}(k)[1+\hat{\boldsymbol{\varphi}}(k)\boldsymbol{P}(k-1)\hat{\boldsymbol{\varphi}}^{\mathrm{T}}(k)]^{-1} \tag{7.46}$$

$$\boldsymbol{P}(k)=[\boldsymbol{I}-\boldsymbol{L}(k)\hat{\boldsymbol{\varphi}}^{\mathrm{T}}(k)]\boldsymbol{P}(k-1) \tag{7.47}$$

$$\hat{\boldsymbol{\theta}}_3(k)=\begin{bmatrix}\hat{\boldsymbol{\theta}}_s(k)\\ \hat{\boldsymbol{\theta}}_e(k)\end{bmatrix},\ \hat{\boldsymbol{\varphi}}(k)=\begin{bmatrix}\boldsymbol{\varphi}_s(k)\\ \hat{\boldsymbol{\varphi}}_e(k)\end{bmatrix} \tag{7.48}$$

$$\hat{\boldsymbol{\varphi}}_e(k)=[\hat{e}(k-1),\hat{e}(k-2),\cdots,\hat{e}(k-n_d)]^{\mathrm{T}} \tag{7.49}$$

$$\hat{e}(k)=z_3(k)-\hat{\boldsymbol{\varphi}}^{\mathrm{T}}(k)\hat{\boldsymbol{\theta}}_3(k) \tag{7.50}$$

7.2.3 仿真结果

为了证明本节提出方法的有效性和可行性，将提出的 Hammerstein-Wiener 系统辨识方法运用到数值仿真和实际 CSTR 非线性过程。

(1) 考虑以下滑动平均噪声干扰下的 Hammerstein-Wiener 系统，其中，静态输入非线性块为不连续函数：

$$v(k)=\begin{cases}2-\cos(3u(k))-\exp(-u(k)), & u(k)\leqslant 3.15\\ 3, & u(k)>3.15\end{cases}$$

$$x(k)=0.9v(k-1)+0.6v(k-2)+0.3v(k-3)+0.1v(k-4)$$

$$w(k)=e(k)+0.5e(k-1)$$

$$z(k)=x(k)+w(k)$$

$$y(k)=\begin{cases}0.1z(k), & z(k)\leqslant 2.5\\ 0.25\exp(z(k)-2.5), & z(k)>2.5\end{cases}$$

其中，$e(k)$是均值为 0、方差为σ^2的白噪声。

使用 6.3 节中定义的噪信比δ_{ns}和 k 时刻的参数估计误差δ。

本节设计的组合信号包括：①幅值为 0 或 4 的二进制信号；②幅值为 0 或 2 的二进制信号；③区间为[0, 5]的随机信号。

在第一阶段，基于两组不同幅值的二进制信号的输入输出数据，利用基于相关函数的最小二乘方法和聚类算法辨识输出非线性块的参数。设置参数：$S_0^{\text{output}}=0.99$，$\rho^{\text{output}}=1$和$\lambda^{\text{output}}=0.01$，得到 17 个模糊规则数。输出静态非线性模块的估计如图 7.12 所示。

从图 7.12 可以看出，本节提出的基于相关函数的最小二乘辨识方法能够有效抑制 Hammerstein-Wiener 系统的滑动平均噪声扰动，因此输出静态非线性模块取得较好的拟合结果。

在第二阶段，基于幅度为 0 或 4 的二进制信号的输入输出数据，利用基于相关函数的最小二乘方法辨识动态线性模块的参数。为了说明本节辨识方法的有效性，将提出的方法与 AM-RLS 方法[5]进行对比，表 7.1 给出了不同噪信比下两种方法辨识动态线性模块的误差比较，图 7.13 描述了不同噪信比下两种方法辨识动态线性模块的误差曲线图。

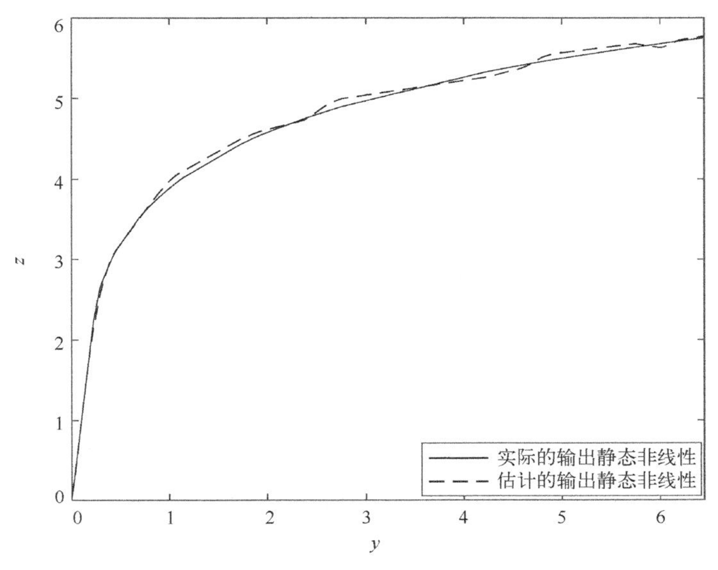

图 7.12　输出静态非线性模块的拟合 3

表 7.1　不同噪信比下两种方法辨识动态线性模块的辨识结果

δ_{ns} /%	k	本节提出的方法					AM-RLS 方法				
		$\hat{b}_1$	$\hat{b}_2$	$\hat{b}_3$	$\hat{b}_4$	δ	$\hat{b}_1$	$\hat{b}_2$	$\hat{b}_3$	$\hat{b}_4$	δ
11.38	200	0.8492	0.6034	0.3209	0.0764	0.0532	0.8683	0.5959	0.2993	0.0522	0.0511
	1000	0.8876	0.5921	0.3069	0.0901	0.0169	0.8922	0.5852	0.2916	0.0725	0.0295
	2000	0.9034	0.6025	0.3050	0.0947	0.0075	0.8991	0.5911	0.2870	0.0762	0.0253
	3000	0.9084	0.6032	0.3005	0.0910	0.0113	0.9027	0.5913	0.2846	0.0741	0.0280
	4000	0.9131	0.6041	0.2989	0.0913	0.0145	0.9032	0.5905	0.2830	0.0759	0.0276
	5000	0.9096	0.6035	0.2989	0.0916	0.0118	0.9019	0.5904	0.2836	0.0762	0.0271
21.97	200	0.9068	0.6722	0.2935	0.1365	0.0723	0.8736	0.6527	0.2458	0.0855	0.0595
	1000	0.8886	0.6110	0.2882	0.0986	0.0176	0.8756	0.5852	0.2547	0.0627	0.0579
	2000	0.9001	0.6162	0.2979	0.0887	0.0176	0.8802	0.5884	0.2634	0.0543	0.0558
	3000	0.9053	0.6126	0.2960	0.0784	0.0230	0.8835	0.5845	0.2637	0.0455	0.0615
	4000	0.9076	0.6116	0.2963	0.0777	0.0235	0.8816	0.5820	0.2644	0.0465	0.0614
	5000	0.9060	0.6063	0.2948	0.0791	0.0206	0.8841	0.5791	0.2654	0.0498	0.0590
真值		0.9	0.6	0.3	0.1	0	0.9	0.6	0.3	0.1	0

从表 7.1 和图 7.13 可以看出，在滑动平均噪声干扰下，本节提出的基于相关函

数的最小二乘辨识方法比 AM-RLS 方法能够更有效地学习线性动态块的参数，随着噪信比的增加，本节提出的辨识方法可以获得更高的精度。

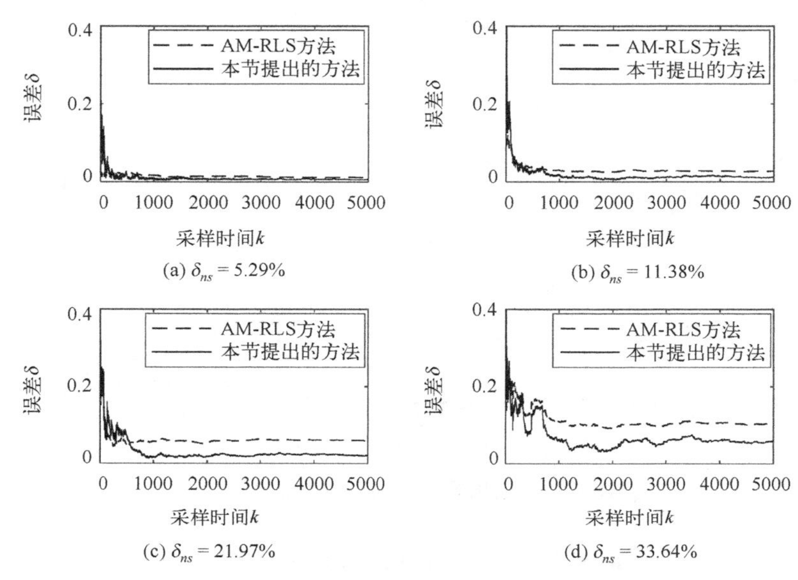

(a) $\delta_{ns}=5.29\%$　(b) $\delta_{ns}=11.38\%$

(c) $\delta_{ns}=21.97\%$　(d) $\delta_{ns}=33.64\%$

图 7.13　线性模块辨识误差的比较 3

在第三阶段，基于随机信号的输入输出数据，设置参数：$S_0^{\text{input}}=0.972$，$\rho^{\text{input}}=1$ 和 $\lambda^{\text{input}}=0$，得到 13 个模糊规则数。为了说明神经模糊模型建模的有效性，使用相同的训练数据构建了多项式模型。图 7.14 给出了两种模型拟合输入静态非线性模块的结果比较，表 7.2 给出了两种模型拟合输入静态非线性模块的均方误差 MSE、最大误差 ME 和平均绝对百分比误差(mean absolute percentage error，MAPE)，图 7.15 给出了滑动平均噪声模型参数的估计曲线。

表 7.2　不同模型近似输入静态非线性模块的误差比较

模型		MSE	ME	MAPE/%
多项式模型	$r=9$	3.8×10^{-3}	0.2369	2.25
	$r=10$	2.6×10^{-3}	0.1523	2.15
	$r=11$	1.2×10^{-3}	0.0987	1.41
	$r=12$	1.1×10^{-3}	0.1457	1.37
神经模糊模型		6.6581×10^{-4}	0.0565	1.24

从图 7.14 和表 7.2 可以看出，对于具有不连续特性的输入静态非线性模块，神经模糊模型比多项式模型有更好的非线性逼近能力。从图 7.15 可以看出，随着时间

k 的增加，噪声模型的估计值更接近真实值，当采样时间达到 400 时，估计值接近真实值，且趋于稳定。

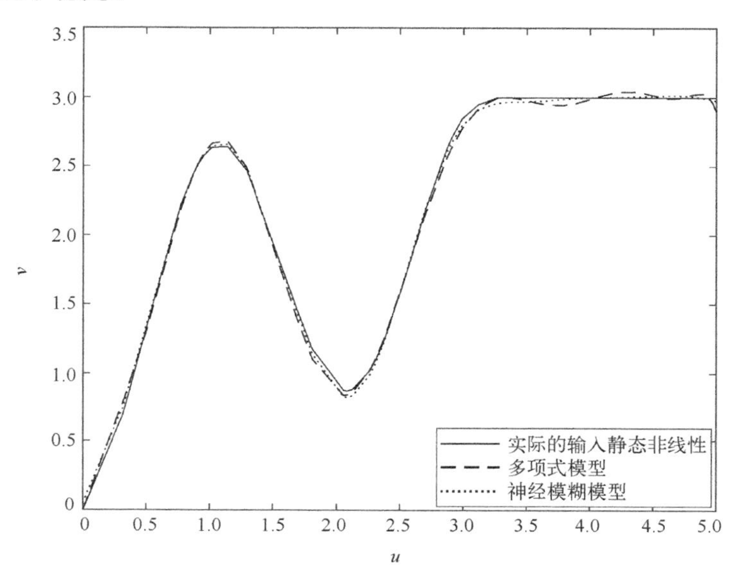

图 7.14　不同建模方法下输入静态非线性模块的估计

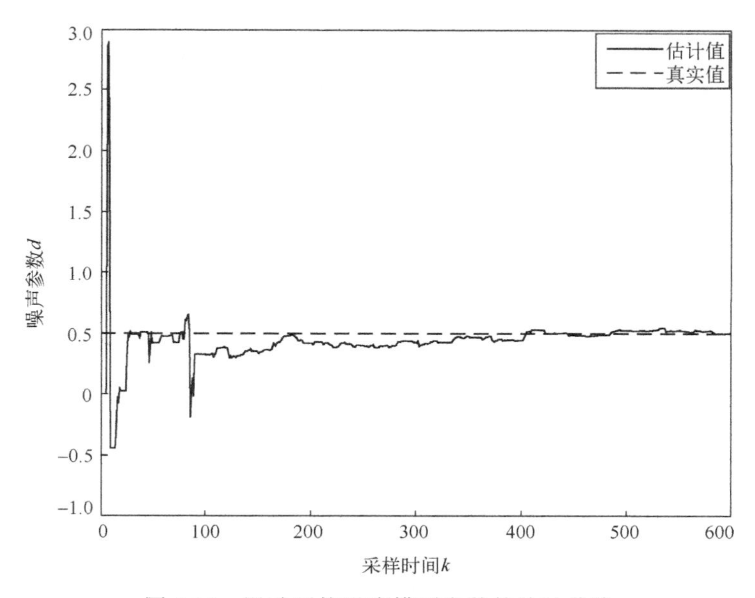

图 7.15　滑动平均噪声模型参数的估计曲线

为了验证 Hammerstein-Wiener 系统辨识方法的预测性能，随机生成 200 个随机信号。本节提出辨识方法的预测输出如图 7.16 所示，表 7.3 列出了预测指标 MSE

和 MAPE。结果表明，该方法能有效估计滑动平均噪声下 Hammerstein-Wiener 系统的参数，且具有较高的预测精度。

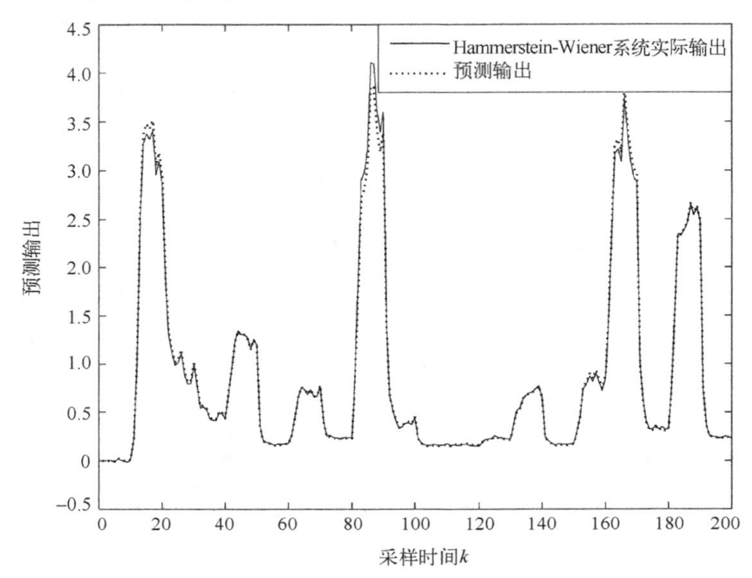

图 7.16　Hammerstein-Wiener 系统预测输出

表 7.3　Hammerstein-Wiener 系统预测结果

预测指标	预测精度
MSE	0.0027
MAPE/%	7.88

(2) 为进一步验证本节所提辨识方法的可行性，选用一个 Van de Vusse 反应动力学控制的非线性 CSTR 过程作为仿真研究对象[6-8]。该过程具有动态反应：$A\xrightarrow{k_1}B\xrightarrow{k_2}C$，$2A\xrightarrow{k_3}D$，其动力学方程为

$$\frac{\mathrm{d}C_A}{\mathrm{d}t}=-k_1C_A-k_3C_A^2+\frac{F}{V}(C_{Af}-C_A)$$

$$\frac{\mathrm{d}C_B}{\mathrm{d}t}=k_1C_A-k_2C_B-\frac{F}{V}C_B$$

$$y=C_B$$

其中，C_A 和 C_B 分别表示反应物 A 和 B 的浓度，F 表示流速，C_{Af} 是入口处物质 A 的浓度，V 是反应器的体积，k_1，k_2 和 k_3 是动力学参数。

该反应的系统参数和取值参照 5.1.3 节中的表 5.3。该反应的目的是通过流量 F 对反应釜中的浓度 C_B 进行控制。

本节设计的组合信号如图 7.17 所示，包括：①200 组幅值为 0 或 1 的二进制信号；②200 组幅值为 0 和 0.5 的二进制信号；③400 组区间为[0, 0.5]的随机信号。首先对输入和输出变量进行归一化处理：$u=(F-F_{ss})/F_{ss}$，$y=(C_B-C_{Bss})/C_{Bss}$。其中，u 和 y 分别表示系统输入和输出。

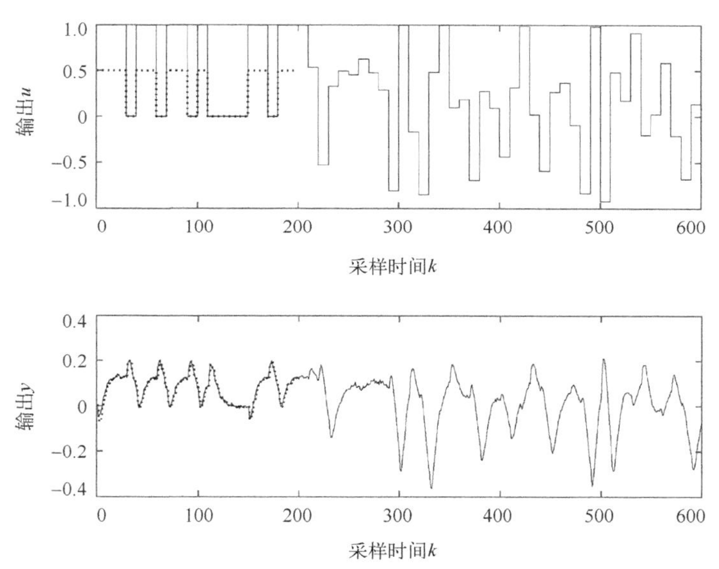

图 7.17　Hammerstein-Wiener 系统输入输出

为了辨识 Hammerstein-Wiener 系统拟合的 CSTR 过程，设置参数：$S_0^{\text{input}}=0.99$，$\rho^{\text{input}}=1$，$\lambda^{\text{input}}=0.01$ 和 $S_0^{\text{output}}=0.998$，$\rho^{\text{output}}=1$，$\lambda^{\text{output}}=0.02$，分别得到 3 条输入模糊规则和 3 条输出模糊规则。基于本节提出的三阶段最小二乘辨识方法，得到神经模糊 Hammerstein-Wiener 系统中的动态线性模块为 $\hat{z}(k)=0.9953\hat{v}(k-1)+0.0115\hat{v}(k-2)$（本节仿真中假设 FIR 模型的阶次为 2）。

注 7.1　为了说明估计的 Hammerstein-Wiener 系统对不同测试输入的灵敏度，使用 200 组幅值为 0 或 1 的二进制信号和 400 组区间为[0, 0.5]的随机信号组成的随机测试输入进行训练，另生成 400 个输入输出数据用于验证。表 7.4 比较了基于神经模糊的 Hammerstein-Wiener 系统在五组不同输入数据下获得的训练 MSE 和测试 MSE。结果表明，对于随机五组不同的训练输入，Hammerstein-Wiener 系统的均方误差保持在同一数量级，且均方误差变化不大。基于估计的 Hammerstein-Wiener 系统，其预测输出的 MSE 在相当程度上变化不大。因此，系统对测试输入的敏感性较小。

表 7.4　不同组数据下的训练 MSE 和测试 MSE

训练数据	MSE（训练）	MSE（预测）
训练组 1	1.2498×10^{-4}	1.4432×10^{-4}
训练组 2	1.5414×10^{-4}	1.8276×10^{-4}
训练组 3	1.8296×10^{-4}	2.0370×10^{-4}
训练组 4	2.1613×10^{-4}	2.2494×10^{-4}
训练组 5	2.7837×10^{-4}	2.9119×10^{-4}

图 7.18 和图 7.19 中分别描述了输入静态非线性函数 $f(\cdot)$ 和输出静态非线性函数 $g(\cdot)$ 的估计。结果表明，估计的非线性函数 $f(\cdot)$ 和 $g(\cdot)$ 是单调函数，存在输入输出映射的逆。

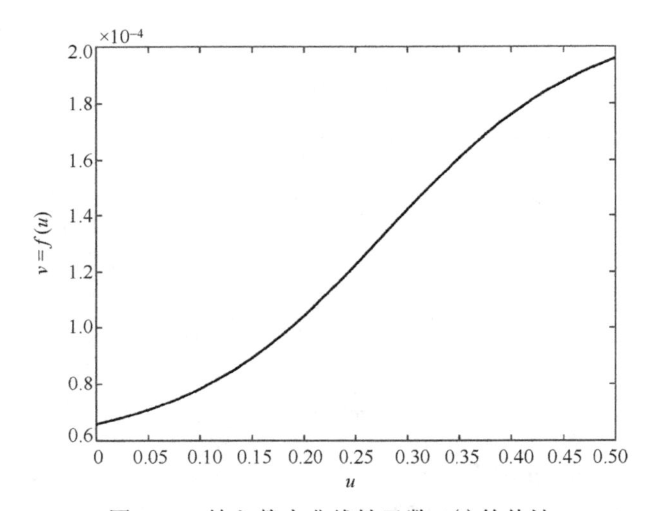

图 7.18　输入静态非线性函数 $f(\cdot)$ 的估计

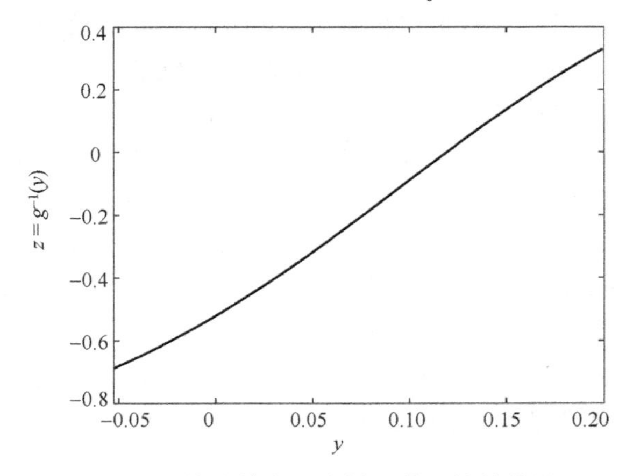

图 7.19　输出静态非线性函数 $g(\cdot)$ 的估计

在获得神经模糊 Hammerstein-Wiener 系统基础上设计 CSTR 控制系统，如图 7.20 所示。控制系统的设计原理是消除 Hammerstein-Wiener 系统中的输入静态非线性 $f(\cdot)$ 和输出静态非线性 $g(\cdot)$，通过输入静态非线性模块逆 $f^{-1}(\cdot)$ 和输出静态非线性模块逆 $g^{-1}(\cdot)$ 的作用，将 Hammerstein-Wiener 系统近似为线性系统，从而利用线性控制器对基于 Hammerstein-Wiener 系统的 CSTR 过程进行控制。

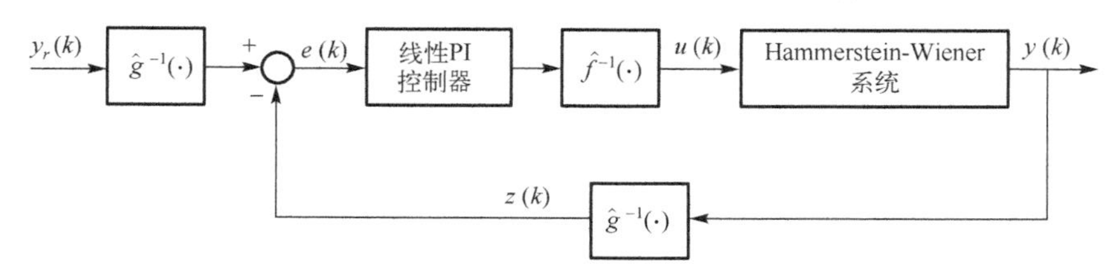

图 7.20　基于 Hammerstein-Wiener 系统的控制系统设计

仿真中，本节设计的非线性 PI 控制器参数：$K_c = 0.2$，$\tau_I = 10$。为了验证本节设计的控制系统的性能，再采用传统的线性 PI 控制器（$K_c^{\text{linear}} = 2$，$\tau_I^{\text{linear}} = 10$）对基于 Hammerstein-Wiener 系统的 CSTR 过程进行控制。

$$u(k) = u(k-1) + K_c\left[e(k) - e(k-1) + \frac{e(k)}{\tau_I}\right]$$

其中，$e(k) = y_r(k) - z(k)$，$y_r(k)$ 是设定值。

图 7.21 和图 7.22 比较了 CSTR 过程不同设定值下两种 PI 控制器的控制性能。从图 7.21 中可以看出，基于本节设计的控制器所得到的结果，上升时间为 0.01h，稳定时间为 0.04h。基于传统线性 PI 控制器的结果，上升时间为 0.025h，稳定时间为 0.083h。结果表明，在设定值为 0.1 时，本节设计的控制器比传统 PI 控制器具有更好的动态性能。从图 7.22 可以看出，基于本节设计的控制器所得到的结果，上升时间为 0.01h，稳定时间为 0.088h，超调百分比为 43.08%。基于传统线性 PI 控制器的结果，上升时间为 0.009h，稳定时间为 0.295h，超调率为 67.15%。结果表明，在设定值为 −0.5 时，本节所设计的非线性 PI 控制器比传统的线性 PI 控制器具有更好的动态性能和稳态性能。

注 7.2　PI 控制器参数的调节方法是按照先确定比例增益，后确定积分时间常数的原则进行调整的。比例增益 K_c 反映了系统的偏差，增加比例增益可以加快调整速度，减小误差。在调节参数的过程中，比例增益从零逐渐增大直至系统振荡，然后从这一时刻开始逐渐减小直至振荡消失。比例增益确定后，通过调节积分时间常数 τ_I，消除系统的稳态误差。设置一个大的积分时间常数，然后逐渐减小直至系统振荡，再依次逐渐增大直至系统振荡消失。

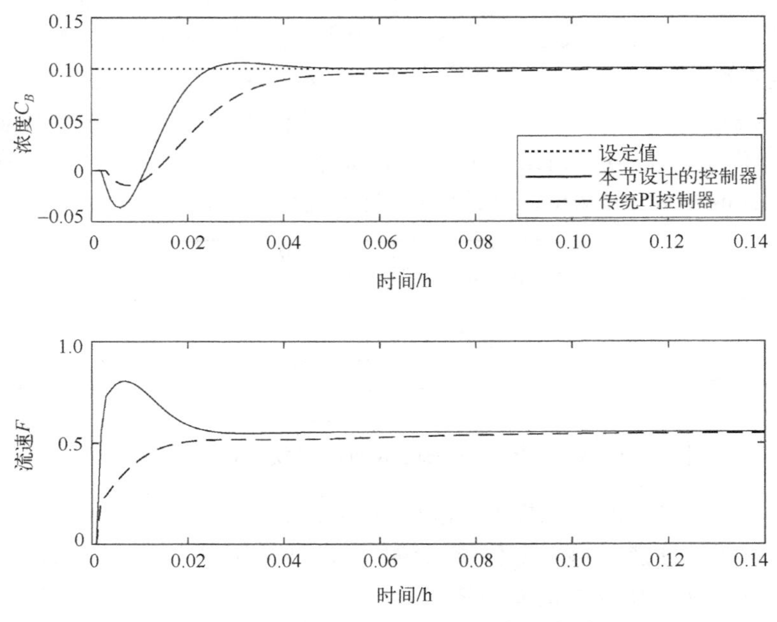

图 7.21　设定值为 0.1 时的浓度和流速

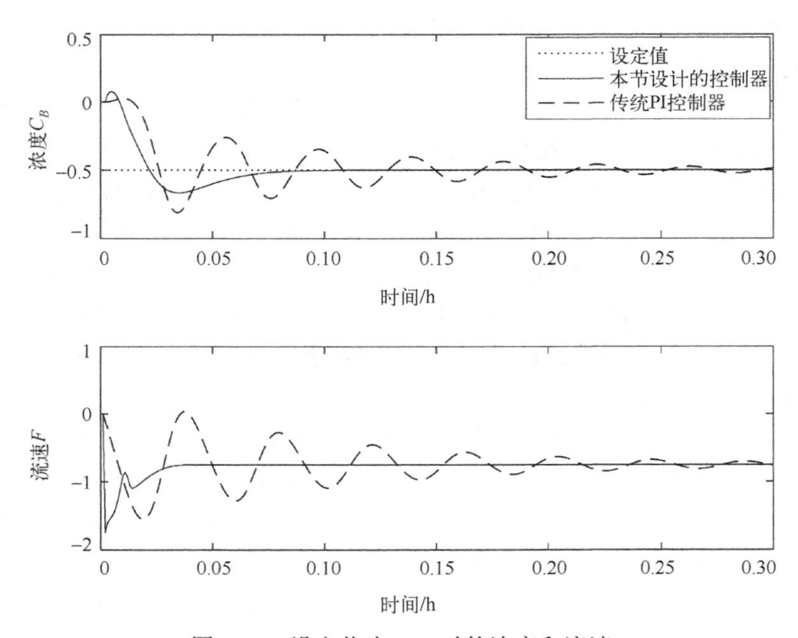

图 7.22　设定值为−0.5 时的浓度和流速

7.2.4 小结

本节提出了一种滑动平均噪声下 Hammerstein-Wiener 系统三阶段最小二乘辨识。在输出静态非线性模块和动态线性模块的辨识中，利用相关最小二乘方法能够有效抑制滑动平均噪声的干扰，取得了较好的辨识精度。在输入静态非线性模块和滑动平均噪声模块的辨识中，针对辨识系统中存在的未知噪声变量，提出的递推增广最小二乘辨识方法能够有效估计 Hammerstein-Wiener 系统。数值仿真结果和实际非线性 CSTR 过程的实例验证了本节提出辨识方法的可行性。

7.3 Hammerstein-Wiener ARMAX 系统辨识

在 7.2 节研究内容的基础上，考虑更为广泛的一类动态线性模型，即带外部输入的自回归滑动平均模型(auto regression and moving average model with exogenous input，ARMAX)，本节提出了一种 Hammerstein-Wiener ARMAX 系统两阶段辨识方法。在第一阶段，基于可分离信号的输入和相应的输出，采用相关分析方法抑制过程噪声的干扰，辨识输出静态非线性模块和动态线性模块的参数。在第二阶段，基于辅助模型技术，利用辅助模型的输出和残差的估计值分别取代辨识系统中的不可测中间变量和噪声变量，推导了辅助模型递推增广最小二乘方法，根据随机信号的输入输出数据辨识输入静态非线性模块和噪声模型的参数。最后，根据随机过程理论分析了 Hammerstein-Wiener ARMAX 系统的一致收敛性问题。

7.3.1 Hammerstein-Wiener ARMAX 系统

如图 7.23 所示，Hammerstein-Wiener ARMAX 系统的输入输出关系如下：

$$v(k) = f(u(k)) \tag{7.51}$$

$$x(k) = \frac{B(z)}{A(z)}v(k) \tag{7.52}$$

$$w(k) = D(z)e(k) \tag{7.53}$$

$$z(k) = x(k) + w(k) \tag{7.54}$$

$$y(k) = g(z(k)) \tag{7.55}$$

其中，$A(z) = 1 + a_1 z^{-1} + a_2 z^{-2} + \cdots + a_{n_a} z^{-n_a}$，$B(z) = b_1 z^{-1} + b_2 z^{-2} + \cdots + b_{n_b} z^{-n_b}$，$D(z) = 1 + d_1 z^{-1} + d_2 z^{-2} + \cdots + d_{n_d} z^{-n_d}$，$e(k)$ 表示均值为 0 的白噪声；z^{-1} 为后移算子，n_a、n_b 和 n_d 为模型的阶次(本节中假设阶次已知)。

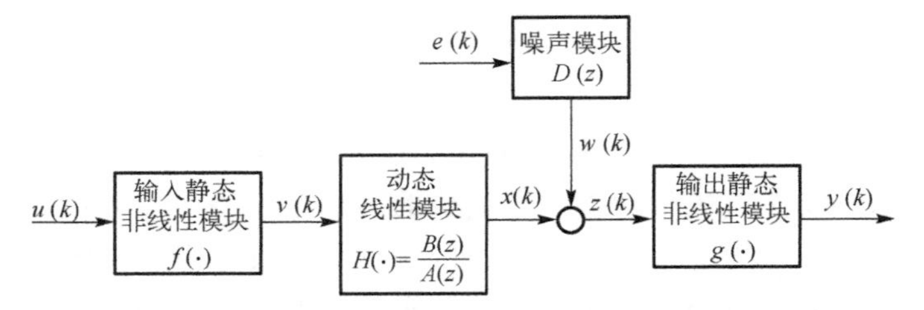

图 7.23　Hammerstein-Wiener ARMAX 系统结构

假设输出静态非线性模块的逆存在，则 $\hat{z}(k)=\hat{g}^{-1}(y(k))$ 。因此，输入静态非线性模块表示为 $\hat{v}(k)=\hat{f}(u(k))=\sum_{l=1}^{L^{\text{input}}}\phi_l^{\text{input}}(u(k))w_l^{\text{input}}$ ，输出静态非线性模块表示为 $\hat{z}(k)=\hat{g}^{-1}(y(k))=\sum_{l=1}^{L^{\text{output}}}\phi_l^{\text{output}}(y(k))w_l^{\text{output}}$ 。其中，w_l^{input} 和 w_l^{output} 分别表示输入神经模糊和输出神经模糊模型的权重，L^{input} 和 L^{output} 分别表示输入和输出的模糊规则数。

7.3.2　Hammerstein-Wiener ARMAX 系统两阶段辨识

1. 输出静态非线性模块和动态线性模块辨识

基于可分离信号的输入 $u_1(k)$ 和相应的输出 $y_1(k)$，利用聚类方法和相关最小二乘方法辨识输出静态非线性模块和动态线性模块的参数。首先，利用聚类算法计算输出神经模糊模型中心 c_l^{output} 和宽度 σ_l^{output} 。其次，利用相关最小二乘方法求解输出神经模糊模型的权重 w_l^{output} 和动态线性模块的参数 a_i 和 b_j 。

根据式(7.51)～式(7.54)得到

$$\begin{aligned}z_1(k)=&-\sum_{i=1}^{n_a}a_iz_1(k-i)+\sum_{j=1}^{n_b}b_jv_1(k-j)+\sum_{i=1}^{n_a}\sum_{m=1}^{n_d}a_id_me(k-m-i)+e(k)\\&+\sum_{m=1}^{n_d}d_me(k-m)+\sum_{i=1}^{n_a}a_ie(k-i)\end{aligned}\tag{7.56}$$

式(7.56)两边同时乘以 $u_1(k-\tau)$，计算数学期望得到

$$\begin{aligned}R_{z_1u_1}(\tau)=&-\sum_{i=1}^{n_a}a_iR_{z_1u_1}(\tau-i)+\sum_{j=1}^{n_b}b_jR_{v_1u_1}(\tau-j)+\sum_{i=1}^{n_a}\sum_{m=1}^{n_d}a_id_mR_{eu_1}(\tau-m-i)+R_{eu_1}(\tau)\\&+\sum_{m=1}^{n_d}R_{eu_1}(\tau-m)+\sum_{i=1}^{n_a}a_iR_{eu_1}(\tau-i)\end{aligned}\tag{7.57}$$

由于噪声 $e(k)$ 的均值为零，因此 $E[e(k)]=0$，且噪声和输入 $u(k)$ 是相关的，进一步得到 $R_{eu_1}(\tau-i)=E(e(k)u_1(k-\tau+i))=0$ 和 $R_{eu_1}(\tau-m)=E(e(k)u_1(k-\tau+m))=0$ 。

因此

$$R_{z_1u}(\tau)=-\sum_{i=1}^{n_a}a_iR_{z_1u_1}(\tau-i)+\sum_{j=1}^{n_b}b_jR_{v_1u_1}(\tau-j) \tag{7.58}$$

根据定理 2.2，系统输入为可分离信号，输入静态非线性模块满足 $R_{v_1u_1}(\tau)=b_0R_{u_1}(\tau)$，则

$$R_{z_1u_1}(\tau)=-\sum_{i=1}^{n_a}a_iR_{z_1u_1}(\tau-i)+\sum_{j=1}^{n_b}\tilde{b}_jR_{u_1}(\tau-j) \tag{7.59}$$

其中，$\tilde{b}_j=b_0b_j$。

根据式(7.59)得到

$$\begin{aligned}&\sum_{l=1}^{L^{\text{output}}}w_l^{\text{output}}E(\phi_l^{\text{output}}(y_1(k))u_1(k-\tau))\\&=-\sum_{i=1}^{n_a}a_i\sum_{l=1}^{L^{\text{output}}}w_l^{\text{output}}E(\phi_l^{\text{output}}(y_1(k))u_1(k-\tau+i))\\&\quad+\sum_{j=1}^{n_b}\tilde{b}_jR_{u_1}(\tau-i)\end{aligned} \tag{7.60}$$

式(7.60)两边同时除以 w_1^{output}，得到

$$\begin{aligned}&E(\phi_1^{\text{output}}(y_1(k))u_1(k-\tau))\\&=-\sum_{l=2}^{L^{\text{output}}}\tilde{w}_l^{\text{output}}E(\phi_l^{\text{output}}(y_1(k))u_1(k-\tau))\\&\quad-\sum_{i=1}^{n_a}a_iE(\phi_1^{\text{output}}(y_1(k))u_1(k-\tau+i))\\&\quad-\sum_{i=1}^{n_a}a_i\sum_{l=2}^{L^{\text{output}}}\tilde{w}_l^{\text{output}}E(\phi_l^{\text{output}}(y_1(k))u_1(k-\tau+i))\\&\quad+\sum_{j=1}^{n_b}\bar{b}_jR_{u_1}(\tau-j)\end{aligned} \tag{7.61}$$

其中，$\tilde{w}_l^{\text{output}}=\dfrac{w_l^{\text{output}}}{w_1^{\text{output}}}$，$\bar{b}_j=\dfrac{\tilde{b}_j}{w_1^{\text{output}}}$。

设 $\phi_l(k)=\phi_l^{\text{output}}\left(y_1(k)\right)\ (l=1,2,\cdots,L^{\text{output}})$，式(7.61)可以表示为

$$R_{\phi_1u_1}(\tau)=-\sum_{l=2}^{L^{\text{output}}}\tilde{w}_l^{\text{output}}R_{\phi_lu_1}(\tau)-\sum_{i=1}^{n_a}a_iR_{\phi_1u_1}(\tau-i)-\sum_{i=1}^{n_a}a_i\sum_{l=2}^{L^{\text{output}}}\tilde{w}_l^{\text{output}}R_{\phi_lu_1}(\tau-i)$$

$$+\sum_{j=1}^{n_b}\overline{b}_j R_{u_1}(\tau-j) \tag{7.62}$$

因此得到参数向量 $\boldsymbol{\theta}_1$ 的估计：

$$\hat{\boldsymbol{\theta}}_1=\boldsymbol{R}\boldsymbol{\Phi}^{\mathrm{T}}(\boldsymbol{\Phi}\boldsymbol{\Phi}^{\mathrm{T}})^{-1} \tag{7.63}$$

其中，$\boldsymbol{R}=(R_{\phi_1 u_1}(1),\cdots,R_{\phi_1 u_1}(P)),(P\geqslant n_a+n_b)$，$\hat{\boldsymbol{\theta}}_1=[\tilde{w}_2^{\text{output}},\cdots,\tilde{w}_{L^{\text{output}}}^{\text{output}},a_1,\cdots,a_{n_a},a_1\tilde{w}_2^{\text{output}},\cdots,a_1\tilde{w}_{L^{\text{output}}}^{\text{output}},\cdots,a_{n_a}\tilde{w}_2^{\text{output}},\cdots,a_{n_a}\tilde{w}_{L^{\text{output}}}^{\text{output}},\overline{b}_1,\cdots,\overline{b}_{n_b}]$，$R_{\phi_l u_1}(\tau)=\dfrac{1}{N}\sum_{k=1}^{N}\sum_{l=1}^{L^{\text{output}}}\phi_l^{\text{output}}(y_1(k))u_1(k-\tau)$，

$$\boldsymbol{\Phi}=\begin{bmatrix}-R_{\phi_2 u_1}(1) & -R_{\phi_2 u_1}(2) & -R_{\phi_2 u_1}(3) & \cdots & -R_{\phi_2 u_1}(P)\\ \vdots & \vdots & \vdots & & \vdots\\ -R_{\phi_L u_1}(1) & -R_{\phi_L u_1}(2) & -R_{\phi_L u_1}(3) & \cdots & -R_{\phi_L u_1}(P)\\ -R_{\phi_1 u_1}(0) & -R_{\phi_1 u_1}(1) & -R_{\phi_1 u_1}(2) & \cdots & -R_{\phi_1 u_1}(P-1)\\ \vdots & \vdots & \vdots & & \vdots\\ 0 & 0 & 0 & \cdots & -R_{\phi_1 u}(P-n_a)\\ \vdots & \vdots & \vdots & & \vdots\\ -R_{\phi_L u_1}(0) & -R_{\phi_L u_1}(1) & -R_{\phi_L u_1}(2) & \cdots & -R_{\phi_L u_1}(P-1)\\ \vdots & \vdots & \vdots & & \vdots\\ 0 & 0 & 0 & \cdots & -R_{\phi_L u_1}(P-n_a)\\ R_{u_1}(0) & R_{u_1}(1) & R_{u_1}(2) & \cdots & R_{u_1}(P-1)\\ \vdots & \vdots & \vdots & & \vdots\\ 0 & 0 & 0 & \cdots & R_{u_1}(P-n_b)\end{bmatrix}，R_{u_1}(\tau)=\frac{1}{N}\sum_{k=1}^{N}u_1(k)u_1(k-\tau)。$$

2. 输出静态非线性模块和滑动平均噪声模型辨识

基于随机信号的输入 $u_2(k)$ 和输出 $y_2(k)$，利用聚类方法和辅助模型递推最小二乘方法辨识输入静态非线性模块和噪声模型的参数，即神经模糊模型的中心 c_l^{input}、宽度 σ_l^{input}、权重 w_l^{input} 以及噪声模型参数 d_m。首先，利用聚类算法估计中心 c_l 和宽度 σ_l。其次，利用辅助模型递推最小二乘方法求解神经模糊模型的权重 w_l^{input} 和噪声模型参数 d_m。

根据式(7.52)～式(7.54)得到

$$z_2(k)=e(k)-\sum_{i=1}^{n_a}a_i x(k-i)+\sum_{j=1}^{n_b}\sum_{l=1}^{L^{\text{intput}}}b_j\phi_l\left(u_2(k)\right)w_l^{\text{intput}}+\sum_{m=1}^{n_d}d_m e(k-m) \tag{7.64}$$

将式(7.64)写成下列回归形式：

$$z_2(k)=\boldsymbol{\varphi}^{\mathrm{T}}(k)\boldsymbol{\theta}_2+e(k) \tag{7.65}$$

其中，$\boldsymbol{\theta}_2=[\boldsymbol{\theta}_s,\boldsymbol{\theta}_e]^{\mathrm{T}}$，$\boldsymbol{\theta}_e=[d_1,\cdots,d_{n_d}]^{\mathrm{T}}$，$\boldsymbol{\varphi}(k)=[\boldsymbol{\varphi}_s(k),\boldsymbol{\varphi}_e(k)]^{\mathrm{T}}$，$\boldsymbol{\theta}_s=[a_1,\cdots,a_{n_a},b_1w_2^{\text{input}},\cdots,b_1w_{L^{\text{input}}}^{\text{input}},\cdots,b_{n_b}w_2^{\text{input}},\cdots,b_{n_b}w_{L^{\text{input}}}^{\text{input}}]^{\mathrm{T}}$，$\boldsymbol{\varphi}_e(k)=[e(k-1),\cdots,e(k-n_d)]^{\mathrm{T}}$，$\boldsymbol{\varphi}_s(k)=[-x(k-1),\cdots,-x(k-n_a),\phi_1(u_2(k-1)),\cdots,\phi_1(u_2(k-n_b)),\cdots,\phi_L(u_2(k-n_b))]^{\mathrm{T}}$。

定义如下平方误差准则函数：

$$J(\boldsymbol{\theta}_2)=\left\|z_2(k)-\boldsymbol{\varphi}^{\mathrm{T}}(k)\boldsymbol{\theta}_2\right\|^2 \tag{7.66}$$

通过最小化准则函数，推导出 Hammerstein-Wiener ARMAX 系统参数的递推估计：

$$\hat{\boldsymbol{\theta}}_2(k)=\hat{\boldsymbol{\theta}}_2(k-1)+\boldsymbol{P}(k)\hat{\boldsymbol{\varphi}}(k)[z_2(k)-\hat{\boldsymbol{\varphi}}^{\mathrm{T}}(k)\hat{\boldsymbol{\theta}}_2(k-1)] \tag{7.67}$$

$$\boldsymbol{P}^{-1}(k)=\boldsymbol{P}^{-1}(k-1)+\hat{\boldsymbol{\varphi}}(k)\hat{\boldsymbol{\varphi}}^{\mathrm{T}}(k) \tag{7.68}$$

由式(7.67)和式(7.68)可知，信息向量$\boldsymbol{\varphi}(k)$中包含了未知中间变量$x(k-i)$，因此，标准的递推最小二乘方法无法获得系统参数的估计。为此，借助辅助模型技术[9]，利用辅助模型的输出$x_a(k)$代替未知中间变量$x(k)$，如图 7.24 所示。在信息向量$\boldsymbol{\varphi}_s(k)$中，未知变量$x(k-i)$用辅助模型的输出$x_a(k-i)$代替，得到

$$x_a(k)=\frac{B_a(z)}{A_a(z)}f(u_2(k))=\boldsymbol{\varphi}_a^{\mathrm{T}}(k)\boldsymbol{\theta}_a \tag{7.69}$$

其中，$\varphi_a(k)=[-x_a(k-1),\cdots,-x_a(k-n_a),\phi_1(u_2(k-1)),\cdots,\phi_1(u_2(k-n_b)),\cdots,\phi_L(u_2(k-n_b))]^{\mathrm{T}}$，$\boldsymbol{\theta}_a=[a_1,\cdots,a_{n_a},b_1w_2^{\text{input}},\cdots,b_1w_{L^{\text{input}}}^{\text{input}},\cdots,b_{n_b}w_2^{\text{input}},\cdots,b_{n_b}w_{L^{\text{input}}}^{\text{input}}]^{\mathrm{T}}$，$A_a(z)$和$B_a(z)$分别与$A(z)$和$B(z)$具有相同的阶次。

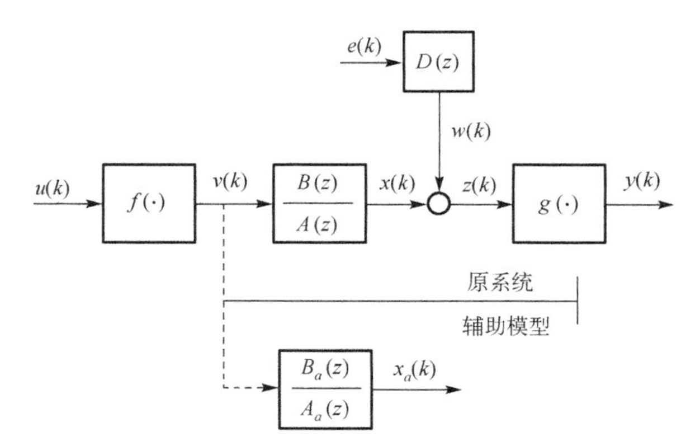

图 7.24 基于辅助模型的 Hammerstein-Wiener ARMAX 系统

设$\hat{x}(k-i)$为$x_a(k-i)$的估计值，$\hat{\theta}_m(k)$为θ_a在k时刻的估计值，因此式(7.69)重新写为

$$\hat{x}(k-i)=\boldsymbol{\varphi}_m^{\mathrm{T}}(k-i)\hat{\boldsymbol{\theta}}_m(k-i) \tag{7.70}$$

其中，$\boldsymbol{\varphi}_m(k)=[-\hat{x}(k-1),\cdots,-\hat{x}(k-n_a),\phi_1(u_2(k-1)),\cdots,\phi_1(u_2(k-n_b)),\cdots,\phi_L(u_2(k-n_b))]^{\mathrm{T}}$，$\hat{\boldsymbol{\theta}}_m=[\hat{a}_1,\cdots,\hat{a}_{n_a},\hat{b}_1\hat{w}_2^{\text{input}},\cdots,\hat{b}_1\hat{w}_{L^{\text{input}}}^{\text{input}},\cdots,\hat{b}_{n_b}\hat{w}_2^{\text{input}},\cdots,\hat{b}_{n_b}\hat{w}_{L^{\text{input}}}^{\text{input}}]^{\mathrm{T}}$。

进一步计算噪声变量的估计值：

$$\hat{e}(k)=z_2(k)-\boldsymbol{\varphi}^{\mathrm{T}}(k)\hat{\boldsymbol{\theta}}_2(k) \tag{7.71}$$

其中，$\hat{\boldsymbol{\theta}}_2(k)=[\hat{\boldsymbol{\theta}}_m(k),\hat{\boldsymbol{\theta}}_e(k)]^{\mathrm{T}}$，$\boldsymbol{\varphi}(k)=[\boldsymbol{\varphi}_m(k),\hat{\boldsymbol{\varphi}}_e(k)]^{\mathrm{T}}$。

设 $\boldsymbol{L}(k)=\boldsymbol{P}(k)\boldsymbol{\varphi}(k)$，将矩阵可逆公式 $(\boldsymbol{A}+\boldsymbol{BC})^{-1}=\boldsymbol{A}^{-1}-\boldsymbol{A}^{-1}\boldsymbol{B}(\boldsymbol{I}+\boldsymbol{CA}^{-1}\boldsymbol{B})^{-1}\boldsymbol{CA}^{-1}$ 应用到式(7.71)，得到下列基于辅助模型的递推增广最小二乘参数估计方法：

$$\hat{\boldsymbol{\theta}}_2(k)=\hat{\boldsymbol{\theta}}_2(k-1)+\boldsymbol{L}(k)[z_2(k)-\hat{\boldsymbol{\varphi}}^{\mathrm{T}}(k)\hat{\boldsymbol{\theta}}_2(k-1)] \tag{7.72}$$

$$\boldsymbol{L}(k)=\boldsymbol{P}(k-1)+\boldsymbol{L}(k)[1+\hat{\boldsymbol{\varphi}}(k)\boldsymbol{P}(k-1)\hat{\boldsymbol{\varphi}}^{\mathrm{T}}(k)]^{-1} \tag{7.73}$$

$$\boldsymbol{P}(k)=[\boldsymbol{I}-\boldsymbol{L}(k)\hat{\boldsymbol{\varphi}}^{\mathrm{T}}(k)]\boldsymbol{P}(k-1) \tag{7.74}$$

$$\boldsymbol{\varphi}_m(k-i)=[-\hat{x}(k-i-1),\cdots,-\hat{x}(k-i-n_a),\phi_1(u_2(k-1)),\cdots,\phi_L(u_2(k-n_b))]^{\mathrm{T}} \tag{7.75}$$

$$\hat{\boldsymbol{\varphi}}_e(k)=[\hat{e}(k-1),\cdots,\hat{e}(k-n_d)]^{\mathrm{T}} \tag{7.76}$$

$$\hat{x}(k-i)=\boldsymbol{\varphi}_m^{\mathrm{T}}(k-i)\hat{\boldsymbol{\theta}}_m(k-i) \tag{7.77}$$

$$\hat{e}(k)=z_2(k)-\boldsymbol{\varphi}^{\mathrm{T}}(k)\hat{\boldsymbol{\theta}}_2(k) \tag{7.78}$$

基于上述分析，本节提出的 Hammerstein-Wiener ARMAX 系统两阶段辨识步骤简单归纳如下。

步骤 1 基于可分离信号的输入和输出，利用聚类算法和相关最小二乘方法计算输出神经模糊的中心 c_l^{output} 和宽度 σ_l^{output}，再利用式(7.63)计算输出静态非线性模块权重 w^{output} 和动态线性模块的参数 $\hat{a}_i$，$\hat{b}_j$。

步骤 2 基于随机信号的输入输出，利用聚类算法和辅助模型的递推增广最小二乘估计输入神经模糊的中心 c_l^{input} 和宽度 σ_l^{input}，再利用式(7.72)～式(7.78)更新系统参数向量 $\hat{\boldsymbol{\theta}}_2=[\hat{\boldsymbol{\theta}}_m,\hat{\boldsymbol{\theta}}_e]^{\mathrm{T}}$。

步骤 3 在步骤 1 中，利用相关分析法得到动态线性模块的参数估计，即 $\hat{a}_i$ $(i=1,\cdots,n_a)$ 和 $\hat{b}_j(j=1,\cdots,n_b)$。在步骤 2 中，利用辅助模型递推最小二乘方法更新 Hammerstein-Wiener ARMAX 系统的参数，即 $\hat{\boldsymbol{\theta}}_2=[\hat{a}_1,\cdots,\hat{a}_{n_a},\hat{b}_1\hat{w}_2^{\text{input}},\cdots,\hat{b}_1\hat{w}_{L^{\text{input}}}^{\text{input}},\cdots,\hat{b}_{n_b}\hat{w}_2^{\text{input}},\cdots,\hat{b}_{n_b}\hat{w}_{L^{\text{input}}}^{\text{input}},d_1,\cdots,d_{n_d}]^{\mathrm{T}}$，因此得到输入静态非线性模块权重 w^{input} 和噪声模型参数 d_m。

7.3.3 收敛性分析

本节中将 Hammerstein-Wiener ARMAX 系统参数估计误差的递推关系与随机过程理论相结合，详细讨论了本节提出辨识方法的收敛性能。

定理 7.1 对于式(7.64)中的 Hammerstein-Wiener ARMAX 系统和式(7.72)～式(7.78)表示的辅助模型递推增广最小二乘方法，有如下假设。

假设 7.1 假设 $e(k)$ 是均值为 0、方差为 σ^2 的随机白噪声序列，即 $E[e(k)]=0$，$E[e^2(k)]\leqslant\sigma^2$，$E[e(k)e(j)]=0, k\neq j$。

假设 7.2 存在正常数 c_1,c_2 和正整数 k_0，使得下列条件成立：

$$c_1\boldsymbol{I}\leqslant\frac{1}{k}\sum_{j=1}^{k}\hat{\boldsymbol{\varphi}}(j)\hat{\boldsymbol{\varphi}}^{\mathrm{T}}(j)\leqslant c_2\boldsymbol{I} \tag{7.79}$$

因此，系统参数估计误差 $\hat{\boldsymbol{\theta}}_2-\boldsymbol{\theta}_2$ 在均方意义下收敛到零。

证明 定义参数估计的误差向量：

$$\tilde{\boldsymbol{\theta}}_2(k)=\hat{\boldsymbol{\theta}}_2(k)-\boldsymbol{\theta}_2 \tag{7.80}$$

由式(7.72)和式(7.74)得到

$$\begin{aligned}\tilde{\boldsymbol{\theta}}_2(k)&=\hat{\boldsymbol{\theta}}_2(k-1)+\boldsymbol{P}(k)\hat{\boldsymbol{\varphi}}(k)[z_2(k)-\hat{\boldsymbol{\varphi}}^{\mathrm{T}}(k)\hat{\boldsymbol{\theta}}_2(k-1)]-\boldsymbol{\theta}_2\\&=\tilde{\boldsymbol{\theta}}_2(k-1)+\boldsymbol{P}(k)\hat{\boldsymbol{\varphi}}(k)[\boldsymbol{\varphi}^{\mathrm{T}}(k)\boldsymbol{\theta}_2+e(k)-\hat{\boldsymbol{\varphi}}^{\mathrm{T}}(k)\hat{\boldsymbol{\theta}}_2(k-1)]\\&=\tilde{\boldsymbol{\theta}}_2(k-1)+\boldsymbol{P}(k)\hat{\boldsymbol{\varphi}}(k)[-\boldsymbol{\varphi}^{\mathrm{T}}(k)\tilde{\boldsymbol{\theta}}_2(k-1)+(\boldsymbol{\varphi}(k)-\hat{\boldsymbol{\varphi}}(k))^{\mathrm{T}}\boldsymbol{\theta}_2+e(k)]\\&=\tilde{\boldsymbol{\theta}}(k-1)+\boldsymbol{P}(k)\hat{\boldsymbol{\varphi}}(k)[-\tilde{y}(k)+\Delta(k)+e(k)]\end{aligned} \tag{7.81}$$

其中，$\tilde{y}(k)=\hat{\boldsymbol{\varphi}}^{\mathrm{T}}(k)\tilde{\boldsymbol{\theta}}_2(k-1)$，$\Delta(k)=[\boldsymbol{\varphi}(k)-\hat{\boldsymbol{\varphi}}^{\mathrm{T}}(k)]^{\mathrm{T}}\boldsymbol{\theta}_2$。

结合式(7.74)和式(7.81)得到

$$\begin{aligned}&\tilde{\boldsymbol{\theta}}_2^{\mathrm{T}}(k)\boldsymbol{P}^{-1}(k)\tilde{\boldsymbol{\theta}}_2(k)\\&=\{\tilde{\boldsymbol{\theta}}_2(k-1)+\boldsymbol{P}(k)\hat{\boldsymbol{\varphi}}(k)[-\tilde{y}(k)+\Delta(k)+e(k)]\}^{\mathrm{T}}\boldsymbol{P}^{-1}(k)\\&\quad\times\{\tilde{\boldsymbol{\theta}}_2(k-1)+\boldsymbol{P}(k)\hat{\boldsymbol{\varphi}}(k)[-\tilde{y}(k)+\Delta(k)+e(k)]\}\\&=\tilde{\boldsymbol{\theta}}_2^{\mathrm{T}}(k-1)\boldsymbol{P}^{-1}(k)\tilde{\boldsymbol{\theta}}_2(k-1)+2\tilde{\boldsymbol{\theta}}_2^{\mathrm{T}}(k-1)[-\tilde{y}(k)+\Delta(k)+e(k)]\\&\quad+\hat{\boldsymbol{\varphi}}^{\mathrm{T}}(k)\boldsymbol{P}(k)\hat{\boldsymbol{\varphi}}(k)[-\tilde{y}(k)+\Delta(k)+e(k)]^2\\&=\tilde{\boldsymbol{\theta}}_2^{\mathrm{T}}(k-1)[\boldsymbol{P}^{-1}(k-1)+\hat{\boldsymbol{\varphi}}(k)\hat{\boldsymbol{\varphi}}^{\mathrm{T}}(k)]\tilde{\boldsymbol{\theta}}_2(k-1)+2\tilde{y}(k)[-\tilde{y}(k)+\Delta(k)+e(k)]\\&\quad+\hat{\boldsymbol{\varphi}}^{\mathrm{T}}(k)\boldsymbol{P}(k)\hat{\boldsymbol{\varphi}}(k)[\tilde{y}^2(k)+\Delta^2(k)+e^2(k)-2\tilde{y}(k)e(k)-2\tilde{y}(k)\Delta(k)+2\Delta(k)e(k)]\\&=\tilde{\boldsymbol{\theta}}_2^{\mathrm{T}}(k-1)\boldsymbol{P}^{-1}(k-1)\tilde{\boldsymbol{\theta}}_2(k-1)+\tilde{\boldsymbol{\theta}}_2^{\mathrm{T}}(k-1)\hat{\boldsymbol{\varphi}}(k)\hat{\boldsymbol{\varphi}}^{\mathrm{T}}(k)\tilde{\boldsymbol{\theta}}_2(k-1)-2\tilde{y}^2(k)+2\tilde{y}(k)[\Delta(k)\\&\quad+e(k)]+\hat{\boldsymbol{\varphi}}^{\mathrm{T}}(k)\boldsymbol{P}(k)\hat{\boldsymbol{\varphi}}(k)[\tilde{y}^2(k)+\Delta^2(k)+e^2(k)-2\tilde{y}(k)(\Delta(k)+e(k))+2\Delta(k)e(k)]\\&=\tilde{\boldsymbol{\theta}}_2^{\mathrm{T}}(k-1)\boldsymbol{P}^{-1}(k-1)\tilde{\boldsymbol{\theta}}_2(k-1)-[1-\hat{\boldsymbol{\varphi}}^{\mathrm{T}}(k)\boldsymbol{P}(k)\hat{\boldsymbol{\varphi}}(k)]\tilde{y}^2(k)+2[1-\hat{\boldsymbol{\varphi}}^{\mathrm{T}}(k)\boldsymbol{P}(k)\hat{\boldsymbol{\varphi}}(k)]\end{aligned}$$

$$
\begin{aligned}
&\times \tilde{y}(k)\Delta(k)[\Delta(k)+e(k)]+\hat{\boldsymbol{\varphi}}^{\mathrm{T}}(k)\boldsymbol{P}(k)\hat{\boldsymbol{\varphi}}(k)[\Delta(k)+e(k)]^2 \\
&=\tilde{\boldsymbol{\theta}}_2^{\mathrm{T}}(k-1)\boldsymbol{P}^{-1}(k-1)\tilde{\boldsymbol{\theta}}_2(k-1)+2[1-\hat{\boldsymbol{\varphi}}^{\mathrm{T}}(k)\boldsymbol{P}(k)\hat{\boldsymbol{\varphi}}(k)]\tilde{y}(k)\Delta(k)[\Delta(k)+e(k)] \\
&\quad+\hat{\boldsymbol{\varphi}}^{\mathrm{T}}(k)\boldsymbol{P}(k)\hat{\boldsymbol{\varphi}}(k)[\Delta(k)+e(k)]^2
\end{aligned}
\tag{7.82}
$$

设 $\Delta(k)$ 是有界的，且 $\Delta^2(k)\leqslant\varepsilon$ 。定义下列非负函数：

$$
T(k)=E[\tilde{\boldsymbol{\theta}}_2^{\mathrm{T}}(k)\boldsymbol{P}^{-1}(k)\tilde{\boldsymbol{\theta}}_2(k)] \tag{7.83}
$$

由于 $\tilde{\boldsymbol{\theta}}_2^{\mathrm{T}}(k-1)\boldsymbol{P}^{-1}(k-1)\tilde{\boldsymbol{\theta}}_2(k-1)$ ， $\tilde{y}(k)$ ， $\hat{\boldsymbol{\varphi}}^{\mathrm{T}}(k)\boldsymbol{P}(k)\hat{\boldsymbol{\varphi}}(k)$ 和 $\Delta(k)$ 与噪声 $e(k)$ 不相关，计算式(7.82)的数学期望，再根据假设 7.1 得到

$$
\begin{aligned}
T(k)&\leqslant T(k-1)+E[\tilde{\boldsymbol{\theta}}_2^{\mathrm{T}}(k)\boldsymbol{P}^{-1}(k)\tilde{\boldsymbol{\theta}}_2(k)(\Delta^2(k)+e^2(k))] \\
&\leqslant T(k-1)+E[\tilde{\boldsymbol{\theta}}_2^{\mathrm{T}}(k)\boldsymbol{P}^{-1}(k)\tilde{\boldsymbol{\theta}}_2(k)(\varepsilon+\sigma^2)] \\
&\leqslant T(0)+E\left[\sum_{j=1}^{k}\hat{\boldsymbol{\varphi}}^{\mathrm{T}}(j)\boldsymbol{P}(j)\hat{\boldsymbol{\varphi}}(j)(\varepsilon+\sigma^2)\right]
\end{aligned}
\tag{7.84}
$$

利用式(7.74)得到

$$
\boldsymbol{P}^{-1}(k-1)=\boldsymbol{P}^{-1}(k)-\hat{\boldsymbol{\varphi}}(k)\hat{\boldsymbol{\varphi}}^{\mathrm{T}}(k)=\boldsymbol{P}^{-1}(k)[\boldsymbol{I}-\boldsymbol{P}(k)\hat{\boldsymbol{\varphi}}(k)\hat{\boldsymbol{\varphi}}^{\mathrm{T}}(k)] \tag{7.85}
$$

对式(7.85)两边取行列式：

$$
\left|\boldsymbol{P}^{-1}(k-1)\right|=\left|\boldsymbol{P}^{-1}(k)\right|\left|\boldsymbol{I}-\boldsymbol{P}(k)\hat{\boldsymbol{\varphi}}(k)\hat{\boldsymbol{\varphi}}^{\mathrm{T}}(k)\right|=\left|\boldsymbol{P}^{-1}(k)\right|\left|1-\hat{\boldsymbol{\varphi}}^{\mathrm{T}}(k)\boldsymbol{P}(k)\hat{\boldsymbol{\varphi}}(k)\right| \tag{7.86}
$$

因此

$$
\hat{\boldsymbol{\varphi}}^{\mathrm{T}}(k)\boldsymbol{P}(k)\hat{\boldsymbol{\varphi}}(k)=\frac{\left|\boldsymbol{P}^{-1}(k)\right|-\left|\boldsymbol{P}^{-1}(k-1)\right|}{\left|\boldsymbol{P}^{-1}(k)\right|} \tag{7.87}
$$

在式(7.87)中，用 j 代替 k，并对 j 从 1 到 k 求和，得到

$$
\begin{aligned}
\sum_{j=1}^{k}\hat{\boldsymbol{\varphi}}^{\mathrm{T}}(j)\boldsymbol{P}(j)\hat{\boldsymbol{\varphi}}(j)&=\sum_{j=1}^{k}\frac{\left|\boldsymbol{P}^{-1}(j)\right|-\left|\boldsymbol{P}^{-1}(j-1)\right|}{\left|\boldsymbol{P}^{-1}(j)\right|} \\
&=\sum_{j=1}^{k}\int_{\left|\boldsymbol{P}^{-1}(j-1)\right|}^{\left|\boldsymbol{P}^{-1}(j)\right|}\frac{1}{\left|\boldsymbol{P}^{-1}(j)\right|}\leqslant\int_{\left|\boldsymbol{P}^{-1}(0)\right|}^{\left|\boldsymbol{P}^{-1}(k)\right|}\frac{1}{x}\mathrm{d}x \\
&=\mathrm{In}\left|\boldsymbol{P}^{-1}(k)\right|-\mathrm{In}\left|\boldsymbol{P}^{-1}(0)\right| \\
&=\mathrm{In}\left|\boldsymbol{P}^{-1}(k)\right|-\mathrm{In}\left|\frac{1}{p_0}\boldsymbol{I}_n\right|=\mathrm{In}\left|\boldsymbol{P}^{-1}(k)\right|+n\mathrm{In}\left|p_0\right|
\end{aligned}
\tag{7.88}
$$

由式(7.68)和假设 7.2 得到

$$\boldsymbol{P}^{-1}(k)=\sum_{j=1}^{k}\hat{\boldsymbol{\varphi}}(j)\hat{\boldsymbol{\varphi}}^{\mathrm{T}}(j)+\boldsymbol{P}^{-1}(0)\leqslant\left(c_2k+\frac{1}{p_0}\right)\boldsymbol{I} \tag{7.89}$$

$$\boldsymbol{P}^{-1}(k)\geqslant\left(c_1k+\frac{1}{p_0}\right)\boldsymbol{I} \tag{7.90}$$

根据式(7.88)得到

$$\begin{aligned}\sum_{j=1}^{k}\hat{\boldsymbol{\varphi}}^{\mathrm{T}}(j)\boldsymbol{P}(j)\hat{\boldsymbol{\varphi}}(j)&=\mathrm{In}\left|\boldsymbol{P}^{-1}(k)\right|+n\mathrm{In}\left|p_0\right|\\&\leqslant\mathrm{In}\left[n\left(c_2k+\frac{1}{p_0}\right)\right]+n\mathrm{In}\left|p_0\right|\end{aligned} \tag{7.91}$$

利用式(7.83)得到

$$T(k)=E[\tilde{\boldsymbol{\theta}}_2^{\mathrm{T}}(k)\boldsymbol{P}^{-1}(k)\tilde{\boldsymbol{\theta}}_2(k)]\geqslant n\left(c_1k+\frac{1}{p_0}\right)E\left[\left\|\tilde{\boldsymbol{\theta}}_2(k)\right\|^2\right] \tag{7.92}$$

结合式(7.84)、式(7.91)和式(7.92)得到

$$\begin{aligned}&n\left(c_1k+\frac{1}{p_0}\right)E\left[\left\|\tilde{\boldsymbol{\theta}}_2(k)\right\|^2\right]\\&\leqslant T(k)\leqslant T(0)+E\left[\sum_{j=1}^{k}\hat{\boldsymbol{\varphi}}^{\mathrm{T}}(j)\boldsymbol{P}(j)\hat{\boldsymbol{\varphi}}(j)(\varepsilon+\sigma^2)\right]\\&\leqslant\frac{n}{p_0}\left\{\mathrm{In}\left[n\left(c_2k+\frac{1}{p_0}\right)\right]+n\mathrm{In}p_0\right\}(\varepsilon+\sigma^2)\end{aligned} \tag{7.93}$$

进一步计算出

$$E\left[\left\|\tilde{\boldsymbol{\theta}}_2(k)\right\|^2\right]\leqslant\frac{(n/p_0)\left\{\mathrm{In}\left[n\left(c_2k+\frac{1}{p_0}\right)\right]+n\mathrm{In}p_0\right\}(\varepsilon+\sigma^2)}{n\left(c_1k+\frac{1}{p_0}\right)} \tag{7.94}$$

式(7.94)两边取极限，得到下列不等式：

$$\begin{aligned}&\lim_{k\to\infty}E\left[\left\|\tilde{\boldsymbol{\theta}}_2(k)\right\|^2\right]\\&\leqslant\lim_{k\to\infty}\frac{n/p_0}{n\left(c_1k+\frac{1}{p_0}\right)}+\lim_{k\to\infty}\frac{\left\{\mathrm{In}\left[n\left(c_2k+\frac{1}{p_0}\right)\right]+n\mathrm{In}p_0\right\}(\varepsilon+\sigma^2)}{n\left(c_1k+\frac{1}{p_0}\right)}\end{aligned} \tag{7.95}$$

进一步可以得到

$$\lim_{k\to\infty}\frac{n/p_0}{n\left(c_1k+\dfrac{1}{p_0}\right)}=0 \tag{7.96}$$

$$\begin{aligned}
&\lim_{k\to\infty}\frac{\left\{\mathrm{In}\left[n\left(c_2k+\dfrac{1}{p_0}\right)\right]+n\mathrm{In}p_0\right\}(\varepsilon+\sigma^2)}{n\left(c_1k+\dfrac{1}{p_0}\right)}\\
&=\lim_{k\to\infty}\frac{\mathrm{In}\left[n\left(c_2k+\dfrac{1}{p_0}\right)\right](\varepsilon+\sigma^2)}{n\left(c_1k+\dfrac{1}{p_0}\right)}+\lim_{k\to\infty}\frac{n\mathrm{In}p_0(\varepsilon+\sigma^2)}{n\left(c_1k+\dfrac{1}{p_0}\right)}\\
&=0
\end{aligned} \tag{7.97}$$

因此

$$\lim_{k\to\infty}E\left[\left\|\tilde{\boldsymbol{\theta}}_2(k)\right\|^2\right]=0 \tag{7.98}$$

证毕。

7.3.4　仿真结果

为了证明本节提出辨识方法的有效性和可行性，将提出的方法运用到Hammerstein-Wiener ARMAX 系统中。

(1) 考虑如下 Hammerstein-Wiener ARMAX 系统：

$$\begin{aligned}
&v(k)=\begin{cases}2-\cos(3u(k))-\exp(-u(k)), & u(k)\leqslant 3.15\\ 3, & u(k)>3.15\end{cases}\\
&x(k)=0.8x(k-1)+0.3v(k-1)\\
&w(k)=e(k)+0.6e(k-1)\\
&z(k)=x(k)+w(k)\\
&y(k)=\exp\big(z(k)-1.5\big)
\end{aligned}$$

其中，$e(k)$是均值为 0、方差为σ^2的白噪声。

利用设计的组合信号辨识 Hammerstein-Wiener ARMAX 系统，组合信号包括：①5000 组均值为 0、方差为 0.2 的高斯信号；②5000 组区间为[0, 5]的随机信号。使用 6.3 节中定义的噪信比δ_{ns}。

在第一阶段，利用高斯信号的输入和输出估计输出静态非线性模块和动态线性模块的参数，设置参数：$S_0^{\text{output}}=0.93$，$\rho^{\text{output}}=1$，$\lambda^{\text{output}}=0.01$。图 7.25 描述了输出静态非线性模块的拟合结果，表 7.5 给出了不同噪信比下相关最小二乘方法和 RELS[10]的辨识结果。

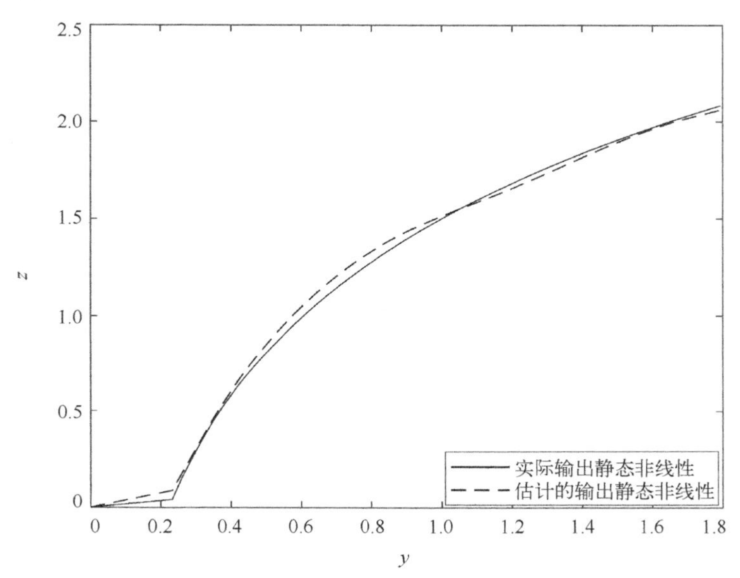

图 7.25　输出静态非线性模块的拟合结果 1

表 7.5　不同噪信比下线性模块辨识结果的比较 1

噪信比/%	k	相关最小二乘方法		RELS 方法	
		$\hat{a}$	$\hat{b}$	$\hat{a}$	$\hat{b}$
$\delta_{ns}=12.93$	1000	−0.8012	0.2783	−0.7805	0.3219
	2000	−0.7927	0.2930	−0.7870	0.3150
	3000	−0.7917	0.2940	−0.7896	0.3120
	4000	−0.7912	0.2960	−0.7907	0.3103
	5000	−0.7910	0.2986	−0.7915	0.3093
$\delta_{ns}=28.22$	1000	−0.7902	0.2673	−0.7617	0.3414
	2000	−0.7888	0.2688	−0.7702	0.3331
	3000	−0.7873	0.2711	−0.7735	0.3293
	4000	−0.7884	0.2714	−0.7748	0.3268
	5000	−0.7880	0.2728	−0.7758	0.3256
真实值		−0.8	0.3	−0.8	0.3

相关最小二乘方法利用了输入输出变量之间的互协方差函数以及输入变量的自协方差函数，在计算噪声 $e(k)$ 与输入 $u(k)$ 的数学期望时得到 $R_{eu}(\tau)=0$，因此能够有

效抑制噪声的干扰，提高了辨识精度。而递推增广最小二乘方法在辨识 Hammerstein-Wiener ARMAX 系统时得到线性模块和非线性模块的参数乘积项，需要进一步采用参数分离法分离参数，使得模型参数辨识的精度降低。由表 7.5 可知，相关最小二乘方法比递推增广最小二方法能更有效辨识 Hammerstein-Wiener ARMAX 系统的参数，且随着噪信比增加，相关最小二乘方法能够取得更高的参数辨识精度。由于相关最小二乘方法能够有效抑制噪声的干扰，因此提高了输出静态非线性模块的参数估计精度。从图 7.25 可以看出，相关最小二乘方法能够有效拟合输出静态非线性模块。

在第二阶段，基于随机信号的输入和输出数据，利用辅助模型递推增广最小二乘方法输入静态非线性模块和噪声模型参数。设置参数：$S_0^{\text{input}}=0.92$，$\rho^{\text{input}}=1$，$\lambda^{\text{input}}=0.01$，图 7.26 给出了估计的输入静态非线性模块，图 7.27 给出了噪声模型参数的估计曲线。为了说明神经模糊模型建模的有效性，使用相同的训练数据构建了多项式模型，如图 7.26 所示。表 7.6 给出了两种建模方法拟合输入静态非线性模块的均方误差 MSE 和最大误差 ME。

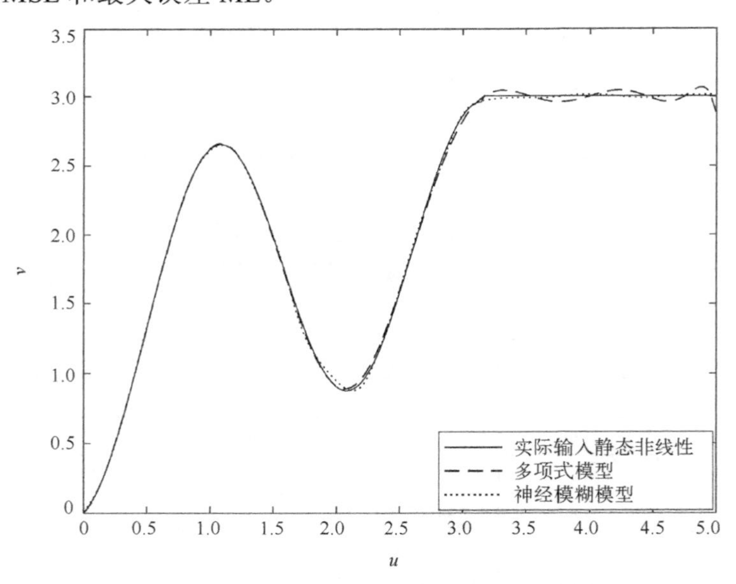

图 7.26　不同建模方法下输入静态非线性模块的拟合比较 1

表 7.6　不同模型下输入静态非线性模块的误差比较 1

模型		MSE	ME
多项式模型	$r=9$	2.8×10^{-3}	0.2477
	$r=10$	2.7×10^{-3}	0.1599
	$r=11$	1.5×10^{-3}	0.1357

续表

模型		MSE	ME
多项式模型	$r=12$	6.0139×10^{-3}	0.1357
	$r=13$	1.1×10^{-3}	0.1015
神经模糊模型		2.2674×10^{-4}	0.0503

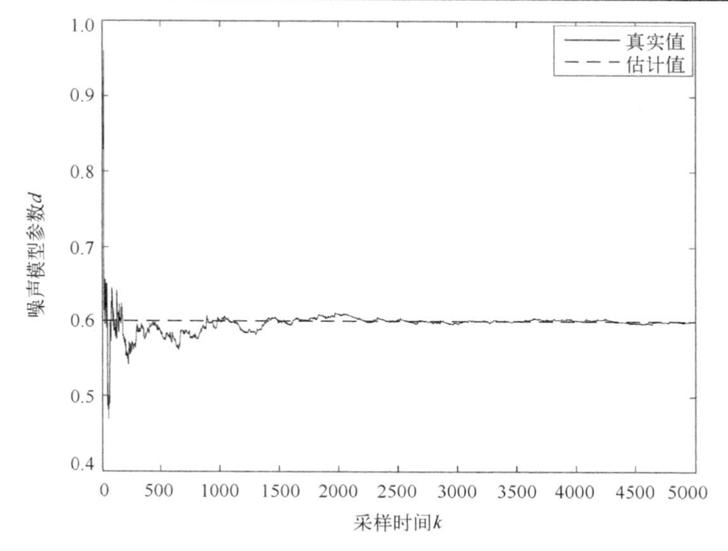

图 7.27　噪声模型的参数估计 1

本节提出的辨识方法在递推过程中对噪声模型参数进行了估计，有效补偿了过程噪声的干扰，因此能够取得较好的辨识结果。此外，对于连续非线性函数，多项式模型随着模型阶次的增加能够取得较好的拟合效果，在拟合不连续非线性函数时，拟合精度随着模型阶次的增加达到饱和甚至下降，具有较弱的建模精度。从图 7.26 和表 7.6 中可以看出，与多项式模型相比，神经模糊模型将模糊逻辑和神经元网络有机结合，能够较好地拟合输入非线性模块。

由图 7.27 可知，随着数据的增加，噪声模型参数的估计值更接近真实值，当数据长度达到 2000 时，噪声参数的估计趋于稳定。

(2) 考虑一类更复杂的 Hammerstein-Wiener ARMAX 系统，输入和输出静态非线性模块都是分段函数，且输入静态非线性模块是复杂的不连续函数。

$$v(k)=\begin{cases}\tanh(2u(k)), & u(k)\leqslant 1.5\\ -\dfrac{\exp\big(u(k)\big)-1}{\exp\big(u(k)\big)+1}, & u(k)>1.5\end{cases}$$

$$x(k)=0.9x(k-1)+0.6v(k-1)$$

$$w(k)=e(k)+0.9e(k-1)$$
$$z(k)=x(k)+w(k)$$
$$y(k)=\begin{cases}0.1z(k), & z(k)\leqslant 1.5\\ 0.15\exp(z(k)-1.5), & z(k)>1.5\end{cases}$$

利用设计的组合信号辨识 Hammerstein-Wiener ARMAX 系统，组合信号包括：①5000 组幅值为 0 或 0.5 的二进制信号；②5000 组区间为[0, 4]的随机信号。

在输出静态非线性模块和动态线性模块的参数辨识中，设置参数：$S_0^{\text{output}}=0.985$，$\rho^{\text{output}}=1.2$，$\lambda^{\text{output}}=0.01$。图 7.28 描述了输出静态非线性模块的拟合结果，表 7.7 列出了不同噪信比下线性模块辨识结果的比较。

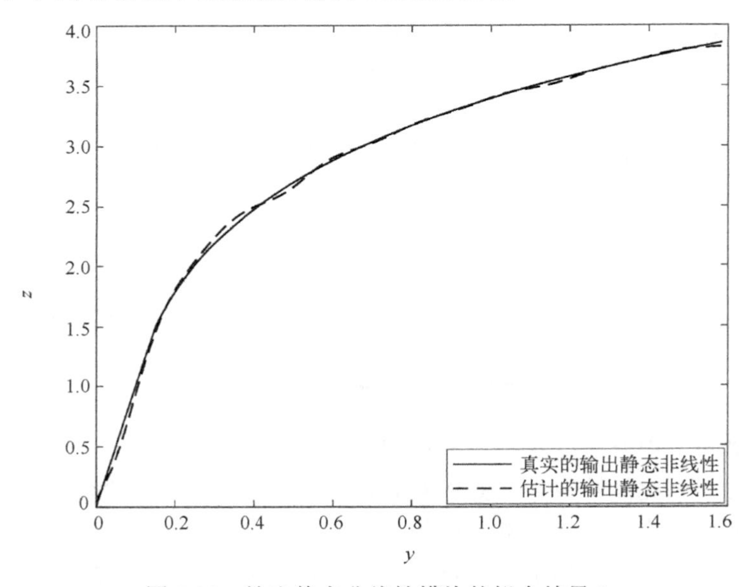

图 7.28　输出静态非线性模块的拟合结果 2

表 7.7　不同噪信比下线性模块辨识结果的比较 2

噪信比/%	k	相关最小二乘方法		RELS 方法	
		$\hat{a}$	$\hat{b}$	$\hat{a}$	$\hat{b}$
$\delta_{ns}=14.75$	1000	−0.9148	0.6382	−0.8119	0.5791
	2000	−0.9163	0.6333	−0.8110	0.5843
	3000	−0.9035	0.6304	−0.8106	0.6038
	4000	−0.9069	0.6286	−0.8112	0.5948
	5000	−0.9093	0.6287	−0.8124	0.5964
$\delta_{ns}=23.69$	1000	−0.8851	0.5458	−0.7724	0.7078
	2000	−0.8956	0.5558	−0.7883	0.7036

续表

噪信比/%	k	相关最小二乘方法		RELS 方法	
		$\hat{a}$	$\hat{b}$	$\hat{a}$	$\hat{b}$
$\delta_{ns}=23.69$	3000	−0.9196	0.5614	−0.7941	0.6746
	4000	−0.9209	0.5618	−0.7998	0.6433
	5000	−0.9234	0.5729	−0.8023	0.6331
真实值		−0.9	0.6	−0.9	0.6

从图 7.28 中可以看出，基于本节提出的相关最小二乘方法，神经模糊模型能够有效地拟合输出静态非线性模块。由表 7.7 可知，与 RELS 辨识方法相比，相关最小二乘方法能够更好地辨识动态线性模块的参数。随着噪信比的增加，该算法优越性更明显。

在输入静态非线性模块和噪声模型参数辨识过程中，设置参数：$S_0^{\text{input}}=0.99$，$\rho^{\text{input}}=2$，$\lambda^{\text{input}}=0.01$。图 7.29 给出了不同建模方法下输入静态非线性模块的拟合结果比较，表 7.8 给出了两种建模方法拟合输入静态非线性模块的均方误差 MSE 和最大误差 ME。

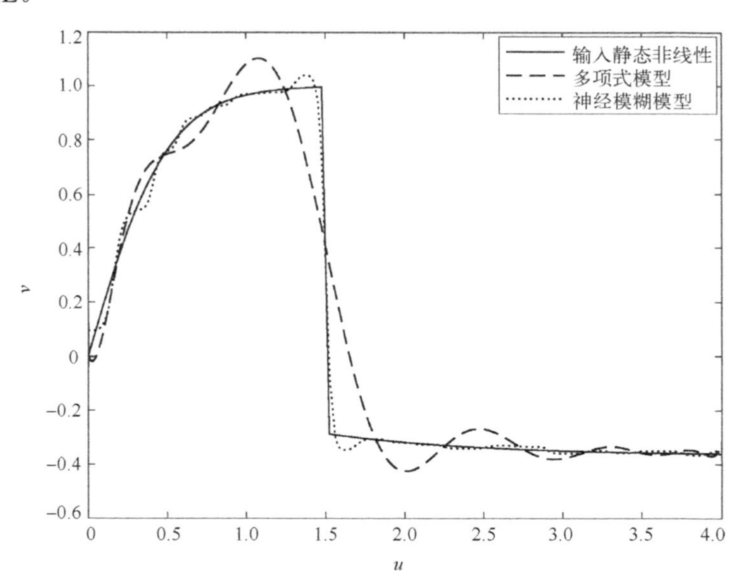

图 7.29　不同建模方法下输入静态非线性模块的拟合比较 2

辅助模型递推增广最小二乘参数估计方法在递推过程中对未知变量和噪声模型参数进行了估计和更新，能够有效估计输入静态非线性模块和噪声模型参数。从图 7.29 和表 7.8 中可以看出，对于输入非线性模块是更为复杂的不连续函数，多项式模型逼近非线性函数的能力较弱，神经模糊模型比多项式模型有更强的逼近复杂不连续函数能力。因此，本节提出的方法能够有效辨识 Hammerstein-Wiener ARMAX 系统。

表 7.8　不同模型下输入静态非线性模块的误差比较 2

模型		MSE	ME
多项式模型	$r=10$	2.08×10^{-2}	0.6531
	$r=11$	1.77×10^{-2}	0.6260
	$r=12$	1.5×10^{-2}	0.6362
	$r=13$	6.0139×10^{-2}	0.6353
	$r=14$	1.66×10^{-2}	0.6177
	$r=15$	1.64×10^{-2}	0.6278
神经模糊模型		1.1×10^{-3}	0.2763

图 7.30 描述了噪声模型参数的估计曲线。结果表明，随着数据的增加，噪声模型参数的估计值更接近真实值，当数据长度达到 500 时，噪声参数的估计趋于稳定，进一步验证了本节提出的辅助模型递推增广最小二乘参数辨识方法的有效性。

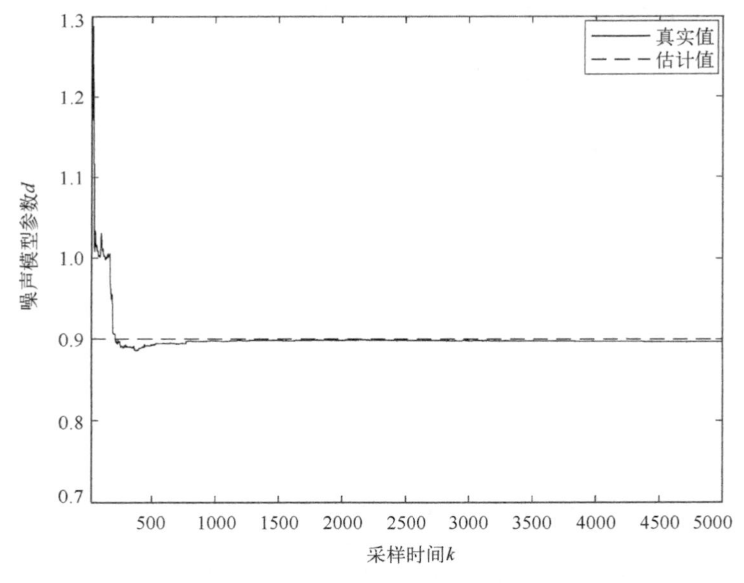

图 7.30　噪声模型的参数估计 2

(3) 考虑高斯有色噪声的 Hammerstein-Wiener ARMAX 模型，它的一阶自回归模型为[10]： $e(k)=0.5e(k-1)+\xi(k-1)$，其中， $e(k)$ 为零均值白噪声， $\xi(k)$ 表示高斯有色噪声。

$$
\begin{aligned}
v(k) &= \begin{cases} 2u(k), & u(k) \geqslant 0 \\ 5u(k), & u(k) < 0 \end{cases} \\
x(k) &= 0.6x(k-1) + 0.3v(k-1) \\
e(k) &= 0.5e(k-1) + \xi(k-1) \\
z(k) &= x(k) + e(k) \\
y(k) &= 0.98z(k) + 0.4z(k)^2
\end{aligned}
$$

利用设计的组合信号辨识 Hammerstein-Wiener ARMAX 系统，组合信号包括：①5000 组幅值为 0 或 0.5 的二进制信号；②5000 组区间为[−1, 1]的随机信号。

在输出静态非线性模块和动态线性模块的参数辨识中，设置参数：$S_0^{\text{output}} = 0.9$，$\rho^{\text{output}} = 1.5$，$\lambda^{\text{output}} = 0.01$。图 7.31 描述了输出静态非线性模块的拟合结果，图 7.32 给出了不同噪信比下动态线性模块的辨识结果。结果表明，针对有色过程噪声的扰动，本节在第一阶段提出的相关最小二乘辨识方法能够有效辨识输出静态非线性模块和动态线性模块的参数，且神经模糊模型能够有效逼近输出静态非线性模块。

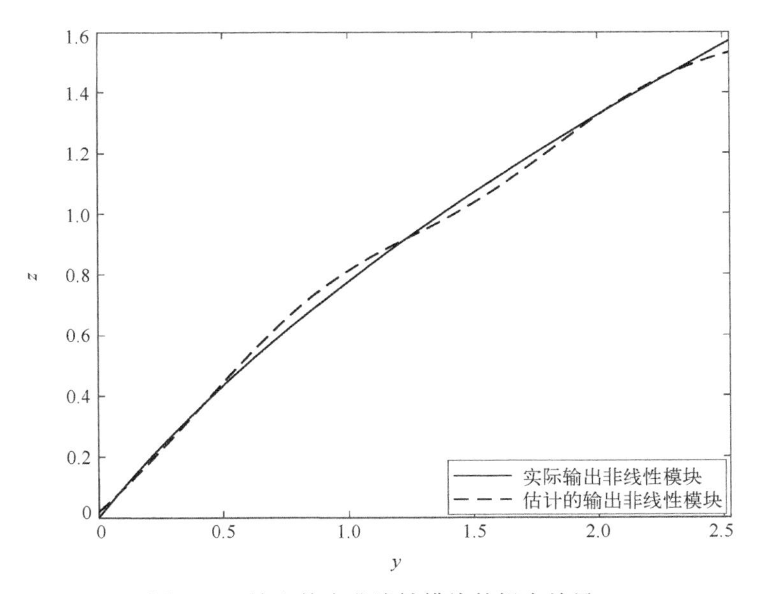

图 7.31　输出静态非线性模块的拟合结果 3

在输入静态非线性模块和噪声模型参数辨识过程中，设置参数：$S_0^{\text{input}} = 0.97$，$\rho^{\text{input}} = 1$，$\lambda^{\text{input}} = 0.01$。图 7.33 描述了输入静态非线性模块的拟合结果，图 7.34 给出了噪声模型参数的估计曲线。结果表明，本节在第二阶段提出的辅助模型递推增广最小二乘方法能够有效辨识 Hammerstein-Wiener ARMAX 系统。

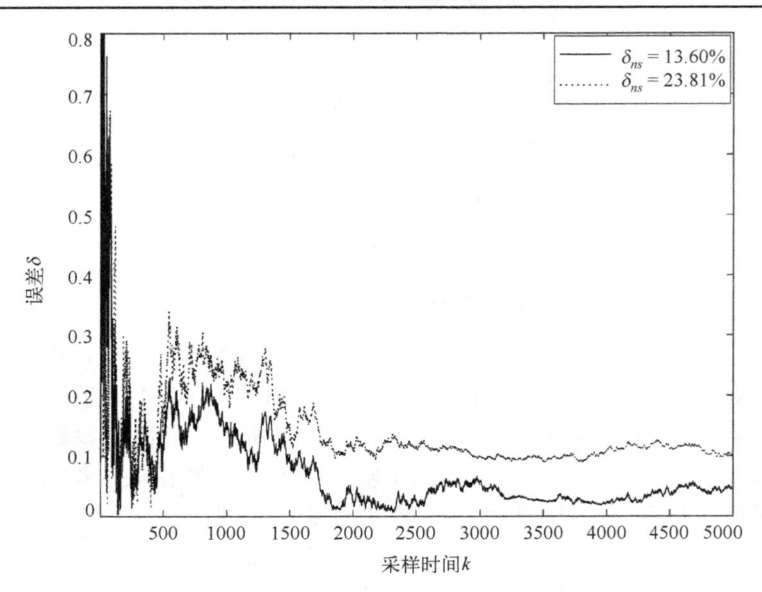

图 7.32　不同噪信比下线性模块的参数估计误差

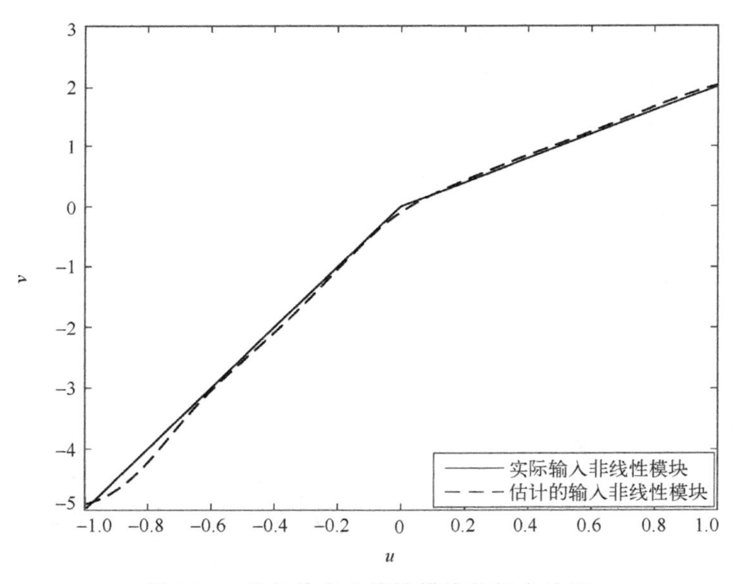

图 7.33　输入静态非线性模块的拟合结果

7.3.5　小结

本节提出了一种 Hammerstein-Wiener ARMAX 系统两阶段辨识。在研究中，利用设计的组合信号将 Hammerstein-Wiener 系统的辨识分解为 Wiener 系统的辨识和输入静态非线性模块的辨识，简化了辨识过程。首先，采用相关最小二乘方法补偿过程噪声，估计输出静态非线性模块和动态线性模块的参数。其次，将辅助模型技术引入到 Hammerstein-Wiener ARMAX 系统辨识中，利用辅助模型的输出代替 Hammerstein-Wiener ARMAX 系统中的未知中间变量，解决了中间变量不可测问题，并且在递推过程中对噪声模型参数进行了估计，有效补偿了有色过程噪声的干扰，取得了较好的辨识结果。最后，根据随机过程理论分析了所提出算法参数估计的一致收敛性问题。

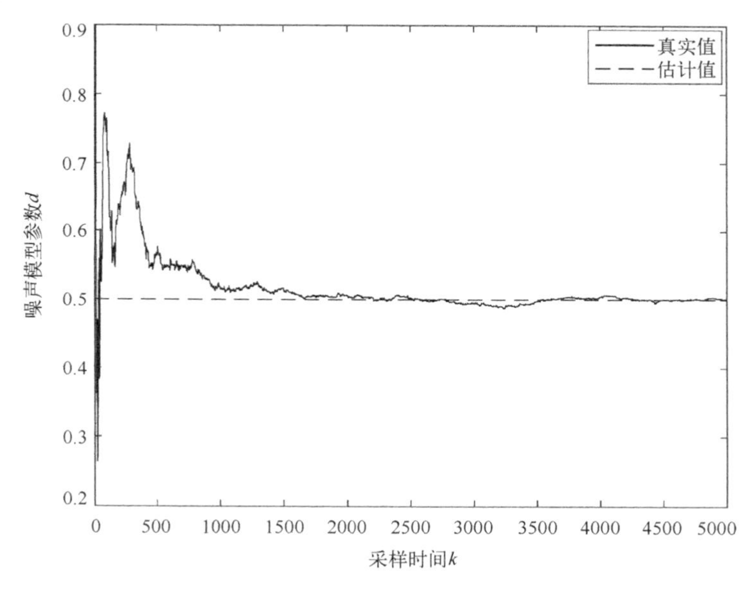

图 7.34　噪声模型的参数估计 3

参 考 文 献

[1] Li F, Jia L. Correlation analysis-based error compensation recursive least-square identification method for the Hammerstein model[J]. Journal of Statistical Computation and Simulation, 2018, 88(1): 56-74.

[2] Wang X, Ding F. Modelling and multi-innovation parameter identification for Hammerstein nonlinear state space systems using the filtering technique[J]. Mathematical and Computer Modelling of Dynamical Systems, 2016, 22(2): 113-140.

[3] Wang Y, Ding F. Recursive least squares algorithm and gradient algorithm for Hammerstein-Wiener systems using the data filtering[J]. Nonlinear Dynamics, 2016, 84: 1045-1053.

[4] Ljung L. System Identification: Theory for the User[M]. 2nd. Englewood Cliffs: Prentice Hall,

1999.

[5] 贾立, 杨爱华, 邱铭森. 基于辅助模型递推最小二乘法的 Hammerstein 模型多信号源辨识[J]. 南京理工大学学报, 2014, 38(1): 34-39.

[6] Doyle F J, Ogunnaike B A, Pearson R K. Nonlinear model based control using second-order Volterra models[J]. Automatica, 1995, 31(5): 697-714.

[7] Hahn J, Edgar T F. A gramian based approach to nonlinearity quantification and model classification[J]. Industrial & Engineering Chemistry Research, 2001, 40(24): 5724-5731.

[8] Kuntanapreeda S, Marusak P M. Nonlinear extended output feedback control for CSTRs with Van de Vusse reaction[J]. Computers and Chemical Engineering, 2012, 41: 10-23.

[9] Ding F, Ding J. Least-squares parameter estimation for systems with irregularly missing data[J]. International Journal of Adaptive Control & Signal Processing, 2010, 24: 540-553.

[10] 黄玉龙, 张勇刚, 李宁, 等. 一种带有色量测噪声的非线性系统辨识方法[J]. 自动化学报, 2015, 41(11): 1877-1892.

第 8 章　相关噪声下 Hammerstein-Wiener ARMAX 系统辨识方法

本章研究相关噪声下 Hammerstein-Wiener ARMAX 系统的辨识方法，通过设计的组合信号，将 Hammerstein-Wiener ARMAX 系统的辨识分解为 Wiener 系统的辨识和输入静态非线性模块的辨识，简化了辨识过程。在研究中，考虑了有色噪声模型在不同时刻的自相关性，在辨识过程中利用估计的噪声相关函数补偿相关噪声对 Hammerstein-Wiener ARMAX 系统产生的误差，从而实现 Hammerstein-Wiener ARMAX 系统参数的无偏估计。

在 7.3 节研究内容的基础上，考虑有色过程噪声模型在不同时刻间的自相关性，提出了相关噪声下 Hammerstein-Wiener ARMAX 系统辨识方法。首先，在可分离信号作用下利用相关分析方法辨识输出静态非线性模块和动态线性模块的参数。其次，设计一个滤波器，将滤波器的零点嵌入到 Hammerstein 系统中，利用零点信息计算噪声模型的相关函数，补偿最小二乘算法中有色噪声引起的误差，进而通过误差补偿递推最小二乘算法得到输入静态非线性模块参数的无偏估计。提出的方法能够有效辨识 Hammerstein-Wiener ARMAX 系统参数，提高了系统的鲁棒性和泛化能力。

8.1　相关噪声下 Hammerstein-Wiener ARMAX 系统两阶段辨识

相关噪声干扰下的 Hammerstein-Wiener ARMAX 系统由输入静态非线性模块 $f(\cdot)$、动态线性模块 $H(\cdot)$ 和输出静态非线性模块 $g(\cdot)$ 三部分串联而成，如图 8.1 所示。该系统描述为

$$v(k) = f(u(k)) \tag{8.1}$$

$$z(k) = \frac{B(z)}{A(z)}v(k) + e(k) \tag{8.2}$$

$$y(k) = g(z(k)) \tag{8.3}$$

其中，$A(z) = 1 + a_1 z^{-1} + a_2 z^{-2} + \cdots + a_{n_a} z^{-n_a}$，$B(z) = b_1 z^{-1} + b_2 z^{-2} + \cdots + b_{n_b} z^{-n_b}$，$e(k)$ 表示有色噪声，且在不同时刻噪声模型有自相关性，z^{-1} 为单位后移算子，n_a 和 n_b 为模型的阶次(本节中假设阶次已知)。

假设输出静态非线性模块的逆存在，则 $\hat{z}(k)=\hat{g}^{-1}(y(k))$ 。因此，输入静态非线性模块表示为 $\hat{v}(k)=\hat{f}(u(k))=\sum_{l=1}^{L^{\text{input}}}\phi_l^{\text{input}}(u(k))w_l^{\text{input}}$ ，输出静态非线性模块表示为 $\hat{z}(k)=\hat{g}^{-1}(y(k))=\sum_{l=1}^{L^{\text{output}}}\phi_l^{\text{output}}(y(k))w_l^{\text{output}}$ 。其中， w_l^{input} 和 w_l^{output} 分别表示输入神经模糊和输出神经模糊模型的权重，L^{input} 和 L^{output} 分别表示输入和输出的模糊规则数。

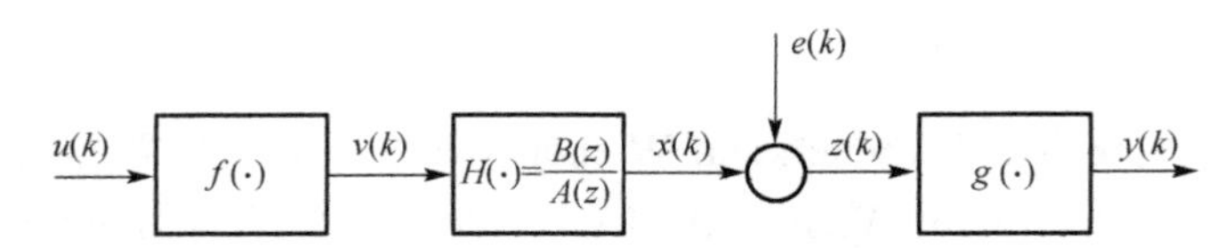

图 8.1　相关噪声下 Hammerstein-Wiener ARMAX 系统结构

对于任意给定的 ε ，建立 Hammerstein-Wiener ARMAX 系统就是要寻求满足如下条件的参数：

$$
\begin{aligned}
&E(\hat{f}(u(k)),\hat{a}_1,\hat{a}_2,\cdots,\hat{a}_{n_a},\hat{b}_1,\hat{b}_2,\cdots,\hat{b}_{n_b},\hat{g}(\hat{z}(k)))=\frac{1}{2N}\sum_{k=1}^{N}[y(k)-\hat{y}(k)]^2\leqslant\varepsilon\\
&\text{s.t.}\quad \hat{v}(k)=\hat{f}(u(k))\\
&\qquad\ \hat{A}(z)\hat{z}(k)=\hat{B}(z)\hat{v}(k)+\hat{A}(z)e(k)\\
&\qquad\ \hat{y}(k)=\hat{g}(\hat{z}(k))
\end{aligned}
\tag{8.4}
$$

其中，“ ˆ ”表示估计，N 是输入输出数据的数目。

本章从相关噪声模型在不同时刻的自相关性出发，研究相关噪声下 Hammerstein-Wiener ARMAX 系统辨识。利用设计的组合信号将 Hammerstein-Wiener ARMAX 系统的辨识分解转化为 Wiener 系统的辨识和输入静态非线性模块的辨识。

8.1.1　输出静态非线性模块和动态线性模块辨识

基于可分离信号的输入 $u_1(k)$ 和相应的输出 $y_1(k)$，利用聚类方法和相关分析方法辨识输出静态非线性模块和动态线性模块的参数。首先，利用聚类算法计算输出神经模糊模型中心 c_l^{output} 和宽度 σ_l^{output} 。其次，相关分析方法求解输出神经模糊模型的权重 w_l^{output} 和动态线性模块的参数 a_i 和 b_j 。

根据式(8.1)和式(8.2)得到

$$
z_1(k)=-\sum_{i=1}^{n_a}a_iz_1(k-i)+\sum_{j=1}^{n_b}b_jv_1(k-j)+\sum_{i=1}^{n_a}a_ie(k-i)+e(k)
\tag{8.5}
$$

式(8.5)两边同时乘以 $u_1(k-\tau)$ ，计算数学期望得到

$$R_{z_1u_1}(\tau)=-\sum_{i=1}^{n_a}a_iR_{z_1u_1}(\tau-i)+\sum_{j=1}^{n_b}b_jR_{v_1u_1}(\tau-j)+\sum_{i=1}^{n_a}a_iR_{eu_1}(k-i)+R_{eu_1}(\tau) \tag{8.6}$$

由于过程噪声 $e(k)$ 和输入变量 $u_1(k)$ 不相关，得到 $R_{eu_1}(\tau)=0$。因此

$$R_{z_1u_1}(\tau)=-\sum_{i=1}^{n_a}a_iR_{z_1u_1}(\tau-i)+\sum_{j=1}^{n_b}b_jR_{v_1u_1}(\tau-j) \tag{8.7}$$

根据 7.3.2 节的分析可知，互相关函数 $R_{v_1u_1}(\tau)$ 可以利用自相关函数 $R_{u_1}(\tau)$ 进行代替。因此，可以采用 7.3.2 节中的辨识方法辨识输出神经模糊模型的权重和动态线性模块的参数，详见 7.3.2 节中的式(7.60)～式(7.63)求解过程。

8.1.2　输入静态非线性模块辨识

基于随机信号的输入 $u_2(k)$ 和输出 $y_2(k)$，利用聚类方法和误差补偿递推算法估计输入静态非线性模块的参数，即输入神经模糊模型的中心 c_l^{input}、宽度 σ_l^{input}、权重 w_l^{input} 以及有色噪声模型参数 d_m。首先，利用聚类算法估计中心 c_l^{input} 和宽度 σ_l^{input}。其次，利用误差补偿递推算法求解神经模糊模型的权重 w_l^{input}。

由式(8.2)可得

$$z_2(k)+\sum_{i=1}^{n_a}a_iz_2(k-i)=\sum_{j=1}^{n_b}\sum_{l=1}^{L}b_j\phi_l(u_2(k))w_l^{\text{intput}}+\sum_{i=1}^{n_a}a_ie(k-i)+e(k) \tag{8.8}$$

为了便于分析，将式(8.8)写成回归形式：

$$z_1(k)=\boldsymbol{\varphi}^{\mathrm{T}}(k)\boldsymbol{\theta}_2+\boldsymbol{\psi}^{\mathrm{T}}(k)\boldsymbol{\theta}_2+e(k) \tag{8.9}$$

其中，$\boldsymbol{\theta}_2=[a_1,\cdots,a_{n_a},b_1w_1^{\text{intput}},\cdots,b_1w_L^{\text{intput}},\cdots,b_{n_b}w_1^{\text{intput}},\cdots,b_{n_b}w_L^{\text{intput}}]^{\mathrm{T}}$，$\boldsymbol{\psi}(k)=[e(k-1),\cdots,e(k-n_a),0,\cdots,0]^{\mathrm{T}}$，$\boldsymbol{\varphi}(k)=[-z_2(k-1),\cdots,-z_2(k-n_a),\phi_1(u_2(k-1)),\cdots,\phi_L(u_2(k-1)),\cdots,\phi_L(u_2(k-n_b))]^{\mathrm{T}}$。

根据式(8.9)定义均方准则函数：

$$J(\boldsymbol{\theta}_2)=\sum_{k=1}^{N}\left\|z_2(k)-\boldsymbol{\varphi}^{\mathrm{T}}(k)\boldsymbol{\theta}_2\right\|^2 \tag{8.10}$$

利用最小二乘方法得到参数向量 $\boldsymbol{\theta}_2$ 的估计：

$$\hat{\boldsymbol{\theta}}_{LS}(k)=\boldsymbol{\theta}_2+\boldsymbol{P}(k)\sum_{i=1}^{k}\boldsymbol{\varphi}(i)[\boldsymbol{\psi}^{\mathrm{T}}(i)\boldsymbol{\theta}_2+e(i)] \tag{8.11}$$

式(8.11)两边同时乘以 $\boldsymbol{P}(k)/k$，并取极限得到

$$\lim_{k\to\infty}\frac{1}{k}\boldsymbol{P}^{-1}(k)[\hat{\boldsymbol{\theta}}_{LS}(k)-\boldsymbol{\theta}_2]=\lim_{k\to\infty}\left[\frac{1}{k}\sum_{i=1}^{k}\boldsymbol{\varphi}(i)\boldsymbol{\psi}^{\mathrm{T}}(i)\right]\boldsymbol{\theta}_2+\lim_{k\to\infty}\frac{1}{k}\sum_{i=1}^{k}\boldsymbol{\varphi}(i)e(i) \tag{8.12}$$

其中，$\boldsymbol{P}^{-1}(k)=\sum_{i=1}^{k}\boldsymbol{\varphi}(i)\boldsymbol{\varphi}^{\mathrm{T}}(i)$。

由于相关噪声 $e(k)$ 与输入 $u_2(k)$ 不相关，因此

$$\lim_{k\to\infty}\frac{1}{k}\sum_{i=1}^{k}u_2(i-j)\,e(i)=0,\ \forall j \tag{8.13}$$

相关噪声 $e(k)$ 在不同时刻具有相关性，定义相关噪声模型的相关函数：

$$r_e(j)=\lim_{k\to\infty}\frac{1}{k}\sum_{i=1}^{k}e(i-j)\,e(i),\ \ j=0,1,\cdots,n_a \tag{8.14}$$

结合式(8.2)、式(8.9)和式(8.13)得到

$$\begin{aligned}
&\lim_{k\to\infty}\left[\frac{1}{k}\sum_{i=1}^{k}\boldsymbol{\varphi}(i)\boldsymbol{\psi}^{\mathrm{T}}(i)\right]\boldsymbol{\theta}_2\\
&=\lim_{k\to\infty}\frac{1}{k}\begin{bmatrix}
\sum_{i=1}^{k}-z_2(i-1)e(i-1) & \cdots & \sum_{i=1}^{k}-z_2(i-1)e(i-n_a) & 0 & \cdots & 0\\
\vdots & \vdots & \vdots & \vdots & \vdots & \vdots\\
\sum_{i=1}^{k}-z_2(i-n_a)e(i-1) & \cdots & \sum_{i=1}^{k}-z_2(i-n_a)e(i-n_a) & 0 & \cdots & 0\\
\sum_{i=1}^{k}\phi_L(u_2(i-1))e(i-1) & \cdots & \sum_{i=1}^{k}\phi_L(u_2(i-1))e(i-n_a) & 0 & \cdots & 0\\
\vdots & \vdots & \vdots & \vdots & \vdots & \vdots\\
\sum_{i=1}^{k}\phi_L(u_2(i-n_b))e(i-1) & \cdots & \sum_{i=1}^{k}\phi_L(u_2(i-n_b))e(i-n_a) & 0 & \cdots & 0
\end{bmatrix}\boldsymbol{\theta}_2\\
&=\begin{bmatrix}
-r_e(0) & \cdots & -r_e(n_a-1) & 0 & \cdots & 0\\
\vdots & \vdots & \vdots & \vdots & \vdots & \vdots\\
-r_e(n_a-1) & \cdots & -r_e(0) & 0 & \cdots & 0\\
0 & \cdots & 0 & 0 & \cdots & 0\\
\vdots & \vdots & \vdots & \vdots & \vdots & \vdots\\
0 & \cdots & 0 & 0 & \cdots & 0
\end{bmatrix}\boldsymbol{\theta}_2=-\boldsymbol{R}\boldsymbol{\theta}_2
\end{aligned} \tag{8.15}$$

和

$$\lim_{k\to\infty}\frac{1}{k}\sum_{i=1}^{k}\boldsymbol{\varphi}(i)e(i)=\lim_{k\to\infty}\frac{1}{k}\begin{bmatrix}\sum_{i=1}^{k}-z_2(i-1)e(i)\\ \vdots\\ \sum_{i=1}^{k}-z_2(i-n_a)e(i)\\ \sum_{i=1}^{k}\phi_L(u_2(i-1))e(i-1)\\ \vdots\\ \sum_{i=1}^{k}\phi_L(u_2(i-n_b))e(i-1)\end{bmatrix}=\begin{bmatrix}-r_e(1)\\ \vdots\\ -r_e(n_a)\\ 0\\ \vdots\\ 0\end{bmatrix}=-\boldsymbol{p} \tag{8.16}$$

其中，$\boldsymbol{R}=\begin{bmatrix}\boldsymbol{\gamma} & \boldsymbol{0}\\ \boldsymbol{0} & \boldsymbol{0}\end{bmatrix}\in\mathbf{R}^{(n_a+L\times n_b)\times(n_a+L\times n_b)}$，$\boldsymbol{\gamma}=\begin{bmatrix}r_e(0) & r_e(1) & \cdots & r_e(n_a-1)\\ r_e(1) & r_e(0) & \cdots & r_e(n_a-2)\\ \vdots & \vdots & \ddots & \vdots\\ r_e(n_a-1) & r_e(n_a-2) & \cdots & r_e(0)\end{bmatrix}\in\mathbf{R}^{n_a\times n_a}$，$\boldsymbol{p}=[\boldsymbol{\rho},\boldsymbol{0}]\in\mathbf{R}^{n_a+L\times n_b}$，$\boldsymbol{\rho}=[r_e(1),r_e(2),\cdots,r_e(n_a)]\in\mathbf{R}^{n_a}$。$\boldsymbol{0}$、$\boldsymbol{R}$ 和 $\boldsymbol{p}$ 中分别表示适当维数的矩阵或者向量。

因此，根据式(8.12)可以得到

$$\lim_{k\to\infty}\frac{1}{k}\boldsymbol{P}^{-1}(k)[\hat{\boldsymbol{\theta}}_{LS}(k)-\boldsymbol{\theta}_2]=-(\boldsymbol{R}\boldsymbol{\theta}_2+\boldsymbol{p}) \tag{8.17}$$

设 $\Delta\boldsymbol{\theta}(k)=-\boldsymbol{P}(k)k(\boldsymbol{R}\boldsymbol{\theta}_2+\boldsymbol{p})$，将其带入到式(8.17)得到

$$\lim_{k\to\infty}\hat{\boldsymbol{\theta}}_{LS}(k)=\boldsymbol{\theta}_2-\lim_{k\to\infty}\boldsymbol{P}(k)k(\boldsymbol{R}\boldsymbol{\theta}_2+\boldsymbol{p})=\boldsymbol{\theta}_2+\lim_{k\to\infty}\Delta\boldsymbol{\theta}(k) \tag{8.18}$$

从式(8.18)可以看出，最小二乘估计 $\hat{\boldsymbol{\theta}}_{LS}(k)$ 是有偏的。如果补偿项 $\Delta\boldsymbol{\theta}(k)$ 加入到最小二乘估计 $\hat{\boldsymbol{\theta}}_{LS}(k)$ 中，可以得到系统参数的无偏估计 $\hat{\boldsymbol{\theta}}_B(k)$。设 $\hat{\boldsymbol{R}}(k)$ 和 $\hat{\boldsymbol{p}}(k)$ 分别表示 $\boldsymbol{R}(k)$ 和 $\boldsymbol{p}(k)$ 在 k 时刻的估计，因此

$$\hat{\boldsymbol{\theta}}_B(k)=\hat{\boldsymbol{\theta}}_{LS}(k)+\boldsymbol{P}(k)k[\hat{\boldsymbol{R}}(k)\hat{\boldsymbol{\theta}}_B(k-1)+\hat{\boldsymbol{p}}(k)] \tag{8.19}$$

基于式(8.19)，协方差矩阵 $\boldsymbol{P}^{-1}(k)$ 可以根据输入输出数据计算得到。然而，含有噪声相关函数的矩阵 $\hat{\boldsymbol{R}}(k)$ 和向量 $\hat{\boldsymbol{p}}(k)$ 不能通过直接计算得到。因此，Hammerstein-Wiener ARMAX 系统参数的无偏估计问题就转化为矩阵 $\hat{\boldsymbol{R}}(k)$ 和向量 $\hat{\boldsymbol{p}}(k)$ 的计算。

为了获得系统参数的无偏估计，本节采用数据滤波技术以获得系统参数的无偏估计。通过设计合适的数据滤波器，将滤波器的零点嵌入到 Hammerstein-Wiener ARMAX 系统中，利用零点信息计算相关噪声模型的相关函数，补偿最小二乘算法

中相关噪声引起的误差，进而通过误差补偿递推最小二乘算法得到输入静态非线性模块参数的无偏估计。

在 Hammerstein-Wiener 系统的动态线性模块引入一个 n_a 阶 $1/F(z)$ 滤波器：

$$F(z)=(1-\lambda_1 z^{-1})(1-\lambda_2 z^{-1})\cdots(1-\lambda_{n_a} z^{-1})=1+f_1 z^{-1}+f_2 z^{-2}+\cdots+f_{n_a} z^{-n_a} \tag{8.20}$$

其中，λ_i 满足 $0<\lambda_i<1, i=(1,2,\cdots,n_a)$。

式(8.2)的系统可以写成扩展的 Hammerstein-Wiener 系统：

$$z_2(k)=\frac{B(z)F(z)}{A(z)}\overline{v}(k)+e(k)=\frac{\overline{B}(z)}{\overline{A}(z)}v(k)+e(k) \tag{8.21}$$

其中，$\overline{A}(z)=A(z)F(z)=1+\overline{a}_1 z^{-1}+\cdots+\overline{a}_{n_1} z^{-n_1}$，$\overline{B}(z)=B(z)F(z)=\overline{b}_1 z^{-1}+\cdots+\overline{b}_{n_2} z^{-n_2}$。

将式(8.21)写成回归形式：

$$z_2(k)=\overline{\boldsymbol{\varphi}}^{\mathrm{T}}(k)\overline{\boldsymbol{\theta}}_2+\overline{\boldsymbol{\psi}}^{\mathrm{T}}(k)\overline{\boldsymbol{\theta}}_2+e(k) \tag{8.22}$$

其中，$\overline{\boldsymbol{\theta}}_2=[\overline{a}_1,\cdots,\overline{a}_{n_1},\overline{b}_1\hat{w}_1,\cdots,\overline{b}_1\hat{w}_L,\cdots,\overline{b}_{n_2}\hat{w}_1,\cdots,\overline{b}_{n_2}\hat{w}_L]^{\mathrm{T}}\in\mathbf{R}^{n_1+L\times n_2}$，$\overline{\boldsymbol{\varphi}}(k)=[-y_2(k-1),\cdots,-y_2(k-n_1),\phi_1(u_2(k-1)),\cdots,\phi_L(u_2(k-1)),\cdots,\phi_1(u_2(k-n_2)),\cdots,\phi_L(u_2(k-n_2))]^{\mathrm{T}}\in\mathbf{R}^{n_1+L\times n_2}$，$\overline{\boldsymbol{\psi}}(k)=[e(k-1),e(k-2),\cdots,e(k-n_a),0,\cdots,0]^{\mathrm{T}}\in\mathbf{R}^{n_1+L\times n_2}$。

利用最小二乘方法得到扩展 Hammerstein-Wiener 系统参数向量 $\overline{\boldsymbol{\theta}}_2$ 的估计：

$$\hat{\overline{\boldsymbol{\theta}}}_{LS}(k)=\overline{\boldsymbol{\theta}}_2+\overline{\boldsymbol{P}}(k)\sum_{k=1}^{N}\overline{\boldsymbol{\varphi}}(k)[\overline{\boldsymbol{\psi}}^{\mathrm{T}}(k)\overline{\boldsymbol{\theta}}_2+e(k)] \tag{8.23}$$

其中，$\overline{\boldsymbol{P}}^{-1}(k)=\sum_{k=1}^{N}\overline{\boldsymbol{\varphi}}(k)\overline{\boldsymbol{\varphi}}^{\mathrm{T}}(k)$。

参照式(8.11)～式(8.17)的推导，不难得到：

$$\begin{aligned}
&\lim_{k\to\infty}\hat{\overline{\boldsymbol{\theta}}}_{LS}(k)\\
&=\overline{\boldsymbol{\theta}}_2+\lim_{k\to\infty}\overline{\boldsymbol{P}}(k)k\left\{\lim_{k\to\infty}\left[\frac{1}{k}\sum_{i=1}^{k}\overline{\boldsymbol{\varphi}}(i)\overline{\boldsymbol{\psi}}^{\mathrm{T}}(i)\right]\overline{\boldsymbol{\theta}}_2+\lim_{k\to\infty}\frac{1}{k}\sum_{i=1}^{k}\overline{\boldsymbol{\varphi}}(i)e(i)\right\}\\
&=\overline{\boldsymbol{\theta}}_2-\lim_{k\to\infty}\overline{\boldsymbol{P}}(k)k(\boldsymbol{R}_1\overline{\boldsymbol{\theta}}_2+\boldsymbol{p}_1)
\end{aligned} \tag{8.24}$$

其中，$\boldsymbol{R}_1=-\lim_{k\to\infty}\frac{1}{k}\sum_{i=1}^{k}\overline{\boldsymbol{\varphi}}(i)\,\overline{\boldsymbol{\psi}}^{\mathrm{T}}(i)$，$\boldsymbol{p}_1=-\lim_{k\to\infty}\frac{1}{k}\sum_{i=1}^{k}\overline{\boldsymbol{\varphi}}(i)\,e(i)$。

类似式(8.19)的分析和推导，得到扩展 Hammerstein-Wiener 系统参数的无偏估计：

$$\hat{\overline{\boldsymbol{\theta}}}_B(k)=\hat{\overline{\boldsymbol{\theta}}}_{LS}(k)+\overline{\boldsymbol{P}}(k)k[\hat{\boldsymbol{R}}_1(k)\hat{\overline{\boldsymbol{\theta}}}_B(k-1)+\hat{\boldsymbol{p}}_1(k)] \tag{8.25}$$

接下来重点讨论含有噪声相关函数的矩阵 $\hat{\boldsymbol{R}}_1(k)$ 和向量 $\hat{\boldsymbol{p}}_1(k)$ 的计算。

令 $\overline{A}^*(z)=z^{n_a}F(z)z^{n_a}A(z)=z^{n_1}\overline{A}(z)=z^{n_1}+\overline{a}_1z^{n_1-1}+\overline{a}_2z^{n_1-2}+\cdots+\overline{a}_{n_1}$，$\overline{B}^*(z)=z^{n_a}F(z)$ $z^{n_b}B(z)=z^{n_2}\overline{B}(z)=\overline{b}_1z^{n_2-1}+\overline{b}_2z^{n_2-2}+\cdots+\overline{b}_{n_2}$，则

$$\overline{A}^*(\lambda_{a_i})=\lambda_{a_i}^{n_1}+\overline{a}_1\lambda_{a_i}^{n_1-1}+\overline{a}_2\lambda_{a_i}^{n_1-2}+\cdots+\overline{a}_{n_1}=0 \tag{8.26}$$

$$\overline{B}^*(\lambda_{b_i})=\overline{b}_1\lambda_{b_i}^{n_2-1}+\overline{b}_2\lambda_{b_i}^{n_2-2}+\cdots+\overline{b}_{n_2}=0 \tag{8.27}$$

定义矩阵：

$$\boldsymbol{H}=\left[\begin{array}{cccc:cccc}\lambda_{a_1}^{n_1-1} & \cdots & \lambda_{a_1} & 1 & \lambda_{b_1}^{n_2-1} & \cdots & \lambda_{b_1} & 1\\ \lambda_{a_2}^{n_1-1} & \cdots & \lambda_{a_2} & 1 & \lambda_{b_2}^{n_2-1} & \cdots & \lambda_{b_2} & 1\\ \vdots & \ddots & \vdots & \vdots & \vdots & \ddots & \vdots & \vdots\\ \lambda_{a_{n_a}}^{n_1-1} & \cdots & \lambda_{a_{n_a}} & 1 & \lambda_{b_{n_a}}^{n_2-1} & \cdots & \lambda_{b_{n_a}} & 1\end{array}\right]^{\mathrm{T}}\in \mathrm{R}^{(n_1+n_2)\times n_a}$$

因此

$$\boldsymbol{H}^{\mathrm{T}}\overline{\boldsymbol{\theta}}_2=-[\lambda_{a_1}^{n_1},\lambda_{a_2}^{n_1},\cdots,\lambda_{a_{n_a}}^{n_1}]^{\mathrm{T}} \tag{8.28}$$

式(8.24)两边同时左乘矩阵 $\boldsymbol{H}^{\mathrm{T}}$ 得到

$$\boldsymbol{H}^{\mathrm{T}}\hat{\overline{\boldsymbol{\theta}}}_{LS}(k)=-[\lambda_{a_1}^{n_1},\lambda_{a_2}^{n_1},\cdots,\lambda_{a_{n_a}}^{n_1}]^{\mathrm{T}}-\boldsymbol{H}^{\mathrm{T}}\overline{\boldsymbol{P}}(k)k[\hat{\boldsymbol{R}}_1(k)\hat{\overline{\boldsymbol{\theta}}}_B(k-1)+\hat{\boldsymbol{p}}_1(k)] \tag{8.29}$$

定义误差：

$$\varepsilon_{LS}(k)=z_2(k)-\overline{\boldsymbol{\varphi}}^{\mathrm{T}}(k)\hat{\overline{\boldsymbol{\theta}}}_{LS}(k) \tag{8.30}$$

和目标函数：

$$J(k)=\sum_{k=1}^{N}\left\|z_2(k)-\overline{\boldsymbol{\varphi}}^{\mathrm{T}}(k)\hat{\overline{\boldsymbol{\theta}}}_{LS}(k)\right\|^2 \tag{8.31}$$

结合式(8.22)和以下关系：

$$\sum_{i=1}^{k}\varepsilon_{LS}(i)\overline{\boldsymbol{\varphi}}^{\mathrm{T}}(i)=0 \tag{8.32}$$

得到

$$\begin{aligned}\lim_{k\to\infty}\frac{1}{k}J(k)&=\lim_{k\to\infty}\sum_{i=1}^{k}\varepsilon_{LS}(i)[z_2(i)-\overline{\boldsymbol{\varphi}}^{\mathrm{T}}(i)\hat{\overline{\boldsymbol{\theta}}}_{LS}(i)]\\ &=\lim_{k\to\infty}\sum_{i=1}^{k}\varepsilon_{LS}(i)[\overline{\boldsymbol{\psi}}^{\mathrm{T}}(i)\overline{\boldsymbol{\theta}}_2+e(i)]\\ &=\lim_{k\to\infty}\sum_{i=1}^{k}\overline{\boldsymbol{\varphi}}^{\mathrm{T}}(i)(\overline{\boldsymbol{\theta}}_2-\hat{\overline{\boldsymbol{\theta}}}_{LS})[\overline{\boldsymbol{\psi}}^{\mathrm{T}}(i)\overline{\boldsymbol{\theta}}_2+e(i)]+\sum_{i=1}^{k}[\overline{\boldsymbol{\psi}}^{\mathrm{T}}(i)\overline{\boldsymbol{\theta}}_2+e(i)]^2\end{aligned}$$

$$=r_e(0)+\boldsymbol{p}_1^{\mathrm{T}}\overline{\boldsymbol{\theta}}_2+\overline{\boldsymbol{\theta}}_2^{\mathrm{T}}(\boldsymbol{p}_1+\boldsymbol{R}_1\overline{\boldsymbol{\theta}}_2)-(\boldsymbol{p}_1+\boldsymbol{R}_1\overline{\boldsymbol{\theta}}_2)^{\mathrm{T}}\overline{\boldsymbol{P}}(k)k(\boldsymbol{p}_1^{\mathrm{T}}+\boldsymbol{R}_1\overline{\boldsymbol{\theta}}_2) \tag{8.33}$$

将式(8.33)写成下列近似方程：

$$\begin{aligned}J(k)/k=&r_e(0)+\hat{\boldsymbol{p}}_1^{\mathrm{T}}(k)\hat{\overline{\boldsymbol{\theta}}}_B(k-1)+\hat{\overline{\boldsymbol{\theta}}}_B^{\mathrm{T}}(k-1)[\hat{\boldsymbol{p}}_1(k)+\hat{\boldsymbol{R}}_1\hat{\overline{\boldsymbol{\theta}}}_B(k-1)]\\&-[\hat{\boldsymbol{p}}_1(k)+\hat{\boldsymbol{R}}_1(k)\hat{\overline{\boldsymbol{\theta}}}_B(k-1)]^{\mathrm{T}}\overline{\boldsymbol{P}}(k)k[\hat{\boldsymbol{p}}_1^{\mathrm{T}}(k)+\hat{\boldsymbol{R}}_1(k)\hat{\overline{\boldsymbol{\theta}}}_B(k-1)]\end{aligned} \tag{8.34}$$

基于以上分析，根据式(8.29)和式(8.34)可以计算出矩阵 $\hat{\boldsymbol{R}}_1(k)$ 和向量 $\hat{\boldsymbol{p}}_1(k)$ 。

因此，最小二乘的估计 $\hat{\overline{\boldsymbol{\theta}}}_{LS}(k)$ 写成递推形式：

$$\hat{\overline{\boldsymbol{\theta}}}_{LS}(k)=\hat{\overline{\boldsymbol{\theta}}}_{LS}(k-1)+\overline{\boldsymbol{P}}(k)\overline{\boldsymbol{\varphi}}(k)[z_2(k)-\overline{\boldsymbol{\varphi}}^{\mathrm{T}}(k)\hat{\overline{\boldsymbol{\theta}}}_{LS}(k-1)] \tag{8.35}$$

$$\overline{\boldsymbol{P}}(k)=\overline{\boldsymbol{P}}(k-1)+\overline{\boldsymbol{\varphi}}(k)\overline{\boldsymbol{\varphi}}^{\mathrm{T}}(k) \tag{8.36}$$

此外，根据 $\hat{\overline{\boldsymbol{\theta}}}_{LS}(k)$ 递推关系得到准则函数的递推形式：

$$J(k)=J(k-1)+\frac{[z_2(k)-\overline{\boldsymbol{\varphi}}^{\mathrm{T}}(k)\hat{\overline{\boldsymbol{\theta}}}_{LS}(k-1)]^2}{1+\overline{\boldsymbol{\varphi}}^{\mathrm{T}}(k)\overline{\boldsymbol{P}}(k-1)\overline{\boldsymbol{\varphi}}(k)} \tag{8.37}$$

基于上述分析，得到下列误差补偿递推最小二乘参数辨识方法：

$$\hat{\overline{\boldsymbol{\theta}}}_B(k)=\hat{\overline{\boldsymbol{\theta}}}_{LS}(k)+\overline{\boldsymbol{P}}(k)k[\hat{\boldsymbol{R}}_1(k)\hat{\overline{\boldsymbol{\theta}}}_B(k-1)+\hat{\boldsymbol{p}}_1(k)] \tag{8.38}$$

$$\hat{\overline{\boldsymbol{\theta}}}_{LS}(k)=\hat{\overline{\boldsymbol{\theta}}}_{LS}(k-1)+\overline{\boldsymbol{P}}(k)\overline{\boldsymbol{\varphi}}(k)[z_2(k)-\overline{\boldsymbol{\varphi}}^{\mathrm{T}}(k)\hat{\overline{\boldsymbol{\theta}}}_{LS}(k-1)] \tag{8.39}$$

$$\boldsymbol{L}(k)=\overline{\boldsymbol{P}}(k-1)\overline{\boldsymbol{\varphi}}(k)[1+\overline{\boldsymbol{\varphi}}^{\mathrm{T}}(k)\overline{\boldsymbol{P}}(k-1)\overline{\boldsymbol{\varphi}}(k)]^{-1} \tag{8.40}$$

$$\overline{\boldsymbol{P}}(k)=[\boldsymbol{I}-\boldsymbol{L}(k)\overline{\boldsymbol{\varphi}}^{\mathrm{T}}(k)]\overline{\boldsymbol{P}}(k-1) \tag{8.41}$$

本节提出的相关噪声干扰下 Hammerstein-Wiener ARMAX 系统辨识方法总结如下。

步骤 1　基于可分离信号的输入和输出，利用聚类算法计算输出神经模糊的中心 c_l^{output} 和宽度 $\sigma_l^{\mathrm{output}}$ 。再利用 7.3.2 节中描述的相关分析方法辨识输出静态非线性模块的权重 w_l^{output} 和动态线性模块的参数 $\hat{a}_i$ ， $\hat{b}_j$ 。

步骤 2　在随机信号作用下，利用聚类算法估计神经模糊的中心 c_l^{input} 和宽度 $\sigma_l^{\mathrm{input}}$ 。

步骤 3　基于步骤 2，利用式(8.38)～式(8.41)辨识扩展 Hammerstein-Wiener 系统的参数 $\overline{\boldsymbol{\theta}}_2=[\overline{a}_1,\cdots,\overline{a}_{n_1},\overline{b}_1w_1^{\mathrm{intput}},\cdots,\overline{b}_1w_L^{\mathrm{intput}},\cdots,\overline{b}_{n_2}w_1^{\mathrm{intput}},\cdots,\overline{b}_{n_2}w_L^{\mathrm{intput}}]^{\mathrm{T}}$ 。

步骤 4　利用给定滤波器的零点信息，在步骤 1 和步骤 3 的基础上，计算输入神经模糊的权重 w_l^{input} 。

8.2 仿 真 结 果

为了证明本节提出方法的有效性和可行性，将提出的辨识方法运用到两类 Hammerstein-Wiener ARMAX 系统中。

(1) 考虑如下输入静态非线性模块是不连续函数的 Hammerstein-Wiener ARMAX 系统：

$$v(k)=\begin{cases}2-\cos(3u(k))-\exp(-u(k)), & u(k)\leqslant 3.15\\ 3, & u(k)>3.15\end{cases}$$

$$x(k)=0.6x(k-1)+0.4v(k-1)$$

$$e(k)=e_1(k)+0.6e_1(k-1)$$

$$z(k)=x(k)+e(k)$$

$$y(k)=\exp(z(k)-1.5)$$

其中，$e_1(k)$ 是零均值白噪声。

定义滤波器参数 $F(z)=(1-0.5z^{-1})$，噪信比 $\delta_{ns}=\sqrt{\dfrac{\mathrm{var}[e(k)]}{\mathrm{var}[z(k)-e(k)]}}\times 100\%$ 和参数估计误差 δ。

为了辨识 Hammerstein-Wiener ARMAX 系统，设计了组合信号。该组合信号包括：①200 组幅值为 0 或者 3 的二进制信号；②400 组区间为[0, 5]上均匀分布的随机信号。首先，利用可分离信号的输入和输出估计输出静态非线性模块和动态线性模块的参数。设置参数：$S_0^{\text{output}}=0.972$，$\rho^{\text{output}}=1$，$\lambda^{\text{output}}=0.1$，得到模糊规则数 $L=12$。为了说明辨识方法的有效性，将提出的方法与 AM-RLS[1]进行对比，表 8.1 给出了在不同噪信比下两种不同辨识方法得到的辨识结果以及误差。图 8.2 给出了输出静态非线性模块的近似结果。

表 8.1 不同噪信比下动态线性模块的辨识结果

噪信比/%	k	相关分析方法			AM-RLS 方法		
		$\hat{a}$	$\hat{b}$	δ	$\hat{a}$	$\hat{b}$	δ
$\delta_{ns}=12.48$	200	−0.5877	0.3929	0.0197	−0.5968	0.3966	0.0065
	1000	−0.5863	0.4003	0.0190	−0.5946	0.4039	0.0093
	2000	−0.5969	0.4011	0.0046	−0.5963	0.4029	0.0065
	3000	−0.5992	0.4009	0.0017	−0.5968	0.4021	0.0053

续表

噪信比/%	k	相关分析方法			AM-RLS 方法		
		$\hat{a}$	$\hat{b}$	δ	$\hat{a}$	$\hat{b}$	δ
$\delta_{ns}=12.48$	4000	−0.5971	0.4003	0.0041	−0.5957	0.4023	0.0068
$\delta_{ns}=39.73$	200	−0.5759	0.4102	0.0363	−0.5673	0.4189	0.0524
	1000	−0.5883	0.4038	0.0171	−0.5784	0.4121	0.0344
	2000	−0.5939	0.4057	0.0116	−0.5797	0.4135	0.0338
	3000	−0.5876	0.4037	0.0180	−0.5792	0.4130	0.0340
	4000	−0.5936	0.4038	0.0104	−0.5800	0.4116	0.0321
真实值		−0.6	0.4	0	−0.6	0.4	0

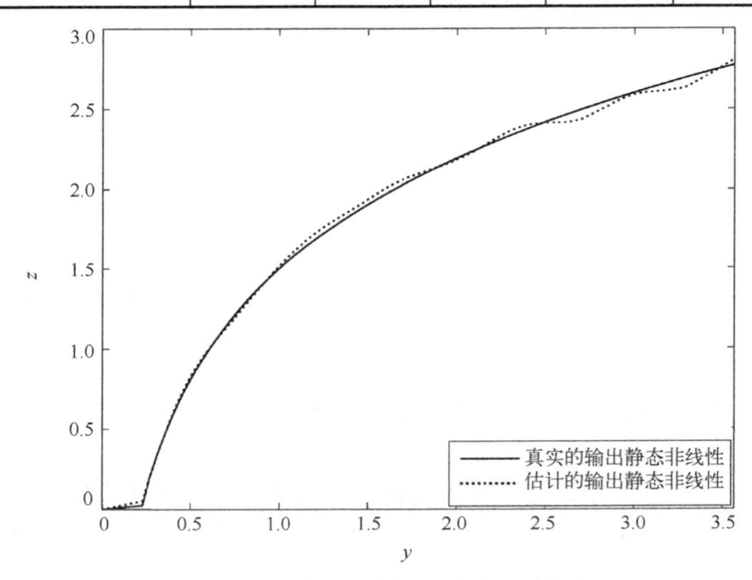

图 8.2　输出静态非线性模块的近似结果 1

由表 8.1 可知，在不同噪信比下本节提出的相关性分析方法比基于辅助模型的递推最小二乘算法有更高的参数辨识精度，且随着噪声比例的增加，本节提出方法的优越性更加明显。从图 8.2 中可以看出，在相关分析辨识方法下，神经模糊模型能够有效近似 Hammerstein-Wiener 系统的输出静态非线性模块。结果表明，本节提出的相关分析方法能够有效辨识 Hammerstein-Wiener ARMAX 系统中的 Wiener 系统。

其次，利用随机信号及其相应的输出估计输入静态非线性模块的参数。设置参数：$S_0^{\text{input}}=0.93$，$\rho^{\text{input}}=1$，$\lambda^{\text{input}}=0.01$，得到模糊规则数 $L=9$。为了验证神经模糊模型建模的有效性，利用相同的训练数据构建了多项式模型。图 8.3 给出了不同建模方法近似输入非线性模块的比较，表 8.2 列出了基于多项式模型和神经模糊模型近似输入静态非线性模块的误差比较，当多项式模型阶次为 9 时，其拟合的精度最高，即 MSE 和 ME 的值最小。

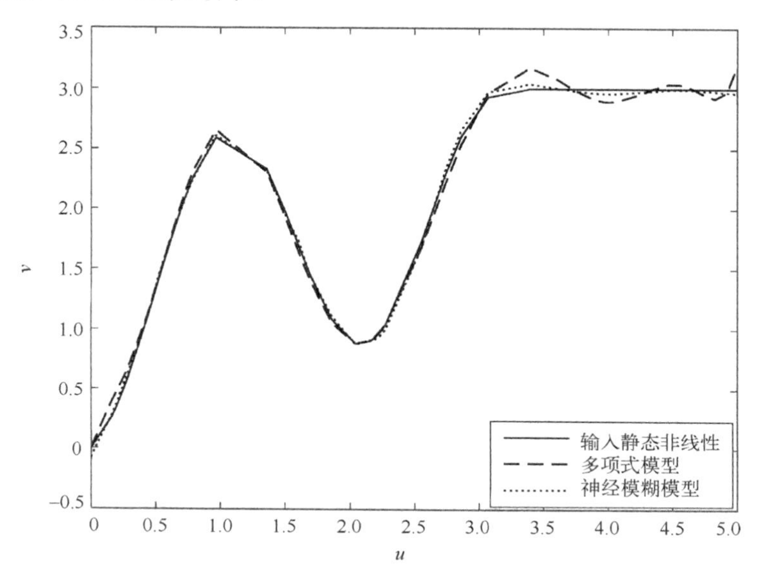

图 8.3　不同建模方法近似输入非线性模块的比较 1

表 8.2　不同建模方法近似输入非线性模块的误差比较 1

模型		MSE	ME
多项式模型	$r=6$	7.75×10^{-2}	0.3504
	$r=7$	1.95×10^{-2}	0.7144
	$r=8$	1.94×10^{-2}	0.3548
	$r=9$	3.5×10^{-3}	0.2030
	$r=10$	3.9×10^{-3}	0.3639
神经模糊模型		7.0689×10^{-4}	0.0735

从图 8.3 和表 8.2 中可以看出，本节提出的误差补偿技术有效补偿了相关噪声模型产生的偏差，提高了输入静态非线性模块的辨识精度，因此神经模糊模型比多项式模型有更强的逼近能力。

此外，为了验证 Hammerstein-Wiener ARMAX 系统的预测性能，随机产生 200 组样本数据，即[0, 5]的测试信号，用于计算系统的输出。图 8.4 描述了本节提出的方法和递阶最小二乘 Hammerstein-Wiener 系统辨识方法(hierarchical least squares Hammerstein-Wiener，HLS-HW)[2]的预测输出比较。表 8.3 列出了两种方法下系统预测的 MSE 和 ME。

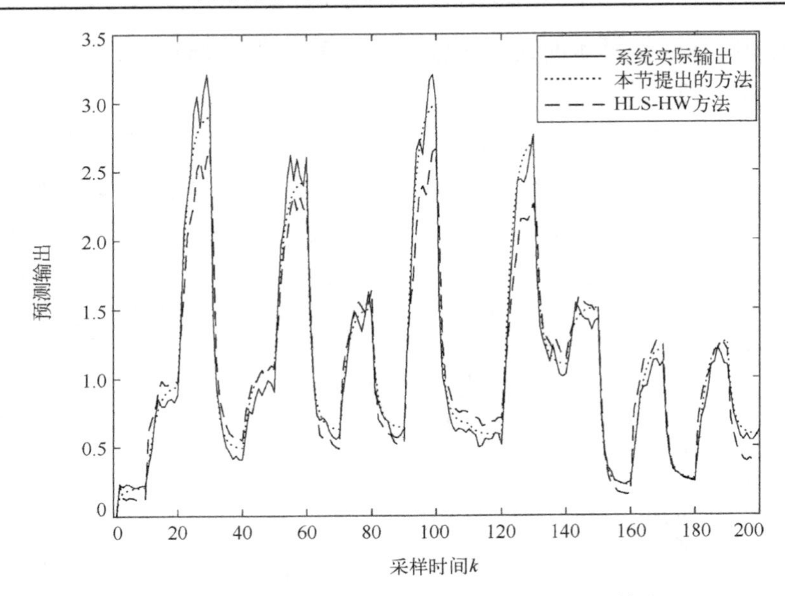

图 8.4　Hammerstein-Wiener ARMAX 系统预测输出 1

表 8.3　Hammerstein-Wiener ARMAX 系统预测误差比较 1

辨识方法	MSE	ME
本节提出的方法	0.0091	0.3277
HLS-HW 方法	0.0478	0.6816

图 8.4 和表 8.3 的结果表明，由于本节提出的辨识方法考虑了相关噪声模型的相关函数，并在递推辨识过程中利用误差补偿技术补偿噪声产生的偏差，比递阶最小二乘 Hammerstein-Wiener 系统辨识方法有更好的预测性能。因此，提出的方法能够有效估计相关噪声干扰下的 Hammerstein-Wiener ARMAX 系统。

最后，为了进一步验证相关噪声干扰下 Hammerstein-Wiener ARMAX 系统的有效性，再随机产生 400 组测试信号，在辨识系统中加入 10%的高斯白噪声，系统预测误差的 MSE 为 1.9×10^{-3}，如图 8.5 所示。

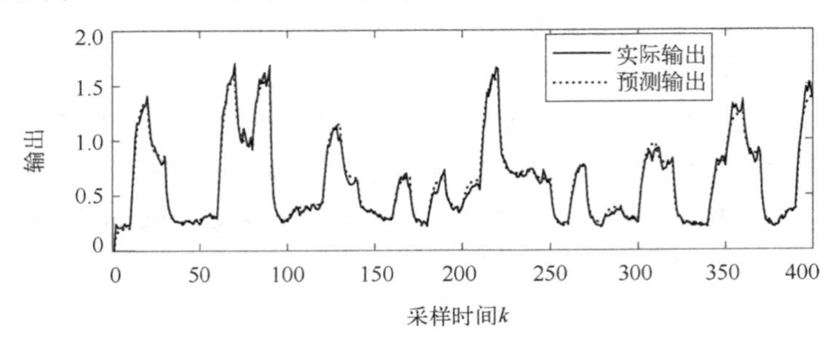

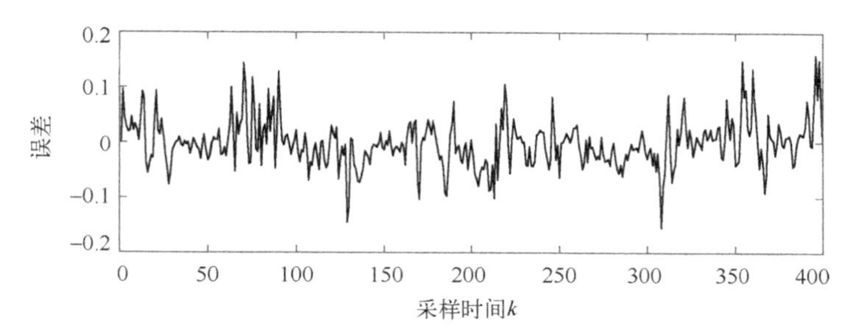

图 8.5　Hammerstein-Wiener ARMAX 系统预测输出及误差 1

图 8.5 描述了 Hammerstein-Wiener ARMAX 系统的预测输出以及误差，结果表明，尽管数据受到高斯白噪声的干扰，本节提出的辨识方法仍然能够取得较好的预测精度。

(2) 考虑一类更为复杂的 Hammerstein-Wiener ARMAX 系统，其输入静态非线性模块和输出静态非线性模块都是分段函数，且输入静态非线性模块是复杂的不连续函数。

$$v(k)=\begin{cases}\tanh(2u(k)), & u(k)\leqslant 1.5\\ -\dfrac{\exp\left(u(k)\right)-1}{\exp\left(u(k)\right)+1}, & u(k)>1.5\end{cases}$$

$$x(k)=1.2x(k-1)-0.6x(k-2)+0.8v(k-1)+0.3v(k-2)$$

$$e(k)=e_1(k)+0.5e_1(k-1)+0.2e_1(k-2)$$

$$z(k)=x(k)+e(k)$$

$$y(k)=\begin{cases}0.1z(k), & z(k)\leqslant 2.5\\ 0.25\exp(z(k)-2.5), & z(k)>2.5\end{cases}$$

其中，$e_1(k)$ 是与输入 $u(k)$ 相互独立的零均值白噪声。

定义滤波器 $F(z)=(1-0.5z^{-1})(1-0.7z^{-1})$ 。为了辨识 Hammerstein-Wiener ARMAX 系统的参数，产生如图 8.6 所示的组合信号。该输入信号包括：①200 组幅值均值 0、方差为 0.5 的高斯信号；②200 组区间为[0, 3]的随机信号。

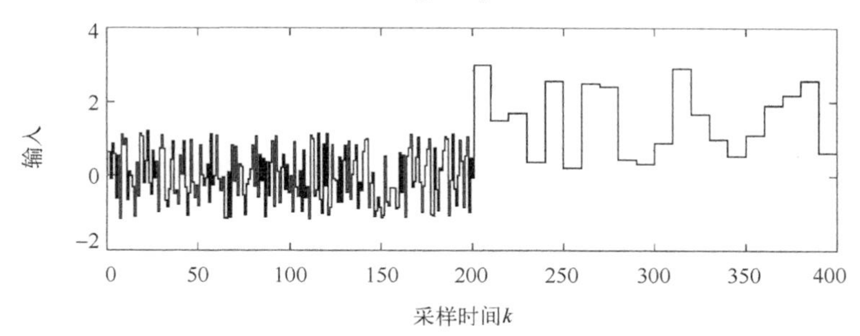

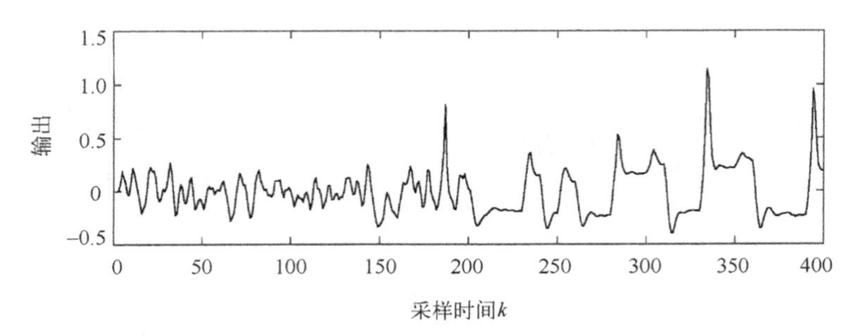

图 8.6　Hammerstein-Wiener ARMAX 系统的输入和输出

首先，利用可分离信号的输入和输出估计输出静态非线性模块和动态线性模块的参数。设置参数：$S_0^{\text{output}}=0.94$，$\rho^{\text{output}}=1$，$\lambda^{\text{output}}=0.05$，得到模糊规则数 $L=3$。表 8.4 和表 8.5 列出了在不同噪信比下本节提出的方法和辅助模型递推最小二乘方法得到的辨识结果比较，图 8.7 描述了 Hammerstein-Wiener 系统输出静态非线性模块的近似结果。

表 8.4　线性模块的辨识结果（$\delta_{ns}=12.57\%$）

k	相关分析方法					AM-RLS 方法				
	$\hat{a}_1$	$\hat{a}_2$	$\hat{b}_1$	$\hat{b}_2$	δ	$\hat{a}_1$	$\hat{a}_2$	$\hat{b}_1$	$\hat{b}_2$	δ
200	−1.2165	1.1437	0.7465	0.0474	0.3786	−1.1960	0.6163	0.8629	0.3434	0.0492
1000	−1.1754	0.5892	0.8165	0.4034	0.0680	−1.1807	0.5921	0.8743	0.3156	0.0495
2000	−1.2522	0.6668	0.8487	0.2770	0.0631	−1.1873	0.5996	0.8794	0.3068	0.0507
3000	−1.1594	0.6326	0.8301	0.2794	0.0400	−1.1881	0.6014	0.8784	0.3064	0.0478
4000	−1.1898	0.6221	0.7945	0.2804	0.0199	−1.1871	0.6030	0.8788	0.3067	0.0504
5000	−1.1798	0.6033	0.7802	0.2917	0.0186	−1.1871	0.6029	0.8747	0.3027	0.0477
真值	−1.2	0.6	0.8	0.3	0	−1.2	0.6	0.8	0.3	0

表 8.5　线性模块的辨识结果（$\delta_{ns}=34.06\%$）

k	相关分析方法					AM-RLS 方法				
	$\hat{a}_1$	$\hat{a}_2$	$\hat{b}_1$	$\hat{b}_2$	δ	$\hat{a}_1$	$\hat{a}_2$	$\hat{b}_1$	$\hat{b}_2$	δ
200	−1.2834	0.7767	0.8779	0.2628	0.1343	−0.9627	0.4302	0.8444	0.4791	0.2171
1000	−1.1728	0.5972	0.9513	0.3321	0.0998	−0.9953	0.4479	0.8582	0.4605	0.1945
2000	−1.1930	0.6342	0.9589	0.3385	0.1051	−1.0055	0.4549	0.8639	0.4608	0.1874
3000	−1.1510	0.6080	0.8631	0.3563	0.0617	−1.0076	0.4589	0.8565	0.4635	0.1853
4000	−1.1513	0.6176	0.8138	0.3369	0.0409	−0.9994	0.4502	0.8599	0.4708	0.1942
5000	−1.1694	0.6216	0.8103	0.3188	0.0271	−0.9945	0.4450	0.8617	0.4699	0.1977
真值	−1.2	0.6	0.8	0.3	0	−1.2	0.6	0.8	0.3	0

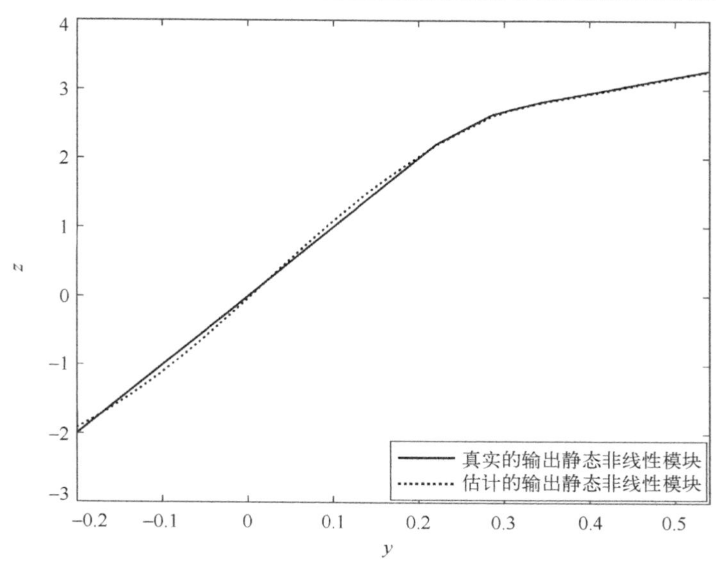

图 8.7　输出静态非线性模块的近似结果 2

由表 8.4 和表 8.5 可知，本节提出的相关性分析方法法比 AM-RLS 方法有更高的参数辨识精度，且随着噪声比例的增加，提出方法的优越性更加明显。从图 8.7 中可以看出，本节提出的方法能够有效近似 Hammerstein-Wiener 系统的输出静态非线性模块。

其次，根据随机信号的输入和输出辨识输入静态非线性模块的参数。设置参数：$S_0^{\text{input}}=0.98$，$\rho^{\text{input}}=2$，$\lambda^{\text{input}}=0.01$，得到模糊规则数 $L=11$。图 8.8 描述了不同建模方法近似输入非线性模块的比较，表 8.6 列出了基于多项式模型和神经模糊模型近似输入静态非线性模块的误差比较，当多项式模型阶次为 10 时，其拟合的精度最高。

表 8.6　不同建模方法近似输入非线性模块的误差比较 2

模型		MSE	ME
多项式模型	$r=8$	5.4×10^{-3}	0.6086
	$r=9$	4.6×10^{-3}	0.5772
	$r=10$	4.3×10^{-3}	0.5677
	$r=11$	4.5×10^{-3}	0.6143
	$r=12$	5.3×10^{-3}	0.6215
神经模糊模型		7.9415×10^{-4}	0.1090

从表 8.6 和图 8.8 中可以看出，本节提出的误差补偿技术有效补偿了相关噪声模

型产生的偏差，提高了输入静态非线性模块的辨识精度。针对不连续的非线性函数，神经模糊模型比多项式模型有更强的逼近能力。

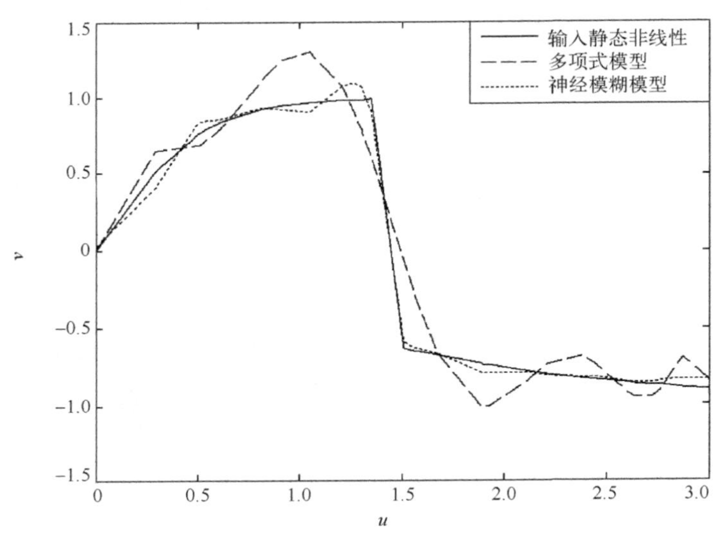

图 8.8　不同建模方法近似输入非线性模块的比较 2

此外，为了更好地描述提出的方法，随机产生 200 组样本数据，即[0, 3]的测试信号，用于计算模型的输出。图 8.9 给出了提出的方法和递阶最小二乘 Hammerstein-Wiener 系统辨识方法的预测输出，表 8.7 列出了不同方法预测输出的 MSE 和 ME。

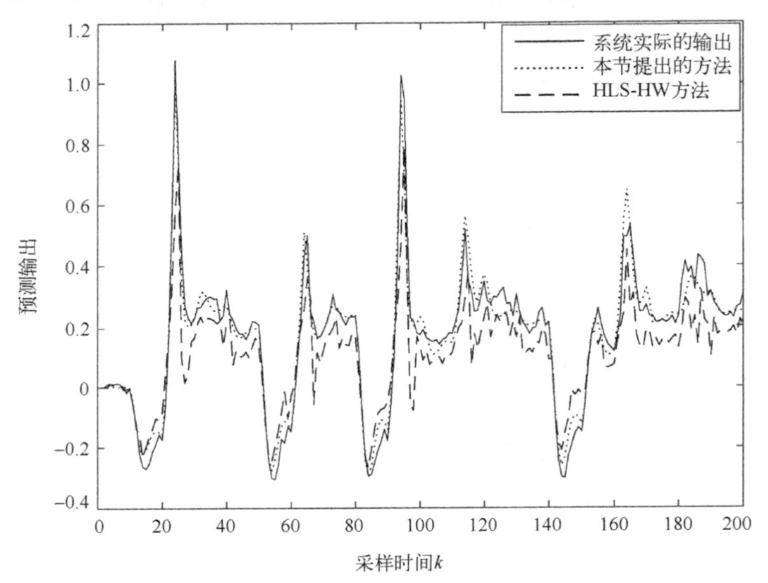

图 8.9　Hammerstein-Wiener ARMAX 系统预测输出 2

表 8.7　Hammerstein-Wiener ARMAX 系统预测误差比较 2

辨识方法	MSE	ME
本节提出的方法	0.0024	0.2451
HLS-HW 方法	0.0140	0.5670

从图 8.9 和表 8.7 中看出，本节提出的辨识方法比递阶最小二乘辨识方法有更好的预测性能，因此，提出的方法能够有效估计相关噪声下 Hammerstein-Wiener ARMAX 系统的参数。

最后，为了验证本节提出方法的有效性，再随机产生 400 组测试信号，在辨识系统中加入 10%的高斯白噪声，系统预测误差的 MSE 为 8.9281×10^{-4}。从图 8.10 中可以看出，尽管数据受到噪声的干扰，本节提出的方法仍然能够取得较好的预测性能。

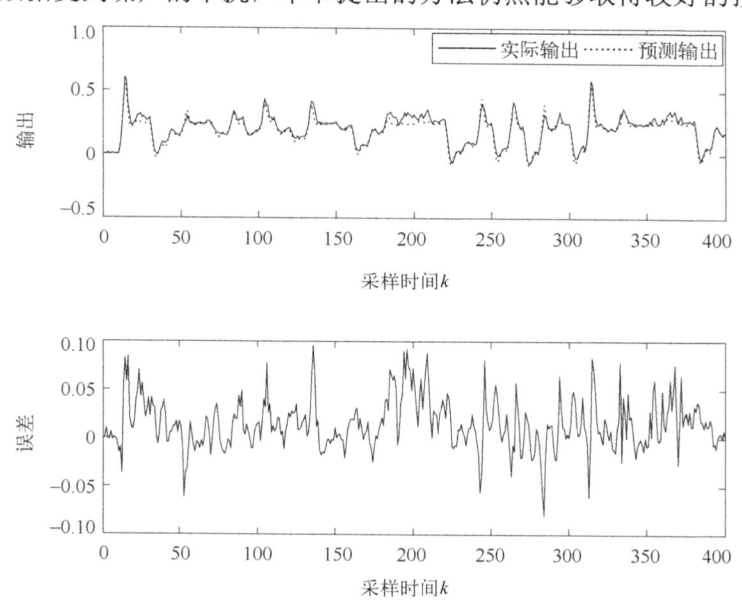

图 8.10　Hammerstein-Wiener ARMAX 系统预测输出及误差 2

注 8.1　本节利用两个独立的神经模糊模型分别逼近 Hammerstein-Wiener ARMAX 系统的输入非线性模块和输出非线性模块。辨识过程和仿真结果表明，神经模糊建模比多项式建模过程复杂，但对于强非线性系统，尤其是复杂的不连续非线性系统，神经模糊模型比多项式模型具有更强的逼近能力。

8.3　小　　结

本节提出了相关噪声下 Hammerstein-Wiener ARMAX 系统辨识方法。在研究中，利用设计的组合信号将Hammerstein-Wiener ARMAX系统的辨识分解为Wiener系统的辨识和输入静态非线性模块的辨识，简化了辨识过程。本节辨识方法的主要优点在于：相关分析方法辨识Wiener系统，有效抑制了相关噪声的干扰。此外，利用滤波技术和偏差补偿原理，研究相关噪声干扰下Hammerstein-Wiener ARMAX参数估计的误差补偿递推方法，有效补偿了相关噪声的干扰，实现输入静态非线性模块参数的无偏估计。

参考文献

[1] 贾立, 杨爱华, 邱铭森. 基于辅助模型递推最小二乘法的Hammerstein模型多信号源辨识[J]. 南京理工大学学报, 2014, 38(1): 34-39.

[2] Wang D Q, Ding F. Hierarchical least squares estimation algorithm for Hammerstein-Wiener systems[J]. IEEE Signal Processing Letters, 2012, 19(12): 825-828.

第五部分

块结构非线性动态系统的应用

第 9 章　数据驱动的块结构非线性系统建模辨识

本章以柔性机械臂系统和风力发电系统为例实施应用，利用前面章节中研究的 Hammerstein 系统、Wiener 系统以及 Hammerstein-Wiener 系统建立柔性机械臂系统和风力发电系统模型，并利用提出的辨识方法辨识块结构非线性动态系统。

9.1　块结构非线性动态系统在柔性机械臂中的应用

本节以柔性机械臂系统为例实施应用，基于比利时鲁汶大学电气工程系系统辨识数据库：DaISy (https://homes.esat.kuleuven.be/~smc/daisy/daisydata.html)，选取柔性机械臂的公开数据集([96-009])，利用前面章节中研究的 Hammerstein 系统、Wiener 系统以及 Hammerstein-Wiener 系统建立柔性机械臂系统模型，并利用提出的辨识方法辨识块结构系统，在此基础上进行机械臂的力臂加速度的预测。

9.1.1　Hammerstein 系统在柔性机械臂中的应用

由于运动过程中关节和连杆的柔性效应的增加，使结构发生变形从而使任务执行的精度降低。所以机器人机械臂结构柔性特征必须予以考虑，实现柔性机械臂高精度有效控制也必须考虑系统动力学特性。柔性机械臂是一个非常复杂的动力学系统，其动力学方程具有非线性、强耦合、实变等特点。而进行柔性臂动力学问题的研究，其模型的建立是极其重要的。本节考虑的柔性机械臂系统由安装在电机上的臂组成，机械臂的输入为转矩，输出为机械臂的力臂加速度，如图 9.1 所示。

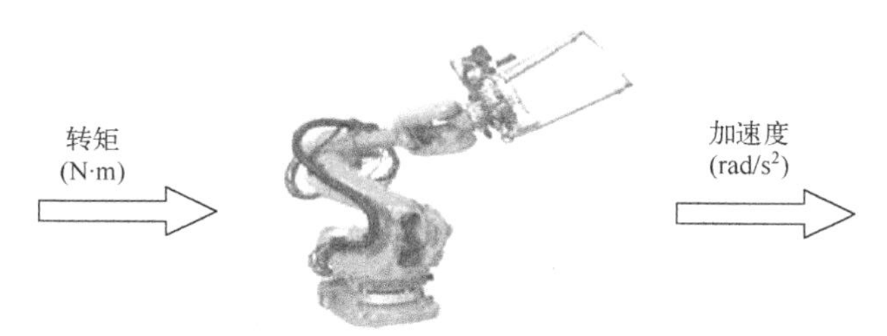

图 9.1　柔性机械臂系统

本节将 2.5 节中提出的 Hammerstein 系统辨识方法应用于柔性机械臂中。柔性机械臂的公开数据集([96-009])包括了 1024 个样本，本节将样本数据分为两部分：

前 800 组数据作为训练集，用于训练 Hammerstein 系统；后 200 组数据作为测试集，用于预测效果的验证。柔性机械臂的输入(转矩)与输出(加速度)如图 9.2 所示。

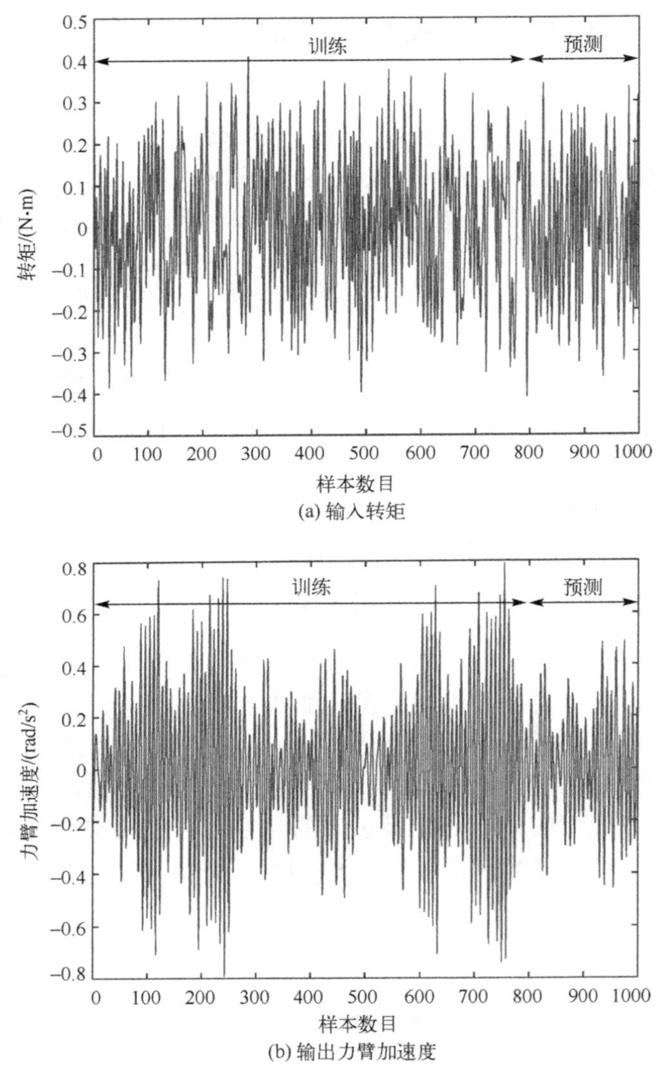

(a) 输入转矩

(b) 输出力臂加速度

图 9.2　柔性机械臂系统的输入和输出数据

在柔性机械臂系统中，通常很难利用精确的机理模型来描述机械臂系统，对于 Hammerstein 系统辨识方法中采用的可分离输入信号，无法直接获取可分离信号的输出。为解决这一问题，本节利用一种代理模型建立柔性机械臂系统，通过代理模型的训练获取可分离信号的输出数据，从而建立了具有分离辨识特征的 Hammerstein 柔性机械臂系统模型，其辨识框架如图 9.3 所示。

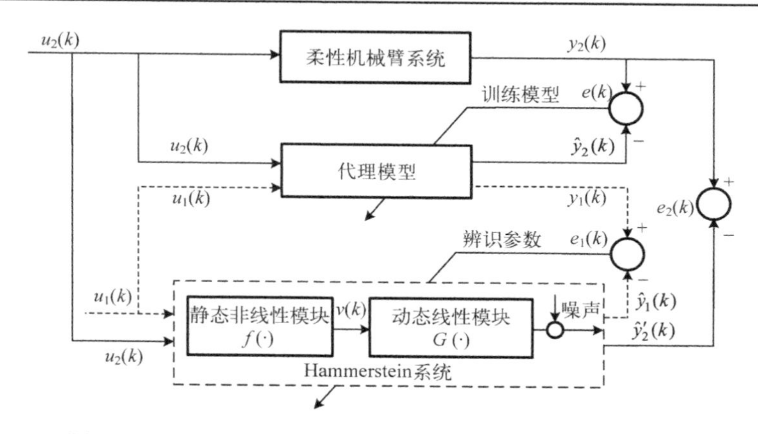

图 9.3　基于 Hammerstein 系统的柔性机械臂系统辨识框架

首先，将数据集中的输入输出数据按照 min-max 标准化的方法进行归一化处理，基于归一化后的训练集数据，利用神经模糊模型建立机械臂系统的数据库、知识库和规则库，训练高精度的代理模型，$u_1(k)$是可分离信号的输入，$y_1(k)$是可分离信号的输出，$u_2(k)$是转矩，$y_2(k)$是加速度，$\hat{y}_2(k)$是代理模型的输出，$e(k)=y_2(k)-\hat{y}_2(k)$。代理模型训练结果和训练误差分别如图 9.4 和图 9.5 所示。从图 9.4 和 9.5 中可以看出，代理模型能够取得较好的训练结果。

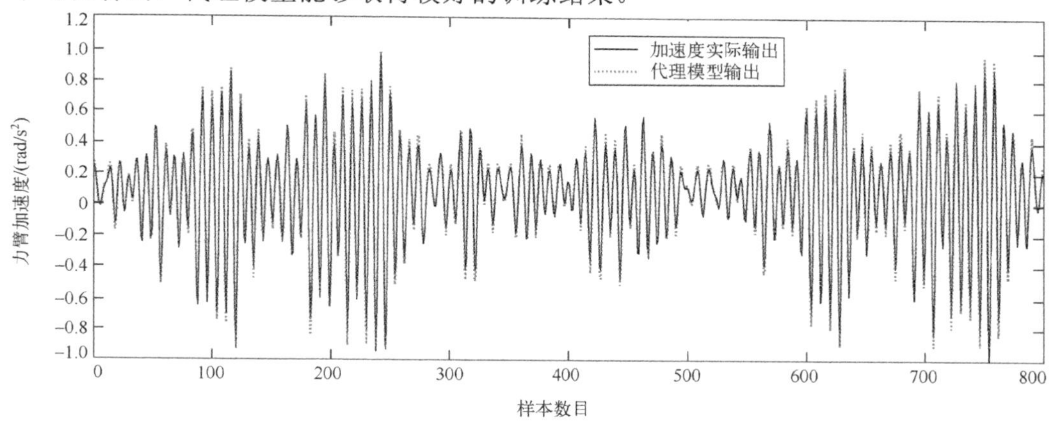

图 9.4　代理模型的训练结果 1

其次，设计可分离-随机信号的组合信号，包括 1000 组均值为 0、方差为 0.2 的高斯信号和训练集中的 800 组转矩数据，高斯信号经过代理模型的输出和训练集中对应的 800 组力臂加速度数据作为 Hammerstein 系统的输出。

在基于 Hammerstein 系统的柔性机械臂系统辨识过程中，基于高斯信号的输入输出数据，利用 2.5 节中相关分析辨识方法辨识动态线性模块；基于 800 组实际的转矩和力臂加速度数据，利用聚类方法和偏差补偿递推最小二乘方法辨识静态非线性模块参数，图 9.6 描述了基于 Hammerstein 系统的柔性机械臂系统力臂加速度训练结果。

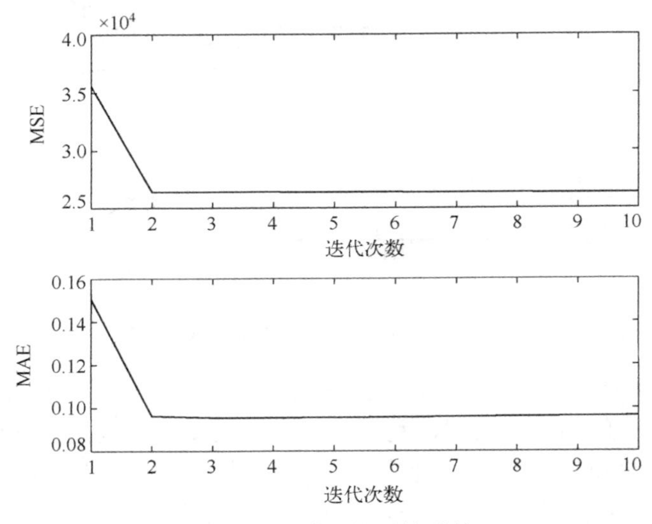

图 9.5　代理模型的训练误差 1

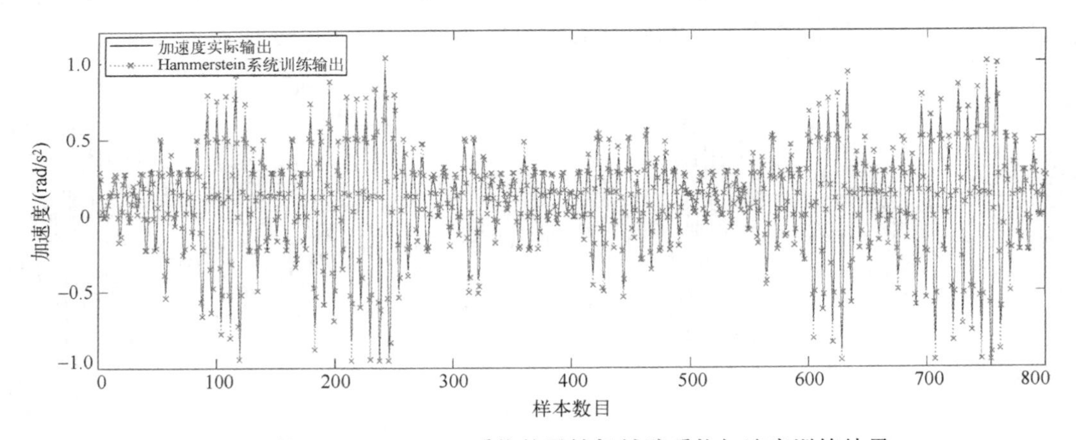

图 9.6　基于 Hammerstein 系统的柔性机械臂系统加速度训练结果

为了进一步验证基于 Hammerstein 系统的柔性机械臂系统的有效性，将测试集的 200 组转矩数据作为预测输入，预测柔性机械臂系统的输出(力臂加速度)，图 9.7 给出了反归一化后基于 Hammerstein 系统的柔性机械臂系统力臂加速度预测输出结果和误差图。

9.1.2　Wiener 系统在柔性机械臂中的应用

本节将 5.1 节中提出的 Wiener 系统辨识方法应用于柔性机械臂中。本节将训练样本数据集分为两部分：每间隔 3 个数据抽取一个数据组成 341 组测试集，用于预测验证；其余 683 组数据作为训练集，用于训练 Wiener 系统。与 9.1 节中的思想类似，利用代理模型获取柔性机械臂系统的可分离信号的输出，建立了具有分离辨识特征的 Wiener 柔性机械臂系统模型，其辨识框架如图 9.8 所示。

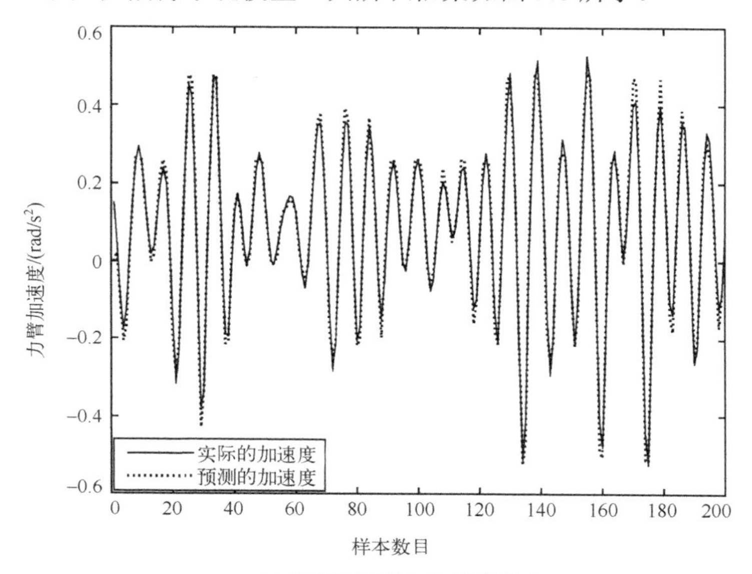

(a) 机械臂系统的加速度预测输出

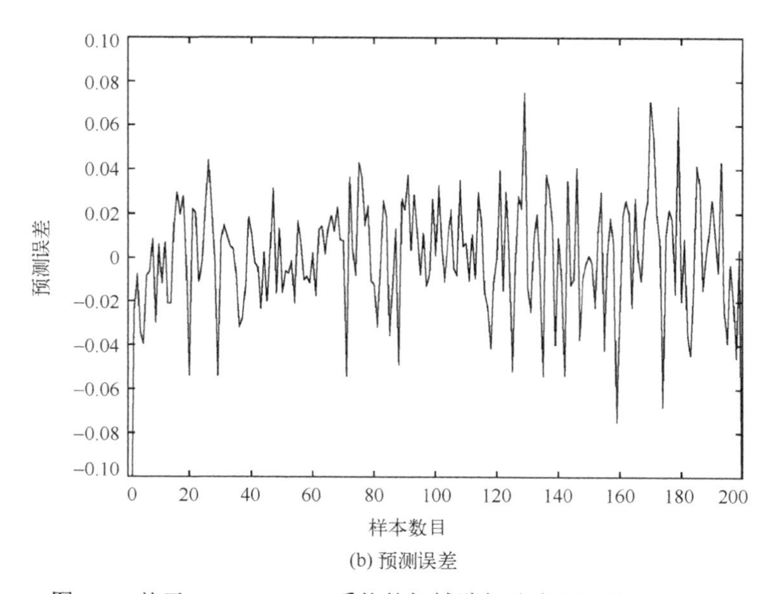

(b) 预测误差

图 9.7　基于 Hammerstein 系统的机械臂加速度预测输出及误差

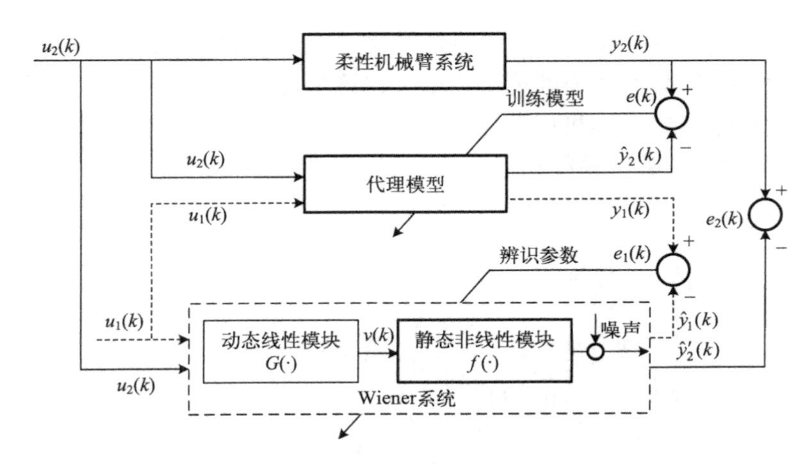

图 9.8　基于 Wiener 系统的柔性机械臂系统辨识框架

首先，将数据集中的输入输出数据按照 min-max 标准化的方法进行归一化处理，利用归一化后的训练集数据训练代理模型。代理模型训练结果和训练误差如图 9.9 和图 9.10 所示。

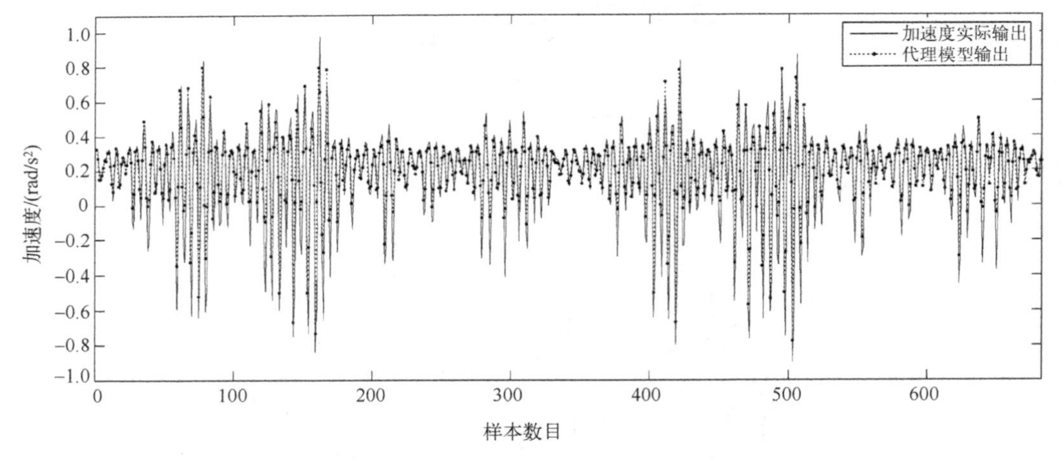

图 9.9　代理模型的训练结果 2

其次，设计可分离-随机信号的组合信号，包括 500 组均值为 0、方差为 0.3 的高斯信号和训练集中的 683 组转矩数据，高斯信号经过代理模型的输出和训练集中对应的 683 组力臂加速度数据作为 Wiener 系统的输出。

在基于 Wiener 系统的柔性机械臂系统辨识过程中，基于高斯信号的输入输出数据，利用 5.1 节中相关分析辨识方法辨识动态线性模块；基于 683 组实际的转矩和力臂加速度数据，利用聚类方法和最小二乘方法辨识静态非线性模块参数，图 9.11 描述了基于 Wiener 系统的柔性机械臂系统力臂加速度训练结果。

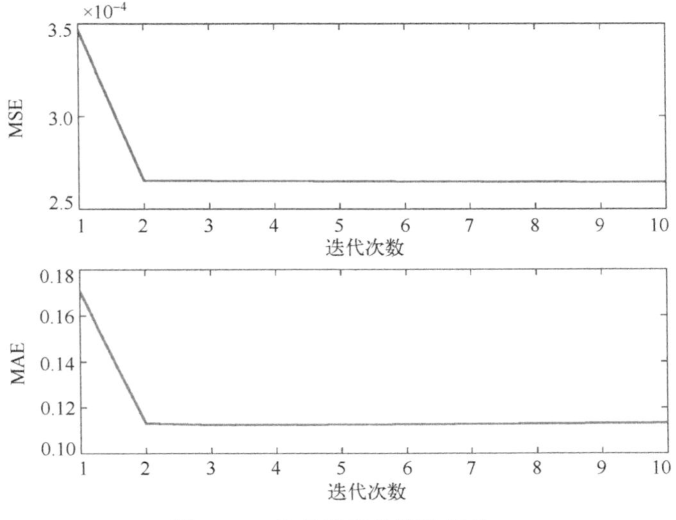

图 9.10　代理模型的训练误差 2

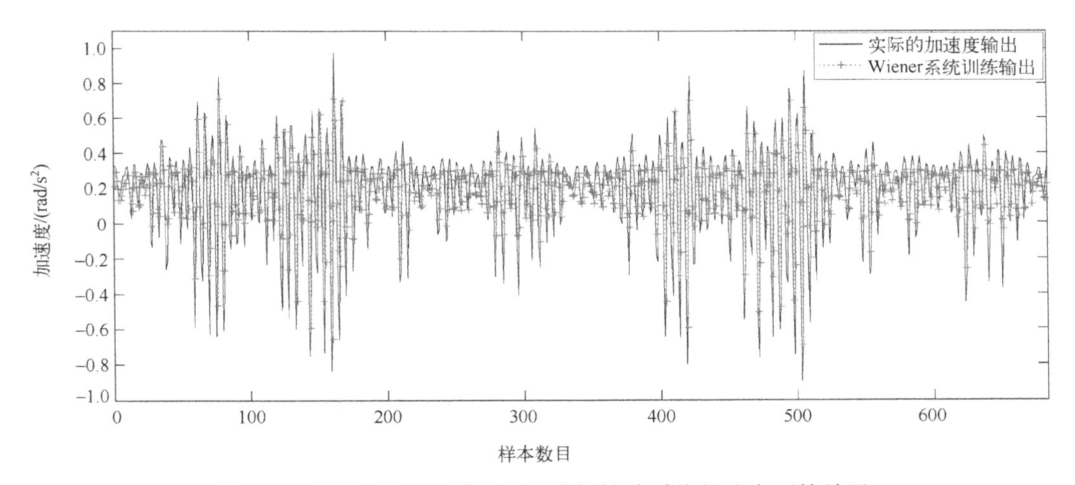

图 9.11　基于 Wiener 系统的柔性机械臂系统加速度训练结果

为了进一步验证基于 Wiener 系统的柔性机械臂系统的有效性，将测试集的 341 组转矩数据作为预测输入，预测柔性机械臂系统的输出(力臂加速度)，图 9.12 给出了反归一化后基于Wiener系统的柔性机械臂系统力臂加速度预测输出结果和误差图。

9.1.3　Hammerstein-Wiener 系统在柔性机械臂中的应用

本节将 7.2 节中提出的 Hammerstein-Wiener 系统辨识方法应用于柔性机械臂系统中。将样本数据分为两部分，第一部随机抽取 500 组数据构成训练集，用于训练 Hammerstein-Wiener 系统；再随机抽取 100 组数据构成测试集，用于预测验证。与

9.1.1 节中的方法类似，建立了具有分离辨识特征的 Hammerstein-Wiener 柔性机械臂系统模型，其辨识框架如图 9.13 所示。

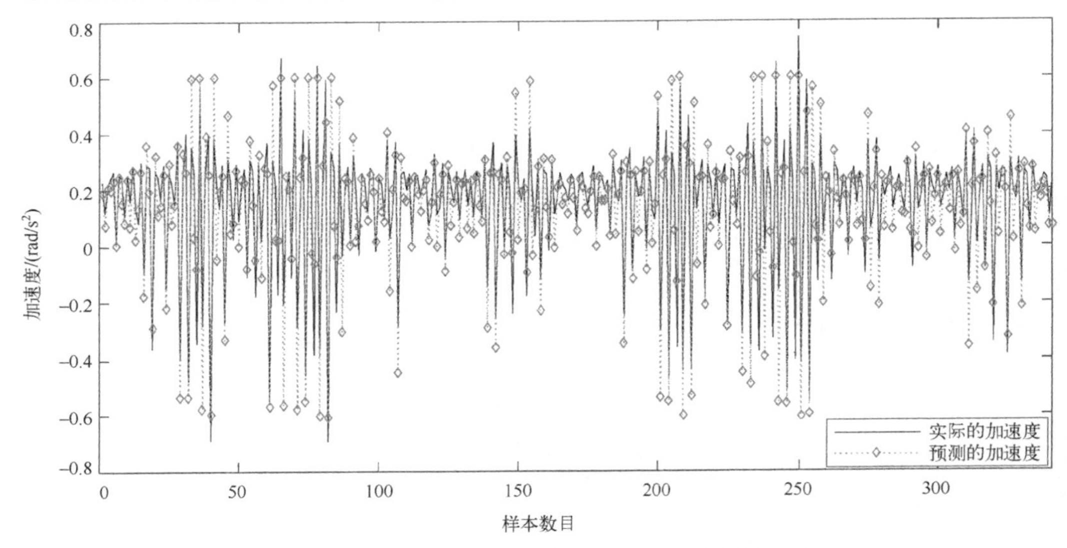

图 9.12 基于 Wiener 系统的机械臂加速度预测输出

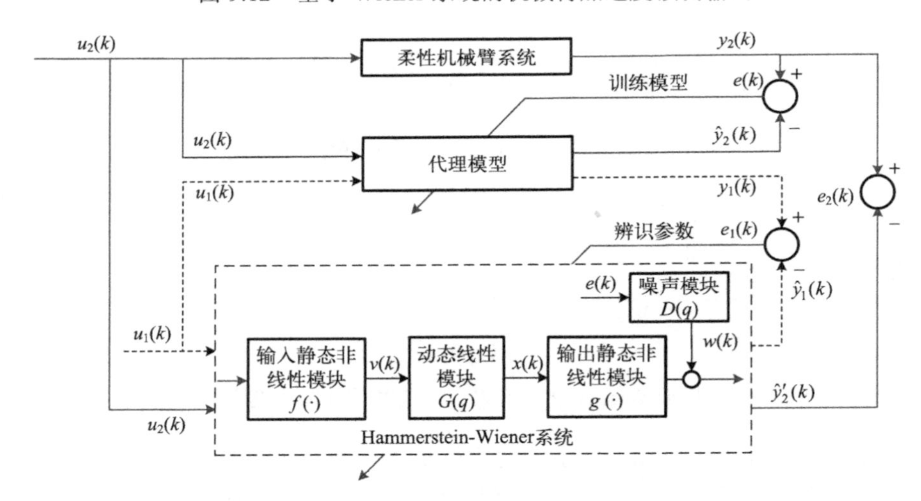

图 9.13 基于 Hammerstein-Wiener 系统的柔性机械臂系统辨识框架

首先，将数据集中的输入输出数据按照 min-max 标准化的方法进行归一化处理，利用归一化后的训练集数据训练代理模型。代理模型训练结果和训练误差如图 9.14 和图 9.15 所示。

其次，设计可分离-随机信号的组合信号，包括 500 组幅值为 0 或 1 的二进制信号、500 组幅值为 0 或 0.5 的二进制信号，以及训练集中的 500 组转矩数据，高斯信号经过代理模型的输出和训练集中对应的 500 组力臂加速度数据作为 Hammerstein-Wiener 系统的输出。

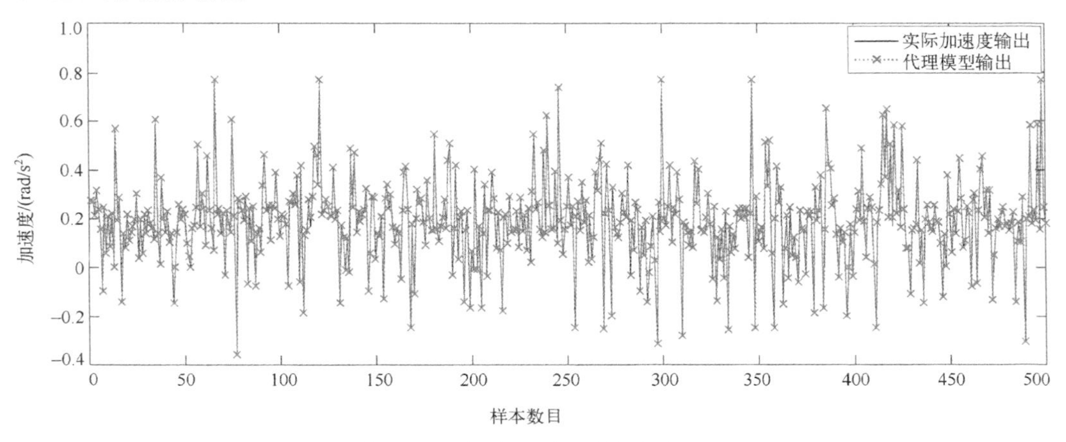

图 9.14　代理模型的训练结果 3

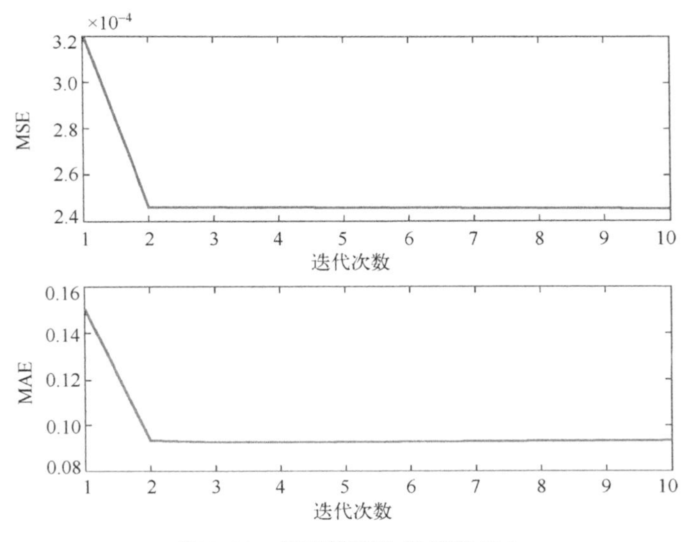

图 9.15　代理模型的训练误差 3

在基于 Hammerstein-Wiener 系统的柔性机械臂系统辨识过程中，基于高斯信号的输入输出数据，利用 7.2 节中基于相关函数的最小二乘方法辨识动态线性模块；基于 500 组实际的转矩和力臂加速度数据，利用聚类方法和递推增广最小二乘方法辨识静态非线性模块参数，图 9.16 描述了基于 Hammerstein-Wiener 系统的柔性机械臂系统力臂加速度训练结果。

为了进一步验证基于 Hammerstein-Wiener 系统的柔性机械臂系统的有效性，将测试集的 100 组转矩数据作为预测输入，预测柔性机械臂系统的输出(力臂加速度)，图 9.17 给出了反归一化后基于 Hammerstein-Wiener 系统的柔性机械臂系统力臂加速度预测输出结果和误差图。

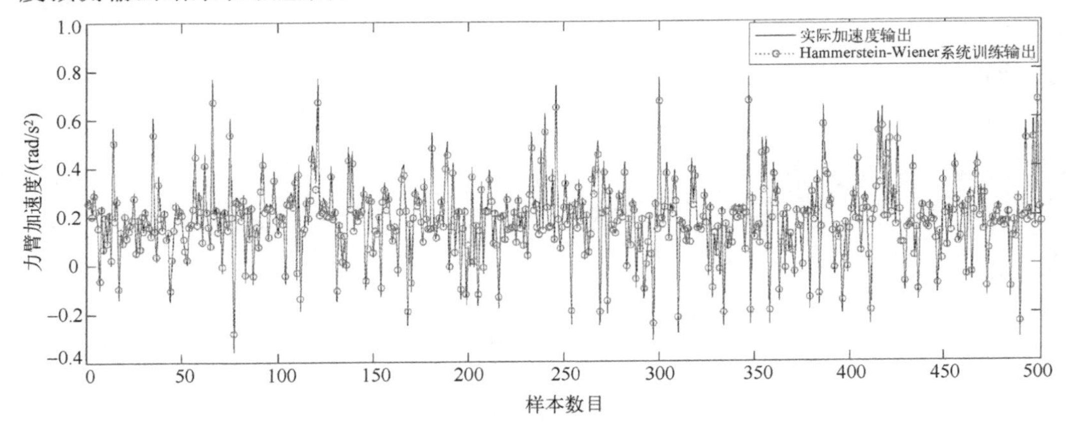

图 9.16　基于 Hammerstein-Wiener 系统的柔性机械臂系统加速度训练结果

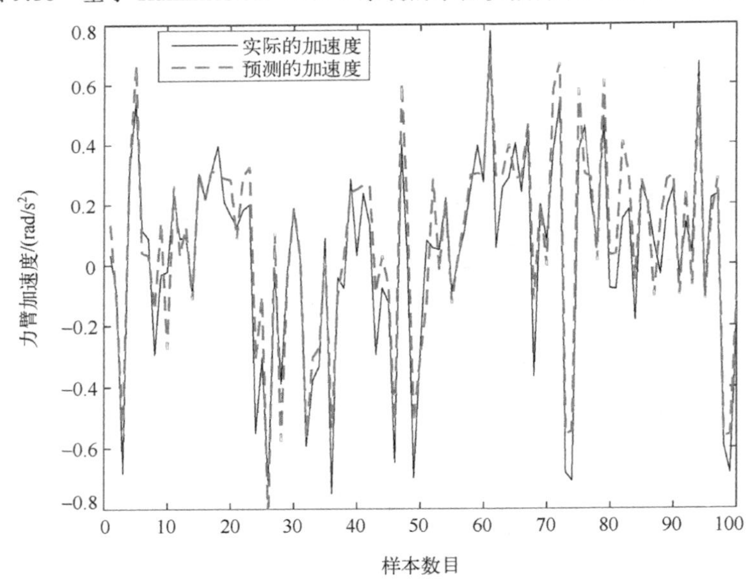

图 9.17　基于 Hammerstein-Wiener 系统的机械臂加速度预测输出

9.2　块结构非线性动态系统在风力发电系统中的应用

本节以风电系统为应用对象，选取土耳其 Yalova 地区某风力发电场 3.5MW 风力发电机组的数据集(https://www.kaggle.com/winternguyen/wind-power-curve-modeling/

data)。土耳其地区地形特殊，气候类型变化大，但规律性很强，特征明显(日平均风速最大月 8 月为大风季，日平均风速最小月 1 月为小风季)。风电功率曲线在风电功率预测、风力机状态监测、风能潜力估算和风力机选型等方面发挥着重要作用。在实际应用中，由于风切变、叶片损坏等意外情况下形成的异常值的存在，从原始风数据中生成可靠的风电曲线是一项具有挑战性的任务。本节选取公开数据集中大风季 8 月的风力发电数据，利用 2.5 节中研究的 Hammerstein 系统建立风电功率曲线模型，并利用提出的辨识方法辨识 Hammerstein 系统，在此基础上进行机组的实际功率预测。

基于 Hammerstein 系统风力发电系统建模与辨识的具体步骤为：首先，对原始数据进行数据清洗，消除异常数据；其次，使用清洗后的实际风速和功率数据训练风力发电系统的代理模型，根据代理模型获得可分离信号的输出，并利用 Hammerstein 系统建立风力发电系统模型；最后，将 2.5 节中提出的 Hammerstein 系统辨识方法，应用于风力发电系统机组的实际功率预测。基于 Hammerstein 系统风力发电系统建模与辨识总体框架如图 9.18 所示。

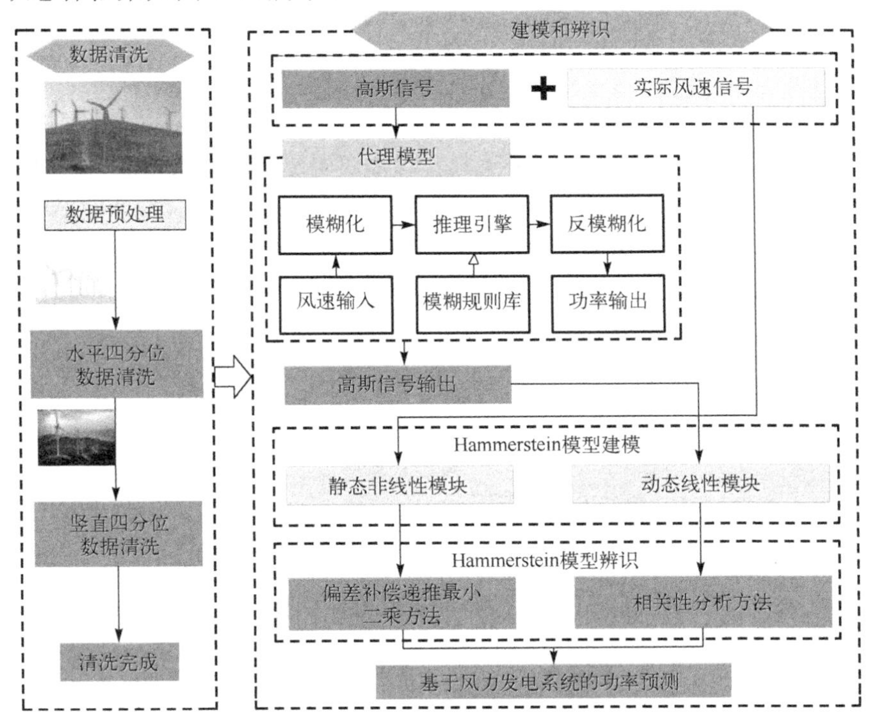

图 9.18　基于 Hammerstein 系统风力发电系统建模与辨识总体框架

针对风电系统数据中的异常值，采用水平和竖直两阶段四分位数据清洗方法，对原始数据进行四分位数据清洗，消除异常数据，四分位数据清洗的步骤参照前期的研究成果[1]，数据清洗的结果如图 9.19 所示。

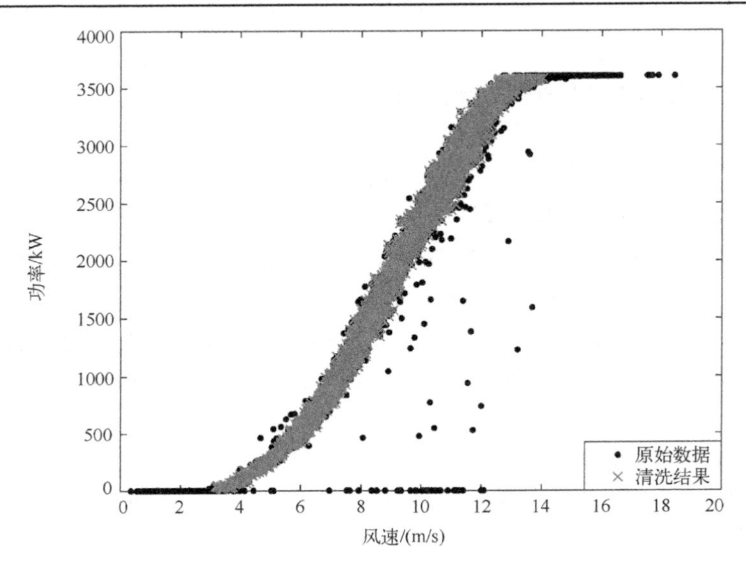

图 9.19　数据清洗结果

在风力发电系统中，通常很难获取系统的机理模型，因此对于 Hammerstein 系统辨识方法中采用的可分离输入信号，无法直接获取可分离信号的输出。为解决这一问题，本节利用一种基于神经模糊模型的代理模型建立风力发电系统，通过代理模型的训练获取可分离信号的输出数据，从而建立了具有分离辨识特征的 Hammerstein 风力发电系统模型，其辨识框架如图 9.20 所示，其中，$u_1(k)$是可分离信号的输入，$y_1(k)$是可分离信号的输出，$u_2(k)$是风速，$y_2(k)$是功率。

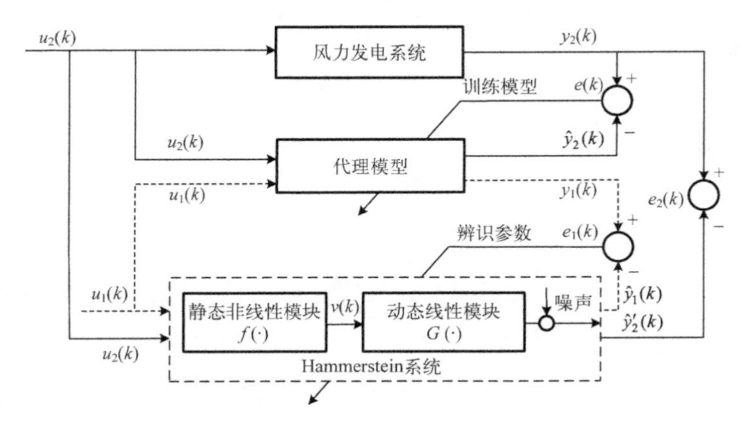

图 9.20　基于 Hammerstein 系统的风力发电系统辨识框架

首先，将清洗后的风速功率数据按照 min-max 标准化的方法进行归一化处理，并将数据集分为两部分：①每隔 4 个数据抽取一个组成 907 组训练集，用于训练 Hammerstein 系统；②随机抽取 600 组数据作为测试集，用于预测验证。

利用处理后的训练集数据训练代理模型，代理模型的训练结果和训练误差分别如图 9.21 和图 9.22 所示。

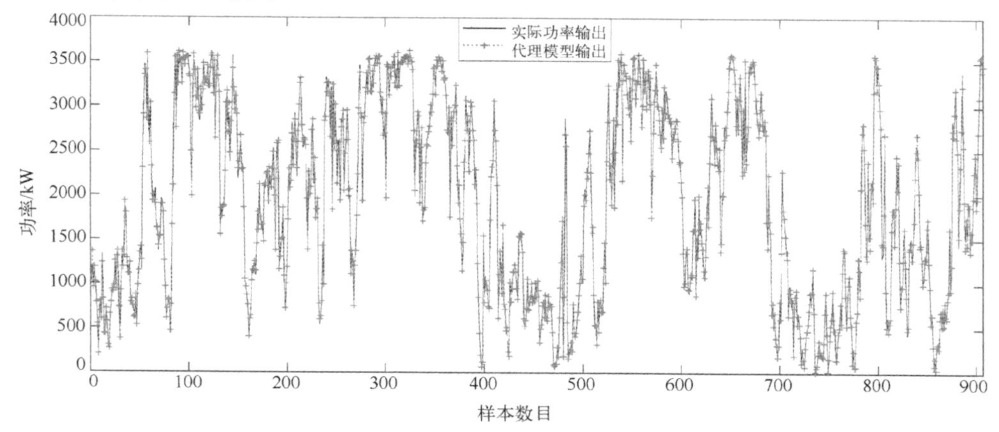

图 9.21　代理模型的训练结果 4

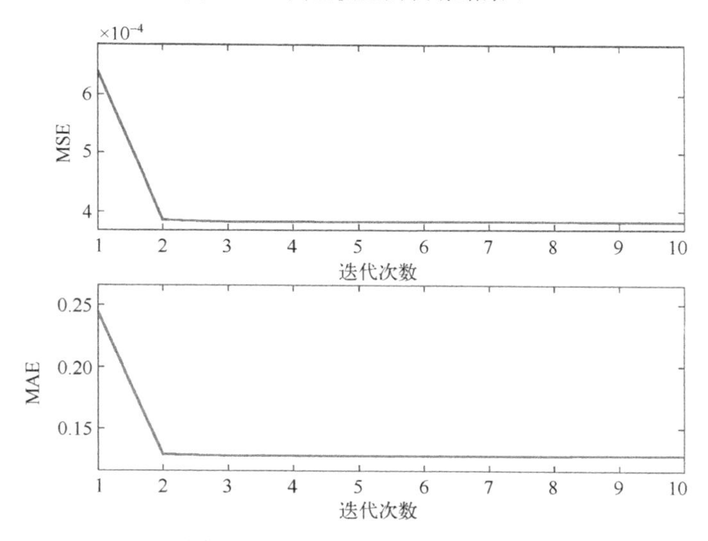

图 9.22　代理模型的训练误差 4

其次，设计的组合信号包括 1000 组均值为 0、方差为 0.3 的高斯信号和训练集中的 907 组风速数据，高斯信号经过代理模型的输出和训练集中对应的 907 组功率数据作为 Hammerstein 系统的输出。

在基于 Hammerstein 系统的风力发电系统辨识过程中，基于高斯信号的输入输出数据，利用 2.5 节中相关分析辨识方法辨识动态线性模块；基于 907 组实际的风速和功率数据，利用聚类方法和偏差补偿递推最小二乘方法辨识静态非线性模块参数，图 9.23 描述了基于 Hammerstein 系统的风力发电系统的发电功率训练结果。

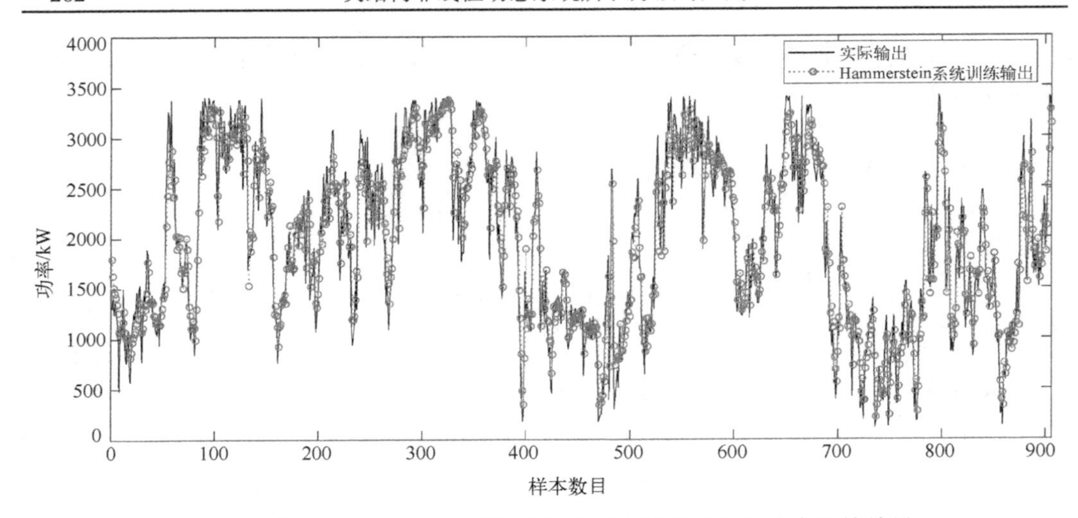

图 9.23　基于 Hammerstein 系统的风力发电系统的发电功率训练结果

为了进一步验证基于 Hammerstein 系统的风力发电系统的有效性，将测试集中的 600 组风速数据作为预测输入，预测风力发电系统的输出(功率)，图 9.24 给出了反归一化后基于 Hammerstein 系统的风力发电系统发电功率的预测结果。

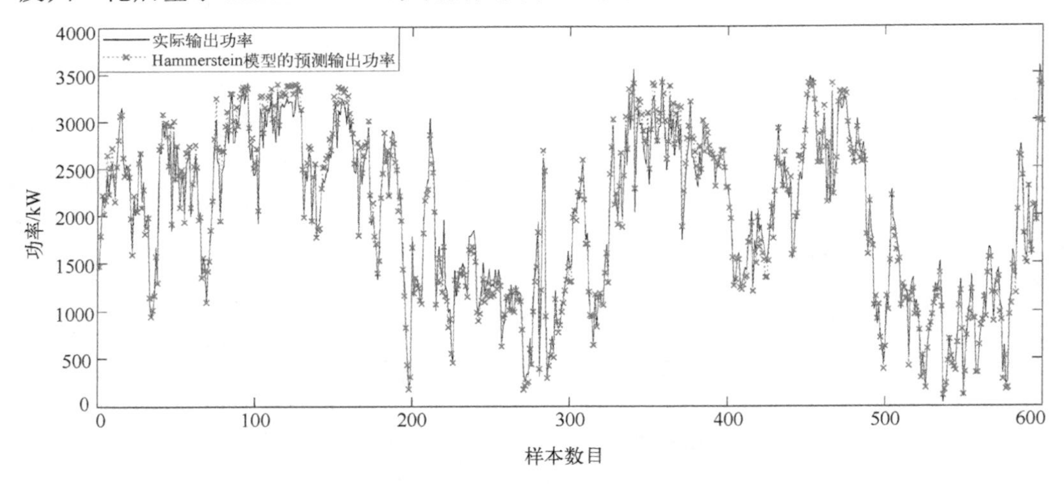

图 9.24　基于 Hammerstein 系统的风力发电系统发电功率的预测结果

参 考 文 献

[1] 李峰, 郑天, 宋伟. 基于 Hammerstein 模型的风力发电系统建模与辨识[J]. 系统仿真学报, 2022.